Mikrocomputertechnik mit dem Prozessor 8085 A

Maschinenorientierte Programmierung
Grundlagen – Schaltungstechnik –
Anwendungen

von Prof. Dipl.-Ing. Günter Schmitt

6., verbesserte und erweiterte Auflage

Mit 400 Bildern und 17 Tabellen

R. Oldenbourg Verlag München Wien 1994

Die Deutsche Bibliothek – CIP-Einheitsaufnahme

Schmitt, Günter:
Mikrocomputertechnik mit dem Prozessor 8085 A :
maschinenorientierte Programmierung ; Grundlagen –
Schaltungstechnik – Anwendungen ; mit 17 Tabellen / von
Günter Schmitt. – 6., verb. und erw. Aufl. – München ; Wien :
Oldenbourg, 1994
    ISBN 3-486-22802-1

© 1994 R. Oldenbourg Verlag GmbH, München

Gesamtherstellung: R. Oldenbourg Graphische Betriebe GmbH, München

ISBN 3-486-22802-1

Inhaltsverzeichnis

Vorwort

Die rasche Entwicklung der Mikrocomputertechnik hat mich veranlaßt, meine beiden Bücher "Maschinenorientierte Programmierung für Mikroprozessoren " und "Grundlagen der Mikrocomputertechnik" zu überarbeiten. Hardware, Software und Anwendungen eines Prozessors werden jetzt in einem Band zusammengefaßt. Der erste Band für den Prozessor 8085A liegt hiermit vor, weitere Bände für die Prozessoren 6800/6802, 6809 und 68000 werden folgen.

Nach den ersten Lehrjahren gilt es nun, die Mikrocomputertechnik fest in die Ausbildung des technischen Nachwuchses einzubauen. Dieses Buch entstand aus und für meinen Unterricht im Pflichtfach "Mikrocomputertechnik" und in den weiterführenden Wahlpflichtfächern an der Fachhochschule Dieburg. In der Gliederung des Stoffes und in der Auswahl der Beispiele habe ich versucht, einen "Lehrbuchstil" zu finden, wie er sich z.B. auf dem Gebiet der Grundlagen der Elektrotechnik seit langem herausgebildet hat. Der Programmierteil beschäftigt sich ausschließlich mit der maschinenorientierten Programmierung auf Assemblerebene, wie sie für die Programmierung von technischen Anwendungen und in der Systemprogrammierung vorzugsweise verwendet wird.

Ich bedanke mich bei meinen Studenten für die vielen Fragen und Fehler, die viel zu einer besonders eingehenden Darstellung wichtiger und schwieriger Fragen beigetragen haben. Dem Oldenbourg Verlag danke ich für die gute Zusammenarbeit und bei meiner Familie entschuldige ich mich, daß ich "geistig abwesend" war, als dieses Buch entstand.

Groß-Umstadt, im Februar 1984, dem Jahr des Großen Bruders

Günter Schmitt

Vorwort zur 6. Auflage

Der Unterricht in der Mikrocomputertechnik wird durch das Vordringen des Personal Computers (PC) zunehmend schwieriger. Die in ihm verwendeten 32-bit- und 64-bit-Mikroprozessoren sind in der Grundausbildung wegen ihrer Komplexität "unlehrbar"; die hochintegrierten Steuer- und Multifunktionsbausteine machen die Schaltung völlig "undurchsichtig". Daher lassen sich die Grundprinzipien der Maschinenorientierten Programmierung und Schaltungstechnik mit einem PC als Übungsgerät nicht mehr lehren und für den Lernenden nicht mehr nachvollziehen. Wer würde es ohne einen ängstlichen Blick auf den Staatsanwalt wagen, im Unterricht an einer PC-Platine bei geöffnetem Gehäuse Messungen durchführen zu lassen?

Auf der anderen Seite wird der PC immer mehr als Rechner für Aufgaben in der Meß-, Steuerungs- und Regelungstechnik eingesetzt. Die Programmierung verwendet vorzugsweise die modernen Hochsprachen Pascal oder C; nur zeitkritische Teilaufgaben schreibt man noch im Assembler. Für diese Anwendungen muß die Mikrocomputertechnik zusätzlich Kenntnisse über die Schnittstellen des PC sowie über die DMA- und Interruptsteuerung liefern; jedoch sollten diese Bausteine gefahrlos für Messungen zugänglich sein.

In der vorliegenden 6. Auflage wurde diese neue Aufgabenstellung berücksichtigt. Der Abschnitt 3.9 beschreibt nun ein einfaches 8085-System mit den im PC üblicherweise verwendeten Peripheriebausteinen und einfachen Testprogrammen, die lediglich die richtige Adressierung der Bausteine zeigen können. Für weitergehende Untersuchungen sollte die im Kapitel 9 genannte ergänzende und weiterführende Literatur herangezogen werden. Das System wurde in lötfreier Stecktechnik aufgebaut und mit dem in Abschnitt 6.4 beschriebenen Monitor in Verbindung mit einem PC als Bedienungsterminal betrieben. Der Anhang enthält das in Pascal geschriebene Terminalprogramm. Die Testprogramme wurden mit einem ebenfalls in Pascal geschriebenen Cross-Assembler übersetzt und vom PC in das Testsystem heruntergeladen.

Groß-Umstadt, im August 1993

Günter Schmitt

1 Einführung

Dieser Abschnitt gibt Ihnen einen zusammenfassenden Überblick über die Anwendung, den Aufbau und die Programmierung von Mikrorechnern, neudeutsch
auch Mikrocomputer genannt. In den Fällen, in denen die deutsche Fachsprache
noch keine eigenen Ausdrücke gebildet hat, mußten die amerikanischen Bezeichnungen übernommen werden. Dabei wurde versucht, zusätzlich einen entsprechenden deutschen Ausdruck zu finden.

1.1 Anwendung von Mikrorechnern

Der Mikrorechner hat zwei Ahnen: die hochintegrierte Logikschaltung des
Taschenrechners und die Großrechenanlage, Computer genannt. Auf einer Flä-
che von etwa 20 bis 50 Quadratmillimetern lassen sich heute mehr als 100 000
Schaltfunktionen unterbringen. Und dies in großen Stückzahlen zu niedrigen
Preisen. Ähnlich wie bei einem Großrechner sind auch die Funktionen des
Mikrorechners programmierbar. Was die Schaltung, die Hardware, tun soll, be-
stimmt ein Programm, die Software. Dadurch erst lassen sich die Bausteine
universell einsetzen.

Heute unterscheidet man hauptsächlich zwei große Einsatzgebiete:

Mikrorechner in der technischen Anwendung steuern z.B. Drucker, elektronische Schreibmaschinen, Kopierautomaten, Telefonvermittlungen und Fertigungs-
anlagen. Durch den Einsatz von Mikrorechnern werden die Geräte kleiner und
billiger und können mehr und "intelligentere" Funktionen übernehmen.

Mikrorechner werden in zunehmendem Maße als Klein-EDV-Anlagen eingesetzt
und übernehmen damit Aufgaben ihres großen Bruders, des Großrechners. Die
elektronische Datenverarbeitung, kurz EDV genannt, hält dadurch ihren Einzug
als Personal-Computer oder Hobby-Computer in jeden Haushalt. Ob dies sinn-
voll ist, darüber kann man geteilter Meinung sein; die Anwendung von Mikrorechnern zur Textverarbeitung oder Buchführung in Büros und kleineren Betrieben hat sich heute durchgesetzt. Der Text dieses Buches wurde mit Hilfe eines
Mikrorechners am Bildschirm entworfen und korrigiert.

1.2 Aufbau und Bauformen von Mikrorechnern

Was ist allen Mikrorechnern in den verschiedenen Einsatzgebieten gemeinsam? Von der Funktion her gesehen sind es zunächst programmierbare Rechner. In einem Programmspeicher befindet sich eine Arbeitsvorschrift, das Programm. Bei einem Typenraddrucker z.B. gibt das Programm dem Hammer genau dann einen Ausgabebefehl, wenn der richtige Buchstabe des Rades am Papier vorbeikommt. Bei einem Abrechnungsprogramm z.B. enthält das Programm Rechenbefehle, die aus der Menge und dem Einzelpreis den Gesamtpreis berechnen. Der Datenspeicher enthält die zu verarbeitenden Daten. Im Beispiel eines Druckers sind es die auszugebenden Buchstaben und Ziffern, im Beispiel des Abrechnungsprogramms sind es Artikelbezeichnungen und Zahlen. In der Speichertechnik unterscheidet man Festwertspeicher und Schreib/Lesespeicher. Festwertspeicher behalten ihren Speicherinhalt unabhängig von der Versorgungsspannung. Sie können im Betrieb nur gelesen werden. Die Steuerprogramme für Geräte und kleine Anlagen werden hauptsächlich in Festwertspeichern untergebracht. Schreib/Lesespeicher verlieren ihren Speicherinhalt beim Abschalten der Versorgungsspannung; sie können aber während des Betriebes sowohl gelesen als auch neu beschrieben werden. Sie werden vorzugsweise für die Speicherung der Daten verwendet. Klein-EDV-Anlagen werden in den meisten Fällen mit magnetischen Speichern (Disketten- oder Floppy-Laufwerken) ausgerüstet, von denen man Anwendungsprogramme (z.B. Buchführungsprogramme) und Daten (z.B. Adressen der Kunden) in den Schreib/Lesespeicher lädt.

Der Mikroprozessor ist die Zentraleinheit, die das Programm ausführt und die Daten verarbeitet. Die Befehle werden in einer bestimmten Reihenfolge aus dem Programmspeicher in das Steuerwerk des Prozessors geholt. Das Rechenwerk verarbeitet die Daten, indem es z.B. den auszugebenden Buchstaben mit dem augenblicklichen Stand des Typenrades vergleicht oder bei einem Abrechnungsprogramm Zahlen addiert und subtrahiert.

Ein/Ausgabeschaltungen, auch Schnittstellen genannt, verbinden den Mikrorechner mit seiner Umwelt, der Peripherie. Im Beispiel des Typenraddruckers muß der Rechner, natürlich im richtigen Zeitpunkt, dem Magneten des Hammers einen Impuls geben. Bei einem Abrechnungsprogramm müssen z.B. von der Bedienungstastatur Zahlen eingelesen werden. Ein/Ausgabeschaltungen dienen hauptsächlich zur Übertragung von Daten.

Bild 1-1 zeigt zusammenfassend die wichtigsten Funktionseinheiten eines Mikrorechners.

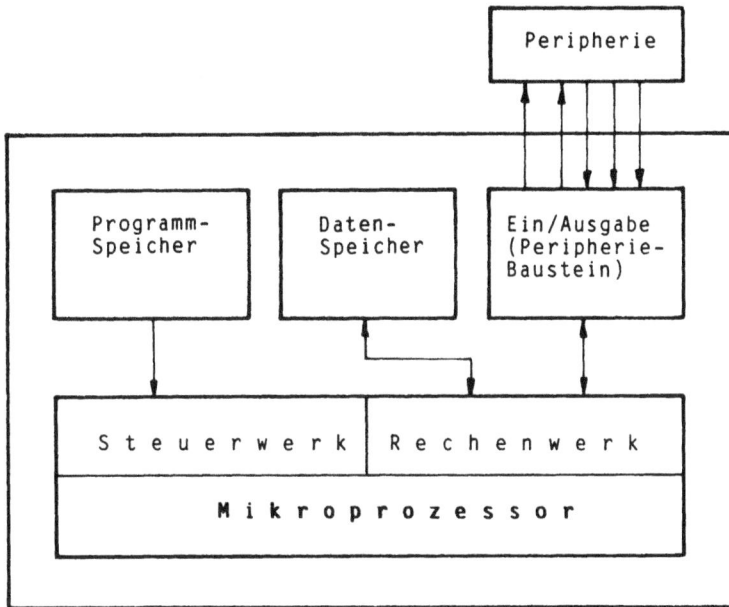

Bild 1-1: Aufbau eines Mikrorechners

Mikrorechner bestehen im wesentlichen aus dem Mikroprozessor, Programm-
und Datenspeichern sowie Ein/Ausgabeschaltungen für die Verbindung zur
Peripherie. Man unterscheidet folgende Bauformen:

Single-Chip-Mikrocomputer (Ein-Baustein-Mikrorechner) enthalten alle Funk-
tionseinheiten (Prozessor, Speicher und Ein/Ausgabeschaltungen) auf einem
Baustein der Größe 15 mal 50 mm. Das Programm besteht aus etwa 1000
Befehlen und befindet sich in einem Festwertspeicher auf dem Baustein. Der
Schreib/Lesespeicher kann etwa 100 Daten (Zeichen oder Zahlen) aufnehmen.
An den Anschlußbeinchen (ca. 40) stehen nur die Ein/Ausgabeleitungen für die
Peripherie zur Verfügung. Ein derartiger Baustein kostet zwischen 10 und 100
DM. Der Ein-Baustein-Mikrorechner wird vorzugsweise für die Steuerung von
kleineren Geräten (z.B. einfachen Druckern oder Meßgeräten) bei großen
Stückzahlen eingesetzt, bei denen es auf geringe Abmessungen ankommt. Man
kann ihn mehr als intelligenten Steuerbaustein denn als Rechner betrachten.

Single-Board-Mikrocomputer (Ein-Platinen-Mikrorechner) enthalten alle Funktionseinheiten eines Mikrorechners aufgebaut aus mehreren Bausteinen auf
einer Leiterplatte. Im einfachsten Fall enthält eine Platine im Europaformat
(100 x 160 mm) also einen Mikroprozessor z.B. vom Typ 8085, einen Festwert-
Speicherbaustein mit dem Programm, einen Schreib/Lese-Speicherbaustein für
die veränderlichen Daten und einige Ein/Ausgabebausteine für den Peripherie-

anschluß. Die Verbindungsleitungen, auf denen die Befehle und Daten zwischen den Bausteinen übertragen werden, bezeichnet man als Bus. Die Bausteine kosten zusammen ca. 50 DM, die Leiterplatte zwischen 50 und 200 DM. Dazu kommen die Kosten für das Programm und für die Peripherie. Das Haupteinsatzgebiet der Ein-Platinen-Mikrorechner liegt in der Steuerung von größeren Geräten wie z.B. elektronischen Schreibmaschinen oder Hobby-Computern. Die Entwicklung des Gerätes umfaßt den Entwurf des Rechners (Hardware), des Programms (Software) und die Anpassung an die Peripherie.

Bauplatten-Mikrocomputer bestehen aus mehreren Karten, meist im Europaformat, die in einem Rahmen zusammengesteckt werden. Hier teilt man den Mikrorechner auf in eine Prozessorkarte, Speicherkarten für Festwertspeicher, Speicherkarten für Schreib/Lesespeicher und Peripheriekarten für die Datenübertragung. Sein Haupteinsatzgebiet sind die Klein-EDV-Anlagen (Personal-Computer, Büro-Computer), die sich durch Einfügen neuer Karten leicht erweitern oder durch den Austausch defekter Karten schnell reparieren lassen. Für die Anwendung im technischen Bereich zur Steuerung von größeren Geräten und Anlagen werden von verschiedenen Herstellern Bauplattensysteme angeboten. Bei einem aus Bauplatten zusammengestellten Mikrorechner entfällt der größte Teil der Hardwareentwicklung, und die Entwicklung des Programms, der Software, kann sofort beginnen. Bei steigenden Stückzahlen kann es wirtschaftlich sein, bei unverändertem Programm aus einem Bauplatten-Mikrorechner einen maßgeschneiderten Ein-Karten-Mikrorechner zu entwickeln.

1.3 Die Programmierung von Mikrorechnern

Die sogenannten Maschinenbefehle im Programmspeicher des Mikrorechners sind binär verschlüsselt, d.h. sie bestehen nur aus Nullen und Einsen. In Programmlisten bedient man sich der kürzeren hexadezimalen Schreibweise, die jeweils vier Binärzeichen durch ein neues Zeichen ersetzt. Da diese Art der Programmdarstellung sehr unanschaulich ist, benutzt man beim Programmieren Sprachen, als wolle man mit dem Rechner "reden". Dabei unterscheidet man maschinennahe Sprachen, den Assembler, und aufgabennahe "höhere" Sprachen wie z.B. BASIC.

Bei der Programmierung von Problemen der Datenübertragung sind sehr genaue Kenntnisse über den Aufbau des Mikroprozessors und der Ein/Ausgabebausteine erforderlich. Hier bevorzugt man die maschinennahe Assemblersprache, die aus leicht merkbaren Abkürzungen besteht. Ein Assemblerbefehl entspricht einem Maschinenbefehl. Da jeder Mikroprozessor einen eigenen Befehls- und Registersatz hat, gibt es für jeden Prozessortyp eine eigene Assemblersprache, so daß sich im Assembler geschriebene Programme nicht zwischen verschiedenen Prozessortypen austauschen lassen. Die Programmierung im Assembler ist sehr zeitaufwendig, ergibt aber schnelle und kurze Programme.

Bei der Programmierung von EDV-Problemen wie z.B. einer Adressenverwaltung bevorzugt man "höhere" Programmiersprachen, die z.T. der Formel- und Algorithmenschreibweise der Mathematik entsprechen. Ein Algorithmus ist die mathematische Beschreibung eines Lösungsverfahrens. Ein Übersetzungsprogramm (Interpretierer oder Compiler) wandelt einen Befehl in mehrere Maschinenbefehle um. Die Programmierung in einer höheren problemorientierten Sprache erfordert keine Kenntnisse über den Aufbau und die Funktion des Mikrorechners und seiner Bausteine, die Programme sind zwischen verschiedenen Rechnern austauschbar. Sie sind jedoch länger und langsamer als entsprechende Assemblerprogramme.

Bild 1-2 zeigt einige Beispiele für Befehle in verschiedenen Darstellungen. Sie sind jedoch nicht miteinander vergleichbar, da z.B. der BASIC-Befehl zum Wurzelziehen im Assembler nur mit sehr hohem Aufwand programmiert werden kann.

Befehl binär	0011101000001000101000111
Befehl hexadezimal	3A 11 47
Assembler-Befehl	LDA WERT
BASIC-Befehl	LET WERT = 13

Bild 1-2:   Beispiele für verschiedene Befehlsarten

Mikrorechner in der technischen Anwendung werden vorzugsweise im Assembler oder in besonders auf technische Probleme zugeschnittenen Sprachen programmiert. In der Anwendung als Klein-EDV-Anlage bevorzugt man problemnahe Sprachen wie z.B. BASIC und greift bei der Datenübertragung auf Systemprogramme zurück, die mit der Anlage vom Hersteller geliefert werden und im Assembler geschrieben sind. Die Systemprogramme, die zum Betrieb eines Rechners erforderlich sind, bezeichnet man auch als Betriebssystem.

Dieses Buch beschäftigt sich ausschließlich mit der maschinenorientierten Programmierung im Assembler des Prozessors 8085. **Bild 1-3** faßt die wichtigsten Erkenntnisse dieser Einführung zusammen.

Mikrorechner-Hardware	Mikrorechner-Anwendungen	Mikrorechner-Software
Ein-Baustein- oder Kleinstsystem	Kleingeräte Meßgeräte Drucker	Assembler
Ein-Karten-System	Größere Geräte Schreibmaschine Tischcomputer	Assembler BASIC PASCAL C
Bauplatten-System	Prozeßrechner Klein-EDV-Anlagen	Assembler PASCAL C

Bild 1-3:   Anwendung, Bauformen und Programmierung von Mikrorechnern

Der im vorliegenden Buch behandelte Prozessor 8085A ist ein Universalprozessor, der früher in allen Anwendungsbereichen (Bild 1-3) eingesetzt wurde. Er wird heute zunehmend durch andere Bauformen abgelöst. Für die Steuerung von Kleingeräten (Meß- und Anzeigegeräten, Tastaturen, Druckern) verwendet man fast ausschließlich Single-Chip-Systeme. Die Personal Computer (PC) enthalten heute vorwiegend 16- und 32-Bit-Prozessoren z.T. mit Coprozessoren für arithmetische Befehle und mathematische Funktionen. In nachrichtentechnischen Anwendungen findet man vielfach Prozessoren, die auf bestimmte Anwendungen zugeschnitten sind. Ein Beispiel sind die "Digitalen Signalprozessoren" (DSP) zum Aufbau von digitalen Filtern und Regelungen im Echtzeitbetrieb.

2 Grundlagen

Dieser Abschnitt ist für Leser ohne Vorkenntnisse gedacht, die ohne begleitenden Unterricht arbeiten. Wer bereits mit den Grundlagen der Datenverarbeitung und Digitaltechnik vertraut ist, kann diesen Abschnitt überschlagen.

2.1 Darstellung der Daten im Mikrorechner

Daten sind Zahlen (z.B. Meßwerte), Zeichen (z.B. Buchstaben) oder analoge Signale (z.B. Spannungen). Sie werden im Rechner binär gespeichert und verarbeitet. Binär heißt zweiwertig, es sind also nur zwei Zustände entsprechend **Bild 2-1** erlaubt:

```
          wahr     -   falsch

    Schalter ein    -   Schalter aus

   hohes Potential  -   niedriges Potential

    HIGH-Potential  -   LOW-Potential
```

Bild 2-1: Binäre Zustände

Die Datenverarbeitung bezeichnet die beiden Zustände mit den Ziffern Null und Eins. In der Digitaltechnik wird ein niedriges Potential zwischen 0 und 0,8 Volt als **LOW** bezeichnet; ein hohes Potential zwischen 2 und 5 Volt heißt **HIGH** .

Eine Speicherstelle, die eines der beiden Binärzeichen enthält, nennt man ein Bit. Acht Bits, also acht Speicherstellen, bilden ein Byte. Weitere Einheiten entsprechend **Bild 2-2** sind das Kilobyte für 1024 Bytes und das Megabyte für 1024 Kilobytes.

Bit	= Speicherstelle mit 0 oder 1
Byte	= Speicherwort aus acht Bits
Kilobyte	= 1024 Bytes
Megabyte	= 1024 Kilobyte = 1 048 576 Bytes

Bild 2-2: Speichereinheiten

Für die Darstellung von Zahlen gibt es zwei Möglichkeiten: die BCD-Codierung und die duale Zahlendarstellung.

BCD bedeutet Binär Codierte Dezimalziffer. Jede Dezimalziffer wird entsprechend **Bild 2-3** binär verschlüsselt (codiert). Dabei bleibt jedoch die Zahl im dezimalen Zahlensystem erhalten.

Ziffer	Code	Beispiel:
0	0000	
1	0001	Dezimalzahl 123 = 000100100011
2	0010	
3	0011	Ziffer 1 0001
4	0100	
5	0101	Ziffer 2 0010
6	0110	
7	0111	Ziffer 3 0011
8	1000	
9	1001	

Bild 2-3: BCD-Codierung

Das duale Zahlensystem kennt nur die beiden Ziffern 0 und 1. Die Dezimalzahl 123 lautet in dieser Darstellung 01111011. Da wir unsere Daten dezimal eingeben und auch die Ergebnisse dezimal erwarten, ist bei der dualen Speicherung von Zahlen im Rechner eine Umwandlung der Zahlen erforderlich.

Für die binäre Darstellung von Zeichen verwendet man Codes, mit denen man alle Buchstaben, Ziffern und Sonderzeichen der Schreibmaschinentastatur darstellen kann. **Bild 2-4** zeigt einen Ausschnitt aus dem in der Mikrorechnertechnik vorwiegend verwendeten ASCII-Code. Der Anhang enthält die vollständige Tabelle.

Buchstaben	Ziffern	Sonderzeichen
A = 01000001	0 = 00110000	! = 00100001
B = 01000010	1 = 00110001	" = 00100010
C = 01000011	2 = 00110010	# = 00100011
D = 01000100	3 = 00110011	$ = 00100100
E = 01000101	4 = 00110100	% = 00100101
F = 01000110	5 = 00110101	& = 00100110
.	.	.
.	.	.

Bild 2-4: ASCII-Codierung

ASCII ist eine Abkürzung aus dem Amerikanischen und bedeutet frei übersetzt: Amerikanischer Normcode für den Austausch von Nachrichten. Er wurde ursprünglich für den Fernschreibverkehr verwendet. Zu den sieben Bits des eigentlichen Zeichens fügt man oft ein achtes Bit als Kontrollbit hinzu. Damit kann ein Byte genau ein Zeichen speichern. Der Code ist regelmäßig aufgebaut. Die letzten vier Bits der Zifferncodierung z.B. entsprechen dem BCD-Code.

Analoge Signale (Spannungen und Ströme) werden durch Wandlerbausteine in binäre Werte umgesetzt. Sie finden besondere Anwendung in der Meßtechnik.

2.2 Zahlensysteme und Umrechnungsverfahren

Dezimal	Dual	Aufbau der Dualzahl
0	0000	0 + 0 + 0 + 0 = 0
1	0001	0 + 0 + 0 + 1 = 1
2	0010	0 + 0 + 2 + 0 = 2
3	0011	0 + 0 + 2 + 1 = 3
4	0100	0 + 4 + 0 + 0 = 4
5	0101	0 + 4 + 0 + 1 = 5
6	0110	0 + 4 + 2 + 0 = 6
7	0111	0 + 4 + 2 + 1 = 7
8	1000	8 + 0 + 0 + 0 = 8
9	1001	8 + 0 + 0 + 1 = 9

Bild 2-5: Die ersten neun Dualzahlen

Der einfachste Weg zu den Dualzahlen führt über das Zählen. Die Zahlen 0 und 1 sind im dezimalen und im dualen Zahlensystem gleich. Da damit im Dualsystem der Wertevorrat erschöpft ist, rückt man eine Stelle nach links, und es ergibt sich die Dualzahl 10 für die dezimale 2. **Bild 2-5** zeigt die ersten neun Dualzahlen nach der Zählmethode. Sie entsprechen den BCD-Codierungen.

Im Dezimalsystem läßt man führende Nullen fort. Da die Rechentechnik mit einer festen Stellenzahl arbeitet, müssen führende Nullen entsprechend der Zahl der Stellen mitgeführt werden, denn den binären Wert "leer" gibt es nicht. Für die Umwandlung größerer Zahlen gibt es Verfahren, die sich aus dem Aufbau der Zahlensysteme herleiten lassen.

Das dezimale Zahlensystem verwendet die zehn Ziffern von 0 bis 9. Der Wert einer Ziffer hängt von der Stelle ab, an der sie steht. **Bild 2-6** zeigt als Beispiel den Aufbau der Dezimalzahl 123.

$$\text{dezimal} \quad 123 \; = \; 1 \cdot 10^2 \; + \; 2 \cdot 10^1 \; + \; 3 \cdot 10^0$$
$$= \quad 100 \quad + \quad 20 \quad + \quad 3$$
$$= \quad 123$$

Bild 2-6: Aufbau der Dezimalzahl 123

Die Wertigkeiten der Stellen sind Potenzen zur Basis 10. Multipliziert man jede Ziffer mit ihrer Wertigkeit und addiert man die Produkte, so ergibt sich wieder die ursprüngliche Zahl.

Das duale Zahlensystem verwendet die beiden Ziffern 0 und 1. Daher sind die Wertigkeiten der Dualstellen Potenzen zur Basis 2. **Bild 2-7** zeigt als Beispiel die Umrechung der Dualzahl 01111011 in eine Dezimalzahl und die Umwandlungsregel.

$$\underline{\text{dual}} \quad 01111011 = 0 \cdot 2^7 + 1 \cdot 2^6 + 1 \cdot 2^5 + 1 \cdot 2^4 + 1 \cdot 2^3 + 0 \cdot 2^2 + 1 \cdot 2^1 + 1 \cdot 2^0$$
$$= 0 \quad + 64 \; + 32 \; + 16 \; + 8 \quad + 0 \quad + 2 \quad + 1$$
$$= 123 \quad \underline{\text{dezimal}}$$

Umwandlungsregel

Die Dualstellen sind mit ihrer Wertigkeit zu multiplizieren. Die Produkte ergeben addiert die Dezimalzahl.

Bild 2-7: Umwandlung einer Dualzahl in eine Dezimalzahl

Will man umgekehrt eine Dezimalzahl in eine Dualzahl umrechnen, so ist sie in Zweierpotenzen zu zerlegen. **Bild 2-8** zeigt als Beispiel die Umwandlung der Dezimalzahl 123 in eine achtstellige Dualzahl und die Umwandlungsregel (Divisionsrestverfahren).

```
dezimal   123 : 2 = 61 Rest 1 ┐         oder 123 = 2·61 + 1
           61 : 2 = 30 Rest 1 │┐        oder  61 = 2·30 + 1
           30 : 2 = 15 Rest 0 ││┐       oder  30 = 2·15 + 0
           15 : 2 =  7 Rest 1 │││┐      oder  15 = 2·7  + 1
            7 : 2 =  3 Rest 1 ││││┐     oder   7 = 2·3  + 1
            3 : 2 =  1 Rest 1 │││││┐    oder   3 = 2·1  + 1
            1 : 2 =  0 Rest 1 ││││││┐   oder   1 = 2·0  + 1
            0 : 2 =  0 Rest 0 │││││││   oder   0 = 2·0  + 0
                              ↓↓↓↓↓↓↓↓
          Dualzahl   01111011
```

Umwandlungsregel

Die Dezimalzahl wird laufend durch die Zahl 2 dividiert, bis das Ergebnis 0 ist. Die Reste (0 oder 1) ergeben die Dualstellen. Bei der ersten Division entsteht die wertniedrigste Stelle, bei der letzten Division entsteht die werthöchste Stelle der Dualzahl.

Bild 2-8: Umwandlung einer Dezimalzahl in eine Dualzahl

```
  + 123 dezimal   =  01111011   dual

komplementieren   :  10000100

   1 addieren     :       + 1
                     _____

  - 123 dezimal   =  10000101   dual
```

Umwandlungsregel

Die positive Dualzahl wird mit führenden Nullen versehen und Stelle für Stelle komplementiert (aus 0 mach 1 und aus 1 mach 0). Dann ist eine 1 zu addieren. Eine negative Dualzahl enthält immer eine 1 in der höchsten Bitposition.

Bild 2-9: Bildung negativer Dualzahlen

Es lassen sich auch negative Dualzahlen bilden. Von den verschiedenen Möglichkeiten soll nur die bei Mikrorechnern gebräuchliche Darstellung im Zweier-Komplement erwähnt werden. Zur Bildung einer negativen Dualzahl wird der positive Wert Stelle für Stelle komplementiert (ergänzt), und es wird zusätzlich eine 1 addiert. **Bild 2-9** zeigt ein Beispiel und die Umwandlungsregel.

Aus einer negativen Dualzahl wird durch Rückkomplementieren nach dem gleichen Verfahren wieder eine positive Dualzahl, denn eine doppelte Verneinung hebt sich auf. Man beachte, daß bei vorzeichenbehafteten Dualzahlen die ganz links stehende Stelle nicht mehr Bestandteil der Zahl ist, sondern das Vorzeichen darstellt. Eine 0 bedeutet positiv, eine 1 negativ.

Beim Programmieren und bei der Eingabe und Ausgabe von Daten arbeitet man normalerweise im dezimalen Zahlensystem; zur Zahlenumwandlung gibt es fertige Systemprogramme oder Tabellen. Bei der Entwicklung von Hardware und bei der Fehlersuche in Programmen kann es jedoch vorkommen, daß sich der Entwickler mit Speicherinhalten beschäftigen muß. Diese werden in der Regel nicht binär, so wie sie im Speicher stehen, sondern hexadezimal ausgegeben. Das hexadezimale Zahlensystem entsteht durch Zusammenfassung von vier Dualstellen zu einem neuen Zeichen. Entsprechend **Bild 2-10** verwendet es die Ziffern 0 bis 9 und zusätzlich die Buchstaben A bis F.

Dual	Hexadezimal	Dezimal
0000	0	0
0001	1	1
0010	2	2
0011	3	3
0100	4	4
0101	5	5
0110	6	6
0111	7	7
1000	8	8
1001	9	9
1010	A	10
1011	B	11
1100	C	12
1101	D	13
1110	E	14
1111	F	15

Bild 2-10: Die 16 Hexadezimalziffern von 0 bis F

Die Dezimalzahl 123 lautet als achtstellige Dualzahl 01111011 und als zweistellige Hexadezimalzahl 7B. Das hexadezimale Zahlensystem hat 16 Ziffern; die Wertigkeiten der Stellen sind Potenzen zur Basis 16. In den Umrechnungsverfahren der Bilder 2-7 und 2-8 ist anstelle der 2 die 16 zu setzen. Auch binäre Speicherinhalte, die keine Dualzahlen sind wie z.B. Befehle oder Zeichencodierungen, werden ebenfalls kürzer hexadezimal ausgegeben. Der Buchstabe A ist entsprechend Bild 2-4 binär 01000001 hexadezimal 41.

2.3 Rechenschaltungen

Die Boolsche Algebra der Mathematik arbeitet mit den beiden (binären) logischen Zuständen "wahr" und "falsch". Die Digitaltechnik entwickelte daraus die Schaltalgebra. Sie bildet die Grundlage für das Rechnen mit Dualzahlen und binär codierten Daten. **Bild 2-11** faßt die wichtigsten logischen Funktionen zusammen.

Name	JA	NICHT (NOT)	UND (AND)	ODER (OR)	EODER (XOR)	NICHT UND (NAND)	NICHT ODER (NOR)
Tabelle	X Z 0 0 1 1	X Z 0 1 1 0	X Y Z 0 0 0 0 1 0 1 0 0 1 1 1	X Y Z 0 0 0 0 1 1 1 0 1 1 1 1	X Y Z 0 0 0 0 1 1 1 0 1 1 1 0	X Y Z 0 0 1 0 1 1 1 0 1 1 1 0	X Y Z 0 0 1 0 1 0 1 0 0 1 1 0
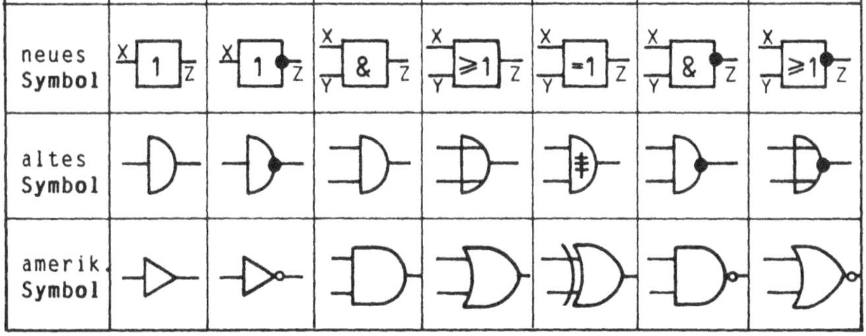 neues Symbol							
altes Symbol							
amerik. Symbol							

Bild 2-11: Logische Grundfunktionen

Die **JA-Schaltung** zeigt an ihrem Ausgang immer den am Eingang anliegenden Zustand. Sie wird als Verstärker oder Treiber verwendet.

Die **NICHT-Schaltung** verneint oder negiert den am Eingang anliegenden Zustand. Sie wird zur Bildung des Komplementes bei der Darstellung negativer Zahlen verwendet.

Die **UND-Schaltung** hat nur dann am Ausgang eine 1, wenn beide Eingänge 1 sind. Dies gilt auch für UND-Schaltungen mit mehr als zwei Eingängen. Die UND-Schaltung bildet das logische Produkt nach dem kleinen Einmaleins der Dualzahlen.

Die **ODER-Schaltung** hat nur dann am Ausgang eine 0, wenn beide Eingänge 0 sind. Dies gilt auch für ODER-Schaltungen mit mehr als zwei Eingängen. Die ODER-Schaltung bildet die logische Summe, die jedoch für den Fall 1 + 1 = 10 korrigiert werden muß, da sich ein Übertrag auf die nächste Stelle ergibt.

Die **EODER-Schaltung** hat nur dann am Ausgang eine 0, wenn beide Eingänge gleich sind, also beide 0 oder beide 1. EODER bedeutet "Entweder oder, aber nicht alle beide ". Die EODER-Schaltung bildet die logische Differenz, bei der für den Fall 0 - 1 = 1 von der folgenden Stelle geborgt werden muß.

Die NICHT-UND- und die NICHT-ODER-Schaltungen entstehen durch eine zusätzliche Verneinung am Ausgang der UND- bzw. ODER-Schaltung. Die amerikanischen Bezeichnungen **NAND** für NOT-AND und **NOR** für NOT-OR sind bereits Bestandteil der deutschen Fachsprache geworden.

Für die Addition zweier Dualstellen ist eine Schaltung erforderlich, an deren Eingängen die beiden Dualstellen anliegen und an deren Ausgängen die einstellige Summe und der Übertrag auf die nächste Stelle erscheinen. **Bild 2-12** zeigt die Wertetabelle und die Schaltung eines Halbaddierers.

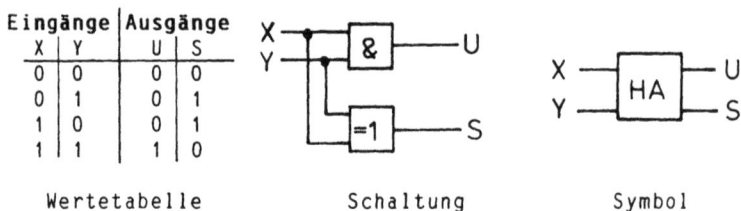

Eingänge		Ausgänge	
X	Y	U	S
0	0	0	0
0	1	0	1
1	0	0	1
1	1	1	0

Wertetabelle   Schaltung   Symbol

Bild 2-12: Halbaddierer

Ein Vergleich mit den Wertetabellen der logischen Grundfunktionen zeigt, daß die EODER-Schaltung die Summe und die UND-Schaltung den Übertrag bildet. Auf einen systematischen Entwurf einer logischen Schaltung aus der Wertetabelle kann an dieser Stelle nicht eingegangen werden. Der Halbaddierer eignet sich nur zur Addition der wertniedrigsten (letzten) Stellen zweier Dualzahlen, da bei allen folgenden Stellen ein Übertrag der vorhergehenden Stelle mit berücksichtigt werden muß. **Bild 2-13** zeigt die Wertetabelle und die Schaltung eines Volladdierers, der drei Eingänge und zwei Ausgänge hat.

Der erste Halbaddierer addiert die beiden Dualstellen X und Y. Die Zwischensumme läuft mit dem Übertrag UV der vorhergehenden Stelle über den zweiten Halbaddierer und bildet die Ergebnissumme S. Eine ODER-Schaltung addiert die beiden Teilüberträge der Halbaddierer zum Gesamtübertrag UN, der an den nächsten Volladdierer weiter zu reichen ist. **Bild 2-14** zeigt die Schaltung eines Addierwerkes aus acht Volladdierern, das zwei achtstellige Dualzahlen addieren kann, die parallel auf je acht Leitungen am Eingang ankommen.

Eingänge			Ausgänge	
X	Y	UV	UN	S
0	0	0	0	0
0	0	1	0	1
0	1	0	0	1
0	1	1	1	0
1	0	0	0	1
1	0	1	1	0
1	1	0	1	0
1	1	1	1	1

Wertetabelle   Schaltung   Symbol

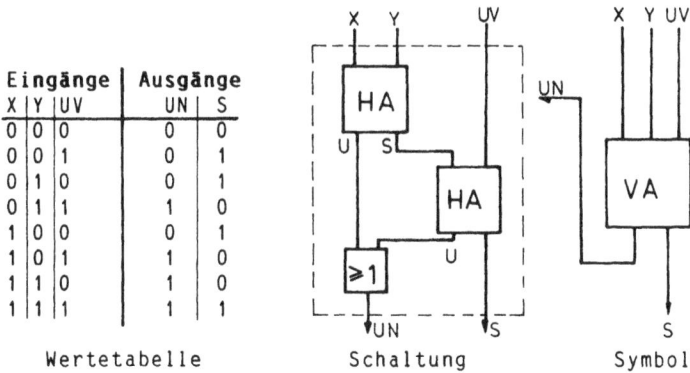

Bild 2-13: Volladdierer

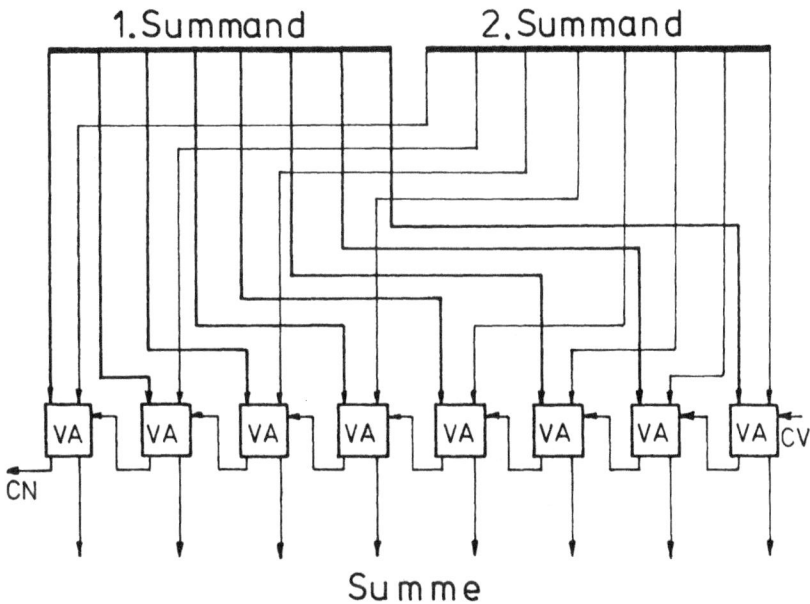

Bild 2-14: Achtstelliger Paralleladdierer

Der Übertragsausgang des werthöchsten Volladdierers wird mit C für Carry = Übertrag bezeichnet. Ist C = 1, so ist bei der Addition zweier achtstelliger Dualzahlen eine neunte Stelle entstanden. Dies kann als Fehleranzeige dienen, da der zulässige Zahlenbereich überschritten wurde. Der Addierer kann auch subtrahieren, wenn man die abzuziehende Dualzahl vorher mit einer NICHT-

Schaltung komplementiert und zusätzlich über den Übertragseingang des wertniedrigsten Volladdierers eine 1 addiert. Die Subtraktion wird auf die Addition der negativen Zahl zurückgeführt: A - B = A + (-B). **Bild 2-15** zeigt
abschließend das Symbol einer Arithmetisch-logischen Einheit, die addiert,
subtrahiert und logische Operationen ausführt.

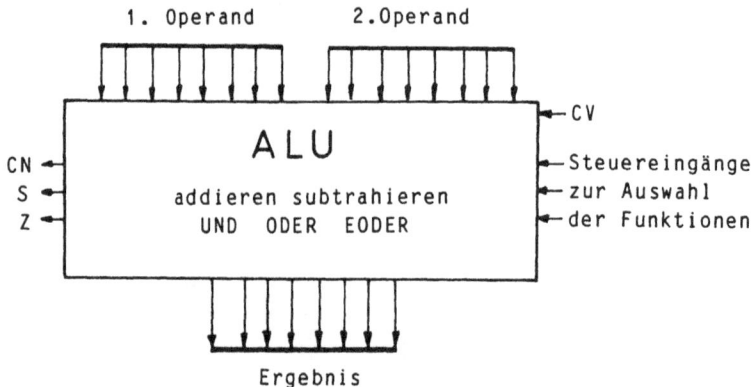

1. Operand   2.Operand

ALU

CN
S
Z

CV

Steuereingänge
zur Auswahl
der Funktionen

addieren subtrahieren
UND ODER EODER

Ergebnis

Bild 2-15: Arithmetisch-logische Einheit für acht Bit

ALU ist eine Abkürzung für Arithmetic-Logic Unit gleich Arithmetisch-
logische Einheit. Sie ist Bestandteil des Rechenwerkes eines Mikroprozessors.
Die ALU enthält zweimal acht Dateneingänge für die zu verknüpfenden Operanden und acht Datenausgänge für das Ergebnis. Der Übertragseingang CV
addiert bei einer Subtraktion zusätzlich eine 1 zum Komplement oder kann bei
einer Addition von mehr als acht bit langen Dualzahlen den Zwischenübertrag
addieren. Daher ist der Übertrag des Übertragsausgangs C zwischen den Teil-
additionen zu speichern. Der Ausgang S für Sign gleich Vorzeichen ist gleich
dem werthöchsten Bit des Ergebnisses und enthält das Vorzeichen bei vorzeichenbehafteten Dualzahlen. Der Ausgang Z für Zero gleich Null zeigt über eine
Logikschaltung (NOR mit acht Eingängen), ob das Ergebnis gleich Null ist.
Über die Steuereingänge wird die gewünschte Operation der ALU ausgewählt,
also Addition, Subtraktion, UND-Funktion, ODER-Funktion oder EODER-
Funktion. An diesen Eingängen liegt beim Mikroprozessor der Funktionscode
des Befehls.

2.4 Speicherschaltungen

Speicherschaltungen haben die Aufgabe, binäre Zustände (0 oder 1) aufzunehmen, zu speichern und auf Abruf wieder abzugeben. Die einfachste Speicher-
schaltung besteht aus zwei rückgekoppelten NAND-Schaltungen entsprechend
Bild 2-16. Ein Flipflop kann auch aus zwei NOR-Schaltungen bestehen.

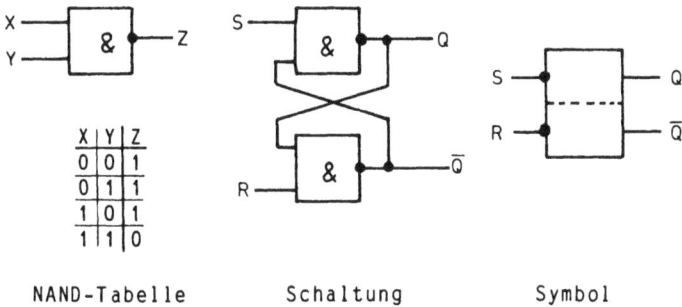

X	Y	Z
0	0	1
0	1	1
1	0	1
1	1	0

NAND-Tabelle   Schaltung   Symbol

Bild 2-16: NAND-Flipflop

Das Wort "Flipflop" kommt aus der amerikanischen Laborsprache und bedeutet
so viel wie "Klick-Klack". Die deutsche Bezeichnung "Bistabiler Multivibrator"
hat sich nicht durchgesetzt. Die Schaltung hat zwei Eingänge und zwei Ausgänge. Mit dem S-Eingang kann man den Speicher auf 1 setzen, mit dem R-
Eingang auf 0 rücksetzen. Der Ausgang Q ist gleich dem Speicherinhalt, der
Ausgang $\overline{Q}$ ist durch einen Querstrich gekennzeichnet und enthält das Komplement (Verneinung) von Q.

Ruhe- oder Speicherzustand:
Bild 2-17 zeigt den Speicherzustand des NAND-Flipflops. Der linke Teil zeigt
die Speicherung des Wertes Q = 0, der rechte den des Wertes Q = 1.

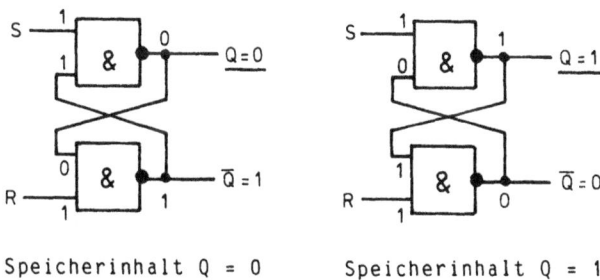

Speicherinhalt Q = 0   Speicherinhalt Q = 1

Bild 2-17: Speicherzustand des NAND-Flipflops

Ist ein Eingang der NAND-Schaltung 1, so hängt der Ausgang vom Zustand des anderen Eingangs ab. Ist der Speicherinhalt Q = 0 (linkes Bild), so liegt die 0 zusammen mit R = 1 am unteren NAND und ergibt am Ausgang $\overline{Q}$ = 1. Diese 1 wird auf das obere NAND zurückgeführt und ergibt zusammen mit S = 1 wieder den Ausgang Q = 0: die Schaltung speichert stabil den Inhalt 0.

Auch für den Speicherzustand Q = 1 (rechtes Bild) ergibt sich wieder ein stabiler Zustand, so daß also R = S = 1 auf jeden Fall einen der beiden Speicherzustände Q = 0 oder Q = 1 festhält (speichert).

Einschreiben einer 1 (Setzen):
Bringt man den Setzeingang S kurzzeitig auf 0, so ergibt sich immer der Ausgang und damit der Speicherinhalt Q = 1. R muß dabei auf 1 bleiben.

Einschreiben einer 0 (Rücksetzen):
Bringt man den Rücksetzeingang R kurzzeitig auf 0, so ergibt sich immer der Ausgang $\overline{Q}$ = 1 und damit der Speicherinhalt Q = 0. S muß dabei auf 1 bleiben.

Das NAND-Flipflop wird auch als RS-Flipflop bezeichnet. Es dient z.B. zum Entprellen von Schaltern und Tastern. Die Eingänge R und S schalten mit einem 0-Signal, sie sind also "aktiv LOW".

Das einfache RS-Flipflop kann entsprechend **Bild 2-18** zum D-Flipflop erweitert werden.

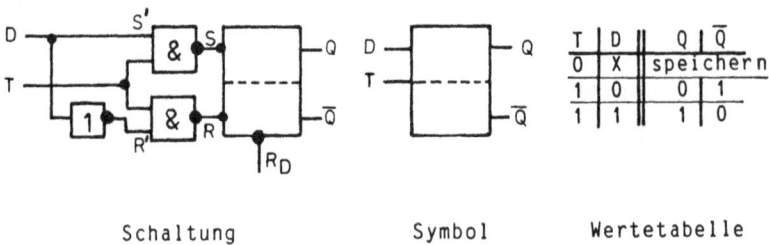

| | Schaltung | | Symbol | | Wertetabelle | |

Bild 2-18: D-Flipflop

D bedeutet Delay wie Verzögerung. Dieses Flipflop hat nur noch einen einzigen Dateneingang D. Die NICHT-Schaltung sorgt dafür, daß die Eingänge R' und S' der beiden NAND-Schaltungen immer komplementär zueinander sind. Die NAND-Schaltungen kann man sich aufgeteilt denken in ein UND mit einem folgenden NICHT. Durch das UND werden die Daten nur dann weitergereicht, wenn der Takt T gleich 1 ist. Die NICHT-Schaltung komplementiert die Daten. Der D-Eingang ist jetzt "aktiv HIGH". D = 1 wird als Q = 1 gespeichert, D = 0 als Q = 0. **Bild 2-19** zeigt den zeitlichen Verlauf eines Schreibvorganges.

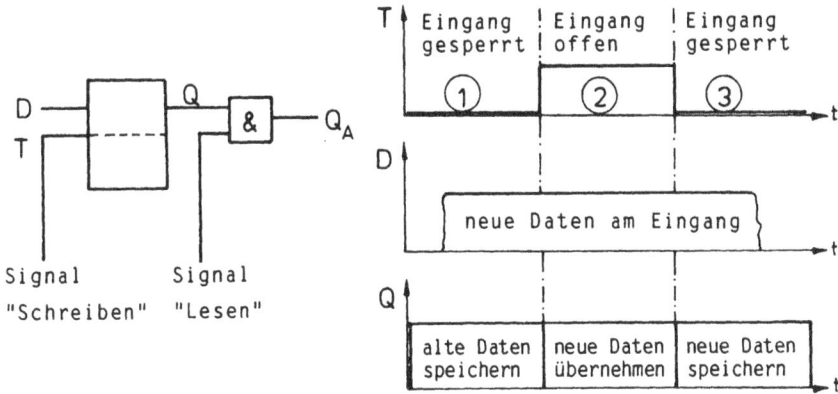

Bild 2-19: Schreiben eines D-Flipflops

Im Bereich 1 ist der Schreibtakt 0, damit sind die Eingänge R und S des RS-Flipflops unabhängig von den an D bzw. R' und S' anliegenden Daten immer 1. Der Eingang ist gesperrt, das Flipflop speichert.

Im Bereich 2 ist der Schreibtakt 1, damit werden die am Eingang D anliegenden Daten über R' und S' in das Flipflop übernommen und erscheinen am Ausgang Q. Während des Taktzustandes T = 1 dürfen sich die Daten nicht ändern. Das vorliegende Flipflop wird durch den Zustand des Taktes gesteuert. Daneben gibt es auch Flipflops, die durch eine Taktflanke gesteuert werden. Die Übernahme erfolgt dann nur zu dem Zeitpunkt, zu dem sich der Takt von 0 auf 1 (positive Flanke) oder von 1 auf 0 (negative Flanke) ändert.

Im Bereich 3 ist der Schreibtakt wieder 0. Damit ist die Datenübernahme wieder gesperrt, und das Flipflop bewahrt die Daten bis zum nächsten Schreibvorgang auf.

Der Ausgang Q des Flipflops kann jederzeit ohne Veränderung des Inhaltes gelesen werden. Dies kann durch das Anlegen eines Lesetaktes geschehen. D-Flipflops werden unter der Bezeichnung Latch - frei übersetzt Auffangspeicher - als Register für die Eingabe und Ausgabe von Daten verwendet.

Für rechentechnische Anwendungen ist es oft nötig, in einem Flipflop gleichzeitig einen alten Speicherinhalt im Hauptspeicher zu behalten und einen neuen Inhalt zunächst in einen Vorspeicher zu schreiben. **Bild 2-20** zeigt die Schaltung eines Master-Slave-Flipflops zusammen mit dem zeitlichen Verlauf der Datenübernahme.

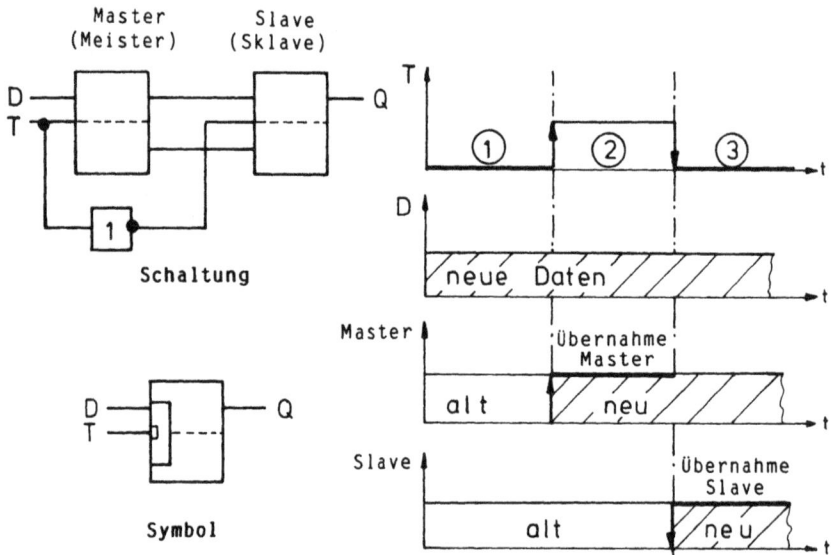

Bild 2-20: Master-Slave-Flipflop

Der Vorspeicher heißt Master gleich Meister, der Hauptspeicher Slave wie Sklave. Neue Daten liegen am Eingang des Meisters; der Sklave erhält seine Daten vom Meister. Die Übernahme erfolgt jedoch durch den negierten Takt des Sklaven zu unterschiedlichen Zeitpunkten.

Im Bereich 1 ist der Takt des Meisters 0. Dadurch ist sein Dateneingang gesperrt. Der Takt des Sklaven dagegen ist 1. Der Sklave übernimmt die Daten des Meisters; beide Flipflops haben den gleichen Inhalt.

Im Bereich 2 ist der Takt des Meisters 1, und er übernimmt die an seinem Eingang anliegenden Daten. Der Takt des Sklaven dagegen ist 0; daher behält dieser noch seinen alten Inhalt. Im Bereich 2 speichert also der Meister bereits die neuen Daten, während der Sklave noch die alten Werte festhält.

Im Bereich 3 übernimmt wie im Bereich 1 der Sklave die Daten des Meisters; beide Flipflops haben wieder den gleichen Inhalt.

Acht parallele Master-Slave-Flipflops entsprechend **Bild 2-21** bilden den Akkumulator, das wichtigste Datenregister im Rechenwerk eines Mikroprozessors.

1. Operand   2.Operand

8 - Bit - Arithmetisch Logische Einheit

C

C

S

Z

8 - Bit - Akkumulator

T

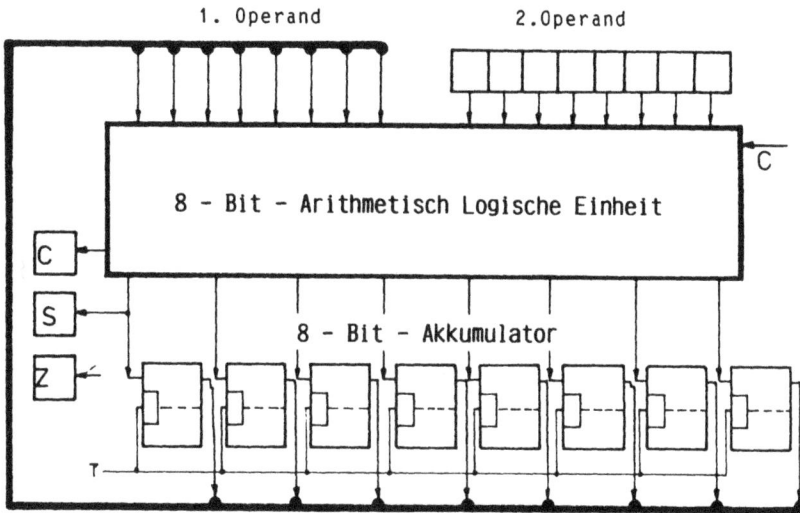

Bild 2-21: ALU und Akkumulator für acht Bit

Der Akkumulator gibt an seinen Ausgängen z.B. eine zu addierende Dualzahl an die arithmetisch-logische Einheit ab und nimmt an seinen Eingängen die Summe auf. Der zweite Summand kann z.B. aus einem aus D-Flipflops bestehenden Datenregister kommen. Akkumulator bedeutet Sammler. Er gibt seinen Speicherinhalt auf acht parallelen Leitungen gleichzeitig ab und nimmt an seinen acht Eingängen das Ergebnis auf acht parallelen Leitungen auf. Er wird daher auch als paralleles Schieberegister bezeichnet.

Eine Rückführung der Ausgänge eines Master-Slave-Flipflops auf die Eingänge entsprechend **Bild 2-22** liefert einen 2:1-Frequenzteiler, mit dem sich eine Zählerkette aufbauen läßt.

Jede fallende Taktflanke schaltet den Ausgang eines Zählelementes um, d.h. von 0 auf 1 oder von 1 auf 0. Die im Bild untereinander gezeichneten logischen Zustände der Takte bilden eine Dualzahl, die z.B. mit 0000 beginnend mit jedem Takt um 1 weitergezählt wird. Auf den größten Wert 1111 folgt wieder der Anfangswert 0000. Andere hier nicht behandelte Zähler lassen sich mit einem Anfangswert laden und wahlweise aufwärts oder abwärts zählen. Das Zählen geht schaltungstechnisch schneller und einfacher als die Addition oder Subtraktion der Zahl 1.

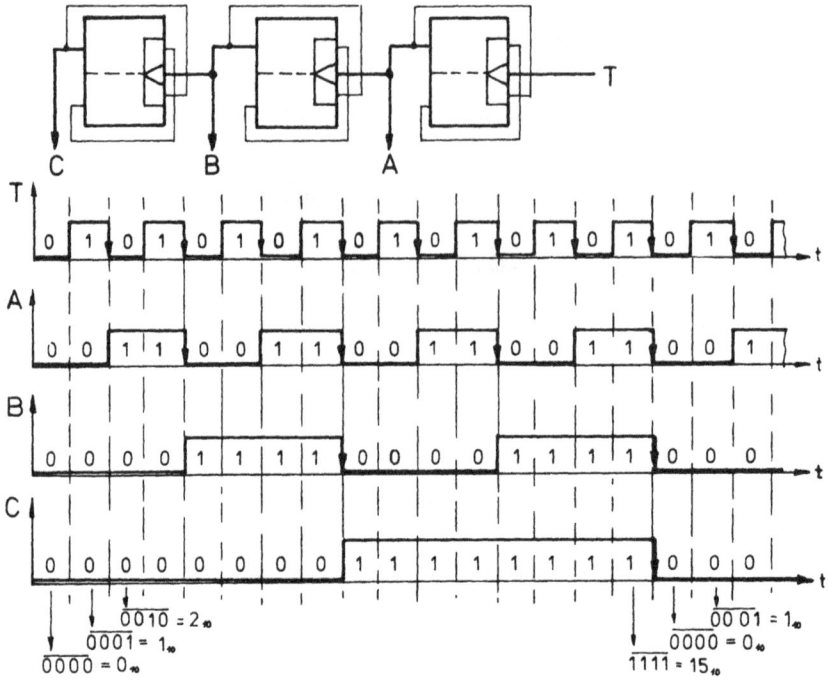

Bild 2-22: Vierstelliger Binärzähler

2.5 Aktive Zustände von Steuersignalen

Die Arbeitsgeschwindigkeit eines Mikrorechners hängt ab von den Schaltzeiten seiner Rechen- und Speicherschaltungen. Diese ergeben sich aus den Zeiten für den Aufbau und den Abbau von Ladungsträgern in den Halbleiterschichten. Schaltet man mehrere Logikbausteine (z.B. NICHT, UND, ODER) wie bei einem Volladdierer Bild 2-13 hintereinander, so addieren sich ihre Laufzeiten. Besonders zeitkritisch ist der achtstellige Paralleladdierer nach Bild 2-14, bei dem der Gesamtübertrag acht Volladdierer durchlaufen muß. Aus diesem Grunde werden derartige Schaltungen in der Praxis möglichst aus parallelen Logikelementen aufgebaut. Dadurch erhöht sich jedoch die Anzahl der Elemente und damit ihr Platz- und Leistungsbedarf. Die Bilder dieses Abschnitts zeigen nur die Funktionsweise der Rechen- und Speicherschaltungen, nicht jedoch ihren tatsächlichen Aufbau im Mikrorechner.

Der zeitliche Ablauf aller Funktionen eines Mikrorechners wird durch den Takt gesteuert. Dies ist ein von außen an den Mikroprozessor angelegtes Rechtecksignal von ca. 1 bis 10 MHz, für das es jedoch aus technologischen Gründen eine obere und auch eine untere Frequenzgrenze gibt. Innerhalb dieser aus den Datenblättern der Bausteine ersichtlichen Grenzen kann der Benutzer die Arbeitsgeschwindigkeit seines Mikrorechners durch den Takt selbst bestimmen. Aus dem Takt leitet das Steuerwerk des Mikroprozessors entsprechend **Bild 2-23** weitere Steuersignale ab.

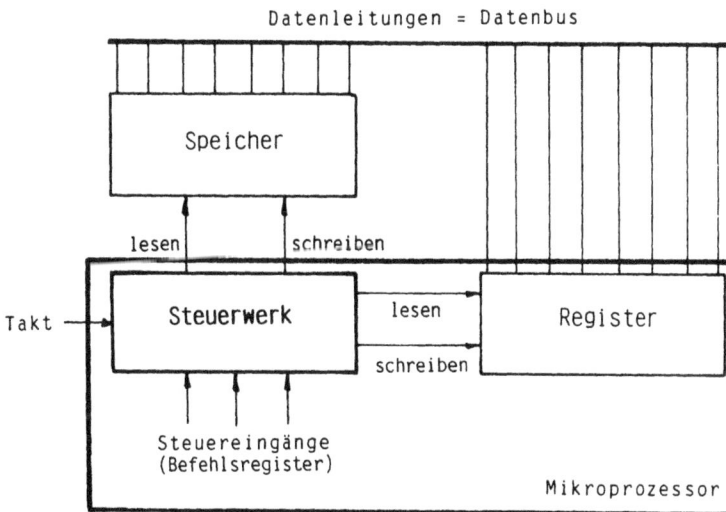

Bild 2-23: Steuerwerk und Steuersignale

Das Steuerwerk besteht aus Logik-, Speicher- und Zählschaltungen. Aus dem Takteingang und weiteren Steuereingängen werden die äußeren Steuersignale (z.B. Speicher Lesen und Schreiben) und die inneren Steuersignale (z.B. Takteingänge von Registern) abgeleitet. **Bild 2-24** zeigt als Beispiel den zeitlichen Verlauf der Signale "Lesen" und "Schreiben", die zu den Speicherbausteinen führen.

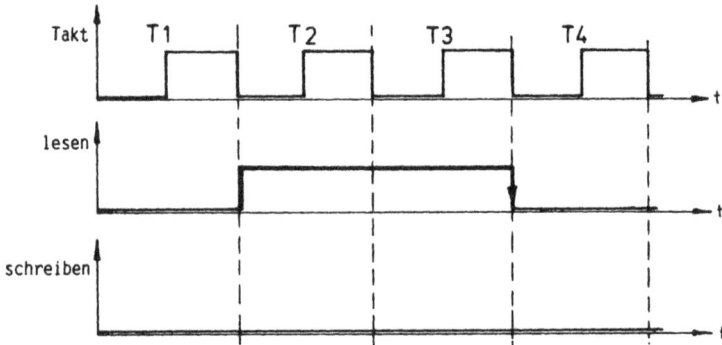

Bild 2-24: Zeitlicher Verlauf eines "aktiv-HIGH"-Lesesignals

Die beiden Steuersignale "Lesen" und "Schreiben" des Beispiels sind "aktiv HIGH". Ein hohes Potential bzw. eine logische 1 löst den gewünschten Vorgang aus.

Takt T1: Beide Steuersignale sind nicht aktiv.

Takt T2: Das Lesesignal ist aktiv, das Schreibsignal nicht.

Takt T3: Das Lesesignal ist aktiv, das Schreibsignal nicht.

Takt T4: Beide Steuersignale sind nicht aktiv.

Die Mikrorechnertechnik arbeitet jedoch vorzugsweise mit Steuersignalen, die "aktiv LOW" sind. Ein niedriges Potential bzw. eine logische 0 soll den gewünschten Vorgang auslösen. **Bild 2-25** zeigt wieder die Steuersignale "Lesen" und "Schreiben" jedoch für aktiv LOW.

Steuersignale, die aktiv LOW sind, werden meist durch einen Querstrich gekennzeichnet. Die Eingänge der Bausteine erhalten einen Punkt. Die Signale des Bildes 2-24 bzw. 2-25 könnten dazu dienen, die Übertragung von Daten zwischen dem Speicher und dem Mikroprozessor zu steuern. Im Takt T1 müssen die Daten noch verschiedene Schaltstufen zu den Speichern durchlaufen und sind noch nicht gültig. In den Takten T2 und T3 sind die Daten stabil und gültig und können von den Speicherschaltungen übernommen werden. Das Lesesignal legt nicht nur den Zeitpunkt, sondern auch die Richtung vom Speicher in den Mikroprozessor fest. Mit dem Schreibsignal werden Daten vom Mikroprozessor in den Speicher gebracht. Beide Signale bilden ein EODER. Entweder Lesen oder Schreiben, aber nicht beides gleichzeitig. Im Takt T4 müssen die Datenspeicher über Schaltstufen wieder abgeschaltet werden.

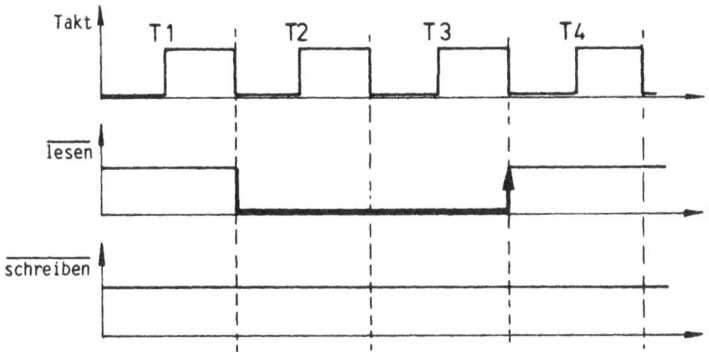

Bild 2-25: Zeitlicher Verlauf eines "aktiv-LOW"-Lesesignals

Die Logik von Steuersignalen läßt sich durch NICHT-Schaltungen leicht von aktiv LOW nach aktiv HIGH und umgekehrt umdrehen. Bei der logischen Verknüpfung mehrerer Steuersignale ist zu beachten, daß sich die UND- bzw. die ODER-Schaltung des Bildes 2-11 nur auf aktiv HIGH beziehen. Für die Verknüpfung von Steuersignalen, die aktiv LOW sind, ist entsprechend **Bild 2-26** die entgegengesetzte Logikfunktion zu wählen.

Bild 2-26: Logische Verknüpfung von Steuersignalen

Für aktiv HIGH bildet die UND-Schaltung gleichzeitig auch die logische UND-Verknüpfung, denn der Ausgang ist nur dann 1, wenn beide Eingänge 1 sind. Entsprechendes gilt für das ODER. Auch hier stimmen Schaltung und Verknüpfung überein. Anders dagegen bei Signalen, die aktiv LOW sind. Die ODER-Schaltung hat nur dann am Ausgang eine 0 (aktiv LOW), wenn beide Eingänge 0 (aktiv LOW) sind. Entsprechend ist für eine logische UND-Verknüpfung zweier Signale aktiv LOW eine ODER-Schaltung einzusetzen. Die UND-Schaltung ist immer dann am Ausgang 0 (LOW), wenn mindestens einer der beiden Eingänge 0 (LOW) ist. Für eine logische ODER-Verknüpfung zweier aktiv LOW Signale ist also eine UND-Schaltung einzusetzen. **Bild 2-27** zeigt als Beispiel, wie aus den beiden Signalen Lesen und Schreiben ein neues Signal gewonnen wird, das dann aktiv LOW ist, wenn entweder gelesen oder geschrieben wird. Das Steuerwerk sorgt dafür, daß nicht beide Steuersignale gleichzeitig aktiv sein können.

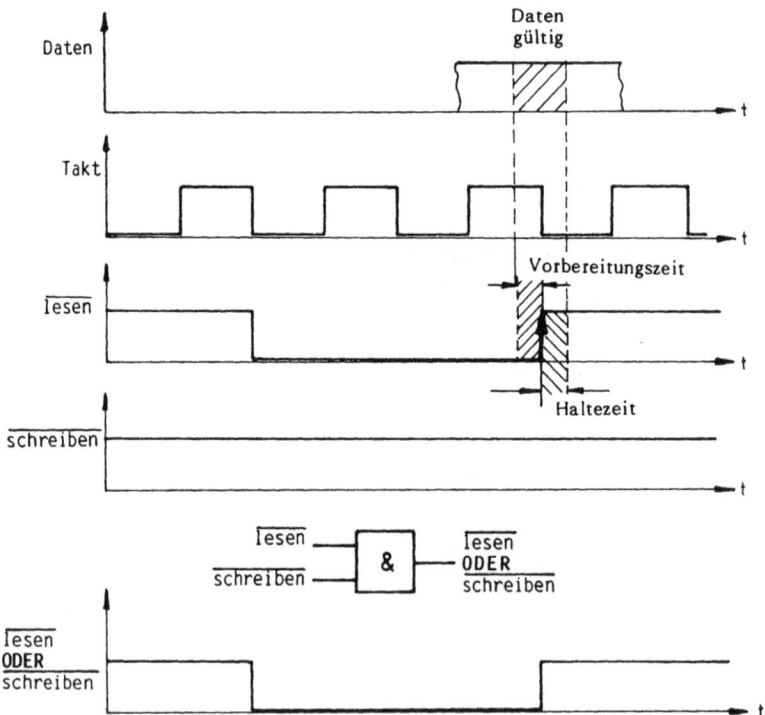

Bild 2-27: ODER-Verknüpfung bei aktiv LOW

Die Steuersignale "Lesen" und "Schreiben" wurden zunächst als zustandsgesteuert eingeführt. Die Datenübertragung erfolgt innerhalb der Zeit, in der das Signal im aktiven Zustand ist. Der genaue Zeitpunkt der Datenübernahme wird in vielen Fällen durch eine Taktflanke gesteuert. Bild 2-24 zeigt als Beispiel eine negative (fallende) Flanke, Bild 2-25 eine positive (steigende) Flanke. Die Daten müssen eine bestimmte Zeit vor der Flanke (Vorbereitungszeit) und eine bestimmte Zeit nach der Flanke (Haltezeit) stabil sein. Diese Zeiten wurden in das Bild 2-27 eingetragen.

Bild 2-28 zeigt am Beispiel eines handelsüblichen Flipflops (SN 7474) den Unterschied zwischen einer Steuerung durch einen Zustand und durch eine Flanke.

	Eingänge				Ausgänge		Funktion
	$\overline{PRE}$	$\overline{CLR}$	CLK	D	Q	$\overline{Q}$	
Zustnd	0	1	X	X	1	0	setzen
	1	0	X	X	0	1	löschen
Flanke	1	1	↑	1 →	1	0	setzen
	1	1	↑	0 →	0	1	rücksetzen
keine	1	1	0	X	bleibt		speichern
Flanke	1	1	1	X	bleibt		speichern

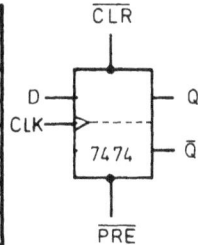

Bild 2-28: Flanken- und zustandsgesteuertes Flipflop

In der Tabelle könnten anstelle der logischen Bezeichnungen 0 und 1 auch die elektrischen Potentiale LOW und HIGH abgekürzt L und H stehen. Ein X bedeutet, daß der Zustand des Eingangs die Schaltung nicht beeinflußt.

Die beiden zustandsgesteuerten Eingänge $\overline{PRE}$ und $\overline{CLR}$ sind aktiv LOW und wirken wie ein RS-Flipflop entsprechend Bild 2-17 und 2-18. PRE bedeutet PRESET gleich setzen. Durch eine logische 0 (LOW-Potential) an diesem Eingang wird der Speicherzustand des Flipflops Q = 1 gesetzt. CLR bedeutet CLEAR gleich löschen. Durch eine logische 0 (LOW-Potential) an diesem Eingang wird der Speicherzustand des Flipflops auf Q = 0 gebracht. Sind beide Eingänge 1 (HIGH-Potential), so speichert das Flipflop seinen augenblicklichen Inhalt.

Der Dateneingang D wird durch eine positive (steigende) Flanke des Takteingangs CLK gesteuert. CLK bedeutet CLOCK gleich Taktgeber oder Uhr. Im Gegensatz zum D-Flipflop des Bildes 2-18 erfolgt die Datenübernahme durch die Taktflanke. Dabei müssen die Daten während der Vorbereitungszeit vor der Flanke und während der Haltezeit nach der Flanke stabil sein. Im Ruhezustand des Taktes speichert das Flipflop seinen augenblicklichen Inhalt.

Beim Aufbau eines Mikrorechners werden vorwiegend hochintegrierte Bausteine (Mikroprozessor, Speicher- und Ein/Ausgabebausteine) eingesetzt. Damit entfällt der Entwurf von Rechen- und Speicherschaltungen, da diese ja bereits in den Bausteinen vorhanden sind. Wichtig wird dagegen die logische und zeitliche Verknüpfung der Steuersignale, die die Datenübertragung zwischen den Bausteinen steuern. Dazu sind Grundkenntnisse der Digitaltechnik und der Arbeit mit TTL-Schaltungen unbedingt erforderlich. Für die Programmierung von Mikrorechnern genügt es, die Arbeitsweise der Schaltungen zu verstehen.

2.6 Speicherorganisation

Ein Mikrorechner kann über 500 000 binäre Speicherelemente in Form von Flipflops oder ähnlichen Schaltungen enthalten. Üblicherweise faßt man acht Bits zu einem Byte zusammen. Der Mikroprozessor enthält etwa 10 bis 20 Speicherbytes in Form von Registern. Der Befehls- und Datenspeicher eines Mikrorechners kann aus maximal 65 536 Bytes oder 64 Kilobytes bestehen. Jedes Byte erhält eine Adresse, mit der es eindeutig von allen anderen Bytes unterschieden werden kann.

Die Adresse eines Bytes wird wie sein Inhalt binär codiert und üblicherweise als Dualzahl angegeben. Der in **Bild 2-29** gezeigte Adreßdecoder ist eine Auswahlschaltung, die eine von vier Speicherstellen auswählt.

A1	A0	Y3	Y2	Y1	Y0
0	0	0	0	0	1
0	1	0	0	1	0
1	0	0	1	0	0
1	1	1	0	0	0

Wertetabelle

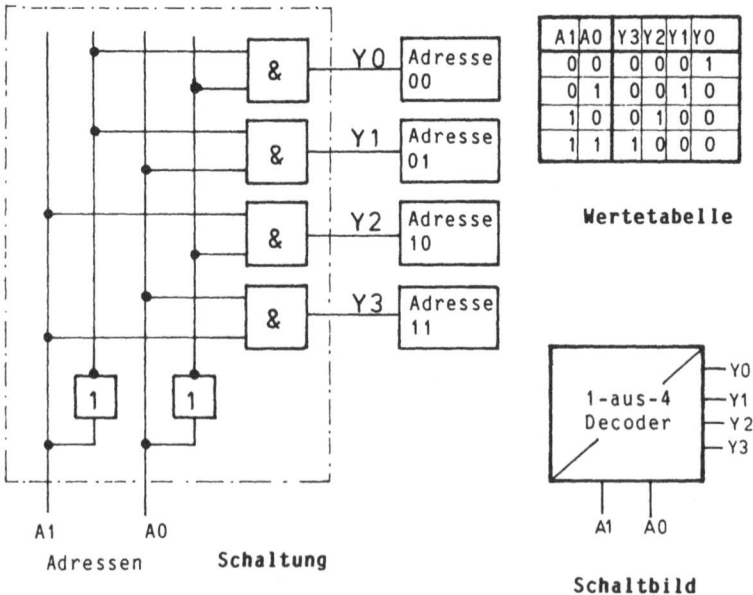

Bild 2-29: Adreßdecoder

Zur Auswahl von vier Speicherstellen sind als Adresse zwei Bits erforderlich, denn in zwei Bits lassen sich genau vier verschiedene Bitkombinationen darstellen. Dies sind die Dualzahlen 00, 01, 10 und 11 mit den dezimalen Werten 0, 1, 2 und 3. Zur Auswahl von acht Speicherstellen sind als Adresse drei Bits erforderlich; mit vier Bits lassen sich 16 Speicherstellen adressieren. Das

Bildungsgesetz lautet: 2 hoch Zahl der Adreßbits gleich Zahl der adressierbaren Speicherstellen. Also z.B. 2 hoch 4 Adreßbits gibt 16 Speicheradressen.

Der Adreßdecoder des Bildes 2-29 hat zwei Adreßeingänge und vier Auswahlausgänge, die immer nur eine von vier Speicherstellen auswählen; daher der Name 1-aus-4-Decoder. Die Auswahlschaltung besteht aus Spaltenleitungen mit den Adressen und ihren Verneinungen (NICHT-Schaltungen) und aus Zeilenleitungen, die auf UND-Schaltungen geführt werden. Liegt z.B. die duale Adresse 11 an den beiden Adreßeingängen, so gibt nur die unterste UND-Schaltung an ihrem Ausgang eine 1 ab und wählt damit die Speicherstelle mit der dualen Adresse 11 aus. Alle anderen UND-Schaltungen zeigen an ihrem Ausgang eine 0, weil immer mindestens einer ihrer Eingänge 0 ist. Die Wertetabelle des Bildes 2-29 zeigt für alle vier möglichen Eingangsbitkombinationen die entsprechenden Ausgänge. Sie sind "aktiv HIGH", d.h. eine 1 bedeutet "ausgewählt", eine 0 bedeutet "nicht ausgewählt". Verwendet man anstelle der UND-Schaltungen NICHT-UND- oder NAND-Schaltungen, so werden die Ausgänge "aktiv LOW", d.h. der ausgewählte Ausgang ist 0, und alle anderen sind 1. In den folgenden Schaltbildern wird der Adreßdecoder durch ein Symbol entsprechend Bild 2-29 dargestellt.

Zum Einschreiben von Daten in einen aus mehreren Speicherstellen bestehenden Speicher sind entsprechend **Bild 2-30** drei Angaben erforderlich: die Adresse der Speicherstelle, ein Schreibsignal und die Daten selbst.

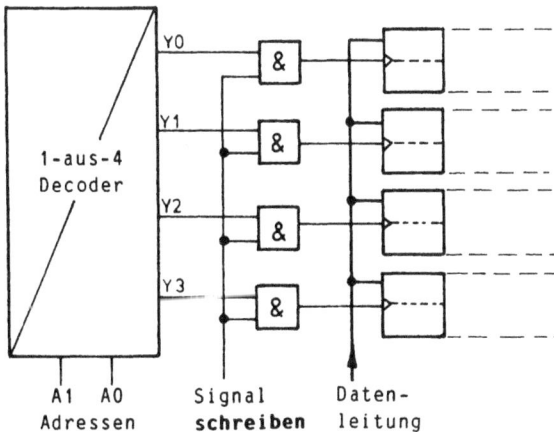

Bild 2-30: Speicher schreiben

Die Adresse wählt über den Adreßdecoder die Speicherstelle aus. Das Schreibsignal sorgt dafür, daß die Daten zum richtigen Zeitpunkt übernommen werden. Die Daten liegen auf einer gemeinsamen Datenleitung an den Eingängen aller Speicherstellen. Aber nur das Flipflop, dessen Takteingang ausgewählt ist, übernimmt die Daten. Die Eingänge aller anderen Flipflops sind gesperrt. Das

Bild zeigt zur Vereinfachung nur eines von den acht Bits eines Bytes. Sollen die acht Bits eines Bytes parallel und gleichzeitig gespeichert werden, so sind acht Datenleitungen erforderlich. Die Takteingänge aller acht Bits eines Speicherbytes sind dabei parallel geschaltet.

Beim Auslesen von Daten aus einem aus mehreren Speicherstellen bestehenden Speicher entsprechend **Bild 2-31** entstehen elektrotechnische Schwierigkeiten, da alle Ausgänge auf eine gemeinsame Datenleitung geführt werden müssen.

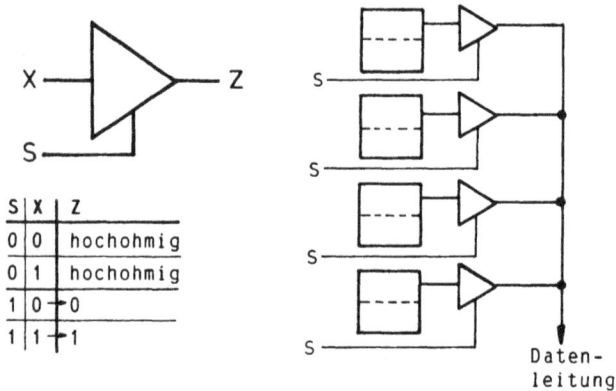

S	X	Z
0	0	hochohmig
0	1	hochohmig
1	0	0
1	1	1

Bild 2-31: Drei-Zustands-Ausgang (tristate)

Schaltet man mehrere Ausgänge parallel, so darf nur der ausgewählte Ausgang seinen binären Zustand oder elektrotechnisch ausgedrückt sein Potential auf die Datenausgangsleitung legen. Alle anderen nicht ausgewählten Ausgänge dürfen die Leitung nicht beeinflussen. Dies geschieht durch die Einführung eines dritten sogenannten hochohmigen Zustandes. Der Steuereingang S eines Drei-Zustands-Ausgangs (tristate) entscheidet, ob der Speicherausgang an die Datenleitung angeschlossen ist oder nicht. Für S = 0 ist der Ausgang "hochohmig". Er verhält sich wie ein geöffneter Schalter. Für S = 1 ist der Ausgang mit der Datenleitung verbunden. Damit wird je nach gespeichertem Inhalt eine 0 oder eine 1 abgegeben. Dieser dritte "hochohmige" Zustand ist lediglich eine schaltungstechnische Lösung, mit der man mehrere Ausgänge parallel schalten kann. Die Speicherinhalte und damit die Daten sind weiterhin zweiwertig oder binär. **Bild 2-32** zeigt nun den Aufbau eines aus vier Speicherstellen bestehenden Speichers, der gelesen werden soll.

Die zu lesende Speicherstelle wird mit Hilfe einer Adresse über einen Adreß-decoder ausgewählt. Das Lesesignal sorgt dafür, daß die Daten zum richtigen Zeitpunkt auf die Datenausgangsleitung gelegt werden. Nur einer der Drei-Zustands-Ausgänge wird durchgeschaltet und verbindet den Speicher mit der Datenleitung. Alle anderen Drei-Zustands-Ausgänge bleiben "hochohmig". Zum Auslesen eines Bytes sind wieder acht Datenleitungen erforderlich.

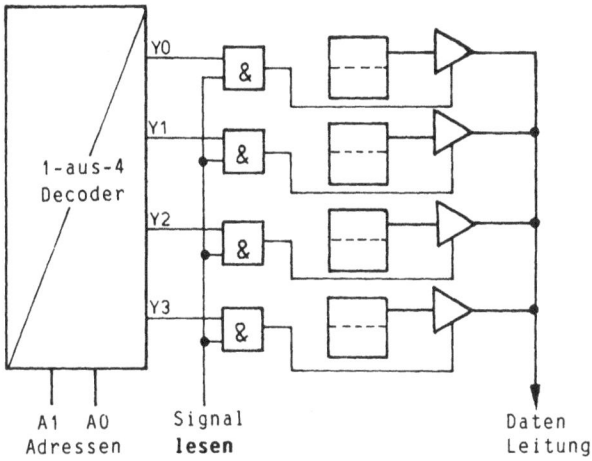

Bild 2-32: Speicher lesen

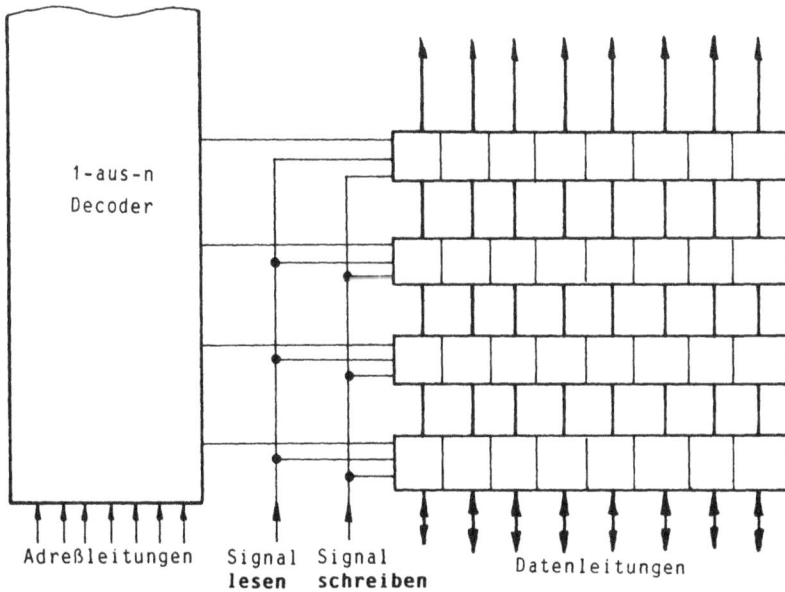

Bild 2-33: Aufbau eines Schreib/Lese-Speichers

Bild 2-33 zeigt zusammenfassend den Aufbau eines byteorganisierten Schreib/Lese-Speichers.

Die Adreßeingänge dienen zur Adressierung der Speicherbytes. Die Auswahl erfolgt durch einen 1-aus-n-Decoder. Dabei ist n die Zahl der Speicherbytes. Entsprechend der Zusammenfassung von acht Bits zur Speichereinheit Byte sind acht parallele Datenleitungen erforderlich. Es werden immer alle acht Bits gemeinsam angesprochen; eine Auswahl eines einzelnen Bits eines Bytes ist nicht möglich. Die beiden Steuerleitungen "Lesen" und "Schreiben" legen die Richtung der Datenübertragung und ihren Zeitpunkt fest. Beim "Lesen" sind die Datenleitungen als Ausgang geschaltet; beim "Schreiben" als Eingang.

Bei einem Festwertspeicher oder Nur-Lese-Speicher bestehen die Speicherstellen nicht mehr aus Flipflops, sondern aus Schaltungen, die unveränderlich eine 0 oder eine 1 enthalten. Da sie im Betrieb nicht beschrieben werden können, entfällt gegenüber den Schreib/Lese-Speichern das Schreibsignal. Die Datenleitungen können nur als Ausgang betrieben werden.

2.7 Befehle und Programme

Befehle sind Anweisungen an den Mikrorechner, eine bestimmte Tätigkeit durchzuführen, z.B. den Akkumulator mit dem Inhalt eines Datenbytes aus dem Speicher zu laden. Die Befehle zur Ausführung einer bestimmten Aufgabe, z.B. zur Steuerung einer Waschmaschine, bilden ein Programm. Es liegt genauso wie die Daten binär codiert im Speicher des Mikrorechners.

Man unterscheidet zwei Arten von Befehlen: Befehle, die Daten verarbeiten, und Befehle, die die Ausführung des Programms steuern. Befehle bestehen entsprechend **Bild 2-34** aus zwei Teilen.

was tun ?	mit wem ?
Code	Adresse

Bild 2-34: Aufbau eines Befehls

Der Code des Befehls enthält Angaben über die auszuführende Tätigkeit, z.B. bringe ein Byte aus dem Akkumulator in den Speicher oder addiere zum Inhalt des Akkumulators den Inhalt einer Speicherstelle oder setze das Programm bei einem bestimmten Befehl fort. Da die Befehle wie die Daten binär codiert im Speicher des Mikrorechners liegen, legt man z.B. den Code des Befehls in einem Byte ab. In acht Bits lassen sich 2 hoch 8 oder 256 verschiedene Bitkombinationen verschlüsseln. Der Befehlssatz des Mikrorechners besteht damit aus 256 verschiedenen Befehlen wie z.B. laden, speichern, addieren, subtrahieren, zählen oder springen.

Die im Befehl enthaltene Adresse ist eine Dualzahl mit der "Hausnummer" eines Datenregisters im Mikroprozessor oder eines Bytes im Speicher. Enthält z.B. der Mikroprozessor acht Datenregister, so muß die Adresse aus drei Bits bestehen. Registeradressen sind meist im Codeteil des Befehls untergebracht. Speicheradressen werden normalerweise in 16 Bits oder zwei Bytes verschlüsselt. Damit lassen sich 2 hoch 16 gleich 65 536 Bytes oder 64 Kilobytes adressieren.

Im folgenden soll nun der Befehl "Speichere den Inhalt des Akkumulators in das Speicherbyte mit der Adresse 6666 hexadezimal" näher untersucht werden.

Er gehört zu den datenverarbeitenden Befehlen und besteht aus drei Bytes. Das erste Byte enthält einen Code für "speichere", und das zweite und dritte Byte enthalten die Adresse "6666". Die Adresse wurde willkürlich gewählt und könnte auch 4711 lauten. **Bild 2-35** zeigt den Speicherbefehl in der Assemblerschreibweise, als binären Code und in hexadezimaler Darstellung.

Assemblerschreibweise:	STA 6666H
binäre Codierung:	0011 0010 0110 0110 0110 0110
hexadezimale Darstellung:	32 66 66

Bild 2-35: Speicherbefehl

Für die Programmierung bevorzugt man kurze und einprägsame Befehlsbezeichnungen anstelle weitschweifiger Beschreibungen der auszuführenden Tätigkeit. Diese Kurzbezeichnungen sind Abkürzungen aus dem Amerikanischen wie z.B. "STA" für "store accumulator" gleich "speichere den Akkumulator". Sie sind so klar und einfach, daß sie später von einem Programm, dem Assembler oder deutsch Montierer in die binäre Codierung des Befehls umgesetzt werden können. Die Kurzbezeichnungen werden von den Herstellern der Mikroprozessoren vorgegeben. Sie bilden zusammen mit grammatischen Regeln die "Assemblersprache", in der sich der Programmierer mit seinem Mikrorechner verständigt. Der Assembler würde also in dem vorliegenden Beispiel den Assemblerbefehl "STA" in den binären Code "00110010" übersetzen und die hexadezimale Adresse "6666" in die Dualzahl "0110011001100110". Bei der praktischen Arbeit bevorzugt man jedoch die kürzere hexadezimale Darstellung anstelle der binären Codierung.

Das Programm, nach dem ein Mikrorechner arbeitet, liegt binär codiert im Programmspeicher. Jeder Befehl und jedes Befehlsbyte erhält dabei eine Adresse. Bild **2-36** zeigt als Beispiel den Befehl "STA 6666H". Der Buchstabe "H" bedeutet hexadezimal.

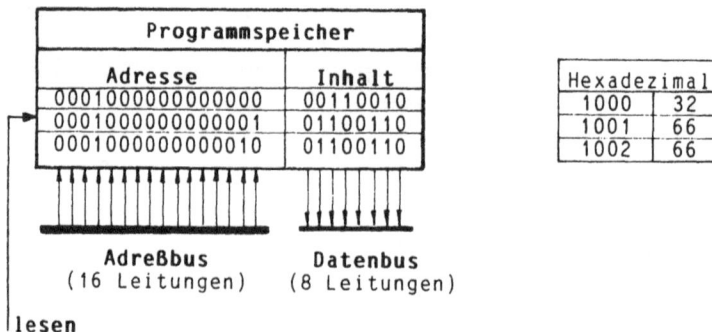

Bild 2-36: Befehl im Programmspeicher

Die Adressen der Befehlsbytes wurden in dem Beispiel willkürlich ab 1000 hexadezimal angenommen. Die drei Bytes des Befehls liegen in drei aufeinander folgenden Speicherbytes. Der Mikroprozessor holt sich aus dem Programmspeicher seine Befehle. Über die Adreßleitungen wird der Befehl - genauer ein Befehlsbyte - ausgewählt und über die Datenleitungen in den Mikroprozessor übertragen. Das Lesesignal legt den richtigen Zeitpunkt der Datenübertragung vom Speicher in den Prozessor fest. Die 16 Adreßleitungen bilden den Adreßbus, die acht Datenleitungen den Datenbus. Ein Bus ist ein Leitungsbündel, an dem mehrere Bausteine anschlossen sind. In dem vorliegenden Beispiel sind dies der Mikroprozessor, der Programmspeicher und ein Datenspeicher. Der Datenbus überträgt nicht nur Daten, sondern auch Befehle. **Bild 2-37** zeigt das Steuerwerk des Mikroprozessors, das die Befehle ausführt.

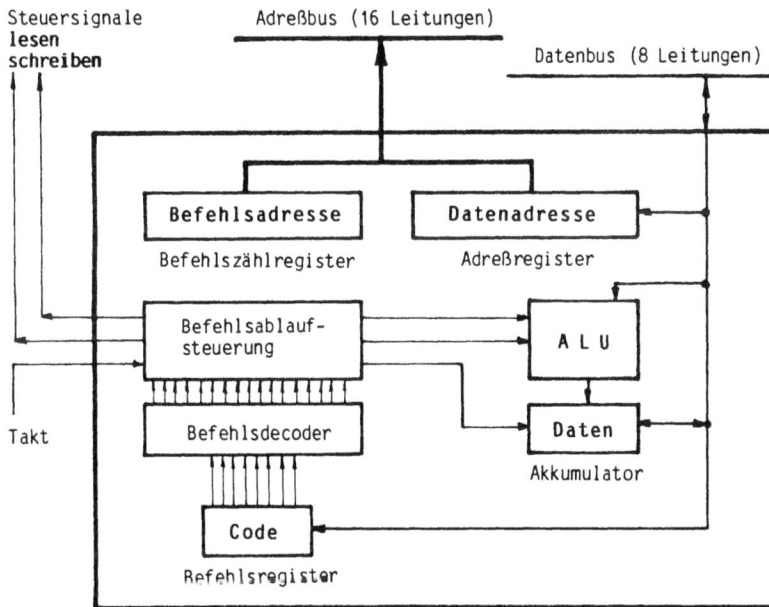

Bild 2-37: Steuerwerk des Mikroprozessors

Das Befehlszählregister besteht aus 16 Bits. Sein Inhalt kann auf den Adreßbus geschaltet werden. Es enthält die Adresse des Befehlsbytes, das als nächstes aus dem Programmspeicher geholt werden soll. Da die Befehle und Befehlsbytes unter aufeinander folgenden Adressen angeordnet sind, kann das Befehlszählregister ähnlich einem Binärzähler Bild 2-22 sehr schnell die Adresse laufend um 1 erhöhen.

Das Befehlsregister speichert den Code des Befehls. Der Befehlsdecoder arbeitet ähnlich einem Adreßdecoder Bild 2-29 und setzt den Code um in eine Folge von Steuersignalen, die in der Befehlsablaufsteuerung fest abgespeichert sind. In dem vorliegenden Beispiel würde also der Code des Befehls "STA" die Befehlsablaufsteuerung veranlassen, daß die beiden folgenden Befehlsbytes mit der Datenadresse geholt werden und daß dann die Daten aus dem Akkumulator in den Datenspeicher übertragen werden. Die Befehlsablaufsteuerung sendet innere und äußere Steuersignale aus. Zu den inneren Steuersignalen gehören z.B. die Takteingänge der Register, die bestimmen, welches Register die vom Datenbus gelieferten Bytes übernimmt (Akkumulator, Befehlsregister oder Adreßregister). Zu den äußeren Steuersignalen gehören das Lese- und das Schreibsignal für die Speicherbausteine. Sie bilden zusammen mit anderen Signalen den Steuerbus. Den zeitlichen Ablauf bestimmt ein von außen angelegter Takt.

Das Adreßregister nimmt die im Befehl enthaltene Adresse auf. In dem vorliegenden Beispiel ist es die Datenadresse "6666". Bei der Ausführung des Speicherbefehls wird diese Adresse auf den Adreßbus geschaltet, um die aufnehmende Datenspeicherstelle zu adressieren. Bei einem Befehl, der den Ablauf des Programms steuert, würde der Befehlszähler mit dem Inhalt des Adreßregisters geladen werden.

In den Bildern **2-38 und 2-39** wird nun der räumliche und zeitliche Ablauf des Befehls "STA 6666H" gleich "Speichere den Inhalt des Akkumulators in das Speicherbyte mit der Adresse 6666 hexadezimal" gezeigt.

Der Befehl besteht aus drei Bytes, die in den Bildern in der verkürzten hexadezimalen Schreibweise dargestellt werden. Er wird in vier Schritten (Takten) ausgeführt.

1.Schritt:
Die Befehlsablaufsteuerung legt den Inhalt des Befehlszählers 1000 hexadezimal auf den Adreßbus und das Signal "Lesen" auf den Steuerbus. Der Programmspeicher sendet das adressierte Byte mit dem Code 32 hexadezimal über den Datenbus an den Prozessor. Es wird im Befehlsregister gespeichert. Der Befehlsdecoder entschlüsselt den Code. Die Befehlsablaufsteuerung übernimmt die weitere Ausführung des Befehls. Der Befehlszähler wird anschließend von 1000 um 1 auf 1001 erhöht.

2.Schritt:
Die Befehlsablaufsteuerung legt den neuen Inhalt des Befehlszählers 1001 auf den Adreßbus und das Signal "Lesen" auf den Steuerbus. Der Programmspeicher sendet das adressierte Byte mit dem ersten Teil der Datenadresse an den Prozessor. Es wird im Adreßregister gespeichert. Der Befehlszähler wird um 1 erhöht.

3.Schritt:
Die Befehlsablaufsteuerung holt durch Aussenden der Adresse 1002 und des

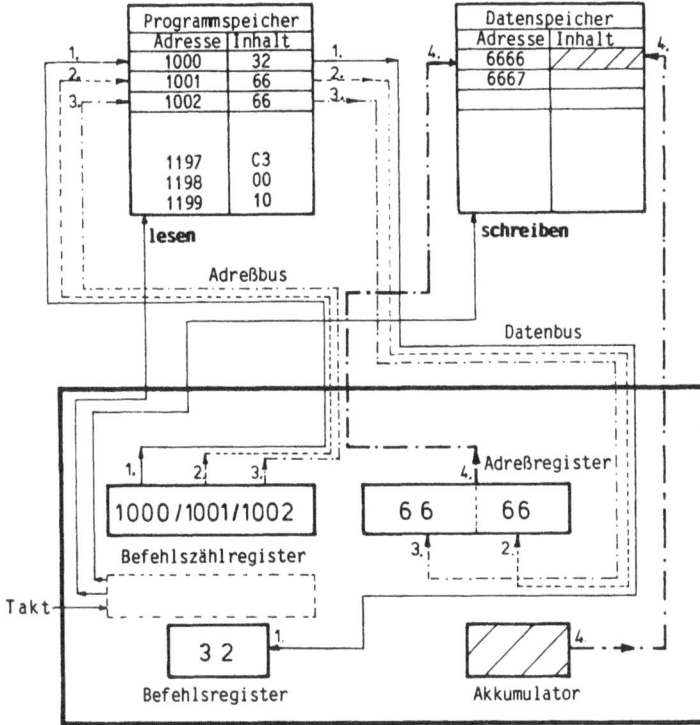

Bild 2-38: Übertragungswege des Speicherbefehls

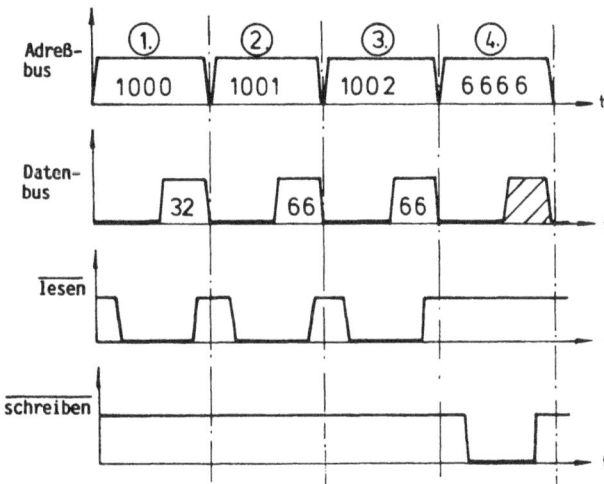

Bild 2-39: Zeitlicher Ablauf des Speicherbefehls

Lesesignals das dritte Byte des Befehls in das Adreßregister. Der Befehlszähler wird um 1 auf 1003 erhöht.

4.Schritt:
Die Befehlsablaufsteuerung schaltet die Datenadresse aus dem Adreßregister auf den Adreßbus, die Daten aus dem Akkumulator auf den Datenbus und das Signal "Schreiben" auf den Steuerbus. Der Datenspeicher übernimmt die Daten in das adressierte Speicherbyte.

Im nächsten Schritt wird die Befehlsadresse 1003 aus dem Befehlszähler auf den Adreßbus gelegt, und ein neuer Code gelangt in das Befehlsregister. Er wird vom Befehlsdecoder entschlüsselt und von der Befehlsablaufsteuerung ausgeführt.

Weitere datenverarbeitende Befehle sind:
Laden des Akkumulators mit dem Inhalt eines Speicherbytes.
Laden des Akkumulators mit einem konstanten Zahlenwert.
Aufwärts- bzw. Abwärtszählen des Akkumulatorinhalts.
Addieren bzw. Subtrahieren eines Datenbytes zum bzw. vom Akkumulator.
Vergleichen des Akkumulators mit einem Datenregister oder einer Konstanten.
Ausführen einer logischen Operation (NICHT, UND, ODER, EODER).

Als Beispiel für einen Befehl, der den Ablauf des Programms steuert, soll nun der Befehl "Springe immer zum Befehl mit der Adresse 1000 hexadezimal" näher untersucht werden. In der Assemblerschreibweise lautet die Abkürzung "JMP" für "jump" gleich "springe". Das erste Byte enthält den Code z.B. 11000011 oder C3 hexadezimal. Im zweiten und dritten Byte des Befehls steht die Adresse des Sprungziels, in unserem Beispiel 1000 hexadezimal. Die Assemblersprache erlaubt auch eine symbolische Bezeichnung des Sprungziels, also z.B. JMP SUSI. Es ist Aufgabe des Assembler-Übersetzers, anstelle des Mädchennamens SUSI die Adresse 1000 einzusetzen. **Bild 2-40** zeigt den Befehl im Programmspeicher ab der willkürlich gewählten Adresse 1197 und seine Ausführung.

1.Schritt:
Die Befehlsablaufsteuerung legt die Adresse 1197 aus dem Befehlszähler auf den Adreßbus und holt sich mit einem Lesesignal den Code über den Datenbus in das Befehlsregister. Er wird vom Befehlsdecoder entschlüsselt und durch die Befehlsablaufsteuerung ausgeführt.

2.Schritt:
Die Befehlsablaufsteuerung legt die Adresse 1198 aus dem Befehlszählregister auf den Adreßbus und holt sich mit einem Lesesignal das zweite Byte des Befehls in das Adreßregister.

3.Schritt:
Die Befehlsablaufsteuerung legt die Adresse 1199 aus dem Befehlszählregister

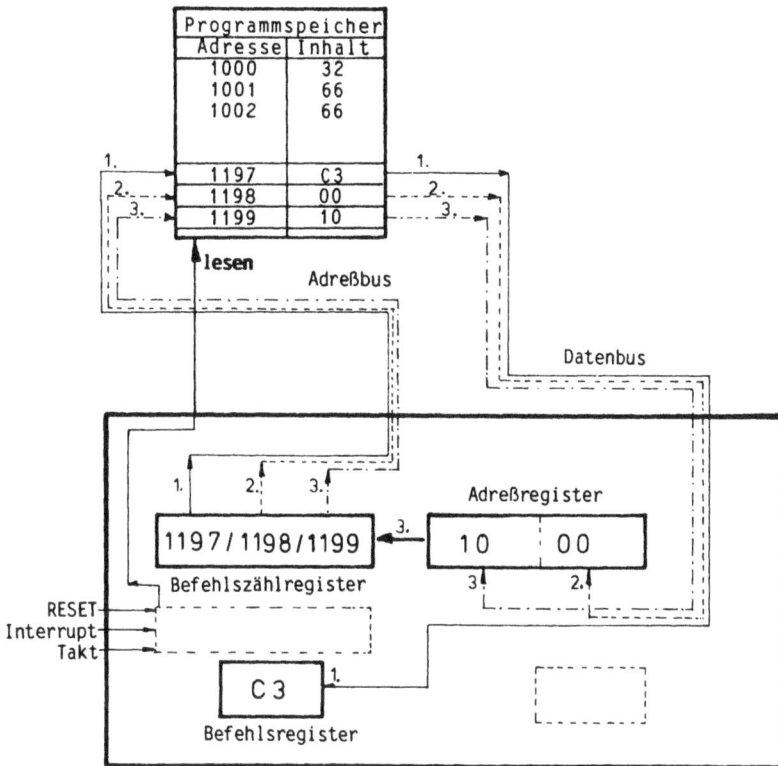

Bild 2-40: Ausführung des Sprungbefehls

auf den Adreßbus und holt das dritte Byte des Befehls in das Adreßregister. Die Adresse des Sprungziels, in dem Beispiel 1000 hexadezimal, wird nun in das Befehlszählregister übernommen.

Im nächsten Schritt wird die neue Befehlsadresse 1000 aus dem Befehlszählregister auf den Adreßbus gelegt, und der Code des neuen Befehls gelangt in das Befehlsregister. Programme bestehen normalerweise aus aufeinander folgenden Befehlen, die in dieser Reihenfolge ausgeführt werden. Dabei wird der Befehlszähler immer um 1 erhöht. Mit Sprungbefehlen kann man diese Reihenfolge durchbrechen und das Programm bei jedem beliebigen Befehl fortsetzen. Dazu wird die Adresse des Sprungziels aus dem Adreßteil des Sprungbefehls in das Befehlszählregister geladen.

Weitere Befehle zur Steuerung eines Programmablaufs sind:
Springe nur dann zu einem neuen Befehl, wenn das Ergebnis des vorhergehenden Vergleiches Null war; sonst führe den nächsten Befehl aus.

Springe nur dann zu einem neuen Befehl, wenn ein Zähler ungleich Null ist;
sonst führe den nächsten Befehl aus.
Führe ein Unterprogramm (Hilfsprogramm) aus und mache anschließend mit
dem nächsten Befehl weiter.

Zum Starten des Rechners z.B. beim Einschalten der Versorgungsspannung muß
das Programm mit dem ersten Befehl beginnen. Der RESET-Eingang des
Mikroprozessors führt direkt auf das Steuerwerk des Mikroprozessors. Reset
bedeutet zurücksetzen in einen Anfangszustand. Mit diesem Eingangssignal wird
der Befehlszähler mit der Startadresse des Programms geladen. Ein Signal am
INTERRUPT-Eingang des Mikroprozessors veranlaßt das Steuerwerk, ein laufen-
des Programm abzubrechen und dafür ein Sonderprogramm zu starten. Ein Interrupt ist eine Programmunterbrechung.

Abschließend folgt ein vollständiges Programmbeispiel. Im Akkumulator soll
ein Zähler von Null beginnend immer um 1 erhöht werden. Der laufende Zählerstand ist auf einem Ausgaberegister mit der willkürlich gewählten Adresse
8000 hexadezimal auszugeben. **Bild 2-41** zeigt die grafische Darstellung des
Programms im Programmablaufplan.

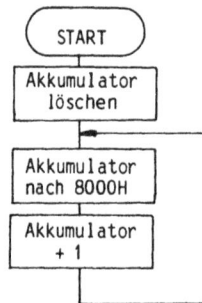

Bild 2-41: Programmablaufplan des Beispiels

Die Symbole des Programmablaufplans sind genormt und unabhängig von der
verwendeten Programmiersprache. Datenverarbeitende Befehle werden durch
ein Rechteck dargestellt. Der unbedingte Sprungbefehl besteht aus einem Pfeil
zum Sprungziel. **Bild 2-42** zeigt rechts das Assemblerprogramm und links die
hexadezimale Übersetzung durch den Assembler-Übersetzer.

```
                         ORG    1000H
     1000  3E 00   START MVI    A,00H
     1002  32 00 80 LOOP STA    8000H
     1005  3C            INR    A
     1006  C3 02 10      JMP    LOOP
                         END
```

Bild 2-42: Assemblerprogramm des Beispiels

Der erste Befehl "ORG" und der letzte Befehl "END" sind Assembleranweisungen, die dem Übersetzer sagen, wo die Anfangsadresse des Programms liegt und wo das Programm zuende ist. Der Befehl "MVI" lädt die Konstante 0 in den Akkumulator. Der bereits bekannte Befehl "STA" speichert den Inhalt des Akkumulators in eine Speicherstelle, hier in ein Ausgaberegister. Der Befehl "INR" erhöht den Inhalt des Akkumulators um 1. Es ist ein Zählbefehl. Der bereits bekannte Befehl "JMP" springt zum symbolischen Sprungziel LOOP. Bei einer genauen Betrachtung des übersetzten hexadezimalen Programms fällt auf, daß der Assembler den höherwertigen und den niederwertigen Teil der Adressen vertauscht hat; also 00 80 statt 80 00 und 02 10 statt 10 02.

2.8 Übungen zum Abschnitt Grundlagen

Die Lösungen befinden sich im Anhang.

1. Aufgabe:
Die Dezimalzahl 100 ist nacheinander in eine achtstellige Dualzahl, eine zweistellige Hexadezimalzahl und in eine 12 Bit lange BCD-codierte Dezimalzahl zu verwandeln.

2. Aufgabe:
Die Dezimalzahl -100 ist als achtstellige Dualzahl im Zweierkomplement darzustellen. Wie lautet die hexadezimale Zusammenfassung?

3. Aufgabe:
Gegeben ist die Bitkombination 01011000.
a. Wie lautet die hexadezimale Zusammenfassung?
b. Welches Zeichen ist es im ASCII-Code?
c. Es sei eine Dualzahl, welches ist ihr dezimaler Wert?
d. Es sei eine BCD-codierte Dezimalzahl, welches ist ihr Wert?

4. Aufgabe:
Ein Text im ASCII-Code hat folgenden hexadezimalen Inhalt:

44 55 20 41 46 46 45 21

Er ist zu decodieren.

5.Aufgabe:
Für die logische Schaltung **Bild 2-43** stelle man die Wertetabelle der beiden
Ausgangsgrößen in Abhängigkeit von den drei Eingangsgrößen auf.

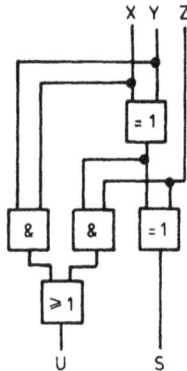

X	Y	Z	U	S
0	0	0		
0	0	1		
0	1	0		
0	1	1		
1	0	0		
1	0	1		
1	1	0		
1	1	1		

Bild 2-43: Logikschaltung

6.Aufgabe:
Gegeben sind zwei binäre Operanden:

1.Operand: 00001111
2.Operand: 00111100

a. Man addiere die beiden Operanden und prüfe das Ergebnis durch dezimale
   Rechnung.

b. Man subtrahiere den zweiten Operanden vom ersten Operanden durch Addition
   des Zweierkomplementes und prüfe das Ergebnis durch dezimale Rechnung.

c. Man bilde bitweise das logische UND.

d. Man bilde bitweise das logische ODER.

e. Man bilde bitweise das logische EODER.

7.Aufgabe:
Für die Schaltung eines 1-aus-8-Decoders nach **Bild 2-44** stelle man die Wertetabelle auf. Welcher Ausgang wird bei der dualen Adresse 101 ausgewählt?

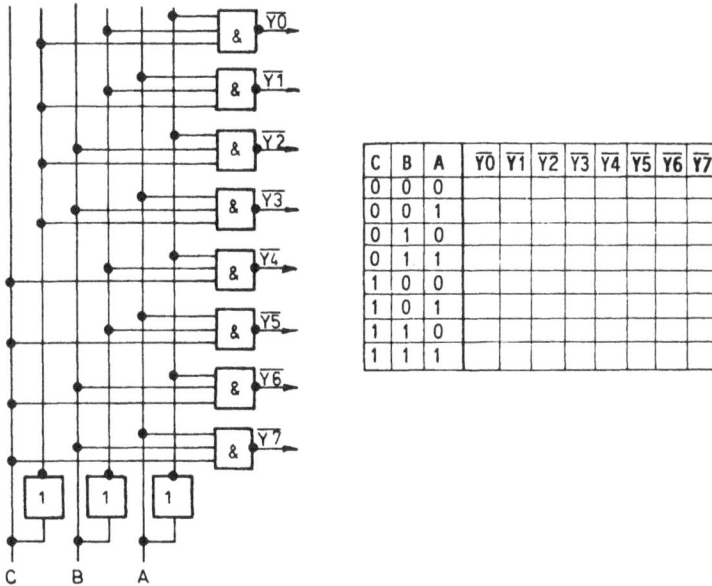

C	B	A	$\overline{Y0}$	$\overline{Y1}$	$\overline{Y2}$	$\overline{Y3}$	$\overline{Y4}$	$\overline{Y5}$	$\overline{Y6}$	$\overline{Y7}$
0	0	0								
0	0	1								
0	1	0								
0	1	1								
1	0	0								
1	0	1								
1	1	0								
1	1	1								

Bild 2-44: 1-aus-8-Decoder

8.Aufgabe:
Zwei Steuersignale X1 und X2 sind aktiv LOW. Gesucht wird eine Schaltung, die an ihrem Ausgang HIGH ist, wenn beide Steuersignale X1 UND X2 LOW sind. Man stelle zusätzlich die Wertetabelle auf und zeichne den zeitlichen Verlauf des Ausgangssignals in das Zeitdiagramm **Bild 2-45** ein.

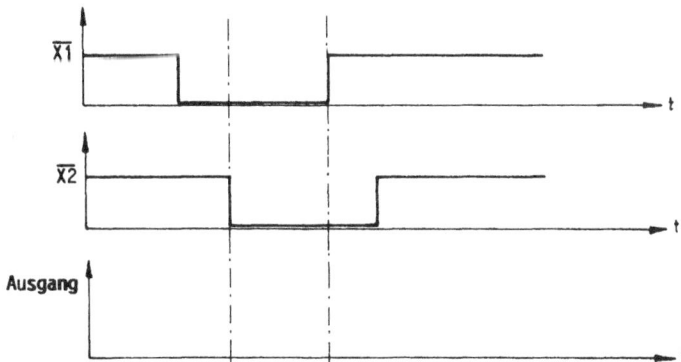

Bild 2-45: Verknüpfung von Steuersignalen

3   Hardware

Dieses Kapitel vermittelt dem Entwickler von Mikrorechner-Schaltungen die grundlegenden Kenntnisse über den Entwurf von einfachen Rechnern mit dem Prozessor 8085. Der Programmierer von Mikrorechner-Programmen lernt die Arbeitsweise des Rechners und damit den Zusammenhang zwischen Hardware und Software kennen.

3.1 Halbleitertechnik

Die Arbeitsweise eines Rechners (Computers) ist zunächst unabhängig von seiner technischen Ausführung. Die Schaltungen des hier behandelten Mikroprozessors und seiner Speicher- und Ein/Ausgabebausteine könnte man auch aus mechanischen Relais, Elektronenröhren oder einzelnen Transistoren aufbauen.

Mikroprozessoren und ihre Hilfsbausteine werden jedoch heute vorwiegend in MOS-Technik ausgeführt. Damit ergeben sich folgende Vorteile gegenüber anderen Schaltungstechniken:

1. Durch die hohe Packungsdichte lassen bis zu 100 000 Transistorfunktionen auf einer Fläche von ca. 5 X 5 mm unterbringen. Damit läßt sich auf der Grundfläche einer Zigarettenschachtel ein kompletter Mikrorechner aus drei Bausteinen aufbauen.

2. Die Leistungsaufnahme eines Mikroprozessors beträgt 0,5 bis 1,5 Watt; die gleiche Schaltung in TTL-Logik aufgebaut hätte etwa den 10- bis 100fachen Leistungsbedarf je nach dem, welchen Integrationsgrad die verwendeten Bauelemente haben.

3. Die Taktfrequenz von 1 bis 10 MHz reicht für die meisten Anwendungen aus; jedoch wäre hier die TTL-Logik um den Faktor 10 bis 20 schneller.

4. Durch eine weitgehend automatisierte Massenfertigung kostet ein Standard-Mikroprozessor bzw. ein Speicher- oder Ein/Ausgabebaustein zwischen 5 und 20 DM, ein einfacher Mikrorechner zwischen 50 und 500 DM.

Dieser Abschnitt faßt die wichtigsten Grundlagen der Halbleitertechnik zusammen und soll das Verständnis für die Bausteine und die damit aufgebauten Schaltungen erleichtern. Das Literaturverzeichnis enthält ergänzende und weiterführende Literatur.

3.1.1 Die MOS-Technik

Die Abkürzung MOS bedeutet Metal-Oxide-Semiconductor gleich Metalloxid-halbleiter. Durch Anlegen einer Steuerspannung wird ein Strom aus Ladungs-trägern einer Polarität gesteuert. In der älteren P-Kanaltechnik sind es po-sitive, in der neueren N-Kanaltechnik sind es negative Ladungsträger.

Bild 3-1 zeigt den Aufbau und das Schaltbild eines selbstleitenden NMOS-Transistors, bei dem ohne Anlegen einer Steuerspannung negative Ladungsträ-ger vorhanden sind.

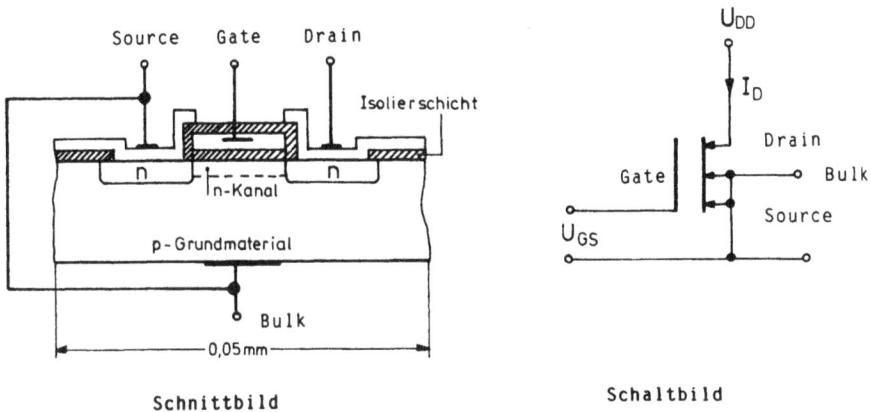

Schnittbild   Schaltbild

Bild 3-1: Aufbau eines selbstleitenden NMOS-Transistors

Auf einem schwach p-leitenden Grundmaterial aus Silizium (Bulk) befinden sich zwei hochdotierte n-leitende Anschlußzonen: Source gleich Quelle und Drain gleich Senke. Zwischen den Anschlußzonen liegt ein n-leitender Kanal. Über dem Kanal befindet sich eine Steuerelektrode (Gate). Ohne Steuerspan-nung fließt ein Strom, da der Kanal selbstleitend ist; der Transistor leitet. Durch Anlegen einer negativen Steuerspannung verarmt der Kanal an Ladungs-trägern, die in das p-Grundmaterial zurückgedrängt werden; der Transistor sperrt. Die Schaltung arbeitet als Verstärker. Die Eingangsspannung steuert den Ausgangsstrom. Legt man einen Arbeitswiderstand in den Ausgangsstrom-kreis, so wirkt die Schaltung als NICHT-Schaltung oder Inverter. Widerstände werden durch leitende Zonen, Kapazitäten durch isolierte Zonen hergestellt.

Die Silizium-Steuerelektrode (Gate) ist durch eine dünne (0,1 μm) und hoch-ohmige (ca. 10^{18} Ohm) Schicht aus Siliziumoxid gegen den Kanal und das Grundmaterial isoliert. Sie kann durch Überspannungen wie z.B. statische Auf-ladung des Bausteins zerstört werden. Obwohl alle MOS-Bausteine Schutzschaltungen enthalten, empfehlen die Hersteller, MOS-Bauelemente nur in leitender Verpackung zu transportieren und nur mit geerdeten bzw. entladenen Werkzeugen zu behandeln.

Im statischen Betrieb wird dauernd eine Steuer-Gleichspannung angelegt. Der Eingangsstrom ist kleiner als 1 pA; die Leistungsaufnahme pro Transistor beträgt ca. 0,1 bis 1 mW. Mikroprozessoren, die mit statischen Schaltungen arbeiten (z.B. der Z80) haben keine untere Grenzfrequenz.

Im dynamischen Betrieb werden die Eingangskapazitäten (1 bis 5 pF) nur aufgeladen. Die sich langsam abbauenden Steuerladungen müssen durch Taktschaltungen wiederaufgefrischt werden. Der Leistungsbedarf verringert sich auf etwa 0,001 bis 0,01 mW pro Transistor. Der Mikroprozessor 8085A arbeitet mit dynamischen Schaltungen. Der Zweiphasentakt zum Wiederauffrischen wird auf dem Baustein erzeugt. Die untere Grenzfrequenz beträgt ca. 100 kHz.

Durch die geringen Abmessungen eines MOS-Transistors von ca. 40 X 40 µm ist es möglich, 10 000 bis 50 000 Transistorfunktionen auf einer Grundfläche von 5 X 5 mm unterzubringen. Es wird erwartet, daß es durch Fortschritte in der Halbleitertechnik möglich sein wird, die Packungsdichte auf über 200 000 Transistoren pro Baustein zu steigern und damit noch leistungsfähigere Schaltungen aufzubauen.

Der in diesem Buch behandelte Mikroprozessor 8085 enthält N-Kanal-Transistoren ähnlich Bild 3-1. Die Prozessoren der ersten Generation wie z.B. der Typ 8008 wurden in selbstsperrender P-Kanal-Technik hergestellt. Das Grundmaterial besteht dabei aus n-Silizium, die Anschlußzonen aus p-dotiertem Silizium. Ohne Steuerspannung sperrt der Transistor. Durch Anlegen einer negativen Steuerspannung entsteht ein p-leitender Kanal zwischen den Anschlußzonen; der Transistor leitet.

Anwendungen in der Mikrocomputertechnik:

Die Standard-Mikroprozessoren, -Speicherbausteine und -Ein/Ausgabebausteine werden in NMOS-Technik hergestellt, die durch die verschiedenen Hersteller verfeinert und verbessert worden ist. Die Versorgungsspannung beträgt +5 Volt. Ältere Bausteine benötigten Vorspannungen von -5 Volt und +12 Volt.

3.1.2 Die CMOS-Technik

Die Abkürzung CMOS bedeutet Complementary-Metal-Oxide-Semiconductor gleich komplementärer Metalloxidhalbleiter. Auch hier steuert eine Spannung Ladungsträger einer Polarität. **Bild 3-2** zeigt als Beispiel den Aufbau einer CMOS-Schaltung bestehend aus einem PMOS- und einem NMOS-Transistor.

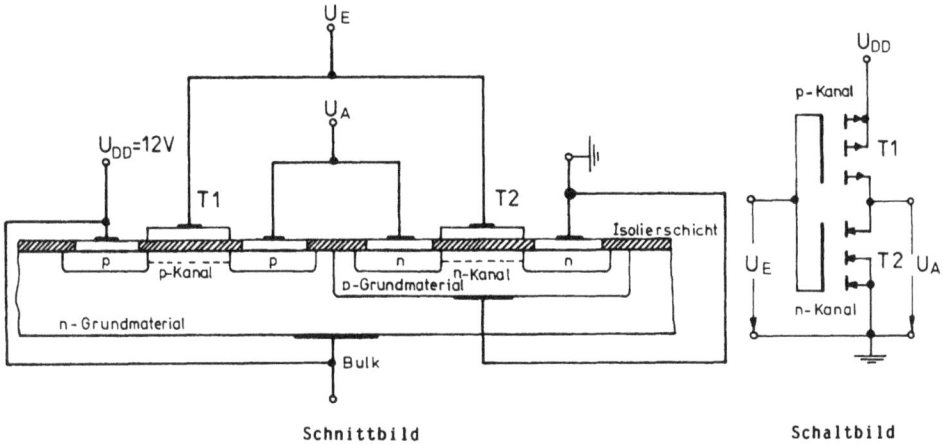

Bild 3-2: Aufbau einer CMOS-Schaltung

Die beiden Transistoren T1 und T2 sind selbstsperrend. Bei Spannungen kleiner als 3 Volt zwischen der Steuerelektrode und dem Grundmaterial, das mit dem Sourceanschluß verbunden ist, haben sie einen hohen Widerstand und sperren den Strom. Bei hoher Spannung über 3 Volt zwischen der Steuerelektrode und dem Grundmaterial bildet sich ein leitender Kanal zwischen den beiden Anschlußzonen.

Bei hoher Eingangsspannung UE sperrt der obere Transistor T1, da seine Steuerelektrode und sein Grundmaterial auf gleichem Potential liegen. Der untere Transistor T2 ist jedoch leitend, da sein Grundmatarial auf Erdpotential liegt und damit eine hohe Potentialdifferenz zwischen der Steuerelektrode und dem Grundmaterial besteht, die den Kanal leitend macht. Dieser leitende Kanal legt den Ausgang der Schaltung auf Erdpotential. Der obere sperrende Kanal des Transistors T1 trennt den Ausgang von der Versorgungsspannung.

Bei niedriger Eingangsspannung UE leitet der obere Transistor T1 und legt den Ausgang der Schaltung auf das Potential der Versorgungsspannung, da der obere Kanal durch die Potentialdifferenz zwischen Steuerelektrode und Grundmaterial leitend wird. Der untere Transistor T2 sperrt, da seine Steuerelektrode und sein Grundmaterial auf gleichem Potential liegen.

Bei hoher Eingangsspannung UE ergibt sich also eine niedrige Ausgangsspannung UA; eine niedrige Eingangsspannung UE hat eine hohe Ausgangsspannung UA zur Folge. Die CMOS-Schaltung des Bildes 3-2 wirkt als NICHT-Schaltung oder Inverter.

Da in der CMOS-Technik immer nur einer der beiden Transistoren leitet und der andere sperrt, fließt nur beim Umschalten ein allerdings von der Schaltfrequenz abhängiger Ladestrom. Der Ruhestrom ist vernachlässigbar klein. Ähnlich wie MOS-Schaltungen sind auch CMOS-Schaltungen empfindlich gegen Überspannungen und in ihrer Taktfrequenz und Leistungsabgabe beschränkt.

Anwendungen in der Mikrocomputertechnik:

Mikroprozessoren und Speicherbausteine mit äußerst geringer Leistungsaufnahme für Batteriebetrieb werden in CMOS-Technik hergestellt. Für den Mikroprozessor 8085 und seine Speicherbausteine gibt es Ausführungen in CMOS-Technik. Unter der Bezeichnung 74HCXX ist neuerdings eine Serie von schnellen Logikbausteinen verfügbar, die für Zusatzschaltungen eingesetzt werden kann. Die ältere Standard-CMOS-Serie CD 40XX ist für die meisten Mikrorechneranwendungen zu langsam. Die Versorgungsspannung von CMOS-Bausteinen kann zwischen +3 und + 15 Volt gewählt werden.

3.1.3 Die bipolare Technik

Im Gegensatz zur MOS- und CMOS-Technik arbeitet die bipolare Technik mit Grenzschichten zwischen Ladungen beider Polaritäten. Der bipolare Transistor besteht aus drei Halbleiterzonen mit zwei pn-Übergängen. **Bild 3-3** zeigt den Aufbau eines npn-Transistors in Planartechnik.

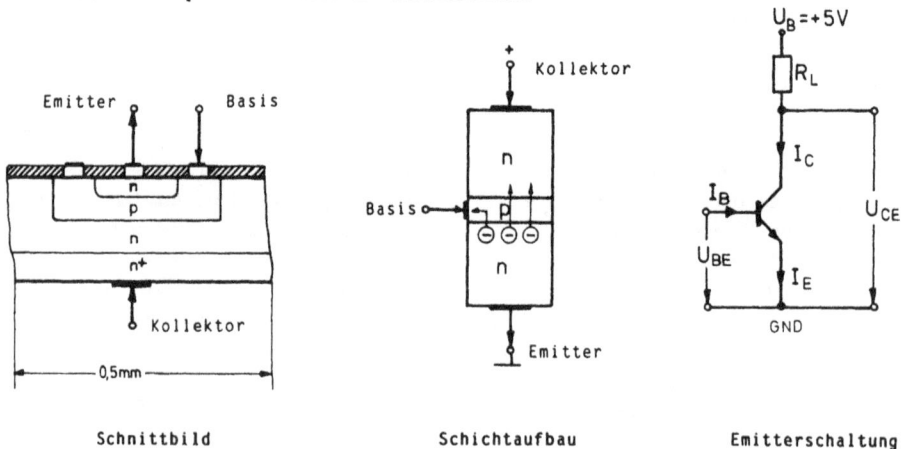

Schnittbild   Schichtaufbau   Emitterschaltung

Bild 3-3: npn-Planartransistor

Ein pn-Übergang wirkt wie eine Diode, die entweder in Durchlaß- oder in Sperr-Richtung betrieben wird. Die Diode sperrt, wenn an der p-Schicht ein negatives und an der n-Schicht ein positives Potential anliegt, da die Grenzschicht durch die anliegenden Potentiale an Ladungsträgern verarmt. Die Diode leitet, wenn an der p-Schicht ein positives und an der n-Schicht ein negatives

Potential anliegt, da die Grenzschicht mit Ladungsträgern überschwemmt wird.

Der pn-Übergang (Bild 3-3) zwischen Basis und Kollektor wird immer in Sperr-Richtung betrieben. Die Polarität der Spannung zwischen Basis und Emitter bestimmt, ob die Basis-Emitter-Diode durchläßt oder sperrt.

Ist die Basis negativ gegenüber dem Emitter oder liegen beide Anschlüsse auf gleichem Potential, so sperrt der pn-Übergang zwischen Basis und Emitter; der Basisstrom IB und daraus folgend der Kollektorstrom IC sind bis auf Restströme Null. Ist jedoch die Basis positiv gegenüber dem Emitter, so leitet der pn-Übergang zwischen Basis und Emitter; es fließt ein Strom in der technischen Stromrichtung von der Basis zum Emitter. Physikalisch gesehen sendet jedoch der Emitter negative Ladungsträger (Elektronen) aus, die zum Teil die dünne Basisschicht durchwandern und vom Kollektor eingesammelt werden. Es fließen zwei Ströme (technische Stromrichtung): der Basisstrom IB von der Basis zum Emitter und der Kollektorstrom IC vom Kollektor zum Emitter. Die Stromverstärkung B = IC/IB beträgt etwa 100. Beim pnp-Transistor sind die Strom- und Spannungsrichtungen umzudrehen.

Die elektrischen Eigenschaften eines Transistors sind abhängig von der geometrischen Anordnung der Anschlüsse und Schichten. Im normalen Betrieb ist der Kollektor positiv und und Emitter negativ. Der Basisstrom steuert den vom Kollektor zum Emitter fließenden Strom. Der Schichtaufbau zeigt jedoch, daß man die Potentiale von Emitter und Kollektor vertauschen kann. Im Inversbetrieb hat der Emitter ein höheres Potential als der Kollektor; wird die Basis-Kollektor-Diode in Durchlaßrichtung betrieben, so fließt ein Strom vom Emitter zum Kollektor. Wegen der geometrischen Anordnung der Anschlüsse ist er wesentlich geringer als der entsprechende Strom, der im Normalbetrieb vom Kollektor zum Emitter fließt.

Im Gegensatz zu MOS- und CMOS-Schaltungen, die mit Steuerspannungen am Eingang arbeiten, benötigen bipolare Schaltungen am Eingang einen Steuerstrom. Sie haben jedoch eine größere Ausgangsleistung und eine höhere Arbeitsfrequenz. Die Standard-TTL-Technik arbeitet mit bipolaren Transistoren. TTL bedeutet Transistor-Transistor-Logik. Weiterentwicklungen zu geringerer Leistungsaufnahme und höherer Integrationsdichte sind die Low-Power-Schottky-Technik (LS) und die Integrated-Injection-Logik (I^2L). Im Gegensatz zu MOS- und CMOS-Schaltungen sind bipolare Schaltungen unempfindlich gegen statische Aufladungen.

Anwendungen in der Mikrocomputertechnik:

Bipolare Schaltungen werden als Leistungsverstärker (Treiber) am Ausgang von MOS-Schaltungen und in Logikbausteinen der TTL-Serie für Zusatzschaltungen verwendet. Sehr schnelle Mikroprozessoren und Speicher werden ebenfalls in bipolarer Technik hergestellt. Die Logikbausteine der TTL-Serie arbeiten wie die MOS-Schaltungen mit einer Versorgungsspannung von +5 Volt.

3.2 Schaltungstechnik

Im Gegensatz zur Analogtechnik verwendet die Digital- und Mikrorechnertechnik meist integrierte Bausteine und keine einzelnen Bauelemente (Transistoren, Dioden, Widerstände). In der vorwiegend eingesetzten positiven Logik gibt es nur zwei gültige Spannungsbereiche (Logikpegel): LOW im Bereich von 0 bis 0,8 Volt und HIGH von 2,0 bis 5 Volt. Der undefinierte Bereich von 0,8 bis 2,0 Volt ist zu vermeiden. LOW entspricht der logischen 0, HIGH der logischen 1. Die Datenblätter enthalten Angaben über Lastfaktoren, aus denen man entnehmen kann, wieviele Bausteine parallel geschaltet werden können.

Die Hauptbausteine der Mikrorechnertechnik sind die Mikroprozessoren, Speicherbausteine und Ein/Ausgabebausteine. Sie werden vorwiegend in MOS-Technik hergestellt. Für die logische Verknüpfung von Steuersignalen sowie für die Adreßdecodierung verwendet man meist Hilfsbausteine in TTL-LOW-POWER-Schottky-Technik mit der Typenbezeichnung 74LSXXX. LS steht für Low-Power-Schottky und kennzeichnet die verminderte Leistungsaufnahme gegenüber den Standard-TTL-Bausteinen. Diese werden vorwiegend als Leistungstreiber auf der Peripherieseite der Ein/Ausgabebausteine verwendet und haben die Typenbezeicnung 74XXX. XXX ist eine fortlaufende Numerierung, die keine Rückschlüsse auf die Funktion des Bausteins zuläßt. Diese Bezeichnungen wurden ursprünglich von einem bestimmten Hersteller eingeführt; sie werden jedoch heute von fast allen anderen Herstellern verwendet und sind Bestandteil der Sprache der Digital- und Mikrorechnertechnik geworden.

Dieser Abschnitt beschreibt die für den Anwender wichtigen Eingangs- und Ausgangsschaltungen, die für den Entwurf und den Betrieb von Mikrorechnern von Bedeutung sind. Bei TTL-Schaltungen verwendet man üblicherweise den Baustein 7400 bzw. 74LS00 (NAND-Schaltung) als Bezugsgröße. Als Beispiel für MOS-Schaltungen dient hier der Mikroprozessor 8085. Alle in den Datenblättern der Hersteller genannten absoluten Werte sind Garantiewerte für die ungünstigsten Betriebsbedingungen (worst case). Sie liegen in der praktischen Anwendung oft wesentlich günstiger.

3.2.1 Eingangsschaltungen

Bild 3-4 zeigt ein Beispiel für eine Eingangsschaltung in der MOS-Technik.

Der MOS-Transistor T1 wird von der Eingangsspannung UE angesteuert und ist entweder leitend oder gesperrt. Der Transistor T2 wirkt als Lastwiderstand. Alle Eingangsspannungen kleiner 0,8 Volt werden als LOW und alle Spannungen größer 2,0 Volt werden als HIGH erkannt. Der Eingangsstrom wird mit maximal 10 μA angegeben; er ist vernachlässigbar klein. Wichtiger für die Auslegung von Mikrorechnern ist die Eingangskapazität von maximal 15 pF.

+5V

Lastelement

T2

LOW: $U_E < 0,8$ V	$I_{Emax} = \pm 10$ μA
HIGH: $U_E > 2,0$ V	$I_{Emax} = \pm 10$ μA
$C_{Emax} = 10$ pF	

I_E

T1   Eingangstransistor

U_E C_E

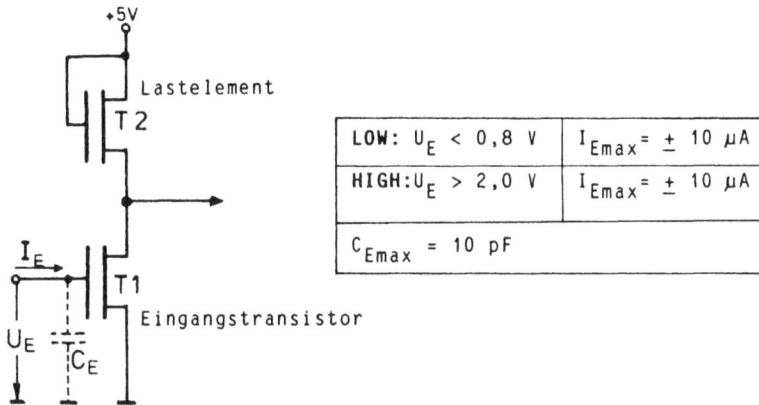

Bild 3-4: MOS-Eingangsschaltung

Bei einer Parallelschaltung von Bausteinen addieren sich die Eingangskapazitäten ihrer Eingänge. Läßt man einen MOS-Eingang offen (unbeschaltet), so kann er durch Einstreuungen und statische Aufladung ein undefiniertes oder sich veränderndes Potential annehmen. Unbeschaltete MOS-Eingänge sind wegen ihrer wechselnden logischen Zustände eine sehr schwer zu findende Fehlerquelle.

Bild 3-5 zeigt den typischen Eingang einer TTL-Schaltung, bei der die Eingangsspannung UE den Emitter des Transistors T1 und dieser die Basis von T2 ansteuert.

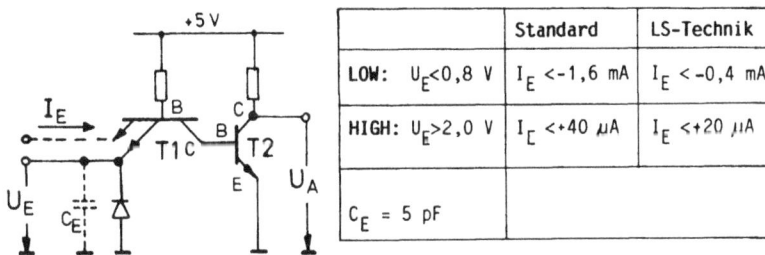

+5 V

I_E

T1   T2 U_A

U_E C_E

	Standard	LS-Technik
LOW: $U_E{<}0,8$ V	$I_E < -1,6$ mA	$I_E < -0,4$ mA
HIGH: $U_E{>}2,0$ V	$I_C < +40$ μA	$I_E < +20$ μA
$C_E = 5$ pF		

Bild 3-5: TTL-Eingangsschaltung

Alle Eingangsspannungen kleiner als 0,8 Volt werden als LOW erkannt. In diesem Zustand fließt ein Strom von maximal -1,6 mA (bei LS -0,4 mA) aus dem Eingang heraus; dies wird durch das negative Vorzeichen ausgedrückt. Der Transistor T1 leitet. Damit liegt sein Kollektor auf niedrigem Potential und sperrt den Transistor T2. Die Ausgangsspannung UA ist damit HIGH.

Alle Eingangsspannungen größer als 2,0 Volt werden als HIGH erkannt. In diesem Zustand wird der Eingangstransistor T1 invers betrieben. Es fließt ein Strom von maximal 40 µA (bei LS 20 µA) in den Eingang hinein und vom Emitter zum Kollektor. Der Kollektorstrom schaltet den Transistor T2 durch. Die Ausgangsspannung UA ist LOW.

Die Eingangskapazität von maximal 5 pF wird bei der Auslegung von TTL-Schaltungen vernachlässigt. Bei der Parallelschaltung von Eingängen summieren sich die Ströme; sie müssen von den Ausgangsschaltungen aufgenommen (LOW) bzw. geliefert werden (HIGH). Die in der Tabelle Bild 3-5 angegebenen maximalen Ströme bilden eine TTL-Last. Die Schaltung hat ein "fan in" von 1. Dieser "Eingangsfächer" oder Eingangs-Lastfaktor ist die willkürlich gewählte Bezugsgröße für alle Lastberechnungen. Eine Eingangsschaltung in Standard-TTL-Technik mit einem Lastfaktor oder "fan in" von 2 liefert bei LOW einen Strom von -3,2 mA und nimmt bei HIGH einen Strom von +80 µA auf. Bei LS-Eingängen sind es bei einem Lastfaktor von 2 die Ströme -0,8 mA und + 40 µA. Die meisten Ausgangsschaltungen können 10 Standard-Eingänge (Eingangs-Lastfaktor 1) treiben.

Der TTL-Eingang Bild 3-5 besteht aus einem Transistor, bei dem der Emitter entweder mit LOW-Potential normal oder mit HIGH-Potential invers betrieben wird. Bei einem Multi-Emitter-Transistor bilden mehrere Eingangsemitter eine logische UND-Verknüpfung, die zusätzlich durch den Transistor T2 negiert wird. Nur wenn alle Eingangsemitter auf HIGH-Potential liegen, wird die Basis von T2 angesteuert und legt den Ausgang UA auf LOW-Potential. Ist jedoch ein Eingangsemitter LOW, so ist auch der Kollektor LOW. T2 ist gesperrt; und der Ausgang ist HIGH. Die Schaltung Bild 3-5 wirkt mit dem zusätzlich gestrichelt eingezeichneten Emitter wie eine NAND-Schaltung.

Unbeschaltete (offene) TTL-Eingänge nehmen im Gegensatz zu MOS-Schaltungen ein HIGH-Potential an. Es wird jedoch empfohlen, nicht benutzte TTL-Eingänge auf festes LOW- oder HIGH-Potential zu legen.

3.2.2 Ausgangsschaltungen

Es gibt drei Arten von Ausgangsschaltungen:

a. den Gegentaktausgang (totem pole),

b. den Offenen-Kollektor-Ausgang (open Collector o.C.) und

c. den Drei-Zustands-Ausgang (tristate).

Sie werden zunächst an Beispielen der TTL-Technik erklärt. **Bild 3-6** zeigt einen Gegentaktausgang mit bipolaren Transistoren; die gleiche Schaltung gibt es auch in der MOS-Technik mit MOS-Transistoren.

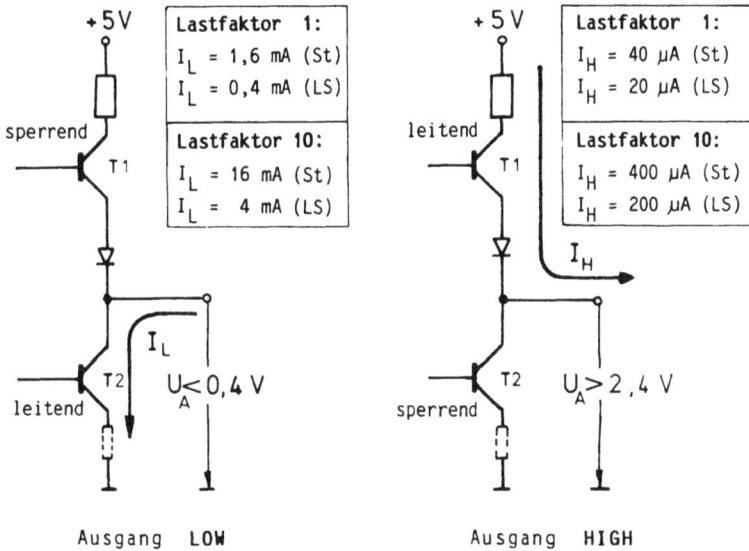

Bild 3-6: Gegentaktausgang

Im LOW-Zustand sperrt der obere Transistor T1, und der untere leitende Transistor T2 legt den Ausgang auf LOW-Potential. Durch den Spannungsabfall an dem gestrichelt eingetragenen inneren Widerstand des Transistors T2 ist die Ausgangsspannung abhängig vom aufgenommenen Strom. Je höher der Strom, umso mehr steigt die Ausgangsspannung an. Die Lastfaktoren und damit die Treiberfähigkeit der einzelnen Bausteine müssen den Datenblättern entnommen werden. Bei einem Ausgangs-Lastfaktor ("fan out") von 10 können an einen Ausgang 10 Eingänge mit dem Eingangs-Lastfaktor 1 angeschlossen werden, ohne daß die Ausgangsspannung größer wird als 0,4 Volt. Da die Eingänge alle Spannungen kleiner als 0,8 Volt als LOW erkennen, bleibt ein sogenannter "Störabstand" von 0,4 Volt zwischen der gelieferten Ausgangsspannung und der erforderlichen Eingangsspannung für LOW.

Im HIGH-Zustand sperrt der untere Transistor T2, und der obere leitende Transistor T1 legt den Ausgang auf HIGH-Potential. Die Ausgangsspannung ist wieder abhängig vom entnommenen Strom und damit von der Belastung. Je höher der Strom umso mehr sinkt die Ausgangsspannung ab. Bei einem Ausgangs-Lastfaktor ("fan out") von 10 können an einen Ausgang wieder 10 Eingänge mit dem Eingangs-Lastfaktor 1 angeschlossen werden, ohne daß die Ausgangsspannung unter 2,4 Volt sinkt. Da die Eingänge alle Spannungen größer als 2,0 Volt als HIGH erkennen, bleibt wieder ein "Störabstand" von 0,4 Volt, der als Einstreuung oder Spannungsabfall auf der Verbindungsleitung zulässig ist.

Gegentakt-Ausgänge dürfen im Gegensatz zu Ausgängen mit offenem Kollektor oder Tristate-Verhalten nicht parallel geschaltet werden. Sie müssen durch UND- bzw. ODER-Schaltungen verknüpft werden.

Beim Offenen-Kollektor-Ausgang nach **Bild 3-7** entfällt der obere Transistor, der den Ausgang auf HIGH-Potential schaltet. Dieser "Oben-ohne-Ausgang" heißt in der MOS-Technik Open-Drain.

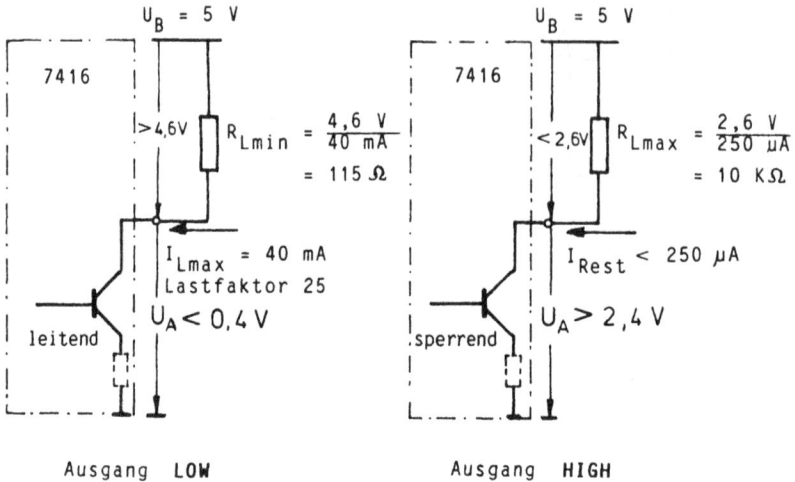

Ausgang **LOW**   Ausgang **HIGH**

Bild 3-7: TTL-Offener-Kollektor-Ausgang

Für den Betrieb des Offenen-Kollektor-Ausgangs ist ein Lastwiderstand RL erforderlich. Er muß so gewählt werden, daß bei allen Betriebsbedingungen der LOW-Pegel von höchstens 0,4 Volt und der HIGH-Pegel von mindestens 2,4 Volt am Ausgang eingehalten wird. Dabei darf der höchstzulässige Strom im LOW-Zustand nicht überschritten werden.

Leitet der Ausgangstransistor, so wird der Ausgang auf LOW-Potential gelegt. Je größer der aufgenommene Strom ist, umso größer wird die Ausgangsspannung. Der als Beispiel im Bild 3-7 dargestellte Ausgang kann maximal im LOW-Zustand einen Strom von 40 mA aufnehmen, ohne daß die Ausgangsspannung größer als 0,4 Volt wird. Dies entspricht einem Ausgangs-Lastfaktor von 25 für den LOW-Zustand. Eine weitere Grenze für den Ausgangsstrom liegt in der Erwärmung des Bausteins. Der zur Strombegrenzung dienende Lastwiderstand darf daher einen bestimmten Mindestwert nicht unterschreiten. In dem Beispiel beträgt er 115 Ohm. Er wird nach dem ohmschen Gesetz R = U/I berechnet. Als Spannung am Lastwiderstand ist die Betriebsspannung abzüglich dem LOW-Potential von 0,4 Volt anzusetzen. I ist der bei LOW durch den Widerstand fließende Strom.

Sperrt der Ausgangstransistor, so liegt der Ausgang über den Lastwiderstand auf HIGH-Potential. Es fließt jedoch ein Reststrom von maximal 250 µA, da der Transistor kein idealer Schalter ist. Dieser Reststrom verursacht einen Spannungsabfall am Lastwiderstand, der das HIGH-Potential vermindert. Der Lastwiderstand darf daher einen bestimmten Höchstwert nicht überschreiten. Er wird nach dem ohmschen Gesetz R = U/I bestimmt. Als Spannung ist die Betriebsspannung abzüglich dem HIGH-Potential von 2,4 Volt anzusetzen. I ist der bei HIGH durch den Widerstand fließende Strom.

Bild 3-8 zeigt ein Anwendungsbeispiel für den Offenen-Kollektor-Ausgang bei einem Steuersignal, das aktiv LOW ist, also bei LOW-Potential einen bestimmten Vorgang auslösen soll.

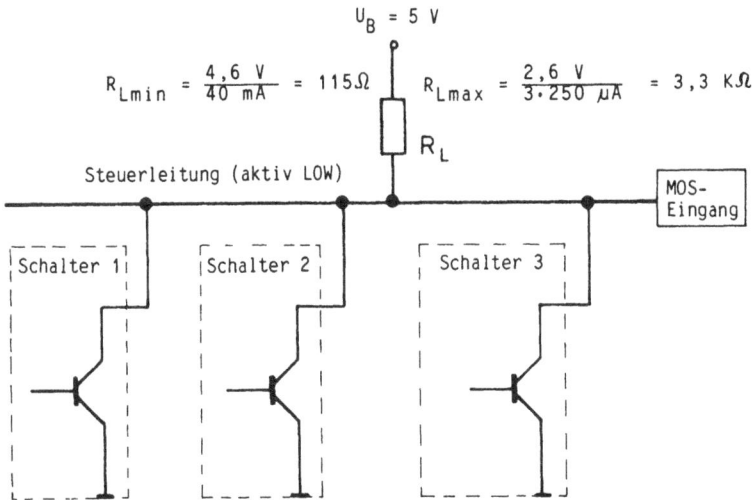

$$U_B = 5 \text{ V}$$

$$R_{Lmin} = \frac{4,6 \text{ V}}{40 \text{ mA}} = 115\,\Omega \qquad R_{Lmax} = \frac{2,6 \text{ V}}{3 \cdot 250 \text{ µA}} = 3,3 \text{ K}\Omega$$

Steuerleitung (aktiv LOW)

R_L

MOS-Eingang

Schalter 1   Schalter 2   Schalter 3

Bild 3-8: Verdrahtetes ODER für aktiv LOW

Ein Steuersignal ist aktiv LOW und soll von drei verschiedenen Stellen aus mit dem Schalter 1 ODER dem Schalter 2 ODER dem Schalter 3 ausgelöst werden. Alle drei Schalter haben Offene-Kollektor-Ausgänge, die auf einen gemeinsamen Lastwiderstand RL geschaltet sind. Sind alle Ausgänge HIGH, so ist auch das Steuersignal HIGH und nicht aktiv. Es genügt jedoch, einen der drei Ausgänge auf LOW zu bringen, um den gemeinsamen Ausgang auf LOW zu legen und damit den Vorgang aktiv LOW auszulösen. Würde man Schalter mit Gegentakt-Ausgängen nach Bild 3-6 verwenden, so müßten diese mit einer zusätzlichen ODER-Schaltung verknüpft werden, denn Gegentakt-Ausgänge lassen sich nicht parallel schalten. Der Maximalwert des Lastwiderstandes ergibt sich aus der Summe der Restströme; sein Minimalwert aus dem zulässigen Strom eines Ausgangs. Arbeitet die Schaltung auf einen oder mehrere TTL-Eingänge, so sind deren Eingangsströme bei HIGH und bei LOW entsprechend zu berücksichtigen. In grober Annäherung kann man jedoch einen TTL-Eingang wie auch einen MOS-Eingang vernachlässigen und nur die parallel geschalteten Offenen-Kollektor-Ausgänge bei der Dimensionierung des Lastwiderstandes berücksichtigen. Der Lastwiderstand sollte möglicht niedrig gewählt werden, um das Schaltverhalten zu verbessern.

Bild 3-9 zeigt als Beispiel für die Anwendung des Offenen-Kollektor-Ausgangs in einer Peripherie-Schaltung die Ansteuerung einer Leuchtdiode (LED).

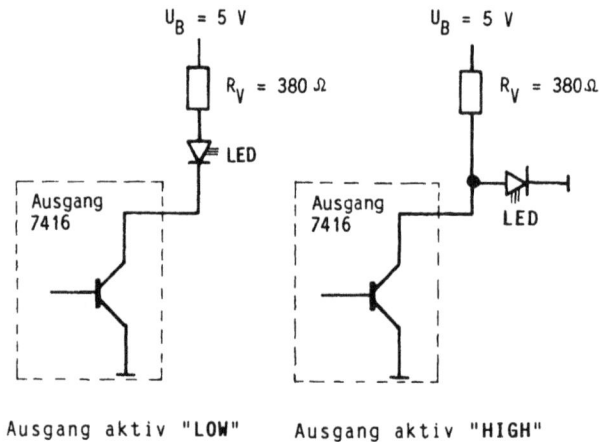

Bild 3-9: Leistungstreiber zur LED-Ansteuerung

Anstelle des Lastwiderstandes verwendet die Schaltung einen Verbraucher - hier eine Leuchtdiode - mit einem Vorwiderstand zur Strombegrenzung. Der Widerstand wird unter Berücksichtigung des maximal zulässigen Stromes so dimensioniert, daß sich die geforderte Helligkeit bzw. Lebensdauer der Leuchtdiode einstellt. Da hier keine weiteren Logik-Bausteine angesteuert werden müssen, brauchen auch die zulässigen Ausgangspotentiale für LOW und HIGH nicht mehr eingehalten zu werden. Zum Anschluß von Verbrauchern, die höhere Spannungen als die Versorgungsspannung von 5 Volt benötigen, gibt es Bausteine, die am Ausgang mit Spannungen von 30 oder 60 Volt betrieben werden können.

Die Schaltung des Bildes 3-9 links ist aktiv LOW. Ein LOW-Potential am Ausgang löst den gewünschten Vorgang, das Aufleuchten der Leuchtdiode, aus. Es fließt ein Strom in den Kollektor-Anschluss hinein. Ist der Ausgang HIGH, so geht die Leuchtdiode aus, da beide Anschlüsse auf gleichem Potential liegen.

Die Schaltung des Bildes 3-9 rechts ist aktiv HIGH. Ein HIGH-Potential am Ausgang läßt die Leuchtdiode aufleuchten, da die Anode auf HIGH liegt; der über den Ausgang abfließende Reststrom kann dabei vernachlässigt werden. Ist jedoch der Ausgang LOW, so schaltet der Transistor durch und legt die Anode der LED auf LOW, und die Leuchtdiode geht aus.

Bild 3-8 zeigte bereits einen Weg, mehrere Bausteine durch ein verdrahtetes ODER parallel zu schalten. Dieses Verfahren wird vorwiegend bei Steuersignalen eingesetzt. Zur Parallelschaltung von Adreß- und Datenleitungen verwendet man den Drei-Zustands- oder Tristate-Ausgang nach **Bild 3-10**. Auch in der deutschen Fachliteratur hat sich die Bezeichnung "Tristate" eingebürgert.

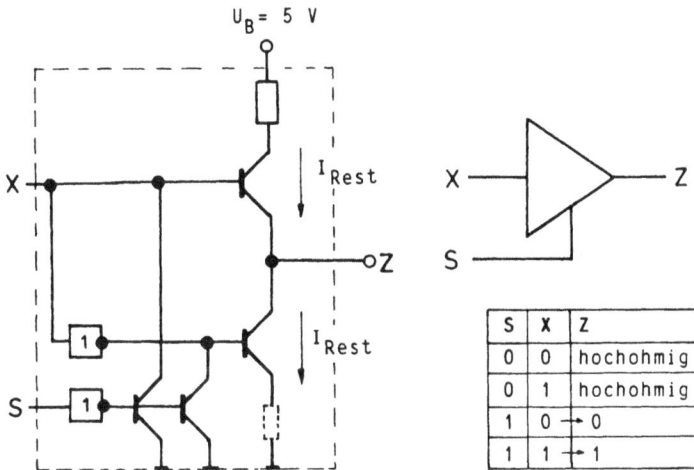

S	X	Z
0	0	hochohmig
0	1	hochohmig
1	0	→ 0
1	1	→ 1

Bild 3-10: Drei-Zustands- oder Tristate-Ausgänge

"Tristate" oder nach in einer anderen Herstellerbezeichnung "Threestate" bedeutet, daß der Ausgang drei elektrische Zustände annehmen kann. Im hochohmigen Zustand wird weder ein LOW- noch ein HIGH-Potential abgegeben, da beide Transistoren sperren. Das Ausgangspotential "schwebt". Es fließen jedoch Restströme in der Größenordnung von 10 µA (MOS) bis 50 µA (TTL). Der in der Tabelle des Bildes 3-10 dargestellte Steuereingang S ist aktiv HIGH, da für S = HIGH die Ausgangstransistoren freigegeben werden und wie beim Gegentakt-Ausgang entweder ein LOW- oder ein HIGH-Potential auf den Ausgang legen. **Bild 3-11** zeigt ein Anwendungsbeispiel.

Vier Speicherbausteine arbeiten auf eine gemeinsame Datenleitung, die zum Mikroprozessor führt. Aufgrund einer Adresse wählt der Prozessor einen der vier Bausteine aus. Er soll seinen Speicherinhalt (Daten) an den Prozessor senden. Der Adreßdecoder sorgt dafür, daß nur ein Ausgang leitend ist; die drei anderen Ausgänge müssen sich im hochohmigen Zustand befinden. Da die meisten Adreßdecoder Aktiv-LOW-Ausgänge haben, werden im Gegensatz zum Bild 3-10 die Steuereingänge der Speicherbausteine ebenfalls aktiv LOW ausgeführt.

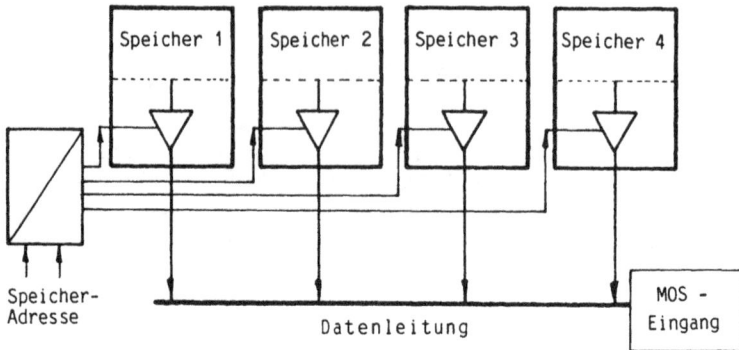

Bild 3-11: Parallelschaltung von Tristate-Ausgängen

Die Adreß- und Datenausgänge und teilweise auch Steuerausgänge der MOS-Bausteine sind Tristate-Ausgänge. Da ein MOS-Ausgang etwa nur 10 MOS-Eingänge treiben kann, setzt man bei größeren Mikrorechnern Verstärker oder Bustreiber in TTL-LS-Technik ein. Dabei unterscheidet man unidirektionale Treiber, die z.B. Adressen und Steuersignale nur in einer Richtung verstärken und bidirektionale Treiber für Datenleitungen, bei denen durch einen weiteren Steuereingang die Verstärkungsrichtung umgeschaltet werden kann.

3.2.3 Zusammenschaltung der Bausteine

Schaltet man mehrere MOS- bzw. TTL-Bausteine zusammen, so ergeben sich folgende Probleme:

1. Die in den vorigen Abschnitten genannten Spannungswerte für LOW- und für HIGH-Potential müssen auch unter den ungünstigsten Betriebsbedingungen eingehalten werden.

2. Die Eingangs- und Ausgangsschaltungen dürfen aus thermischen Gründen nur mit den zulässigen Strömen belastet werden.

3. Die Kurvenform der Signale soll möglichst erhalten bleiben. Die Signalverzögerungen durch Schaltzeiten und Abflachung der Flanken müssen innerhalb der zulässigen Toleranzen bleiben.

Bild 3-12 zeigt ein stark vereinfachtes Ersatzschaltbild für die Zusammenschaltung zweier Bausteine.

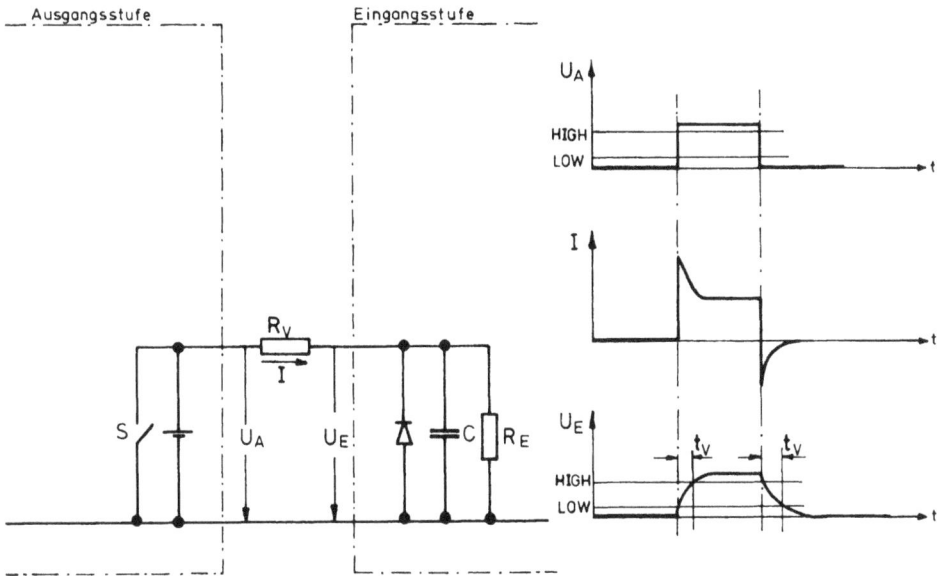

Bild 3-12: Zusammenschaltung zweier Bausteine

Die Ausgangsschaltung besteht aus einem idealen Schalter, der eine rechteck-
förmige Ausgangsspannung erzeugt. Der Innenwiderstand und der Leitungs-
widerstand wurden zu einem Vorwiderstand RV zusammengefaßt. Die Eingangsschaltung besteht aus einer Diode zur Unterdrückung negativer Spannungs-
spitzen, einem Kondensator, der die Kapazitäten des Ausgangs, der Leitung
und des Eingangs zusammenfaßt, und einem hochohmigen Parallelwiderstand.

Bei ideal rechteckförmiger Ausgangsspannung entstehen an den Flanken des
Stromes durch das Auf- und Entladen der Kapazitäten Einschalt- und Entlade-
spitzen. Die Eingangsspannung ist an den Flanken abgeflacht und in der Ampli-
tude gegenüber der Ausgangsspannung vermindert. Dadurch werden die Pegel
des LOW- und HIGH-Potentials später erreicht; die Signale werden verzögert.
Weitere Verzögerungen ergeben sich durch zusätzliche Logikbausteine und Treiber. Für TTL-Schaltungen kann man mit einer Verzögerungszeit von ca. 10 ns
pro Schaltung rechnen.

Die "Standard-TTL-Last" mit dem Lastfaktor 1 bildet die Grundlage für die
Auslegung von Mikrorechner-Schaltungen. Daher werden in den **Bildern 3-13
und 3-14** noch einmal die Spannungen und Ströme dargestellt, die sich bei
einer TTL-Last ergeben. Trotz der unterschiedlichen Funktionsweise gelten
für MOS- und TTL-Schaltungen die gleichen Spannungspegel.

Ausgangsstufe   Eingangsstufe

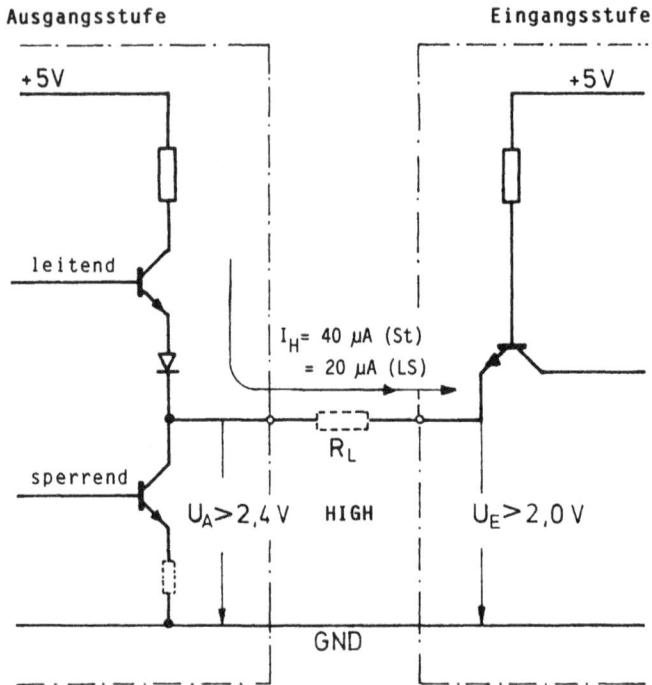

Bild 3-13: TTL-Last bei HIGH-Potential

Im HIGH-Zustand muß der treibende Ausgang mindestens eine Spannung von 2,4 Volt liefern, während die Eingänge alle Spannungen über 2,0 Volt als HIGH erkennen. Die Differenz von 0,4 Volt ist der Störspannungsabstand, der als Einstreuung oder Spannungsabfall auf der Leitung auftreten kann, ohne die Funktion der Schaltung zu beeinträchtigen.

Im LOW-Zustand darf der treibende Ausgang höchstens eine Spannung von 0,4 Volt liefern, während alle Eingänge Spannungen unter 0,8 Volt als LOW erkennen. Der Störspannungsabstand beträgt auch im LOW-Zustand 0,4 Volt.

Zur Erhöhung des Ausgangsstromes bzw. zur Erhöhung der Ausgangsspannung bei HIGH verwendet man "Pull-up"-Widerstände entsprechend **Bild 3-15.** Dies sind Widerstände, die parallel zu Gegentakt- oder Tristate-Ausgängen vom Ausgang zur Versorgungsspannung geschaltet werden.

Ausgangsstufe   Eingangsstufe

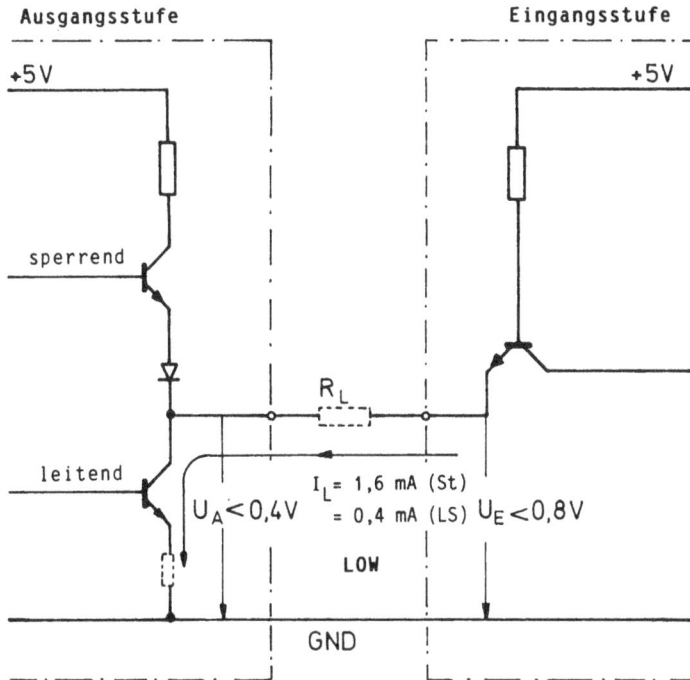

+5V   +5V

sperrend

R_L

leitend I_L= 1,6 mA (St)
$U_A<0,4V$ = 0,4 mA (LS) $U_E<0,8V$

LOW

GND

Bild 3-14: TTL-Last bei LOW-Potential

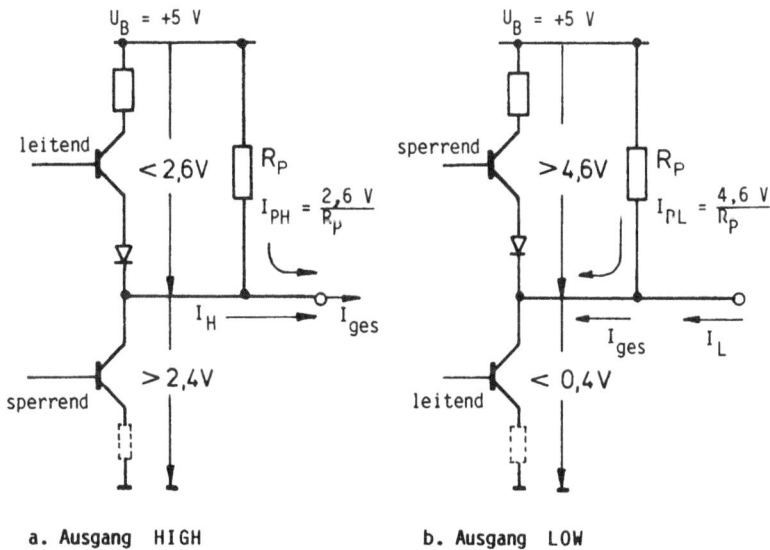

U_B = +5 V U_B = +5 V

leitend $<2,6V$ R_P sperrend $>4,6V$ R_P

$I_{PH} = \dfrac{2,6\ V}{R_P}$ $I_{PL} = \dfrac{4,6\ V}{R_P}$

I_H → I_{ges} I_{ges} ← I_L

sperrend $>2,4V$ leitend $<0,4V$

a. Ausgang HIGH   b. Ausgang LOW

Bild 3-15: Wirkung eines Pull-up-Widerstandes

"Pull-up" bedeutet, daß das Ausgangspotential "heraufgezogen" wird. Damit wird das Potential bei HIGH verbessert, jedoch bei LOW verschlechtert. Für die Wirkung des Pull-up-Widerstandes bei HIGH entsprechend Bild 3-15a gibt es zwei Erklärungen. Mit dem Parallelwiderstand kann man bei gleichbleibender Ausgangsspannung einen zusätzlichen Strom entnehmen, der an dem Ausgangstransistor vorbeifließt und der keinen zusätzlichen Spannungsabfall verursacht. Oder man will bei gleichbleibender Belastung die Ausgangsspannung erhöhen. Durch den Parallelwiderstand zum Ausgang vermindert sich der Gesamtwiderstand und damit bei gleichbleibendem Strom der Spannungsabfall; die Ausgangsspannung steigt also an. Die Wirkung des Parallelwiderstandes ist umgekehrt proportional zu seiner Größe: ein kleiner Widerstand hebt die Spannung stark an.

Betrachtet man jedoch den Parallelwiderstand bei LOW entsprechend Bild 3-15b, so fließt nun ein zusätzlicher Strom durch den leitenden Transistor gegen Masse und erhöht die Ausgangsspannung. Wegen dieser verschlechternden Wirkung des LOW-Potentials sollte der Widerstand möglichst hoch gewählt werden.

Da die Dimensionierung des Pull-up-Widerstandes stark von den vorhandenen Belastungsverhältnissen abhängt, wurde seine Wirkung in einer Meßschaltung nach **Bild 3-16** untersucht.

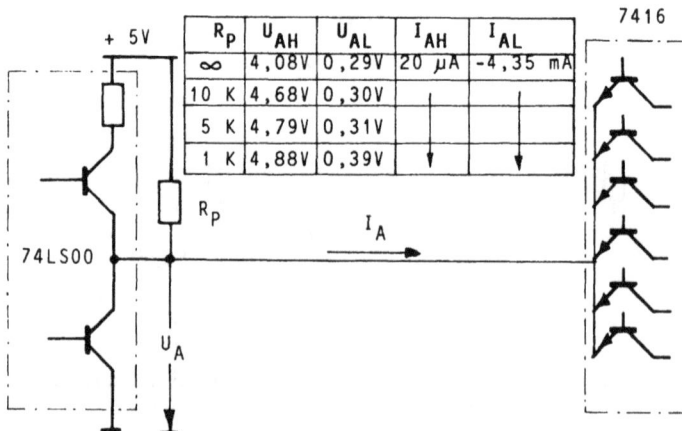

R_P	U_{AH}	U_{AL}	I_{AH}	I_{AL}
∞	4,08V	0,29V	20 µA	-4,35 mA
10 K	4,68V	0,30V		
5 K	4,79V	0,31V		
1 K	4,88V	0,39V		

Bild 3-16: Meßschaltung mit Pull-up-Widerstand

An den Ausgang der Bezugs-LS-Schaltung 74LS00 wurden sechs Standard-TTL-Schaltungen 7416 angeschlossen. Ohne Parallelwiderstand (unendlich) wurden Lastströme gemessen, die besonders bei HIGH wesentlich günstiger waren als die Garantiewerte der Datenblätter. Bei einer HIGH-Ausgangsspannung von über 4 Volt wäre eigentlich gar kein Pull-up-Widerstand erforderlich gewesen.

Die Tabelle des Bildes 3-16 zeigt die Wirkung der Widerstände von 10 KOhm, 5 KOhm und 1 KOhm. Am günstigsten wäre nach den vorliegenden Messungen ein Pull-up-Widerstand von 5 KOhm, der das HIGH-Potential um 0,7 Volt verbessert und das LOW-Potential um 0,02 Volt verschlechtert.

Bild 3-17 faßt die Kennwerte der Eingangs- und Ausgangsschaltungen verschiedener Bausteine zusammen und gibt Hinweise auf die Zahl der Eingänge, mit denen ein Ausgang belastet werden kann.

		MOS-Eingang	Standard TTL-Eing. 74xxx	LS-Logik Eingang 74LSxxx	LS-Eingang Bustreiber 74LS24x
	Kennwerte	5 - 15 pF	I_H= 40 µA	I_H= 20 µA	I_H= 20 µA
		± 10 µA	I_L=-1,6mA	I_L=-0,4mA	I_L=-0,2mA
MOS-Ausgang	für 150pF I_H=-400µA I_L= 2 mA	10 - 15	1 - 2	2 - 4	2 - 4
Standard TTL-Ausg. 74xxx	Lastf. 10 I_H=-400µA I_L= 16 mA	30	10	20	20
LS-Logik Ausgang 74LSxxx	Lastf. 20 I_H=-400µA I_L= 8 mA	30	(5)	20	20
LS-Ausg. Bustreib. 74LS24x	Lastf.60 I_H= -3 mA I_L= 12 mA	60	10	30 (LOW)	30 (LOW)

Bild 3-17: Zusammenschaltung verschiedener Bausteine

Die Kennwerte wurden den Datenblättern typischer Bausteine entnommen und stellen Garantiewerte dar, die - wie Messungen zeigen - wesentlich günstiger liegen können. Die Tabelle gibt weiterhin Hinweise auf die Zahl der Eingänge, die ein Ausgang treiben kann. Auch dies sind theoretische Werte. Zum Beispiel kann ein TTL-LS-Logikausgang laut Tabelle fünf Standard-TTL-Eingänge treiben. Die Meßergebnisse des Bildes 3-16 zeigen, daß selbst bei einer Belastung mit sechs Standard-TTL-Lasten noch ausreichende Sicherheit vorhanden ist.

Nicht in der Tabelle aufgeführt sind CMOS-Schaltungen, die auch mit einer Versorgungsspannung von +5 Volt betrieben werden können. Die ältere CMOS-Serie CD 40XX ist wegen der relativ langen Schaltzeit von ca. 50 ns und der begrenzten Treiberfähigkeit von einer TTL-Last für Mikrorechnerschaltungen wenig geeignet. Die neuere CMOS-Serie 74HCXX arbeitet mit Schaltzeiten von 10 ns und kann bei LOW 4 mA aufnehmen und bei HIGH 4 mA abgeben. Das LOW-Eingangspotential liegt bei maximal 1,0 Volt und ist mit MOS und TTL verträglich. Da HIGH-Eingangspotentiale über 3,5 Volt liegen müssen, sind am Ausgang von MOS- und TTL-Schaltungen Pull-up-Widerstände oder Treiber mit Offenem-Kollektor-Ausgang erforderlich, die das Ausgangspotential anheben. CMOS-Ausgänge können in jedem Fall MOS- und TTL-Eingänge treiben.

Bild 3-18 zeigt abschließend die Bausteine eines Mikrorechners und ihre Ausführung in verschiedenen Schaltungstechniken.

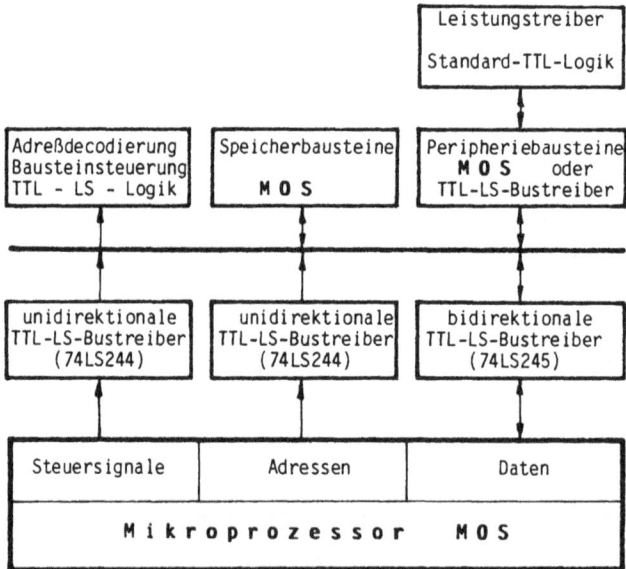

```
                                        ┌─────────────────────┐
                                        │  Leistungstreiber   │
                                        │  Standard-TTL-Logik │
                                        └──────────┬──────────┘
                                                   ▲
   ┌─────────────────────┐ ┌─────────────────┐ ┌───┴─────────────────┐
   │ Adreßdecodierung    │ │ Speicherbausteine│ │ Peripheriebausteine │
   │ Bausteinsteuerung   │ │      M O S      │ │    M O S    oder    │
   │ TTL - LS - Logik    │ │                 │ │ TTL-LS-Bustreiber   │
   └──────────┬──────────┘ └────────┬────────┘ └──────────┬──────────┘
              ▲                      ▲                      ▲
   ═══════════╪══════════════════════╪══════════════════════╪═══════════
              ▼                      ▼                      ▼
   ┌─────────────────────┐ ┌─────────────────┐ ┌─────────────────────┐
   │ unidirektionale     │ │ unidirektionale │ │ bidirektionale      │
   │ TTL-LS-Bustreiber   │ │ TTL-LS-Bustreiber│ │ TTL-LS-Bustreiber   │
   │ ( 74LS244 )         │ │ ( 74LS244 )     │ │ ( 74LS245 )         │
   └──────────┬──────────┘ └────────┬────────┘ └──────────┬──────────┘
              ▲                      ▲                      ▲
   ┌──────────┴──────────┬──────────┴─────────┬───────────┴──────────┐
   │   Steuersignale     │     Adressen       │       Daten          │
   ├─────────────────────┴────────────────────┴──────────────────────┤
   │      M i k r o p r o z e s s o r      M O S                      │
   └──────────────────────────────────────────────────────────────────┘
```

Bild 3-18: Bausteine eines Mikrorechners

Der Mikroprozessor sowie die Speicher und meist auch die Peripherie bestehen aus hochintegrierten MOS-Bausteinen. Für die Bausteinauswahl und Steuerung verwendet man vorzugsweise TTL-LS-Logikbausteine. An den Eingängen und Ausgängen der Peripheriebausteine dienen Standard-TTL-Bausteine als Leistungstreiber und für externe Logikverknüpfungen. Bei umfangreichen Speicher- und Peripherieschaltungen sowie bei Bauplattensystemen setzt man TTL-LS-Bustreiber ein, um die Steuersignale, Adressen und Daten zu verstärken.

3.3 Der Mikroprozessor 8085A

Der Mikroprozessor 8085A hat den gleichen Befehlssatz wie sein Vorgänger 8080; er enthält zwei zusätzliche Befehle sowie erweiterte Interruptmöglichkeiten. Hardwaremäßig bestehen wesentliche Unterschiede in den Steuersignalen und in den Befehlsausführungszeiten. Die ältere Ausführung 8085 ohne A zeigt nur geringfügige Anweichungen. Weiterentwicklungen sind der Prozessor Z80 und die 16-Bit-Prozessoren 8086 und 8088. Da der Prozessor 8085A von mehreren Herstellern angeboten wird und dabei Unterschiede in den Steuersignalen und in den Befehlsausführungszeiten auftreten könnten, sollten auf jeden Fall die Datenblätter des jeweiligen Herstellers zu Rate gezogen werden. Dem folgenden Abschnitt liegt das Datenbuch "Mikroprozessor System SAB 8085" der Firma Siemens zu Grunde.

3.3.1 Die Anschlüsse des Prozessors 8085A

Dieser Abschnitt gibt zunächst einen Überblick über die Anschlüsse. **Bild 3-19** zeigt den Blockschaltplan mit allen Leitungen. Die Anschlußbelegung befindet sich im Anhang.

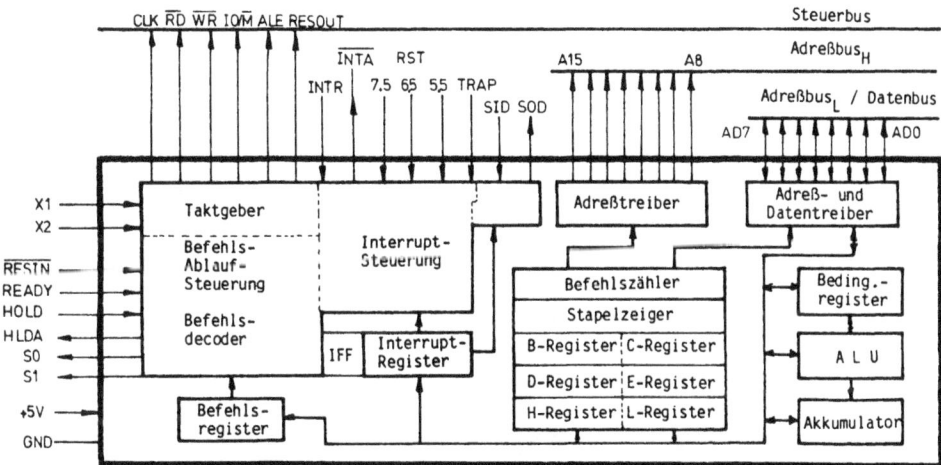

Bild 3-19: Blockschaltplan des Mikroprozessors 8085A

Der Prozessor 8085A ist ein 8-Bit-Prozessor. Ein innerer 8 bit breiter Datenbus verbindet die Register untereinander und mit dem äußeren 8 bit breiten
Datenbus. Der Akkumulator, das Rechenwerk (ALU) und das Befehlsregister
bestehen ebenfalls aus acht Bit. Die 16-Bit-Adreßregister (Befehlszähler,
Stapelzeiger und drei Registerpaare) werden auf den äußeren Adreßbus geschaltet und können 64 KByte Speicher adressieren. Der Datenbus und der
niederwertige Teil des Adreßbus haben gemeinsame Anschlüsse. Sie führen zu
Beginn einer Datenübertragung Adressen und am Ende die Daten (Multiplexverfahren).

Die Versorgungsspannung beträgt +5 Volt; die Stromaufnahme maximal 300 mA.
Die Eingänge X1 und X2 dienen zum Anschluß eines Quarzes, einer RC-Schal-
tung oder eines Taktgebers. Der eingebaute Taktgenerator erzeugt über einen
2:1-Frequenzteiler einen Zweiphasentakt für die innere Prozessorsteuerung;
einer der beiden Takte wird am Ausgang CLK herausgeführt. CLK bedeutet
Clock gleich Takt. Die Ausführung 8085A kann mit maximal 3 MHz (Quarz 6
MHz) betrieben werden; die Ausführung 8085A-2 mit 5 MHz (Quarz 10 MHz).
Die untere Frequenzgrenze liegt bei 0,5 MHz (Quarz 1 MHz). Bei Quarzfrequen-
zen kleiner oder gleich 4 MHz werden Kondensatoren von den Anschlüssen X1
und X2 zur Masse (Ground) empfohlen.

Die Adreßleitungen A8 bis A15 sind Ausgänge für die höherwertigen acht Bit
der Speicheradresse. Bei einem Peripheriezugriff führen sie die Registeradresse. Die Ausgänge können in den hochohmigen (tristate) Zustand gebracht
werden.

Die Anschlüsse AD0 bis AD7 sind im 1. Takt eines Zyklus Ausgänge für die
niederwertigen acht Bit der Speicheradresse (A0 bis A7) oder für die Adresse eines Peripherieregisters. Im 2. und 3. Takt eines Zyklus bilden sie den
Datenbus (D0 bis D7) und sind entweder Ausgänge (schreiben) oder Eingänge
(lesen). Sie können in den hochohmigen (tristate) Zustand gebracht werden.

Der Ausgang ALE zeigt im 1. Takt eines Zyklus durch ein HIGH-Signal an,
daß die Anschlüsse AD0 bis AD7 Adressen führen. Diese sind bei der fallenden Flanke des Signals stabil und können in Flipflops gespeichert werden, die
sie für den Rest des Zyklus festhalten. ALE bedeutet Address Latch Enable
gleich Freigabe der Adreßspeicher.

Der Ausgang $\overline{RD}$ ist aktiv LOW und steuert den Lesevorgang. Er zeigt mit
einem LOW-Signal an, daß der Prozessor den Datenbus freigegeben hat
(tristate) und daß er Daten von den Speichern oder von der Peripherie erwartet. Die Daten werden mit der steigenden Flanke des $\overline{RD}$-Signals vom Prozessor übernommen. RD bedeutet Read gleich Lesen. Die Leitung kann in den
hochohmigen (tristate) Zustand gebracht werden.

Der Ausgang $\overline{WR}$ ist aktiv LOW und steuert den Schreibvorgang. Er zeigt mit
einem LOW-Signal an, daß gültige Daten auf dem Datenbus liegen. WR be-

deutet Write gleich Schreiben. Die Leitung kann in den hochohmigen (tristate) Zustand gebracht werden.

Der Ausgang IO/$\overline{\text{M}}$ unterscheidet zwischen Speicherzugriffen und besonderen Befehlen (IN und OUT) für den Peripheriezugriff. Bei einem Speicherzugriff ist die Leitung LOW, bei einem Peripheriezugriff HIGH. IO bedeutet Input Output gleich Ein/Ausgabe; M bedeutet Memory gleich Speicher. Die Leitung kann in den hochohmigen (tristate) Zustand gebracht werden.

Der Eingang $\overline{\text{RESIN}}$ bringt den Prozessor in einen Grundzustand und startet das Programm. RESIN bedeutet Reset Input gleich Eingang für das Rücksetzsignal. Bringt man den Eingang auf LOW, so geht der Prozessor erst in einen Wartezustand. Mit der steigenden Flanke - Übergang von LOW auf HIGH - wird das Programm gestartet, das bei der Adresse 0000 beginnen muß. Der Ausgang RESOUT ist aktiv HIGH und dient zum Rücksetzen von Peripheriebausteinen. RESOUT bedeutet Reset Output gleich Ausgang für das Rücksetzsignal. Die Eingänge TRAP, RST7.5, RST6.5, RST5.5 und INTR sind aktiv HIGH und dienen zum Auslösen von Programmunterbrechungen (Interrupts). Der Ausgang $\overline{\text{INTA}}$ fordert bei einem INTR-Interrupt einen Befehl vom Datenbus an. Einzelheiten zum Reset und Interrupt werden im Abschnitt 3.3.3 ausführlich erklärt.

Mit dem Eingang READY melden die Speicher- und Peripheriebausteine, daß sie zur Übertragung von Daten bereit sind. Ready bedeutet fertig oder bereit. Der Eingang dient zur Zusammenarbeit mit langsamen Speichern oder zur Einzeltaktsteuerung. Er wird bei normalen Anwendungen über einen 3-KOhm-Widerstand auf +5 Volt gelegt. Mit dem Eingang HOLD kann der Prozessor in einen Haltezustand gebracht werden, in dem er seine Adreß-, Daten- und teilweise auch Steuerleitungen hochohmig (tristate) macht. Der Ausgang HLDA zeigt an, daß der Prozessor den Bus freigibt. HLDA bedeutet Hold Acknowledge gleich Bestätigung des Haltezustandes. Der Befehl HLT (HALT) bewirkt einen ähnlichen Haltezustand, der jedoch durch die Statussignale S0 = S1 = LOW bestätigt wird. In diesen Haltezuständen können andere Prozessoren oder Bausteine auf den Bus zugreifen. Der HOLD-Eingang wird bei einfachen Anwendungen auf LOW (Masse) gelegt. Einzelheiten der Haltezustände werden im Abschnitt 3.3.4 ausführlich erklärt.

Die Ausgänge S0 und S1 sind Statussignale und zeigen den Betriebszustand des Prozessors entsprechend **Bild 3-20** an.

S1	S0	Betriebszustand
LOW	LOW	Warten durch HALT-Befehl
LOW	HIGH	Schreiben
HIGH	LOW	Lesen
HIGH	HIGH	Funktionscode holen (M1-Zyklus)

Bild 3-20: Bedeutung der Statussignale S0 und S1

Der Ausgang SOD bedeutet Serial Output Data gleich serielle Datenausgabe. Der Eingang SID bedeutet Serial Input Data gleich serielle Dateneingabe. Beide Anschlüsse sind mit dem werthöchsten Bit des Interruptregisters verbunden und dienen zum Aufbau einer seriellen Datenübertragung z.B. mit einem Terminal. Im Gegensatz zu den selbständig arbeitenden Serienschnittstellen müssen alle Signale durch ein Programm erzeugt werden. Der Abschnitt 6.3 über serielle Datenübertragung zeigt ein Beispiel für die Anwendung des SID- und SOD-Anschlusses.

Der Prozessor 8085A kennt folgende Betriebszustände:

1. Starten des Prozessors mit einem RESET-Signal nach dem Einschalten der Versorgungsspannung oder um während des Betriebes den Prozessor in einen Grundzustand zu bringen.

2. Abarbeiten eines Programms durch Holen und Ausführen der Befehle in der durch das Programm vorgegebenen Reihenfolge.

3. Unterbrechen des laufenden Programms durch ein Interruptsignal und Starten eines Interruptprogramms zur Ausführung von Sonderaufgaben. Danach kann das unterbrochene Programm weiter laufen.

4. Anhalten des laufenden Programms und Freigabe der Busleitungen (tristate) durch ein HOLD-Signal oder einen HALT-Befehl, damit ein anderer Prozessor oder Baustein Daten über den Bus übertragen kann. Danach läuft das Programm weiter.

5. Kurzzeitiges Anhalten des laufenden Befehls für 1 oder 2 Takte durch das READY-Signal, damit langsame Speicher Zeit finden, Daten aufzunehmen oder auf den Bus zu legen. Der Zustand der Busleitungen bleibt dabei erhalten.

3.3.2 Der Betrieb der Speicher- und Peripheriebausteine

Bei einem Mikrorechner unterscheidet man Speicher- und Peripheriebausteine. Speicherbausteine haben Speicherkapazitäten von 1 bis 8 KBytes und enthalten Programme, konstante Daten (z.B. Tabellen) oder veränderliche Daten (Zwischenergebnisse). Peripheriebausteine enthalten meist nur wenige Register (2 bis 8 Bytes) und dienen zur Übertragung von Eingabewerten und Ergebnissen. Sie können auf zwei Arten mit dem Prozessor 8085A betrieben werden:

In der Speicher-Betriebsart werden die Peripheriebausteine zusammen mit den Speicherbausteinen an eine gemeinsame Baustein-Auswahllogik (Adreßdecoder) angeschlossen. Die Adressen der Peripherie-Register liegen im Adreßbereich der Speicherbausteine und werden vom Programm mit Lade- und Speicherbefehlen angesprochen. Dadurch geht ein Teil des Adreßbereiches der Speicher für Peripherieadressen verloren.

In der Ein/Ausgabe-Betriebsart werden die Speicherbausteine mit dem Steuersignal IO/$\overline{\text{M}}$ = LOW freigegeben , die Peripheriebausteine mit IO/$\overline{\text{M}}$ = HIGH. Die beiden Peripheriebefehle IN (Eingabe) und OUT (Ausgabe) legen in ihrem Ausführungs-Zyklus die Leitung IO/$\overline{\text{M}}$ auf HIGH und sprechen damit die Register der Peripheriebausteine an. Die acht Bit lange Registeradresse wird doppelt ausgegeben und liegt dabei sowohl auf dem höherwertigen als auch auf dem niederwertigen Teil des Adreßbus. Dadurch stehen den Speichern volle 64K Adressen zur Verfügung. Zusätzlich können maximal 256 Registeradressen für die Ein/Ausgabe verwendet werden. **Bild 3-21** zeigt die Trennung in einen Speicher- und einen Peripheriebereich.

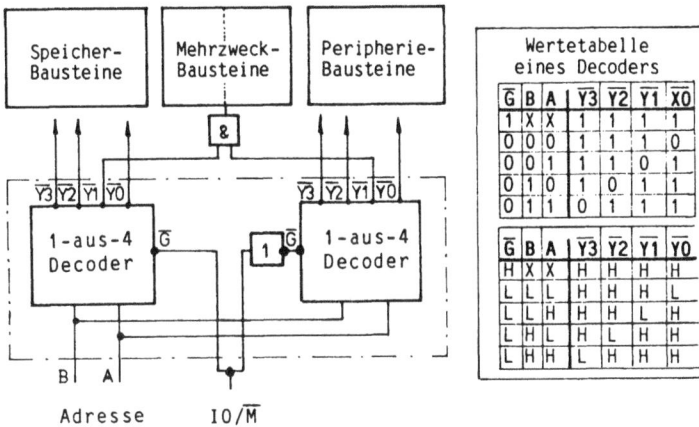

Wertetabelle eines Decoders

$\overline{\text{G}}$	B	A	$\overline{\text{Y3}}$	$\overline{\text{Y2}}$	$\overline{\text{Y1}}$	$\overline{\text{X0}}$
1	X	X	1	1	1	1
0	0	0	1	1	1	0
0	0	1	1	1	0	1
0	1	0	1	0	1	1
0	1	1	0	1	1	1

$\overline{\text{G}}$	B	A	$\overline{\text{Y3}}$	$\overline{\text{Y2}}$	$\overline{\text{Y1}}$	$\overline{\text{Y0}}$
H	X	X	H	H	H	H
L	L	L	H	H	H	L
L	L	H	H	H	L	H
L	H	L	H	L	H	H
L	H	H	L	H	H	H

Speicher-Bausteine   Mehrzweck-Bausteine   Peripherie-Bausteine

&

$\overline{\text{Y3}}$ $\overline{\text{Y2}}$ $\overline{\text{Y1}}$ $\overline{\text{Y0}}$ $\overline{\text{Y3}}$ $\overline{\text{Y2}}$ $\overline{\text{Y1}}$ $\overline{\text{Y0}}$

1-aus-4 Decoder $\overline{\text{G}}$ 1 $\overline{\text{G}}$ 1-aus-4 Decoder

B   A

Adresse   IO/$\overline{\text{M}}$

Bild 3-21: Trennung in Speicher- und Peripheriebereich

Die Schaltung enthält zwei getrennte 1-aus-4-Adreßdecoder mit einem zusätzlichen Freigabeeingang $\overline{\text{G}}$, der aktiv LOW ist. Die Ausgänge des Decoders sind ebenfalls aktiv LOW. Die Wertetabelle zeigt, daß für $\overline{\text{G}}$ = HIGH alle vier Decoderausgänge HIGH sind und damit die angeschlossenen Bausteine sperren. Bei einem Speicherbefehl liegt eine Speicheradresse an den Decodereingängen. Da das Signal IO/$\overline{\text{M}}$ dabei LOW ist, wird der Speicherdecoder freigegeben und der Peripheriedecoder gesperrt. Bei einem Peripheriebefehl liegt eine Peripherieadresse an den Decodereingängen. Das Signal IO/$\overline{\text{M}}$ ist dabei HIGH. Es sperrt den Speicherdecoder und gibt den Peripheriedecoder frei, der nun einen der vier Peripheriebausteine auswählt. Bei Verwendung von Mehrzweckbausteinen (8155), die gleichzeitig Speicher- und Peripheriebausteine sind, müssen zwei Decoderausgänge durch ein logisches ODER miteinander verknüpft werden. Bei Aktiv-LOW-Signalen ist eine UND-Schaltung erforderlich.

Um Leitungen zu sparen sind die Anschlüsse AD0 bis AD7 des Prozessors 8085A im ersten Takt eines Zyklus Ausgänge für Adressen A0 bis A7. Da die gleichen Leitungen im zweiten und dritten Takt Daten übertragen, müssen die

Adressen während dieser Zeit in besonderen Speichern festgehalten werden. Dazu gibt es zwei Möglichkeiten:

Bild 3-22 zeigt den Anschluß von besonderen Mehrzweckbausteinen, die speziell für den Betrieb mit dem Prozessor 8085A entwickelt wurden. Sie vereinigen Festwertspeicher bzw. Schreib/Lesespeicher und Peripherieregister mit den entsprechenden Peripherieanschlüssen auf einem Baustein. Speicherbereich und Peripheriebereich werden durch das IO/$\overline{\text{M}}$-Signal unterschieden. Gleichzeitig enthalten die Mehrzweckbausteine Adreßzwischenspeicher, die durch das ALE-Signal gesteuert die Adressen A0 bis A7 während der Datenübertragung festhalten. Die Bausteine sind relativ teuer und werden daher nur zum Aufbau kleiner Systeme verwendet, wenn denen man mit möglichst wenigen Bausteinen auskommen muß.

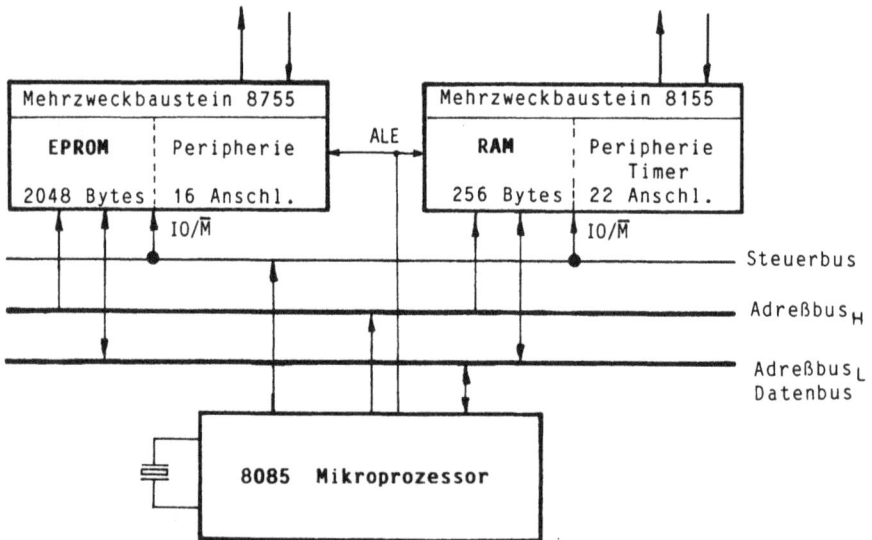

Bild 3-22: 8085A-Mikrocomputer mit Mehrzweckbausteinen

Bild 3-23 zeigt den Einsatz eines besonderen Adreßspeichers bestehend aus acht D-Flipflops, die durch den Zustand ALE = HIGH oder durch die fallende Flanke (Übergang von HIGH nach LOW) gesteuert werden und für ALE = LOW die Adressen festhalten. Dadurch ist es möglich, allgemein verwendbare Speicher- und Peripheriebausteine einzusetzen, die wesentlich höhere Speicherkapazitäten haben und billiger sind.

Es ist auch möglich, sowohl Mehrzweckbausteine als auch Bausteine, für die ein äußerer Adreßspeicher erforderlich ist, zusammen in einer Schaltung einzusetzen.

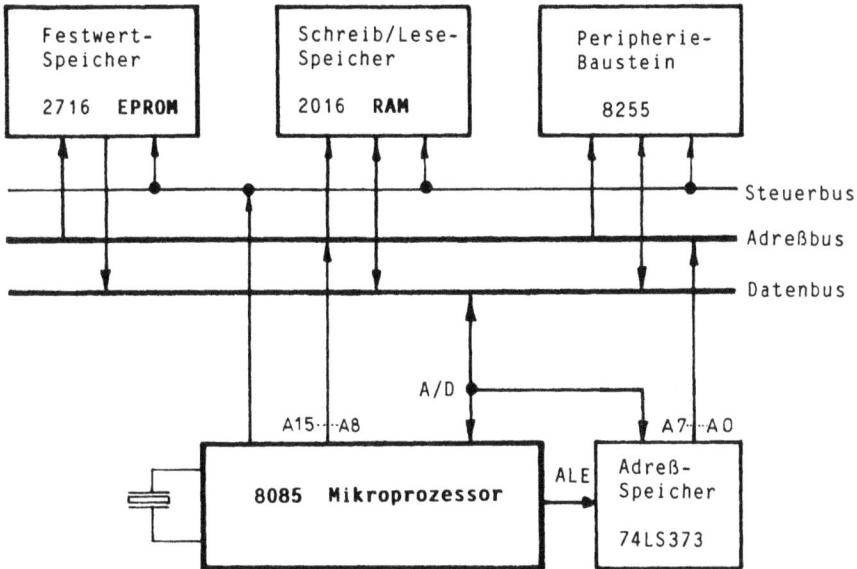

Bild 3-23: 8085A-Mikrocomputer mit äußerem Adreßspeicher

Bild 3-24 zeigt als Beispiel für den zeitlichen Verlauf der Adressen, Daten und Steuersignale das Impulsdiagramm eines Speicherbefehls. Alle Zahlen sind Hexadezimalzahlen. Die Adressen sind nur willkürlich gewählte Beispiele. Der Befehl lautet: speichere den Inhalt des Akkumulators in das Speicherbyte mit der Adresse 1100. Die Befehl steht im Programmspeicher ab der Adresse 1000. Das Byte mit der Adresse 1000 enthält den Funktionscode 32, das Byte mit der Adresse 1001 den niederwertigen Teil der Datenadresse 00 und das Byte mit der Adresse 1002 enthält den höherwertigen Teil der Datenadresse 11.

Das Bild 3-24 zeigt das Taktsignal CLK, das Steuersignal für die Adreßspeicher ALE, das Lesesignal $\overline{RD}$, das Schreibsignal $\overline{WR}$, das Peripherie/Speicherauswahlsignal IO/$\overline{M}$ und die beiden Statussignale S0 und S1. Die Adreßleitungen A8 bis A15 und die Adreß/Datenleitungen AD0 bis AD7 wurden hexadezimal zusammengefaßt, um das Bild übersichtlicher zu gestalten. Die Kurvenform wurde stark vereinfacht.

Der Befehl wird in vier Maschinenzyklen oder Operationszyklen ausgeführt. Jeder Maschinenzyklus besteht aus drei oder vier Takten oder Operationsschritten.

Der M1-Maschinenzyklus besteht aus vier Takten. Es ist ein Lesezyklus, der den Funktionscode des Befehls aus dem Speicher holt. Dazu legt der Prozessor

Adresse	Inhalt	Name	Befehl	Operand
			ORG	1000H
1000	32		STA	1100H
1001	00			
1002	11			

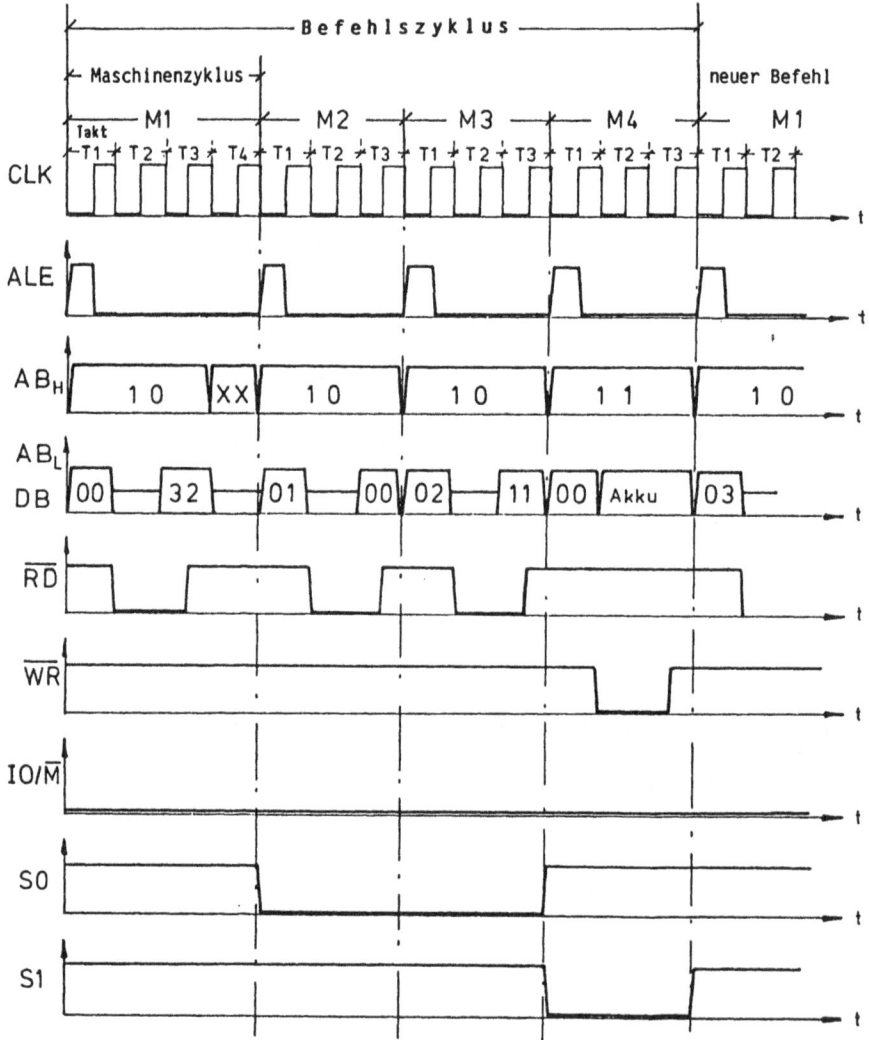

Bild 3-24: Impulsdiagramm des Speicherbefehls STA

die Adresse 1000 auf den Adreßbus und macht den Datenbus in den Takten T2
und T3 hochohmig, so daß der adressierte Speicherbaustein den Inhalt der
Speicheradresse 1000 auf den Datenbus legen kann. Er wird mit der steigenden Flanke des $\overline{RD}$-Signals vom Prozessor übernommen. Im Takt T4 entschlüsselt das Steuerwerk den Funktionscode.

Der M2-Maschinenzyklus ist wieder ein Lesezyklus bestehend aus drei Takten.
Er holt den niederwertigen Teil der Datenadresse in den Prozessor.

Der M3-Maschinenzyklus ist wieder ein Lesezyklus bestehend aus drei Takten.
Er holt den höherwertigen Teil der Datenadresse in den Prozessor.

Der M4-Maschinenzyklus ist ein Schreibzyklus bestehend aus drei Takten. Der
Prozessor legt die Datenadresse auf den Adreßbus und in den Takten T2 und
T3 den Inhalt des Akkumulators auf den Datenbus. Der Speicher übernimmt
gesteuert durch das $\overline{WR}$-Signal die Daten vom Bus in das adressierte Byte.

Auf den M4-Zyklus folgt wieder ein M1-Zyklus, in dem der Prozessor den
Funktionscode eines neuen Befehls holt. In allen vier Maschinenzyklen lag die
IO/$\overline{M}$-Leitung auf LOW, da es sich ausschließlich um Speicherzugriffe handelte.

Bild 3-25 zeigt als Beispiel für einen Peripheriezugriff die Ausführung des
Befehls: speichere den Inhalt des Akkumulators in das Peripherieregister 18.

Der Peripherieausgabebefehl OUT besteht aus zwei Bytes: dem Funktionscode
D3 und der Registeradresse 18. Er wird in drei Maschinenzyklen ausgeführt.

Der M1-Maschinenzyklus holt in den Takten T1, T2 und T3 den Funktionscode
aus dem Speicher und decodiert ihn im Takt T4. Der M2-Maschinenzyklus holt
die Registeradresse aus dem Speicher. Da beide Zyklen auf den Programmspeicher zugreifen, liegt die Leitung IO/$\overline{M}$ auf LOW und signalisiert den Speicherzugriff.

Der Maschinenzyklus M3 ist ein Schreibzyklus, der auf die Peripherie zugreift.
Dies erkennt das Steuerwerk an dem Funktionscode des OUT-Befehls. Die
IO/$\overline{M}$-Leitung liegt daher in diesem Zyklus auf HIGH und signalisiert den angeschlossenen Bausteinen, daß nun sowohl auf dem höherwertigen als auch auf
dem niederwertigen Teil des Adreßbus die 8-Bit-Registeradresse eines Periphe-
riebausteins liegt. Der Prozessor legt in den Takten T2 und T3 den Inhalt des
Akkumulators auf den Datenbus. Er wird vom adressierten Register des Peri-
pheriebausteins übernommen.

Die Bilder 3-24 und 3-25 enthalten keine Angaben über Schaltzeiten. Diese
hängen von der Taktfrequenz (Quarz) und von der kapazitiven Belastung der
Leitungen ab und sollten den Datenblättern der Hersteller entnommen werden.
Zur Orientierung zeigen die Bilder 3-26 und 3-27 vereinfachte Zeitdiagramme

Adresse	Inhalt	Name	Befehl	Operand
			ORG	1000H
1000	D3		OUT	18H
1001	18			

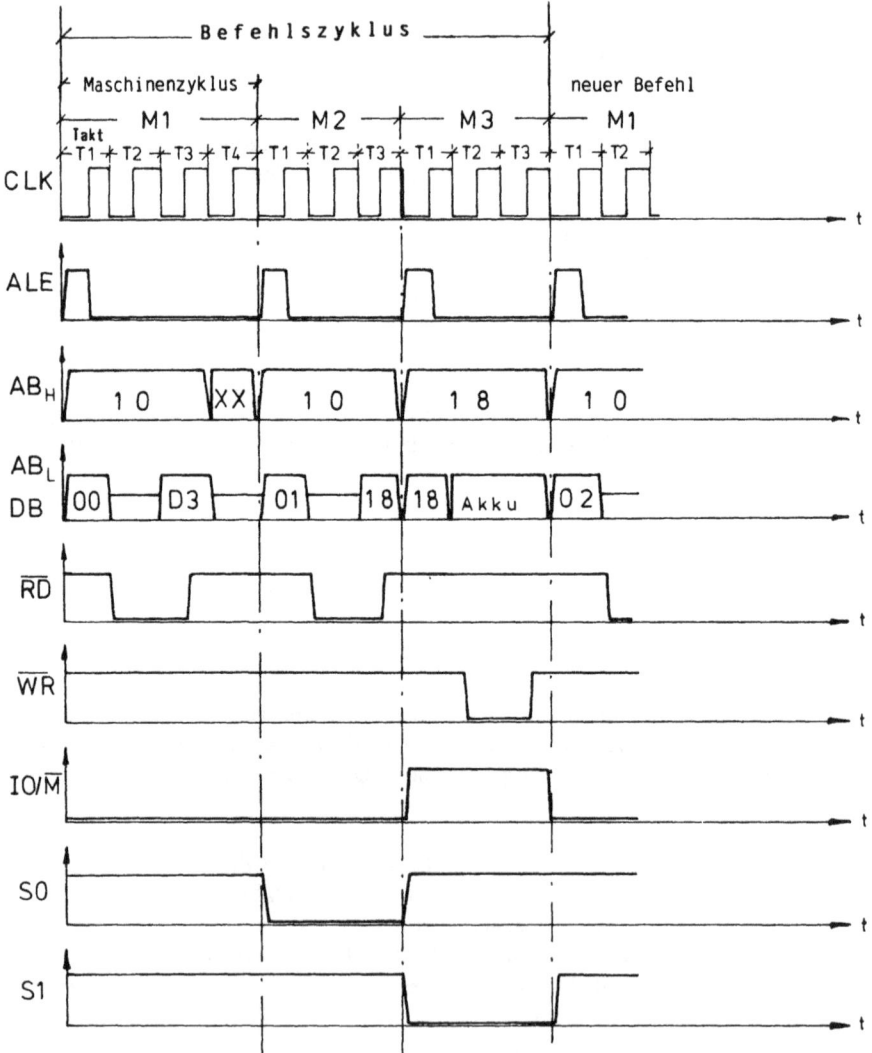

Bild 3-25: Impulsdiagramm des Peripheriebefehls OUT

für einen Takt von 2 MHZ (Quarz 4 MHz, Zykluszeit 500 ns). Die eingetragenen Zeiten sind nur Richtwerte. **Bild 3-26** zeigt den zeitlichen Verlauf eines Lesezyklus.

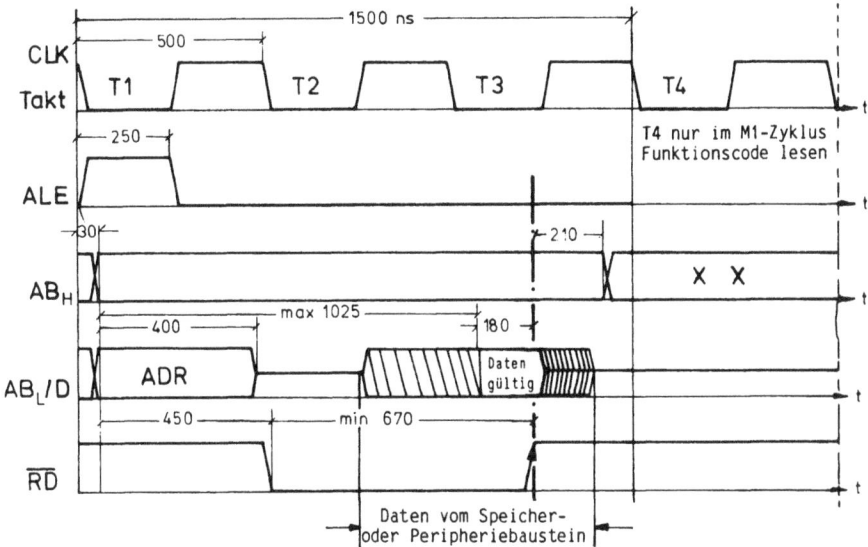

Bild 3-26: Lesezyklus des Mikroprozessors 8085A bei 2 MHz

Das ALE-Signal ist in der ersten Hälfte des Taktes T1 aktiv HIGH und zeigt, daß die Anschlüsse AD0 bis AD7 Adressen führen. Die Adressen - dies gilt auch für die höherwertigen Adreßleitungen - sind jedoch erst bei der fallenden Flanke (Übergang von HIGH nach LOW) des ALE-Signals gültig, da die Leitungen, die vorher andere Potentiale hatten, durch die Ausgangstreiber umgeladen werden müssen. Dies dauert umso länger, je größer die kapazitive Belastung ist. Am Ende des Taktes T1 bringt der Prozessor die Leitungen AD0 bis AD7 in den hochohmigen Zustand, da bei einem Lesezyklus ein Speicher- oder Peripheriebaustein Daten sendet und der Prozessor Empfänger ist. Die fallende Flanke (Übergang von HIGH auf aktiv LOW) des Lesesignals $\overline{RD}$ zeigt, daß sich die Datenleitungen des Prozessors im hochohmigen Zustand befinden.

Der entscheidende Zeitpunkt eines Lesezyklus ist die steigende Flanke (Übergang von LOW nach HIGH) des Lesesignals $\overline{RD}$. Zu diesem Zeitpunkt übernimmt der Prozessor die auf den Datenleitungen liegenden Potentiale, die die Ausgangstreiber eines Speicherbausteins auf den Bus gelegt haben. Sie müssen in den letzten 180 ns vor der Übernahme stabil sein. Danach muß der Speicherbaustein den Bus für den nächsten Maschinenzyklus wieder freigeben und seine

Ausgangstreiber hochohmig machen. Am Ende des Taktes T3 gehen die höherwertigen Adreßleitungen in den hochohmigen Zustand.

Liegt bei einem Lesezyklus ein M1-Maschinenzyklus vor, der den Funktionscode eines Befehls aus dem Programmspeicher holt, so folgt nun ein Takt T4,
in dem das Steuerwerk den Funktionscode entschlüsselt. Bei einigen Befehlen
können sich weitere Takte T5 und T6 anschließen, in denen der Befehl ausgeführt wird. In allen auf T3 folgenden Takten eines M1-Zyklus führen die
Adreßleitungen A8 bis A15 ungültige Adressen. Daher ist es zweckmäßig, die
Speicherbausteine nur durch das Lesesignal $\overline{RD}$ (aktiv LOW) freizugeben. Ist
diese Zeit bei hohen Taktfrequnzen und langsamen Speichern zu klein, so kann
die fallende Flanke des ALE-Signals als Beginn einer gültigen Adresse und die
steigende Flanke des $\overline{RD}$-Signals als Ende einer gültigen Adresse angesehen
werden. Eine andere Möglichkeit ist das Einfügen von Wartetakten durch das
Signal READY.

Bild 3-27 zeigt einen Schreibzyklus des Mikroprozessors 8085A bei einem Takt
von 2 MHz. Die eingetragenen Zeiten sind als Richtwerte anzusehen.

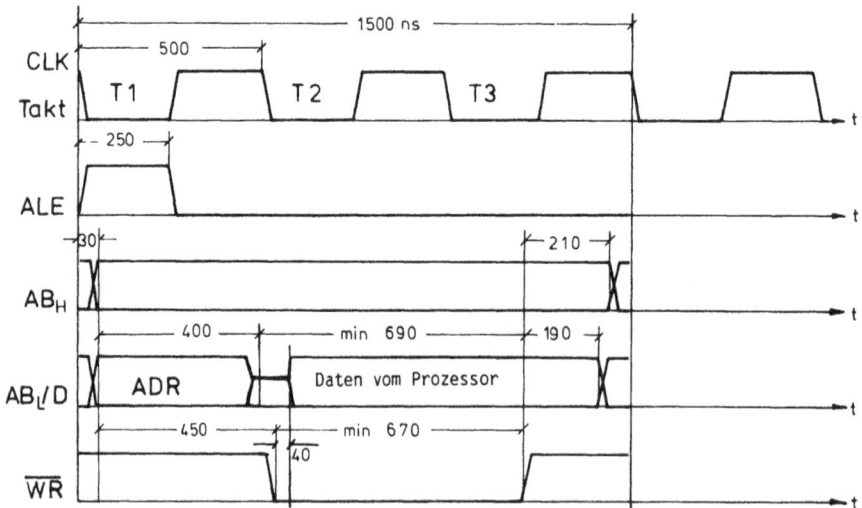

Bild 3-27: Schreibzyklus des Mikroprozessors 8085A bei 2 MHz

Alle Schreibzyklen bestehen aus drei Takten. Wie bei einem Lesezyklus zeigt
die fallende Flanke des ALE-Signals, daß sich gültige Adressen auf den höherwertigen Adreßleitungen A8 bis A15 und auf den niederwertigen Adreßleitungen AD0 bis AD7 befinden. Am Ende des Taktes T1 nimmt der Prozessor
die niederwertigen Adressen weg und legt die auszugebenden Daten auf die
Leitungen AD0 bis AD7.

Der entscheidende Zeitraum eines Schreibzyklus ist die Zeit, in der das Schreibsignal $\overline{WR}$ aktiv LOW ist. Maximal 40 ns nach seiner fallenden Flanke bis 170 ns nach seiner steigenden Flanke sind die Daten stabil und können vom adressierten Baustein übernommen werden. Es ist zweckmäßig, die Datenübernahme flankengesteuerter Bausteine mit dem $\overline{WR}$-Signal (aktiv LOW) zu steuern. Ist diese Zeit bei hohen Taktfrequenzen und langsamen Speichern zu klein, so kann man wieder die fallende Flanke des ALE-Signals als Beginn einer gültigen Adresse benutzen. Eine andere Möglichkeit ist das Einfügen von Wartetakten durch das Signal READY.

Die Zeiten für andere Taktfrequenzen können den Datenblättern der Hersteller entnommen werden. Die in späteren Abschnitten beschriebenen Mikrorechnerschaltungen wurden mit einem 4-MHz-Quarz (Takt 2 MHz) betrieben, da es sich z.T. um Steckaufbauten und gefädelte Platinen handelte.

3.3.3 Die Betriebszustände Reset und Interrupt

Nach dem Einschalten der Versorgungsspannung laufen im Prozessor zunächst Einschwingvorgänge ab. Daher muß der $\overline{RESIN}$-Eingang mindestens für 10 ms lang auf LOW gehalten werden, bevor eine steigende Flanke (Übergang von LOW auf HIGH) den Prozessor und das Programm startet. Eine einfache Auto-

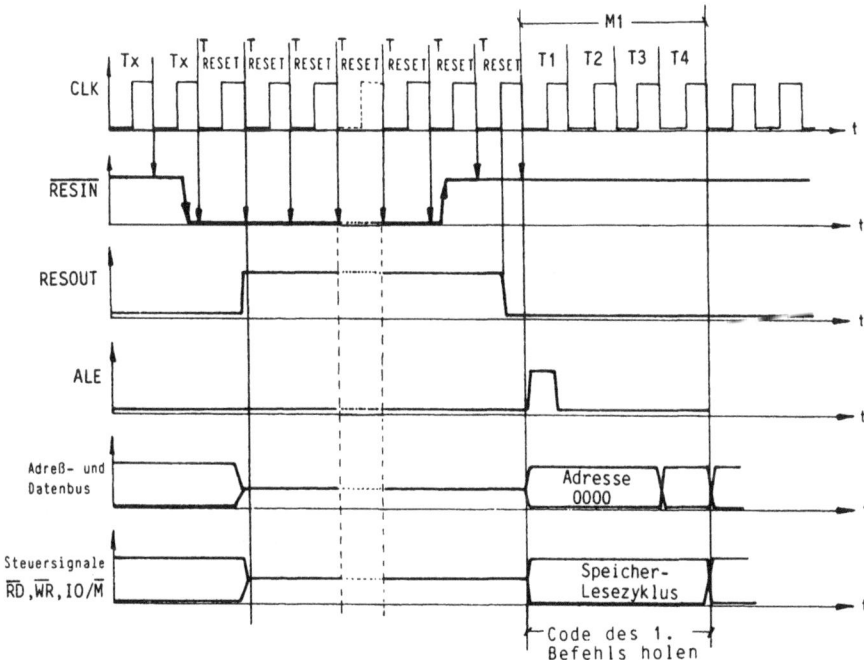

Bild 3-28: Ablauf des Reset-Betriebszustandes

Reset-Schaltung, die einen selbständigen Anlauf des Prozessors beim Einschalten der Versorgungsspannung bewirkt, besteht aus einem RC-Glied am $\overline{\text{RESIN}}$-Eingang (C = 22 µF gegen Masse und R = 3 KOhm gegen +5 Volt).

Während des Betriebes kann jederzeit ein Reset ausgelöst werden, um den Prozessor und damit den Mikrorechner durch einen Neustart des Programms in einen Grundzustand zu bringen. Das Reset-Signal kann unabhängig vom Prozessortakt (asynchron) auftreten. Die Prozessorsteuerung fragt den $\overline{\text{RESIN}}$-Eingang in jedem Takt ab und leitet bei einer fallenden Flanke den in **Bild 3-28** dargestellten Reset-Betriebszustand ein.

Im ersten Takt des Reset-Betriebszustandes wird der RESOUT-Ausgang aktiv HIGH. Er dient zum Zurücksetzen von Peripheriebausteinen. Im folgenden Takt gehen die Adreß- und Datenleitungen in den hochohmigen Zustand. Die Steuersignale $\overline{\text{RD}}$ und $\overline{\text{WR}}$ gehen in den nicht aktiven (HIGH) Zustand und werden dann zusammen mit der IO/$\overline{\text{M}}$-Leitung hochohmig. Alle übrigen Steuerleitungen verbleiben in ihrem vorherigen Zustand.

Eine steigende Flanke (Übergang von LOW auf HIGH) am $\overline{\text{RESIN}}$-Eingang beendet den Reset-Betriebszustand. Nachdem im folgenden Takt die RESOUT-Leitung wieder auf LOW gegangen ist, beginnt der Prozessor einen M1-Zyklus und holt den Funktionscode eines Befehls. Als Adresse wird immer 0000 hexadezimal ausgesendet. Das bedeutet, daß der erste Befehl eines Programms immer auf dieser Adresse liegen muß und daß der auf dieser Adresse liegende Speicherbaustein ein Festwertspeicher sein muß, damit das Programm beim Einschalten der Versorgungsspannung anlaufen kann.

Durch ein Reset werden die Interrupt-Flipflops gelöscht und die RST-Interrupts gesperrt (maskiert). Im Gegensatz zu den anderen Betriebszuständen (Interrupt, Warten und Halten) wird der laufende Befehl nicht zuende geführt, sondern sofort abgebrochen. Bis auf den Befehlszähler und die Interruptsteuerung befinden sich alle Register und Bedingungsbits des Prozessors in einem nicht vorhersehbaren Zustand.

Bei einem Interrupt dagegen wird das laufende Programm nicht abgebrochen, sondern nur unterbrochen. Dies bedeutet, daß es später fortgesetzt werden kann. Alle Interrupt-Signale sind aktiv HIGH und können unabhängig vom Prozessortakt (asynchron) auftreten, sie werden vom Steuerwerk mit dem Prozessortakt synchronisiert. Das Steuerwerk untersucht bei jedem Befehl im vorletzten Takt die Interruptzustände und führt auf jeden Fall den Befehl zuende. In den Betriebszuständen Reset, Warten und Halten ist kein Interrupt möglich, da während dieser Zeiten die Abfrage nicht durchgeführt wird. Dies gilt auch für den nicht sperrbaren TRAP-Interrupt! **Bild 3-29** zeigt die Interruptsteuerung des Mikroprozessors 8085A.

Ein Reset bricht jeden anderen Betriebszustand (Befehlsausführung, Interrupt, Warten und Halten) sofort ab und startet das Programm ab Adresse 0000.

Interrupt - Steuerung   Ablaufsteuerung

RESET OUT

RESET IN   RESET:Start bei 0000H

TRAP   TRAP: Start bei 0024H

RST 7.5-Flipflop   TRAP-Flipflop   &

RST 7.5   &   RST 7.5: Start bei 003CH

RST 6.5   &   RST 6.5: Start bei 0034H

RST 5.5   &   RST 5.5: Start bei 002CH

INTA   &   INTR: Befehl vom Bus holen

INTR

RST-Befehle

7.5   6.5   5.5   7.5   6.5   5.5   INTE Flipflop   jeder Interrupt sperrt INTE   RST-Befehle: Start bei 0000 - 0038H

RESET

anstehende Interrupts   Masken - Flipflops   EI   DI Befehl

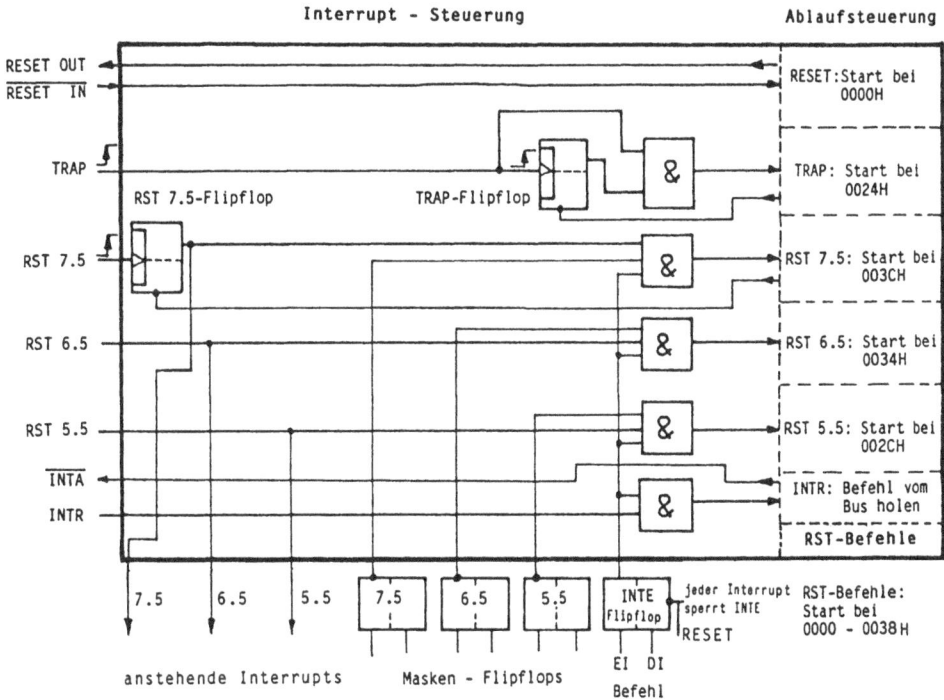

Bild 3-29: Interruptsteuerung des Mikroprozessors 8085A

Der TRAP-Interrupt ist aktiv HIGH und sowohl flanken- als auch zustandsge-
steuert. Eine steigende Flanke (Übergang von LOW auf HIGH) setzt das TRAP-
Flipflop, das von der Prozessorsteuerung zusammen mit dem Leitungszustand
(UND-Verknüpfung) im vorletzten Takt jedes Befehls abgefragt wird. Das
TRAP-Signal muß mindestens 18 Takte anstehen, damit es im ungünstigsten
Fall (CALL-Befehl) noch erkannt werden kann. Die Befehlsablaufsteuerung
erzeugt ohne Buszugriff einen eigenen TRAP-Funktionscode, der alle anderen
Interrupts sperrt, den Befehlszähler in den Stapel rettet und ein Programm
bei der Adresse 0024 startet. Das TRAP-Flipflop wird wieder zurückgesetzt;
dies geschieht auch durch ein Reset.

Der TRAP-Interrupt ist im Gegensatz zu allen anderen Interrupts nicht sperrbar; diese wirken nur, wenn das INTE-Flipflop freigegeben (gesetzt) ist. Es
wird bei jedem Reset, bei jedem Interrupt oder durch den Befehl DI Disable
Interrupt gleich Interruptsperre gelöscht und sperrt die RST- und INTR-Interrupts. Es muß vom Programm durch den Befehl EI Enable Interrupt gleich Inter-
ruptfreigabe gesetzt werden. Die RST-Interrupts werden zusätzlich durch ein
Interruptregister kontrolliert. Bei einem Reset werden in diesem Register alle
RST-Interrupts gesperrt. Beispiele und Anwendungen folgen im Softwareteil.

Der RST7.5-Interrupt ist flankengesteuert. Eine steigende Flanke an diesem Eingang setzt ein Flipflop, das wieder im vorletzten Takt eines Befehls zusammen mit dem INTE-Flipflop und einem Masken-Flipflop des Interruptregisters ausgewertet wird. Sind alle Bedingungen erfüllt (UND-Verknüpfung), so erzeugt die Befehlsablaufsteuerung ohne Buszugriff einen eigenen RST7.5-Funktionscode, der das INTE-Flipflop sperrt (löscht), den Befehlszähler in den Stapel rettet und ein Programm ab Adresse 003C startet. Das RST7.5-Flipflop wird wieder zurückgesetzt; dies geschieht auch durch ein Reset oder durch ein Bit des Interruptregisters mit dem Befehl SIM gleich speichere den Akkumulator in das Interruptregister.

Die RST6.5- und RST5.5-Interrupts sind beide HIGH-zustandsgesteuert. Die Befehlsablaufsteuerung untersucht den Zustand der Interrupteingänge im vorletzten Takt jeder Befehlsausführung. Liegt der Eingang auf HIGH und sind die Freigabebedingungen (Maske und INTE-Flipflop) erfüllt, so werden nach Ausführung des laufenden Befehls eigene RST6.5- bzw. RST5.5-Funktionscodes erzeugt. Dies bedeutet Löschen (Sperren) des INTE-Flipflops, Retten des Befehlszählers auf den Stapel und Starten eines Programms ab Adresse 0034 bzw. 002C.

Der INTR-Interrupt ist ebenfalls HIGH-zustandsgesteuert und wird ebenfalls durch das INTE-Flipflop gesperrt oder freigegeben. Er erzeugt jedoch im Gegensatz zu den anderen Interrupts den in **Bild 3-30** dargestellten INTR-Interruptzyklus.

Nach Beendigung des laufenden Befehls führt das Steuerwerk einen mindestens 4 Takte dauernden M1-Lesezyklus durch, in dem anstelle des Lesesignals $\overline{RD}$ das $\overline{INTA}$-Signal aktiv LOW wird. Mit diesem Signal muß eine äußere Schaltung angesteuert werden, die einen Befehl auf den Datenbus legt. Wie bei einem M1-Lesezyklus übernimmt der Prozessor mit der steigenden Flanke des $\overline{INTA}$-Signals das auf dem Datenbus liegende Byte, bringt es in das Befehlsregister und decodiert den Funktionscode im Takt T4. Besonders geeignet sind die Codes der acht RST-Befehle. Dies sind 1-Byte-Befehle, die den Befehlszähler in den Stapel retten und Programme von festgelegten Adressen zwischen 0000 und 0040 starten. Bei den ebenfalls geeigneten CALL-Befehlen, die ein Unterprogramm aufrufen, müßte die äußere Schaltung zwei weitere Bytes mit der Unterprogrammadresse auf den Datenbus legen. Dazu gibt es besondere Interruptsteuerbausteine.

In dem in Bild 3-30 gezeigten Interruptzyklus fordert der INTR-Interrupt über den Datenbus den Funktionscode eines Befehls zur Ausführung an. Während dieser Zeit liegt auf dem Adreßbus der laufende Inhalt des Befehlszählers; $\overline{RD}$ und $\overline{WR}$ sind jedoch nicht aktiv. Auch bei den anderen Interrupts (TRAP, RST7.5, RST6.5 und RST5.5) laufen auf dem Bus ähnliche Interruptzyklen ab, bei denen jedoch das $\overline{INTA}$-Signal auf HIGH liegen bleibt (nicht aktiv), da die Codes zur Ausführung der anderen Interrupts von der Ablaufsteuerung selbst geliefert werden. Auf den Interruptzyklus folgen Speicherschreibzyklen, die den Inhalt des Befehlszählers in den Stapel schreiben. Als Adresse wird dabei

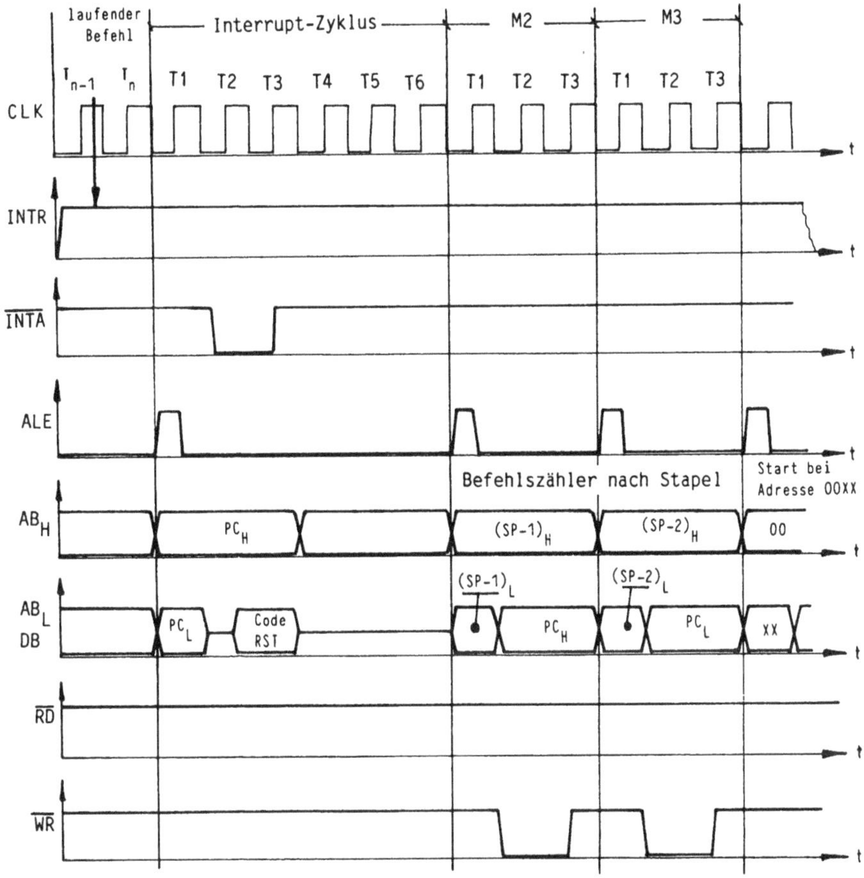

Bild 3-30: INTR-Interrupt-Betriebszustand mit RST-Befehl

der Inhalt des Stapelzeigers, eines 16-Bit-Registers im Prozessor, auf den Adreßbus gelegt.

Die Interrupteingänge des Prozessors 8085A haben folgende Rangfolge:

TRAP (Startadresse 0024), nicht sperrbar, flanken- und zustandsgesteuert
RST7.5 mit der Startadresse 003C, sperrbar, flankengesteuert
RST6.5 mit der Startadresse 0034, sperrbar, zustandsgesteuert
RST5.5 mit der Startadresse 002C, sperrbar, zustandsgesteuert
INTR holt Befehle über den Datenbus, sperrbar, zustandsgesteuert

Liegen mehrere freigegebene Interruptanforderungen gleichzeitig vor, so wird
nur die Anforderung mit dem höheren Rang angenommen; dabei werden automatisch die Anforderungen mit dem niederen Rang gesperrt. Jedes Interruptprogramm kann nun über das Interruptregister prüfen, ob noch andere Interrupts vorliegen und kann sie bei Bedarf freigeben.

3.3.4 Die Betriebszustände Warten und Halten

Die Betriebszustände Warten und Halten werden bei einfachen Mikrorechnern
nicht verwendet.

In den bisher behandelten Betriebszuständen müssen die Speicher- und Peripheriebausteine die Zeitbedingungen des Prozessors einhalten. In einem Schreibzyklus bietet der Prozessor während $\overline{WR}$ = LOW die Daten auf dem Datenbus an;
die Bausteine müssen diese in der vorgegebenen Zeit übernehmen. In einem Lesezyklus macht der Prozessor während $\overline{RD}$ bzw. $\overline{INTA}$ = LOW den Datenbus tristate und übernimmt die Buszustände in der Mitte des Taktes T3 ohne Rück-
sicht auf ihre Gültigkeit. Mit Hilfe des READY-Eingangs (**Bild 3-31**) können
zur Verlängerung der Zugriffszeit Wartetakte eingeschoben werden.

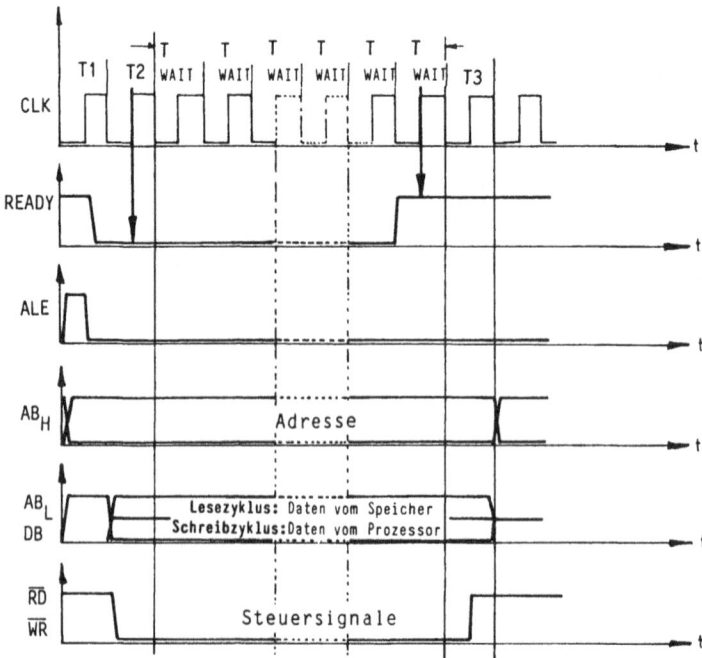

Bild 3-31: Ablauf des READY-Betriebszustandes

Der Zustand der READY-Leitung wird im Takt T2 abgefragt. Ist er LOW, so fügt der Prozessor so lange Wartetakte ein, bis die Leitung wieder auf HIGH geht und setzt dann den Zyklus mit dem Takt T3 fort. Während dieser Wartetakte bleiben die höherwertigen Adreßleitungen A8 bis A15, die Datenleitungen AD0 bis AD7 und alle Steuersignale in ihrem augenblicklichen Zustand. Bei einem Lesezyklus ist der Datenbus hochohmig; bei einem Schreibzylus führt er die Daten. Neben einer Verlängerung der Zugriffszeiten dient die READY-Leitung zur Sichtbarmachung von Buszuständen durch binäre oder hexadezimale Anzeigeelemente. Im Gegensatz zu anderen Prozessoren kann der Wartezustand beliebig lange ausgedehnt werden.

Im Reset-Betriebszustand (Bild 3-28) sind die Adreß- Daten- und ein Teil der Steuerleitungen ($\overline{RD}$, $\overline{WR}$ und IO/$\overline{M}$) im hochohmigen (tristate) Zustand. Damit ist der Prozessor von seinen Speicher- und Peripheriebausteinen getrennt. **Bild 3-32** zeigt die Möglichkeit, mit Hilfe des HOLD-Eingangs den Bus ebenfalls hochohmig zu machen. Im Gegensatz zum Reset wird jedoch anschließend das Programm mit dem nächsten Befehl fortgesetzt.

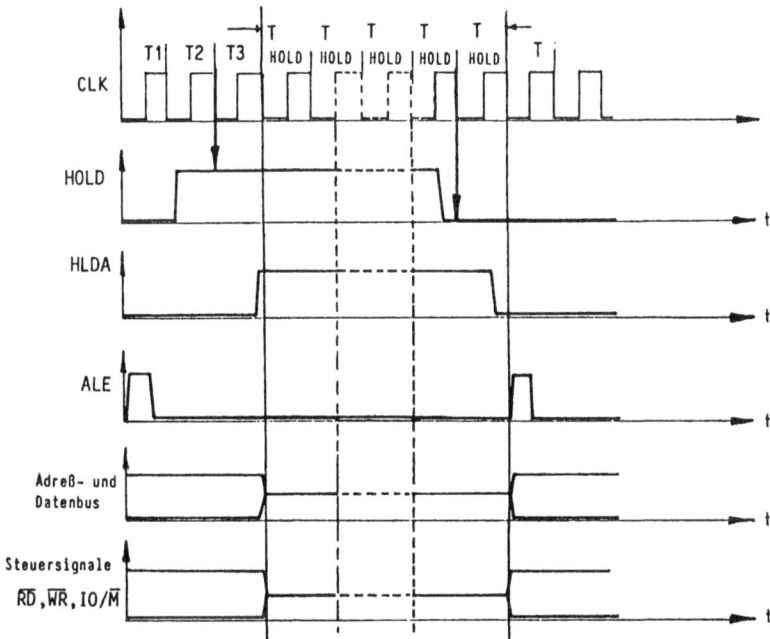

Bild 3-32: Ablauf des HOLD-Betriebszustandes

Liegt im Takt T2 der HOLD-Eingang auf HIGH, so fügt der Prozessor nach dem Takt T3 HOLD-Takte ein, in denen er die Adreßleitungen A8 bis A15, die Datenleitungen AD0 bis AD7 und die Steuerleitungen $\overline{RD}$, $\overline{WR}$ und IO/$\overline{M}$ in den hochohmigen (tristate) Zustand bringt. Als Bestätigung des HOLD-Zustandes legt der Prozessor den HLDA-Ausgang auf HIGH. Dieser hochohmige Wartezustand bleibt so lange erhalten, bis der HOLD-Eingang des Prozessors wieder auf LOW gelegt wird. Der Prozessor nimmt das Bestätigungssignal HLDA zurück und setzt mit dem nächsten Maschinenzyklus seine Arbeit fort. Während des HOLD-Zustandes des Prozessors kann der Bus von anderen Prozessoren oder Steuerbausteinen (DMA-Controller) zur Datenübertragung verwendet werden. Dies bezeichnet man als DMA gleich Direct Memory Access (direkter Speicherzugriff). Ein Beispiel ist die Abtastung eines Signals durch einen schnellen A/D-Wandler und Speicherung der Werte direkt in einen RAM-Bereich.

Ein dem HOLD ähnlicher Betriebszustand HALT kann vom Programm durch den Befehl HLT erreicht werden. Dies ist ein 1-Byte-Befehl mit dem Code 76, der HALT-Takte zur Folge hat, in denen ebenfalls die Adreß-, Daten- und die Steuerleitungen $\overline{RW}$, $\overline{WR}$ und IO/$\overline{M}$ hochohmig (tristate) gemacht werden. Als Bestätigung des HALT-Betriebszustandes werden die Statusleitungen S0 und S1 beide auf LOW gelegt. Im Gegensatz zum HOLD kann ein HALT nur durch ein Reset oder einen Interrupt wieder verlassen werden.

Da in den Betriebszuständen Reset, HOLD und HALT die Adreß-, Daten- und Steuerleitungen hochohmig sind und daher unvorhersehbare Zustände annehmen können, sollten mindestens die Steuerleitungen $\overline{RD}$ und $\overline{WR}$ durch Pull-up-Widerstände auf inaktives HIGH-Potential gelegt werden.

3.3.5 Mikrorechnerschaltung mit dem Prozessor 8085A

Bild 3-33 zeigt zusammenfassend den allgemeinen Aufbau einer Mikrorechnerschaltung mit dem Prozessor 8085A unter besonderer Berücksichtigung der Steuereingänge. Vollständige funktionsfähige Schaltungen werden erst nach Besprechung der Speicher- und Peripheriebausteine vorgestellt.

An den Anschlüssen X1 und X2 liegt ein Quarz (z.B. 4 MHz) mit Kondensatoren von 5,6 pF gegen Masse. Der CLK-Ausgang hat dann die halbe Frequenz (2 MHz).

Am $\overline{RESIN}$-Eingang liegt eine Auto-Reset-Schaltung zum Anlauf nach dem Einschalten der Versorgungsspannung und ein entprellter Taster für ein Reset während des Betriebes. Der TRAP-Interrupt kann ebenfalls mit einem entprellten Taster ausgelöst werden. Die drei RST-Interrupts werden über Inverter auf LOW gehalten, deren Eingänge mit Widerständen auf HIGH liegen. Daher können die Anschlüsse offen bleiben oder nach Bedarf von mehreren Stellen aus (verdrahtetes ODER) auf LOW gelegt werden. Diese Schaltungen müssen dann Offene-Kollektor-Ausgänge haben. Die Leitungen SID und SOD sind für serielle Datenübertragung vorgesehen, sie können aber auch für zusätzliche Steuersignale verwendet werden, die vom Programm gesteuert werden.

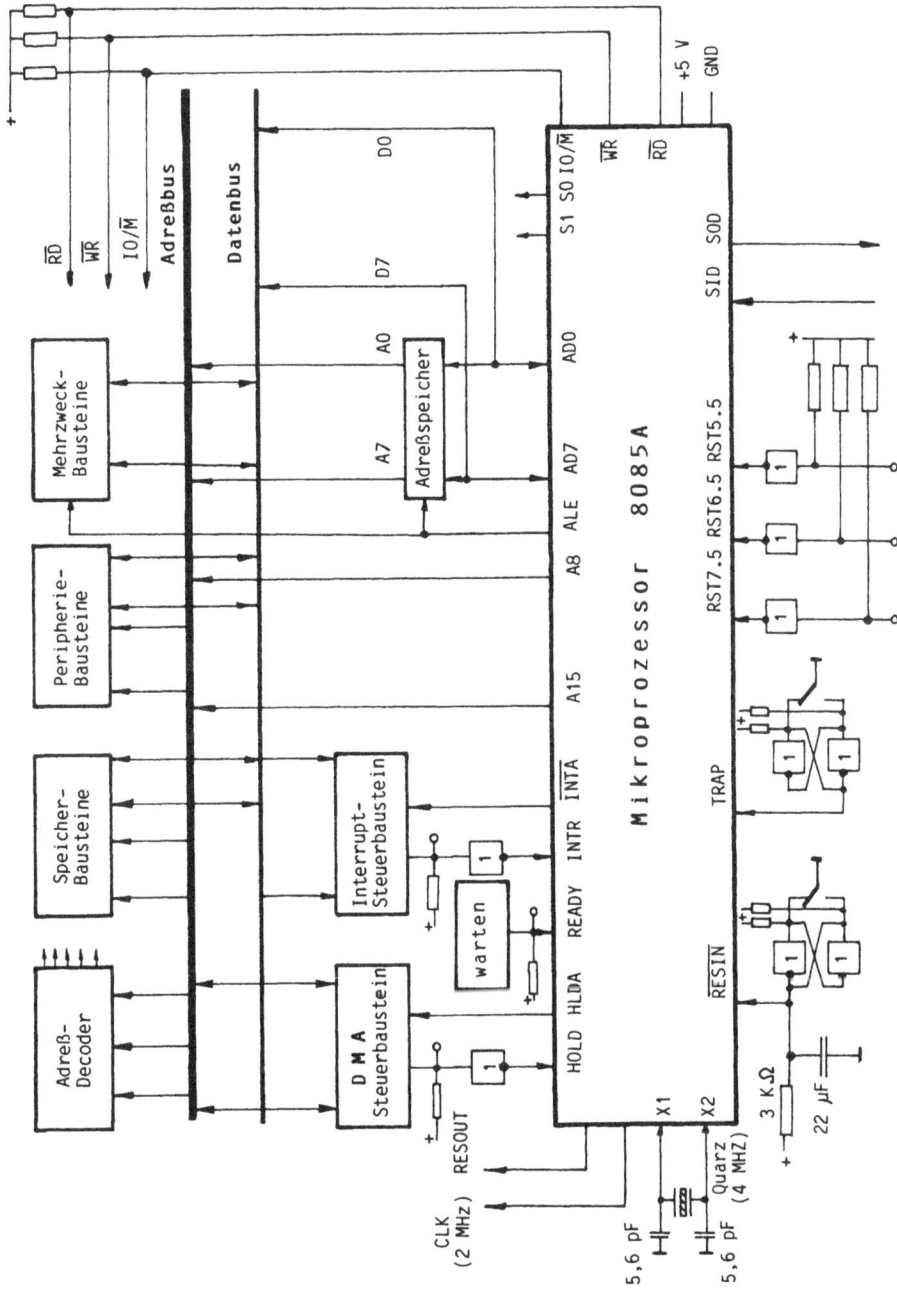

Bild 3-33: Mikrorechnerschaltung mit dem Prozessor 8085A

Die Steuerausgänge $\overline{RD}$, $\overline{WR}$ und IO/$\overline{M}$ werden durch Pull-up-Widerstände auf HIGH gehalten, damit sie im hochohmigen Zustand (tristate) inaktiv bleiben und kein undefiniertes Potential annehmen können.

Für den Anschluß allgemein verwendbarer Speicher- und Peripheriebausteine werden die unteren Adressen in einem Adreßspeicher festgehalten, der durch das ALE-Signal gesteuert wird. Die besonders für den Prozessor 8085A vorgesehenen Mehrzweckbausteine werden direkt an den gemeinsamen Adreß/Datenbus angeschlossen.

Die höherwertigen Adreßleitungen sorgen zusammen mit dem IO/$\overline{M}$-Signal für die Auswahl der Speicher- und Peripheriebausteine. Der READY-Eingang liegt mit einem Pull-up-Widerstand auf HIGH für den Fall, daß keine Warteschaltung angeschlossen ist.

Der HOLD- und der INTR-Eingang werden über Inverter auf LOW gehalten, deren Eingänge über Pull-up-Widerstände auf HIGH liegen für den Fall, daß kein DMA- bzw. Interruptsteuerbaustein angeschlossen ist.

3.4 Speicherbausteine

Man unterscheidet Schreib/Lesespeicher und Festwertspeicher. Schreib/Lesespeicher heißen auch RAM für Random Access Memory gleich Speicher für wahlfreien Zugriff. Festwertspeicher bezeichnet man auch als ROM für Read Only Memory gleich Nur-Lese-Speicher. Wahlfrei bedeutet, daß man unter Angabe einer Adresse jede beliebige Speicherstelle direkt erreichen kann. In diesem Sinne sind auch ROMs Speicher im wahlfreien Zugriff.

3.4.1 Aufbau und Wirkungsweise

Speicherbausteine sind meist entsprechend **Bild 3-34** byteorganisiert: beim Anlegen einer Adresse werden immer acht Bits oder ein Byte parallel angesprochen. Ihre Eingänge und Ausgänge für Daten haben gemeinsame Anschlüsse. Bei bitorganisierten Speicherbausteinen liegen acht Bausteine parallel am Datenbus. Ihre Eingangs- und Ausgangsleitungen sind meist getrennt.

Die Adreßeingänge liegen am Eingang eines Adreßdecoders, der das adressierte Speicherbyte auswählt. Es wird über die Datenanschlüsse übertragen. Über Steuereingänge, die auf die Bausteinsteuerung führen, wird der Baustein freigegeben. Dabei gibt er beim Lesen den Inhalt eines Speicherbytes an den Datenbus ab; beim Schreiben nimmt er ein Byte vom Datenbus auf. Ist er nicht freigegeben, so sind seine Datenausgänge hochohmig (tristate) und seine Dateneingänge gesperrt. Die Speichermatrix kann entsprechend **Bild 3-35** aus verschiedenartigen Speicherelementen bestehen.

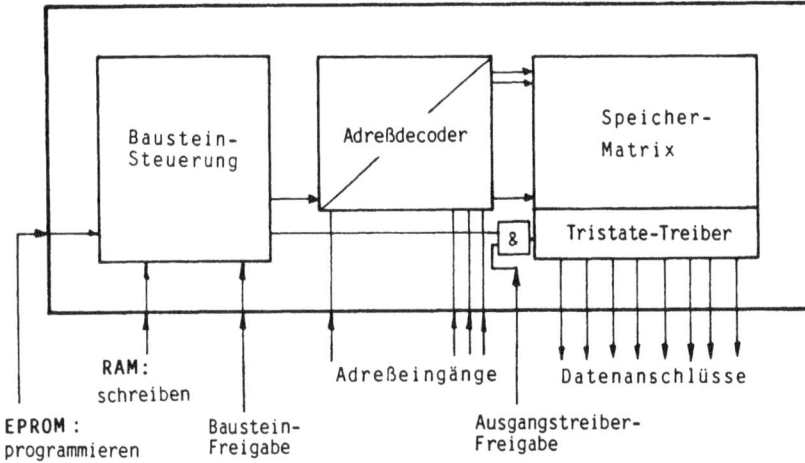

Bild 3-34: Aufbau eines byteorganisierten Speicherbausteins

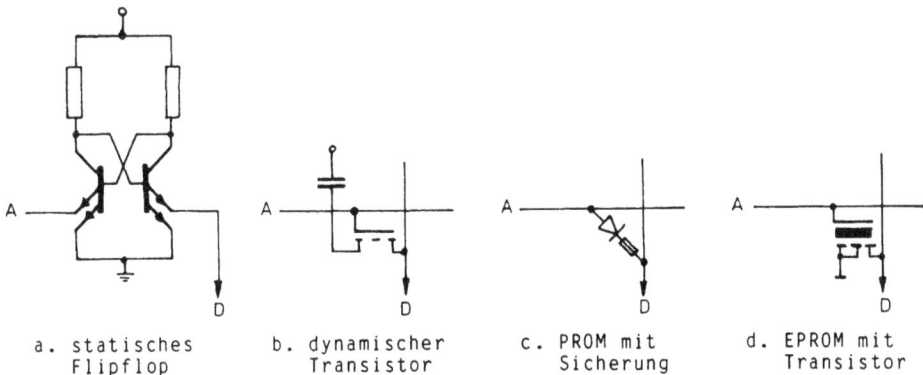

Bild 3-35: Speicherelemente

Statische Schreib/Lesespeicher nach Bild 3-35a bestehen aus zwei rückgekoppelten Transistoren in MOS-, CMOS- oder bipolarer Technik. Dynamische Schreib/Lesespeicher nach Bild 3-35b bestehen aus einem Schalttransistor und einem Speicherkondensator, der seine Ladung und damit seinen Speicherinhalt im Laufe der Zeit verliert. Die Ladung muß durch besondere Auffrischschaltungen im Abstand von Millisekunden wiederhergestellt werden. Bei Schreib/Lesespeichern stellt sich nach dem Einschalten der Versorgungsspannung ein zufälliger Speicherzustand ein. Nach dem Abschalten der Versorgungsspannung geht der Speicherinhalt verloren.

Festwertspeicher behalten ihren Speicherinhalt unabhängig von der Versorgungsspannung. Maskenprogrammierte Festwertspeicher (ROM) werden bereits bei der Herstellung programmiert und lassen sich nicht mehr verändern. Ihre Speicherelemente bestehen aus offenen oder geschlossenen Verbindungen in der Speichermatrix. Anwenderprogrammierbare Festwertspeicher (PROM) nach Bild 3-35c werden elektrisch durch Durchbrennen von Sicherungselementen mit Überspannung programmiert; durchgebrannte Strecken können nicht wiederhergestellt werden. Löschbare Festwertspeicher (EPROM) nach Bild 3-35d werden vom Anwender elektrisch durch Aufladen von isolierten Gates mit Überspannung programmiert. Sie können durch Bestrahlen mit UV-Licht wieder gelöscht werden. EEPROMs sind elektrisch programmierbare und auch elektrisch wieder löschbare Festwertspeicher.

Der Adreßdecoder eines Speicherbausteins besteht aus umfangreichen Logikschaltungen. Je nach Halbleitertechnik liegt eine Schaltzeit von 50 bis 500 ns zwischen dem Anlegen der Adresse und der Auswahl des Speicherelementes. Die Schaltzeiten der Bausteinsteuerung und der Ausgangstreiber sind kleiner. **Bild 3-36** zeigt den zeitlichen Verlauf eines Lesevorganges, bei dem der Speicherbaustein Daten an den Prozessor sendet.

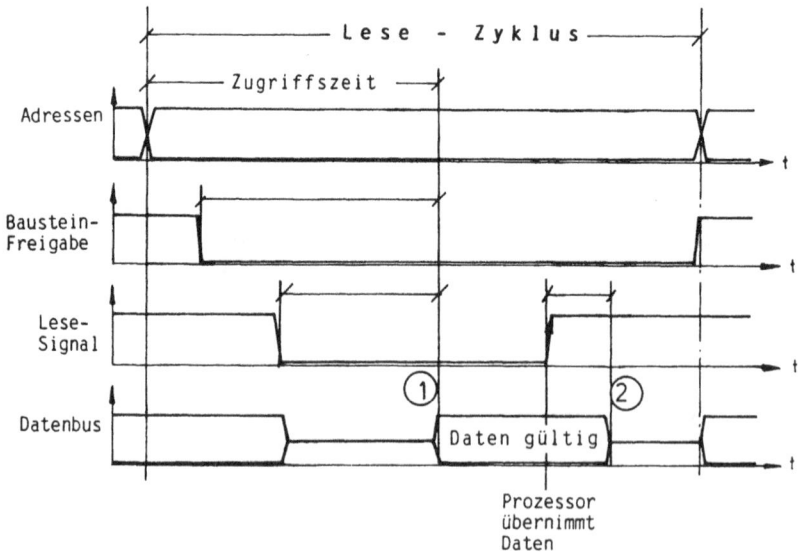

Bild 3-36: Speicher-Lesezyklus

Der Mikroprozessor hält während der gesamten Lese-Zykluszeit seine Datenausgangstreiber im hochohmigen (tristate) Zustand. Zum Zeitpunkt (1) schaltet der Speicherbaustein seine Datenausgangstreiber auf den Datenbus. Zum Zeitpunkt (2) macht der Speicherbaustein seine Datenausgänge wieder hochohmig und macht den Datenbus frei. In der Zwischenzeit muß der Prozessor die gültigen Daten übernehmen. Die Adreßleitungen dienen nur zur Auswahl und haben keinen Einfluß auf den Zeitpunkt der Datenausgabe oder der Busfreigabe. Der Steuereingang "Bausteinfreigabe" ist meist aktiv LOW. Das an den Eingang anzulegende Steuersignal wird gebildet aus höherwertigen Adreßleitungen (Bausteinauswahl) und aus Zeitbedingungen (Lesesignal, Takt). Die Zeit zwischen der fallenden Flanke des Freigabesignals und den gültigen Daten (1) bezeichnet man als Auswahl-Zugriffszeit. Hat der Prozessor die Daten übernommen, so sorgt die steigende Flanke des Freigabesignals dafür, daß nach der Busfreigabezeit der Datenbus zum Zeitpunkt (2) wieder hochohmig und damit für den Prozessor verfügbar ist. Damit auch die Daten der richtigen Speicherstelle anliegen, dürfen sich die Adressen innerhalb der Adreß-Zugriffszeit nicht ändern. Diese Zeit ist größer oder gleich der Auswahl-Zugriffszeit. **Bild 3-37** zeigt den zeitlichen Verlauf eines Schreibvorganges, bei dem der Speicher die vom Prozessor gesendeten Daten übernimmt.

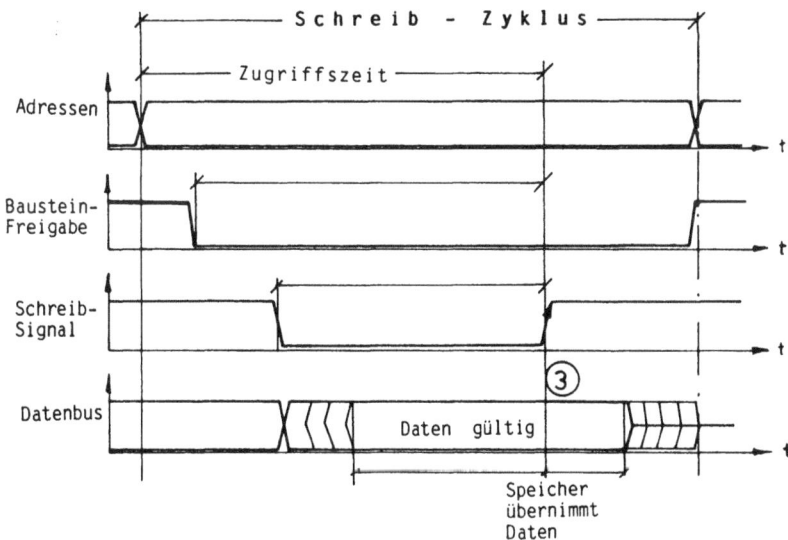

Bild 3-37: Speicher-Schreibzyklus

Bei einem Schreibzyklus muß zunächst die richtige Speicherstelle ausgewählt worden sein, bevor der Baustein seine Dateneingänge öffnet und die Daten übernimmt. Dies geschieht zum Zeitpunkt (3) mit der steigenden Flanke des Freigabe- bzw.- Schreibsignals. Die Adressen haben keinen Einfluß auf den Zeitpunkt der Datenübernahme, jedoch dürfen sie sich innerhalb der Adreß-Zugriffszeit nicht ändern, damit die richtige Speicherstelle adressiert wird. Die Steuereingänge zur Bausteinfreigabe und für das Schreibsignal sind meist aktiv LOW. Ihre Signale werden gebildet aus höherwertigen Adreßleitungen (Bausteinauswahl) und aus Zeitbedingungen (Takt, Schreibsignal). Die fallende Flanke bereitet die Übernahme der Daten vor. Diese müssen eine bestimmte Zeit vor der Übernahme (Schreibzeit) und danach (Haltezeit) stabil sein. Bei einem Schreibzyklus legt der Mikroprozessor mit seinen Ausgangstreibern Daten auf den Bus; die Ausgangstreiber des Speichers sind immer hochohmig. Die Steuereingänge (Freigabe und Schreiben) bestimmen den Zeitpunkt der Datenübernahme durch den Speicherbaustein.

Die folgenden Abschnitte zeigen Beispiele für Speicherbausteine, die auch in den später folgenden Schaltungsbeispielen enthalten sind. Da diese Bausteine von verschiedenen Herstellern mit unterschiedlichen Zugriffszeiten angeboten werden, sind auf jeden Fall die Datenblätter der Hersteller zu Rate zu ziehen. Anschlußbilder der Bausteine befinden sich im Anhang.

3.4.2 Die Festwertspeicher (EPROM) 2716 und 2732

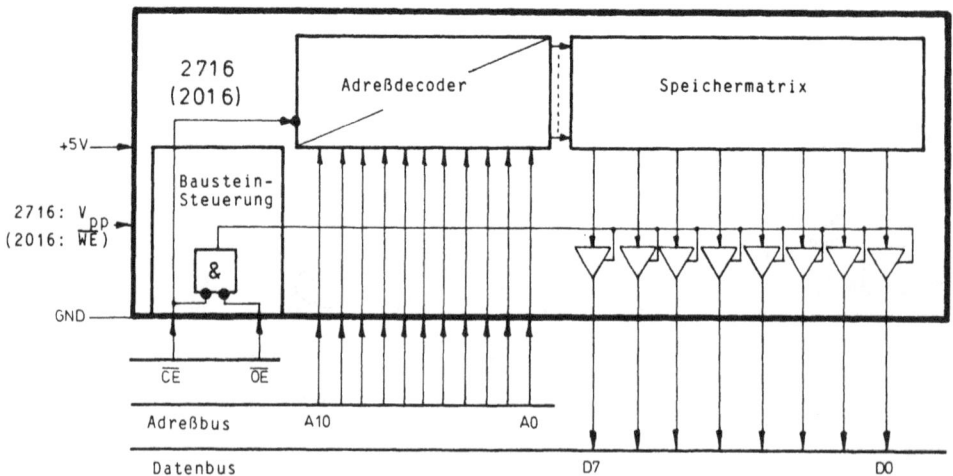

Bild 3-38: Blockschaltplan des Festwertspeichers 2716

Bild 3-38 zeigt den Blockschaltplan des EPROMs 2716. Der Baustein hat folgende Eigenschaften:
- Versorgungsspannung +5 Volt
- Verlustleistung aktiv 500 mW, Wartezustand 130 mW
- Speicherkapazität 2 KByte (2048 Bytes)

- hochohmige (tristate) Ausgangstreiber
- einfache Programmierung durch 50-ms-Impulse
- Löschen durch Bestrahlung (ca. 20 min) mit UV-Licht

Der Eingang Vpp wird bei der Programmierung auf +25 Volt und im Betrieb auf HIGH (+5 Volt) gelegt. Da der Baustein als Festwertspeicher nur Ausgangstreiber hat, könnten diese bei einem Schreibversuch beschädigt werden. Verbindet man Vpp mit einem Schreibsignal, das aktiv LOW ist, so ist der Baustein dagegen geschützt. Dazu kann das $\overline{\text{WR}}$-Signal des Prozessors 8085A dienen. Der im Abschnitt 3.4.3 behandelte Schreib/Lesespeicher 2016 hat die gleiche Anschlußbelegung wie der Festwertspeicher 2716. Jedoch tritt an die Stelle des Programmiereingangs das Schreibsignal $\overline{\text{WE}}$, das aktiv LOW ist. Die Datenbustreiber sind bidirektional.

Die Adreßeingänge A0 bis A10 dienen zur Auswahl von 2048 Speicherbytes. Die Adressen müssen in der langsamsten Ausführung 450 ns lang vor der Ausgabe gültiger Daten stabil sein.

Die Datenleitungen D0 bis D7 sind Ausgänge mit Tristate-Treibern. Ist der Baustein durch die Steuereingänge gesperrt, so befinden sie sich im hochohmigen Zustand. Ist der Baustein freigegeben, so nehmen sie das den Daten entsprechende Potential an.

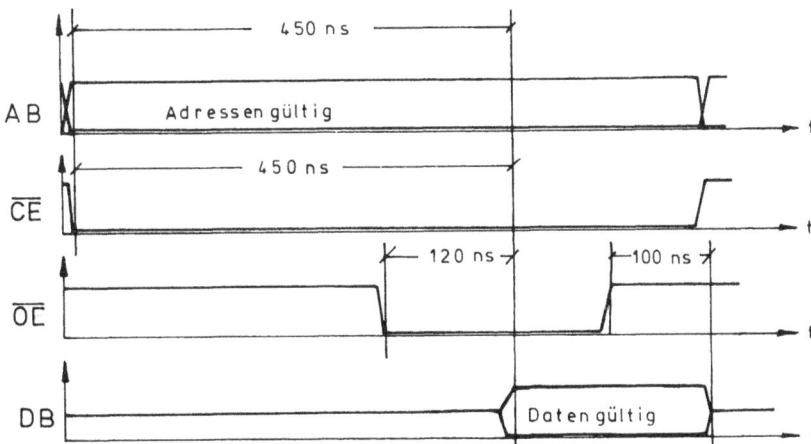

Bild 3-39: Lesezyklus des EPROMs 2716 (450 ns)

Bei den Steuersignalen unterscheidet man $\overline{\text{CE}}$ (Chip Enable = Bausteinfreigabe) und $\overline{\text{OE}}$ (Output Enable = Freigabe der Ausgangstreiber). Beide sind aktiv LOW. Ist der $\overline{\text{CE}}$-Eingang HIGH, so befindet sich der Baustein in einem Wartezustand mit verminderter Leistungsaufnahme. In der 450-ns-Ausführung beträgt die Verzögerungszeit zwischen der fallenden Flanke des $\overline{\text{CE}}$-Signals und dem

Stabilwerden der Daten maximal 450 ns. Die Datenausgänge sind maximal 100 ns nach der steigenden Flanke wieder im hochohmigen Zustand. Der $\overline{OE}$-Eingang gibt die Ausgangstreiber frei. Die Verzögerungszeit zwischen der fallenden Flanke des $\overline{OE}$-Signals und den Daten beträgt nur 120 ns. Die Signale $\overline{CE}$ und $\overline{OE}$ müssen zum Lesen beide LOW sein. Bei 8085-Systemen wird man das $\overline{CE}$-Signal aus höheren Adreßleitungen und IO/$\overline{M}$ ableiten, die sehr früh zu Beginn eines Lesezyklus stabil sind. $\overline{OE}$ ist mit dem Lesesignal $\overline{RD}$ verbinden, das erst im Takt T2 aktiv LOW wird. **Bild 3-39** zeigt den zeitlichen Verlauf des Lesevorgangs.

Die eingetragenen Zeiten sind Höchstwerte für die langsamste 450-ns-Ausführung.Die Ausführung 2716-1 hat eine Zugriffszeit von 350 ns.

Der Baustein 2732 hat gegenüber dem 2716 die doppelte Speicherkapazität von 4 KByte. Anstelle des Eingangs Vpp für die Programmierspannung tritt der Adreßeingang A11. Die Programmierspannung wird an den Eingang $\overline{OE}$ gelegt. Die Anschlußbilder für beide Bausteine befinden sich im Anhang. Weiterentwicklungen sind die Bausteine 2764 mit 8 KByte und 27128 mit 16 KByte.

3.4.3 Der **statische Schreib/Lesespeicher (RAM) 2016**

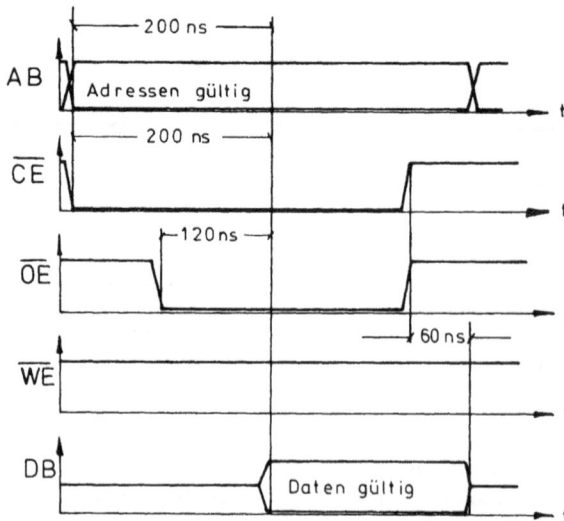

Bild 3-40: Lesezyklus des Schreib/Lesespeichers 2016 (200 ns)

Der Baustein wurde deshalb aus dem vielfältigen Angebot an Speicherbausteinen herausgesucht, weil er die gleiche Speicherkapazität und Anschlußbelegung wie der Festwertspeicher 2716 (Bild 3-38) hat. Da es sich um einen Schreib/Lesespeicher handelt, sind die Datenbusanschlüsse bidirektional, d.h. in beiden Richtungen als Eingang oder als Ausgang verwendbar. Der Steuereingang $\overline{WE}$ tritt an die Stelle des Programmiereingangs Vpp. Mit $\overline{WE}$ = HIGH wird der Baustein gelesen, mit $\overline{WE}$ = LOW beschrieben. In 8085-Systemen verbindet man daher $\overline{WE}$ mit dem Schreibsignal $\overline{WR}$. **Bild 3-40** zeigt den zeitlichen Verlauf des Lesevorganges in der langsamsten 200-ns-Ausführung.

Während des gesamten Lesezyklus muß das Schreibsignal $\overline{WE}$ auf HIGH liegen. Die Daten sind 200 ns nach der fallenden Flanke an dem $\overline{CS}$-Eingang gültig. Der $\overline{OE}$-Eingang gibt die Ausgangstreiber 120 ns nach der fallenden Flanke frei. Durch eine steigende Flanke an den $\overline{CS}$- bzw. $\overline{OE}$-Eingängen werden die Daten wieder vom Bus weggenommen. 60 ns danach sind die Datenausgänge wieder hochohmig (tristate). Die Adreßeingänge dürfen sich mindestens 200 ns vor den gültigen Daten nicht mehr ändern. **Bild 3-41** zeigt den zeitlichen Verlauf eines Schreibzyklus in der langsamsten 200-ns-Ausführung.

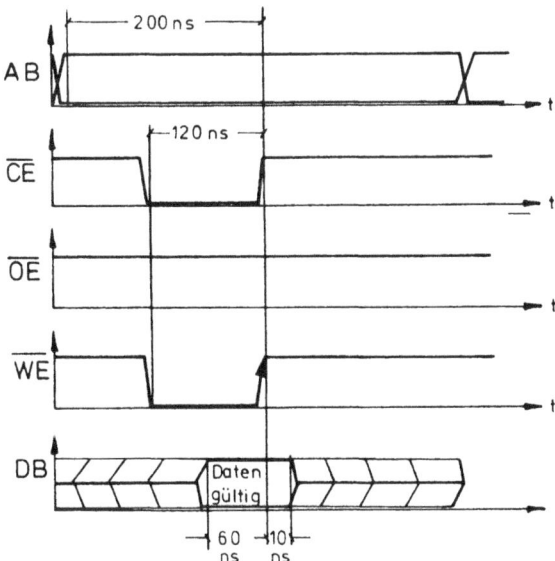

Bild 3-41: Schreibzyklus des Schreib/Lesespeichers 2016 (200 ns)

Während des gesamten Schreibzyklus darf sich das $\overline{OE}$-Signal zur Freigabe der Ausgangstreiber nicht ändern, da diese im hochohmigen Zustand bleiben müssen. 120 ns nach der fallenden Flanke an den Eingängen $\overline{CS}$ und $\overline{WE}$ ist der Speicher zur Datenübernahme bereit. Diese erfolgt mit der steigenden Flanke des $\overline{WE}$-Signals. Die Daten müssen 60 ns vor und 10 ns nach der Übernahme stabil sein.

Die Adressen dürfen sich 200 ns vor dem Zeitpunkt der Datenübernahme nicht ändern.

Da Speicherkapazität, Zeitverhalten und Anschlußbelegung des Schreib/Lese-speichers (RAMs) 2016 und des Festwertspeichers (EPROMs) 2716 im wesent-lichen übereinstimmen, ist möglich, universelle Schaltungen zu entwicklen, die wahlweise mit beiden Bausteinen bestückt werden können. In der Entwicklungs-phase wird das Programm im RAM getestet und für den Betrieb in EPROMs "geschossen".

Die CMOS-Ausführung mit der Bezeichnung 6116 hat im Wartezustand eine Stromaufnahme von maximal 2 mA. Weiterentwicklungen haben Speicherkapazi-täten von 4 KByte entsprechend dem Baustein 2732 und 8 KByte entsprechend dem 2764.

Der für den Prozessor 8085A besonders entwickelte Mehrzweckbaustein 8155 enthält einen 256 Byte großen Schreib/Lesespeicher. Der Baustein wird im Abschnitt 3.5.5 behandelt.

3.4.4 Dynamische Schreib/Lesespeicher (DRAM)

Dynamische Schreib/Lesespeicher enthalten als Speicherzelle nur einen Kon-densator, der seine Ladung verliert und in periodischen Abständen wiederauf-gefrischt werden muß. Dies bezeichnet man als Refresh. Die Speichermatrix besteht aus Zeilen (englich row) und Spalten (englisch column). Im Gegensatz zum statischen RAM 2016, der byteorganisiert ist, sind dynamische RAMs oder DRAMs bitorganisiert. Ihr Vorteil ist die höhere Speicherdichte, der niedrigere Preis und die geringere Verlustleistung. Nachteilig ist die zusätz-liche Bausteinsteuerung. **Bild 3-42** zeigt den Aufbau und die Steuerung eines 64 KBit DRAMs; die Werte in Klammern gelten für einen 16 KBit Speicher.

Zur Auswahl von 64 KBit sind 16 Adreßleitungen notwendig; der Baustein enthält jedoch nur 8 Adreßanschlüsse. Mit der Steuerleitung $\overline{RAS}$ Row Address Strobe gleich Zeilenadreßübernahme wird die Zeilenadresse im Baustein gespei-chert. Die Steuerleitung $\overline{CAS}$ Column Address Strobe gleich Spaltenadreßüber-nahme speichert die Spaltenadresse. Die Steuerleitung $\overline{WE}$ Write Enable gleich Schreibfreigabe unterscheidet Lese- und Schreibzyklen. Eine Kombination der $\overline{RAS}$- und $\overline{CAS}$-Signale speichert eine Auffrischadresse. Der Baustein hat je einen Dateneingang und einen getrennten Datenausgang. Für jede Datenbuslei-tung ist ein Baustein erforderlich. Da die Bausteine nur Abmessungen eines "normalen" TTL-Bausteins mit 16 Anschlüssen haben, lassen sich auf einer Europakarte (100 x 160 mm) Speicher der Größe 64 KByte aufbauen bestehend aus 32 Bausteinen zu 16 KBit oder 8 Bausteinen zu 64 KBit.

Die zusätzliche Speichersteuerung besteht aus Adreßbustreibern, einem Wieder-auffrischzähler und einer Taktsteuerung, die Übernahme- und Auffrischimpulse

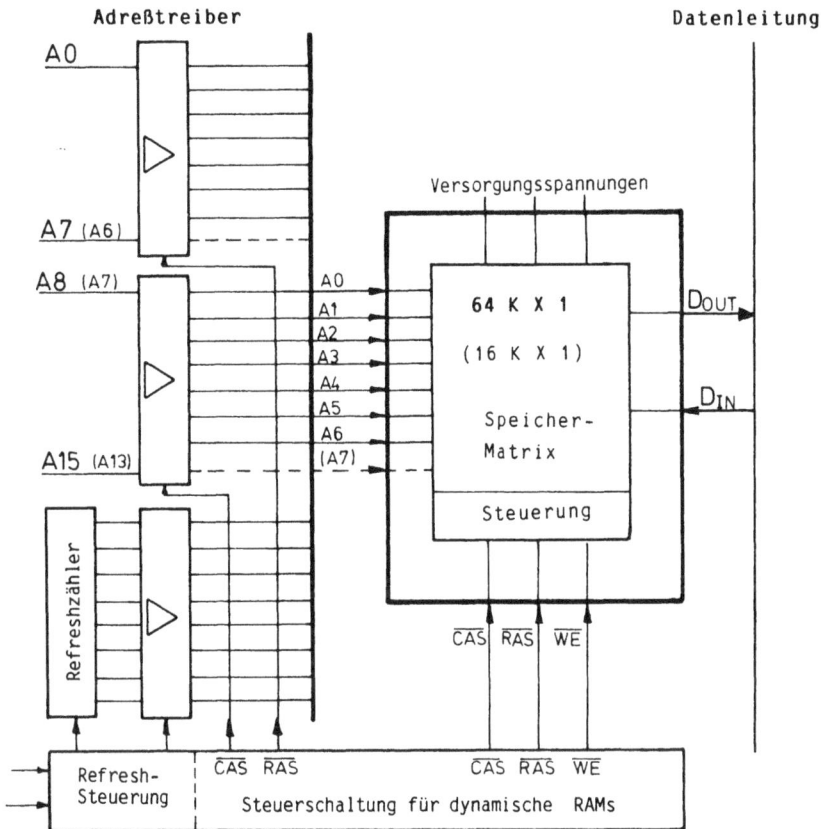

Bild 3-42: Aufbau und Steuerung eines DRAMs

erzeugt. Anstelle von TTL-Schaltungen können auch hochintegrierte Steuerbausteine verwendet werden. **Bild 3-43 und 3-44** zeigen den Lesezyklus und den Schreibzyklus eines DRAMs. Die Schaltzeiten müssen den Datenblättern der Hersteller entnommen werden. Die Zykluszeiten liegen zwischen 150 und 450 ns je nach Ausführung.

Die Steuerung legt zunächst die acht niederwertigen Adreßbits an die Adreßeingänge, die mit der fallenden Flanke des $\overline{\text{RAS}}$-Signals übernommen werden. Anschließend werden die höherwertigen acht Adreßbits angelegt, die von der fallenden Flanke des $\overline{\text{CAS}}$-Signals übernommen werden. Mit der fallenden Flanke von $\overline{\text{CAS}}$ beginnt nach einer Verzögerungszeit die Datenausgabe. Sie wird mit der steigenden Flanke von $\overline{\text{CAS}}$ nach einer Haltezeit beendet. In der Betriebsart "Seite-Lesen" bleibt die Zeilenadresse erhalten, und nur die Spaltenadresse ändert sich.

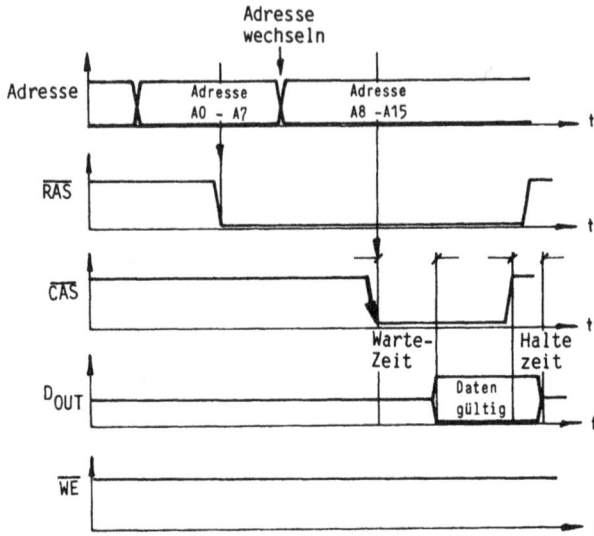

Bild 3-43: Lesezyklus eines DRAMs

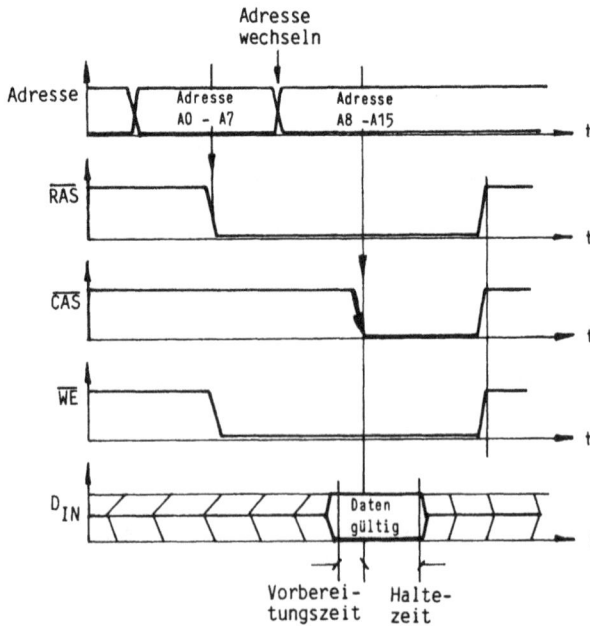

Bild 3-44: Schreibzyklus eines DRAMs

In einem Schreibzyklus liegt die Schreibfreigabeleitung $\overline{WE}$ auf LOW. Wie bei einem Lesezyklus speichert die fallende Flanke des $\overline{RAS}$-Signals die Zeilenadresse und die fallende Flanke von $\overline{CAS}$ die Spaltenadresse. Der Schreibzeitpunkt wird entweder durch die fallende Flanke von $\overline{CAS}$ oder von $\overline{WE}$ gesteuert. Die Daten müssen eine geringe Vorbereitungszeit vorher und eine etwas längere Haltezeit nachher stabil anliegen. In der Betriebsart "Seite-Schreiben" bleibt die Zeilenadresse erhalten, und nur die Spaltenadresse ändert sich.

Die Speicherkondensatoren müssen mindestens alle 2 ms aufgefrischt werden. Beim Anlegen einer Zeilenadresse geschieht dies für alle Spaltenbits der Zeile gleichzeitig. Es genügt also, innerhalb von 2 ms alle Zeilenadressen anzulegen. Dies kann durch Lese- oder Schreibzyklen geschehen. Da dabei aber immer nur die adressierte Zeile aufgefrischt wird, muß ein äußerer Zeilenzähler dafür sorgen, daß alle Zeilen adressiert werden. **Bild 3-45** zeigt den zeitlichen Verlauf eines Auffrischzyklus.

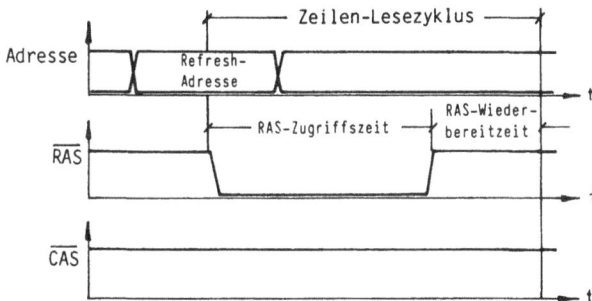

Bild 3-45: Nur-Auffrisch-Zyklus eines DRAMs

In einem Nur-Auffrisch-Zyklus (RAS-Only-Refresh) wird die Adresse der aufzufrischenden Zeile mit der fallenden Flanke übernommen. Da alle Spaltenbits gleichzeitig aufgefrischt werden, bleibt das Spaltenauswahlsignal $\overline{CAS}$ konstant HIGH. Der Dateneingang ist gesperrt; der Datenausgang hochohmig. Das $\overline{RAS}$-Signal muß eine bestimmte Mindestzeit LOW bleiben und darf vor Ablauf der Wiederbereitzeit (Precharge) nicht wieder LOW werden. Zum Auffrischen gibt es zwei Verfahren: Auffrischen des gesamten Speichers in einem Durchlauf (Burst-Refresh) oder Auffrischen einzelner Zeilen während des Betriebes.

Bei einem Burst-Refresh wird der Prozessor z.B. durch ein HOLD-Signal angehalten, und mit Hilfe des Auffrischzählers werden alle Zeilen nacheinander adressiert. Dieses Verfahren vermindert die Geschwindigkeit des Prozessors und kann zeitkritische Anwendungen (Interrupt, Zeitschleifen) stören.

Zum Auffrischen während des Betriebes gibt es das "versteckte Auffrischen" oder Hidden Refresh, bei dem entsprechend **Bild 3-46** ein Auffrischzyklus an einen normalen Lesezyklus angehängt wird.

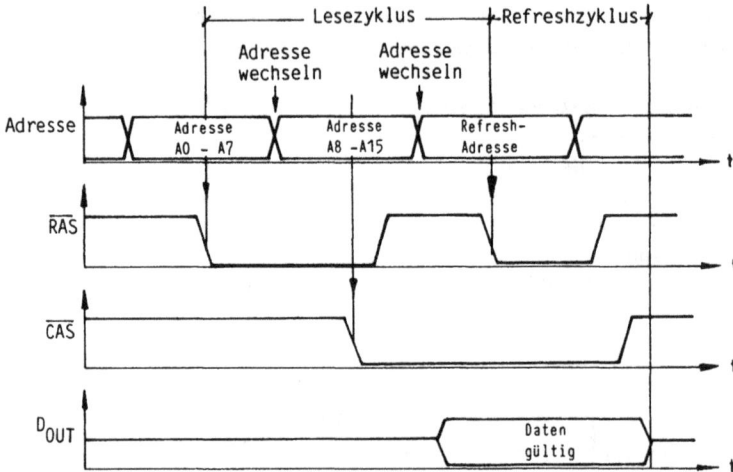

Bild 3-46: Versteckter Auffrisch-Zyklus eines DRAMs

Am Adreßeingang liegen nacheinander der niederwertige Teil der Adresse, der höherwertige Teil der Adresse und ein Auffrischzähler. Die erste fallende Flanke des Zeilenadreßsignals speichert die Zeilenadresse, die zweite die Auffrischadresse. Die fallende Flanke des Spaltenadreßsignals $\overline{CAS}$ speichert die Spaltenadresse und gibt die Datenausgangstreiber frei. Während des Auffrischens bleibt das $\overline{CAS}$-Signal auf LOW und hält dabei die Daten auf dem Datenausgang fest, der erst mit der steigenden Flanke des $\overline{CAS}$-Signals wieder hochohmig wird.

Da der versteckte Auffrischzyklus länger dauert als ein normaler Lesezyklus, kann es eventuell nötig sein, den Lesezyklus des Prozessors durch Wartetakte (WAIT) zu verlängern. Dieses Verfahren heißt "Cycle-Stealing", weil dem gerade ablaufenden Programm Zyklen gestohlen werden. Ein anderes Verfahren legt den Auffrischzyklus in einen M1-Zyklus des Prozessors 8085A, der statt 3 mindestens 4 Takte dauert.

3.5 Peripheriebausteine

Peripheriebausteine verbinden den Mikrorechner mit seiner Umwelt, z.B. mit Leuchtdioden zur Anzeige von Ergebnissen oder mit Tastern zur Eingabe von Kommandos. Von den vielen zur Verfügung stehenden Bausteinen werden nur die behandelt, die in den Beispielschaltungen Verwendung finden. Dieser Abschnitt beschreibt schwerpunktmäßig den Anschluß der Peripheriebausteine an den Mikroprozessor 8085A. In den Abschnitten Software und Anwendungen finden sich Programmier- und Anwendungsbeispiele.

3.5.1 Aufbau und Wirkungsweise

Als Beispiele dienen die Ansteuerung einer Leuchtdiode und die Eingabe von Signalen mit einem Taster entsprechend **Bild 3-47.**

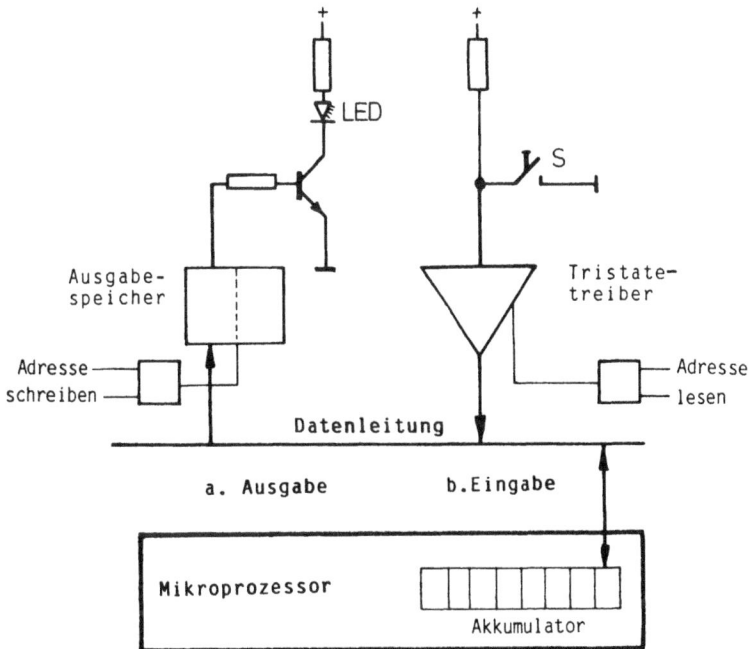

Bild 3-47: Getrennte Ein/Ausgabeschaltungen

Würde man die Leuchtdiode mit Vorwiderstand (Bild 3-47a) direkt an eine Datenleitung anschließen, so würde sie alle auf dem Bus liegenden Signale anzeigen. Durch die hohe Stromaufnahme könnte die Datenleitung keine Signale mehr übertragen. Man benötigt also ein Flipflop als Speicher und einen Treiber, der den durch die Leuchtdiode fließenden Strom aufnimmt. Der Takteingang wird von der Adresse des Flipflops und vom Schreibsignal gesteuert. Ein Ausgabebefehl bringt ein Bit des Akkumulators in das Flipflop, das über eine Treiberstufe die Leuchtdiode ansteuert. Eine logische Null sperrt den Transistor und schaltet die Leuchtdiode aus; eine Eins öffnet den Transistor und schaltet die Leuchtdiode ein. Dieser Zustand bleibt bis zu einem neuen Ausgabebefehl erhalten.

Würde man den Eingabetaster (Bild 3-47b) direkt an die Datenleitung anschließen, so würde das Eingabepotential dauernd am Datenbus anliegen und dadurch die Datenleitung blockieren. Durch Zwischenschaltung eines Tristate-Treibers kann das Programm mit einem Eingabebefehl den Zustand der Taste in den Mikroprozessor übernehmen. In der Ausführungsphase dieses Befehls schaltet die am Adreßbus liegende Adresse zusammen mit dem Lesesignal kurzzeitig den Tristate-Treiber auf die Datenleitung. Das Potential wird in den Akkumulator übernommen und später durch einen Befehl ausgewertet. Das Programm muß die Eingabe in genügend kurzen Abständen abfragen. Zeitkritische Signale werden daher mit einem Interrupteingang verbunden, der sofort reagiert.

Für die in Bild 3-47 dargestellten Schaltungen werden meist TTL-Bausteine verwendet. Sie dienen entweder zur Eingabe oder zur Ausgabe. **Bild 3-48** zeigt eine universell verwendbare Schaltung, die wahlweise zur Eingabe oder zur Ausgabe benutzt werden kann.

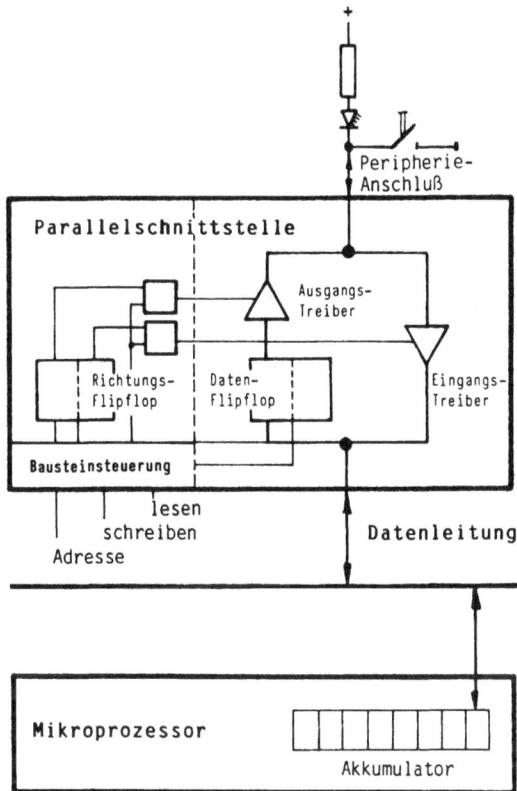

Bild 3-48: Programmierbare Ein/Ausgabeschaltungen

Die Schaltung enthält sowohl einen Ausgabespeicher als auch einen Eingabe-Tristate-Treiber. Beide liegen an einer gemeinsamen Ein/Ausgabeleitung. In der Bausteinsteuerung entscheidet ein Richtungsflipflop, ob die Anschlußleitung zur Eingabe oder Ausgabe dienen soll. Es kann während des Betriebes umprogrammiert werden, so daß beide Betriebsarten möglich sind. Die Technik der programmierbaren Ein/Ausgabe wird in den sogenannten Parallelschnittstellen angewendet, die für die besonderen Bedürfnisse der Mikrorechnertechnik entwickelt wurden. Sie werden in MOS-Technik hergestellt und bilden zusammen mit dem Mikroprozessor eine Bausteinfamilie. Ihre Steuersignale und ihr Zeitverhalten sind so aufeinander abgestimmt, daß sie problemlos miteinander verbunden werden können.

3.5.2 TTL-Bausteine zur Ein/Ausgabe

Für direkt am Datenbus liegende Schaltungen verwendet man vorzugsweise TTL-LS-Bausteine, um die Busbelastung gering zu halten. Die Schaltzeiten liegen bei 10 ns und erfüllen damit alle zeitlichen Anforderungen des Prozessors. Sie enthalten meist acht Flipflops bzw. Tristate-Treiber in einem Gehäuse und werden an alle acht Datenbusleitungen angeschlossen. **Bild 3-49** zeigt zwei Beispiele.

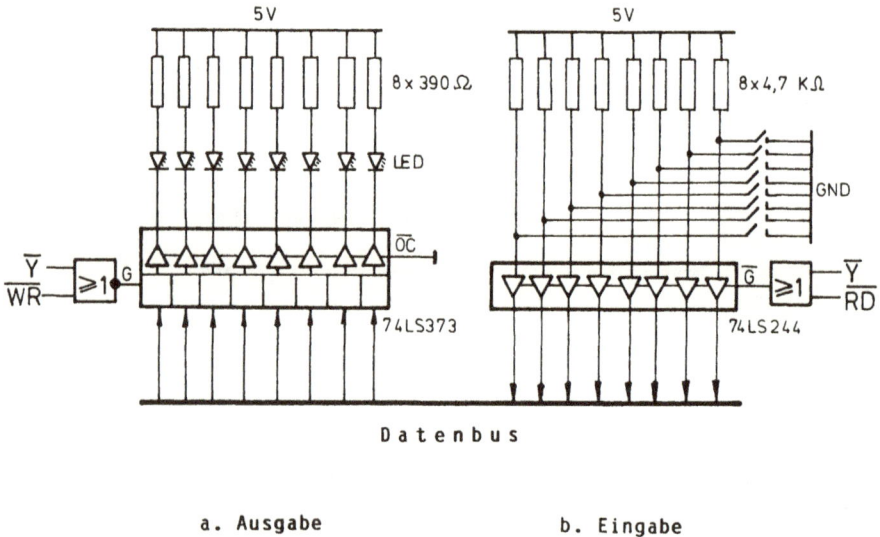

a. Ausgabe   b. Eingabe

Bild 3-49: Ein/Ausgabe mit TTL-Bausteinen

Der in dem Beispiel verwendete Ausgabebaustein 74LS373 besteht aus acht Flipflops in einem Gehäuse. Die gemeinsame Taktleitung G (Freigabe) ist positiv zustandsgesteuert. Für G = HIGH sind die Flipflops transparent (durchlässig): die am Eingang anliegenden Daten erscheinen auch am Ausgang. Für G = LOW sind die Eingänge der Flipflops gesperrt: am Ausgang liegen die zuletzt gespeicherten Daten. Die Ausgänge der Flipflops zeigen Tristate-Verhalten: für $\overline{OC}$ = LOW sind die Ausgänge durchgeschaltet. Sie können im LOW-Zustand maximal 24 mA aufnehmen und damit Leuchtdioden direkt ansteuern. OC bedeutet Output Control = Steuerung der Ausgangstreiber. Der Freigabetakt G der Flipflops wird abgeleitet aus einer NOR-Verknüpfung des Schreibsignals $\overline{WR}$ und dem Ausgang $\overline{Y}$ einer Decoderschaltung, die dem Baustein eine Adresse innerhalb des Systems zuordnet.

Der zur Eingabe verwendete Baustein 74LS244 besteht aus acht Tristate-Treibern mit einer gemeinsamen Freigabeleitung, die aktiv LOW ist. Die ODER-Schaltung verknüpft den Decoderausgang $\overline{Y}$ mit dem Schreibsignal $\overline{RD}$ durch ein logisches UND; beide sind aktiv LOW. Die Eingänge werden durch Widerstände auf HIGH gehalten und können durch Schiebeschalter oder Taster auf LOW gebracht werden. Ein LOW am Eingang erscheint als LOW bzw. logische Null am Ausgang. Der Baustein 74LS240 hat invertierende Ausgänge und würde ein LOW am Eingang als HIGH oder logische Eins am Ausgang erscheinen lassen.

3.5.3 Die Parallelschnittstellen 8155 und 8255

Beide Bausteine gehören zur Familie der Prozessoren 8080 und 8085A und sind in ihren Steuersignalen auf diese abgestimmt. Für den Betrieb mit der schnellen Prozessorversion 8085A-2 gibt es die besonders ausgewählten Versionen 8155-2 und 8255-5. Die Betriebsarten der Peripherieschaltungen werden an Modellen erklärt. Anwendungsbeispiele folgen im Softwareteil. Die Schnittstellen enthalten Datenregister (8 Bit) und Steuerregister, mit denen die Art der Datenübertragung programmiert werden kann. Diese erfolgt immer für die acht Bit eines Registers gleichzeitig (parallel). Die folgenden Modelle zeigen nur eins der acht Bit eines Registers.

Bei der direkten Dateneingabe **(Bild 3-50)** sperrt ein Richtungsflipflop die Ausgangstreiber; sie befinden sich im hochohmigen Zustand. Wird die Leitung

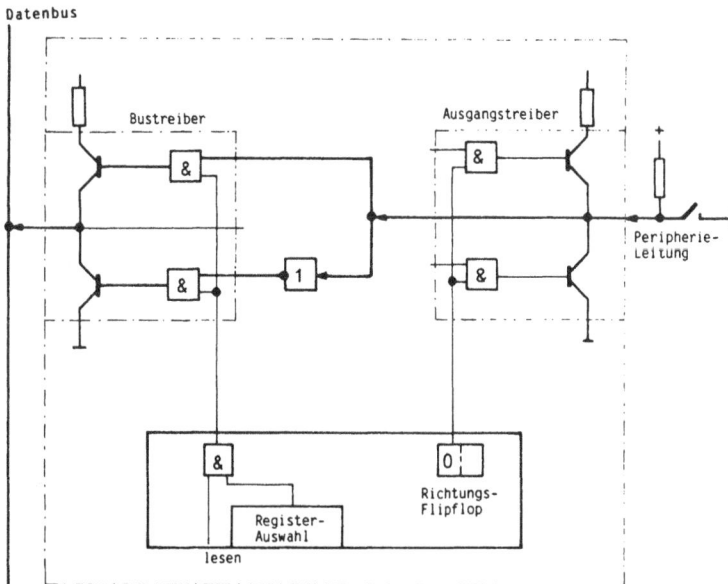

Bild 3-50: Betriebsart direkte Dateneingabe

durch die Bausteinauswahl und das Signal "Lesen" ausgewählt, so legen die Bustreiber in einem Lesezyklus das Potential der Leitung kurzzeitig auf den Datenbus.

Datenbus

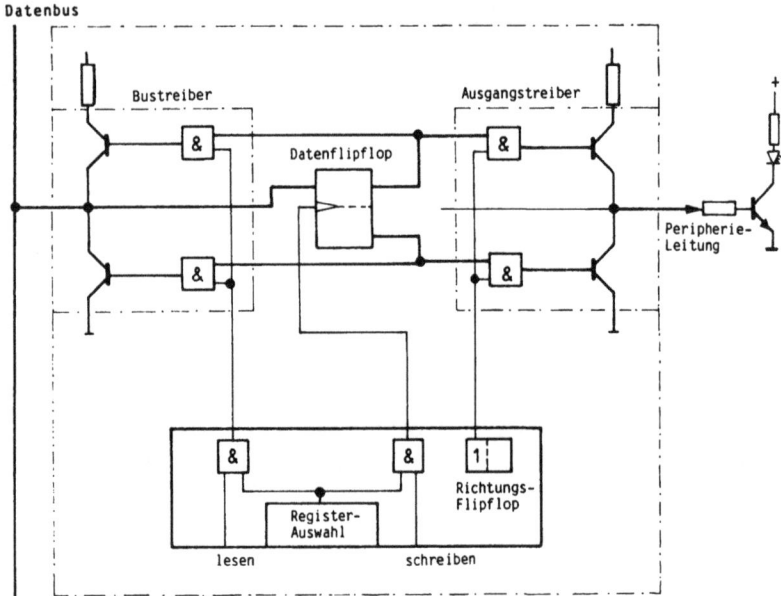

Bild 3-51: Betriebsart Datenausgabe mit Speicher

Bei der Datenausgabe mit einem Ausgabespeicher (**Bild 3-51**) gibt das Richtungsflipflop die Ausgangstreiber frei; die Daten liegen dauernd am Ausgang an. Wird das Datenflipflop durch die Bausteinauswahl und das Signal "Schreiben" ausgewählt, so übernimmt es in einem Schreibzyklus die vom Prozessor gesendeten Daten. Diese erscheinen auf der Ausgangsleitung. Bei einem Lesebefehl wird der Inhalt des Datenflipflops und nicht der Leitungszustand gelesen.

In den Bildern 3-50 und 3-51 bestimmt der Prozessor durch Eingabe- und Ausgabebefehle den Zeitpunkt der Datenübertragung. Die Schaltung nach **Bild 3-52** dagegen enthält Eingabe- und Ausgabespeicher, die teilweise durch äußere Signale gesteuert werden können.

Bei der Ausgabe schreibt der Mikroprozessor Daten in den Ausgabespeicher. Die Ausgangstreiber werden durch ein von außen kommendes Signal gesteuert. Der Empfänger bestimmt den Zeitpunkt, zu dem er die Daten übernehmen will. Gleichzeitig kann ein Interruptsignal erzeugt werden, das dem Prozessor die Datenübernahme meldet.

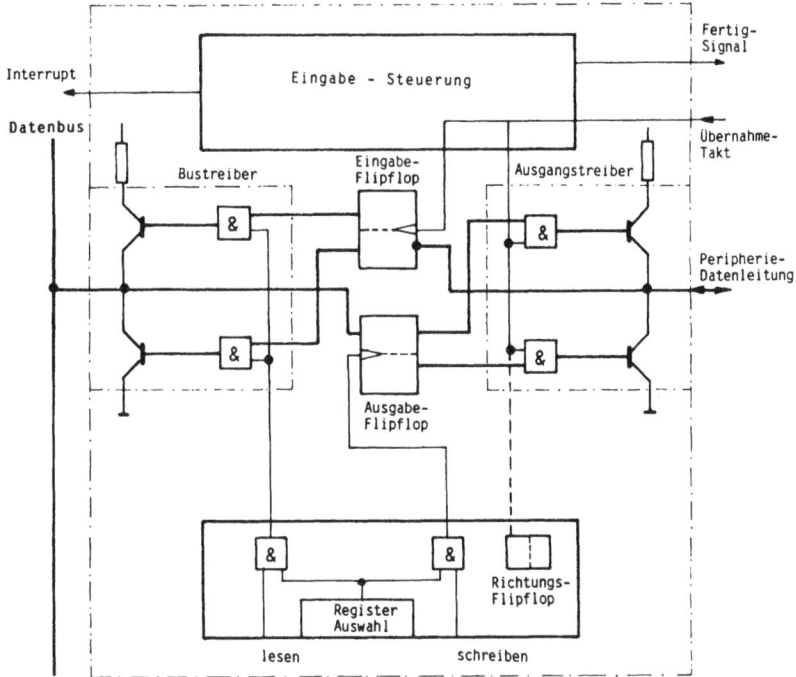

Bild 3-52: Betriebsart gesteuerte Ein/Ausgabe

Bei der Eingabe schreibt der Sender Daten in den Eingangsspeicher und meldet gleichzeitig mit einem Interruptsignal, daß neue Daten bereitliegen. Der Prozessor holt sie mit einem Lesebefehl aus dem Eingangsspeicher ab.

Bild 3-53 zeigt einen Blockschaltplan des Mehrzweckbausteins 8155, der wegen der im Multiplexverfahren betriebenen Adreß/Datenleitungen nur an den Mikroprozessor 8085A angeschlossen werden kann. Der Baustein enthält einen Schreib/Lesespeicher von 256 Bytes, einen Zeitgeber (Timer) und eine Parallelschnittstelle bestehend aus zwei 8-Bit- und einem 6-Bit-Register.

Die Leitungen AD0 bis AD7 werden an den Adreß/Datenbus des Prozessors 8085A angeschlossen. Wenn der Baustein keine Daten sendet, befinden sich die Datenausgänge im hochohmigen (tristate) Zustand. Der Eingang $\overline{CE}$ (Chip Enable gleich Bausteinfreigabe) ist aktiv LOW und gibt den Baustein frei. Der RESET-Eingang (Reset gleich zurücksetzen) ist aktiv HIGH und wird mit dem RESOUT-Ausgang des 8085A verbunden. Er löscht alle Register und bringt die Parallelschnittstelle in einen Grundzustand. Die Eingänge $\overline{RD}$ (Read gleich lesen) und $\overline{WR}$ (Write gleich schreiben) steuern die Richtung der Datenübertragung zwischen Baustein und Prozessor. Der Eingang IO/$\overline{M}$ (Input Output/ Memory gleich Eingabe Ausgabe/Speicher) unterscheidet zwischen einer Adressierung der Register (IO/$\overline{\text{M}}$ gleich HIGH) und des Schreib/Lesespeichers (IO/$\overline{\text{M}}$ gleich LOW). Der Eingang ALE (Address Latch Enable gleich Freigabe der Adreßspeicher) hält die Adressen in den internen Adreßspeichern fest. Diese Steuersignale werden direkt mit dem 8085A verbunden.

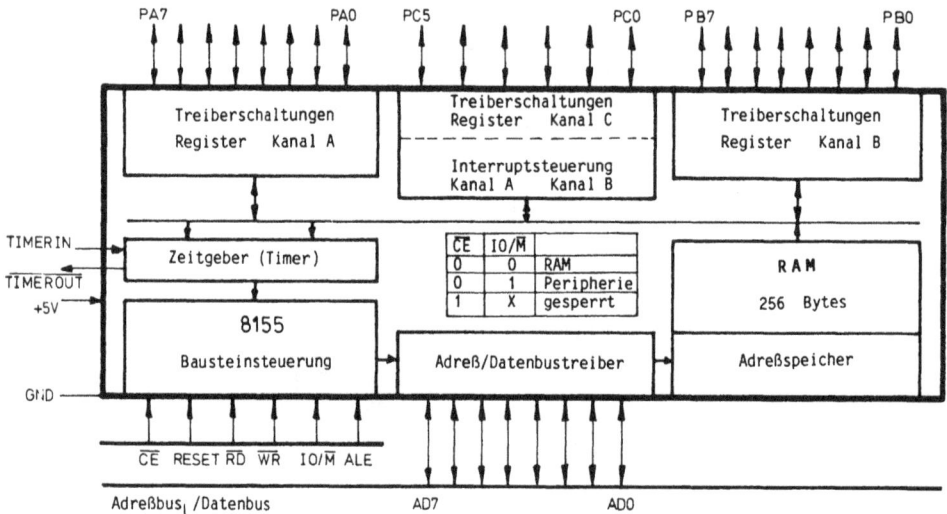

```
        PA7              PA0    PC5                    PC0    PB7                    PB0

          ┌──────────────────┐  ┌──────────────────────┐  ┌──────────────────────┐
          │ Treiberschaltungen│  │  Treiberschaltungen   │  │  Treiberschaltungen   │
          │                   │  │  Register   Kanal C   │  │                       │
          │ Register   Kanal A│  │- - - - - - - - - - - -│  │  Register   Kanal B   │
          │                   │  │  Interruptsteuerung   │  │                       │
          │                   │  │  Kanal A    Kanal B   │  │                       │
          └──────────────────┘  └──────────────────────┘  └──────────────────────┘

TIMERIN ──   ┌──────────────────┐   ┌──────┬──────┐
             │  Zeitgeber (Timer)│   │ CE   │ IO/M │       ┌──────────────────┐
TIMEROUT─    │                   │   │ 0    │ 0    │ RAM   │     R A M          │
+5V          │                   │   │ 0    │ 1    │ Peripherie             │
             │       8155        │   │ 1    │ X    │ gesperrt │  256 Bytes    │
             │  Bausteinsteuerung│   └──────┴──────┘       │                  │
GND ──       │                   │   │ Adreß/Datenbustreiber│ │ Adreßspeicher  │
             └──────────────────┘   └──────────────────────┘ └──────────────────┘

        CE RESET RD WR IO/M ALE            AD7        AD0

      Adreßbus /Datenbus
```

Bild 3-53: Blockschaltplan des Mehrzweckbausteins 8155

Der Baustein 8155 ist also Speicher- und Peripheriebaustein zugleich. $\overline{\text{CE}}$ gibt den gesamten Baustein frei. Bei getrennten Speicher- und Peripheriebereichen müssen je ein Ausgang des Speicherdecoders und des Peripheriedecoders durch ein "logisches ODER" verknüpft werden. Legt man die Peripheriebausteine mit in den Speicherbereich (nur ein Decoderausgang), so muß man den IO/$\overline{\text{M}}$-Eingang des 8155 mit einer freien Adreßleitung (z.B. A15) verbinden, die dann zwischen den beiden Teilen des Bausteins unterscheidet.

Die Peripherieanschlüsse PA0 bis PA7 und PB0 bis PB7 dienen zur Eingabe und Ausgabe von Daten in verschiedenen Betriebsarten. Die Peripherieanschlüsse PC0 bis PC5 können zusätzlich so programmiert werden, daß sie über die Interrupteingänge des Prozessors 8085A Programmunterbrechungen auslösen.

Verbindet man den Eingang TIMERIN mit dem CLK-Ausgang des Prozessors, so liefert dieser den Takt für den Zeitgeber (Zähler). Beim Nulldurchgang des Zählers geht der Ausgang $\overline{\text{TIMEROUT}}$ nach LOW und kann damit einen Interrupt auslösen. Der Anfangswert des Zählers und seine Funktionen werden mit Befehlen programmiert.

Bild 3-54 zeigt einen Blockschaltplan der Parallelschnittstelle 8255, die ursprünglich zum Prozessor 8080 gehörte. Wird sie mit dem Prozessor 8085A betrieben, so müssen die Adressen und Daten durch einen äußeren Adreßspeicher getrennt werden.

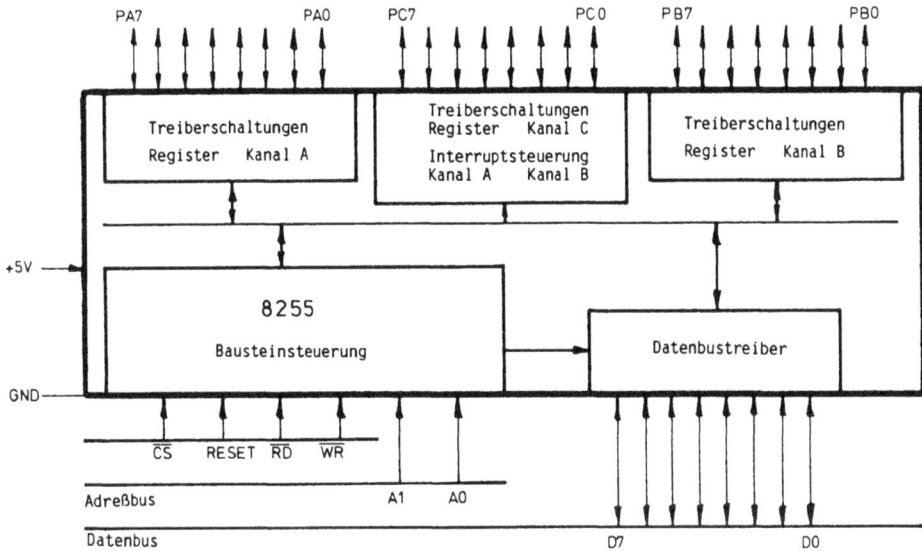

Bild 3-54: Blockschaltplan der Parallelschnittstelle 8255

Die Adreßeingänge A0 und A1 wählen vier Register der Schnittstelle aus. Die Datenleitungen D0 bis D7 werden in beiden Richtungen zwischen Schnittstelle und Prozessor betrieben. Die Ausgänge sind hochohmig (tristate), wenn der Baustein nicht ausgewählt ist.

Der Eingang $\overline{CS}$ (Chip Select gleich Bausteinauswahl) ist aktiv LOW und wählt den Baustein aus. Der RESET-Eingang (Reset gleich zurücksetzen) wird mit dem RESOUT-Ausgang des Prozessors verbunden und löscht alle Register, die sich damit in einem Grundzustand befinden. Die Eingänge $\overline{RD}$ (Read gleich lesen) und $\overline{WR}$ (Write gleich schreiben) steuern die Richtung der Datenübertragung zwischen dem Baustein und dem Prozessor.

Die Peripherieanschlüsse PA0 bis PA7 und PB0 bis PB7 sowie PC0 bis PC7 werden an äußere Schaltungen wie z.B. Kippschalter, Leuchtdioden, Siebensegmentanzeigen, Drucker oder Relais angeschlossen. Sie verbinden den Mikrocomputer mit der Außenwelt.

Die Register der Schnittstellen werden Peripherieregister, Kanäle oder auch Ports genannt. Die Peripherie-Ausgangstreiber können eine bis zwei Standard-TTL-Lasten treiben.

3.5.4 Die Serienschnittstelle 8251A

Bei der seriellen Datenübertragung verbindet man Sender und Empfänger mit mindestens drei Leitungen; einer Sendeleitung, einer Empfangsleitung und einer gemeinsamen Rückleitung (Ground). Die Serienschnittstelle übernimmt die acht Bits eines Bytes parallel vom Mikroprozessor in ein Ausgabeschieberegister und schiebt sie seriell (hintereinander) auf die Sendeleitung. Ein Empfangsregister nimmt seriell ankommende Daten auf und gibt sie parallel an den Prozessor weiter. Die Schnittstelle sendet und empfängt unabhängig vom Prozessor mit einer eigenen Sende- und Empfangssteuerung. **Bild 3-55** zeigt den Blockschaltplan der Serienschnittstelle 8251A, die zur Bausteinfamilie der Prozessoren 8080 und 8085A gehört.

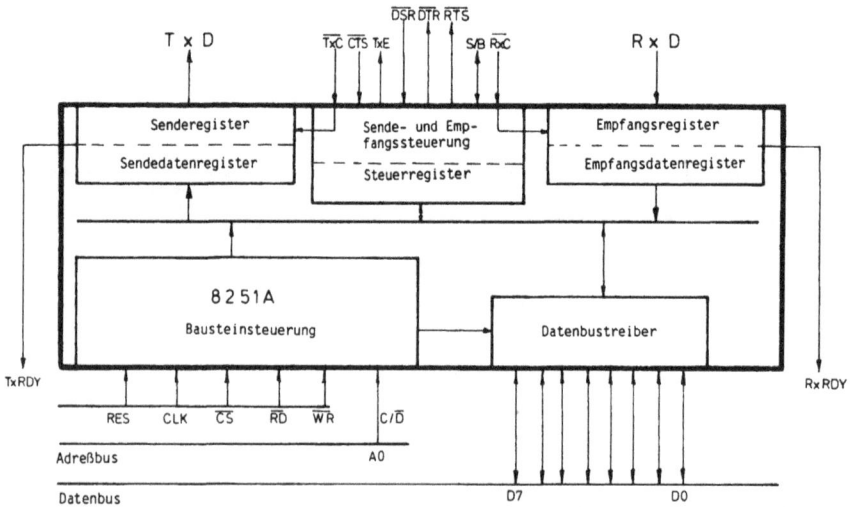

Bild 3-55: Blockschaltplan der Serienschnittstelle 8251A

Die Datenleitungen D0 bis D7 verbinden die Schnittstelle mit dem Prozessor. Der Eingang C/$\overline{\text{D}}$ (Command/Data gleich Kommando/Daten) wird mit der Adreßleitung A0 verbunden. Er unterscheidet das Kommandoregister (Steuerregister) vom Datenregister. Der Auswahleingang $\overline{\text{CS}}$ (Chip Select gleich Bausteinauswahl) gibt den Baustein frei; er ist aktiv LOW. Die Eingänge $\overline{\text{RD}}$ (Read gleich lesen) und $\overline{\text{WR}}$ (Write gleich schreiben) steuern die Datenübertragung zwischen Schnittstelle und Prozessor. Der CLK-Eingang (Clock gleich Takt) wird mit dem Takt CLK des Prozessors verbunden. Ein RES-Signal (Reset gleich zurücksetzen) aktiv HIGH bringt die Schnittstelle in einen Grundzustand und löscht alle Register.

TxData und RxData sind Sende- bzw. Empfangsleitungen für die seriellen Daten. Die Ausgänge TxRDY und RxRDY können mit den Interrupteingängen des Prozessors 8085A verbunden werden und melden dann, daß ein Byte gesendet bzw. empfangen wurde.

3.5.5 Digital/Analog- und Analog/Digitalwandler

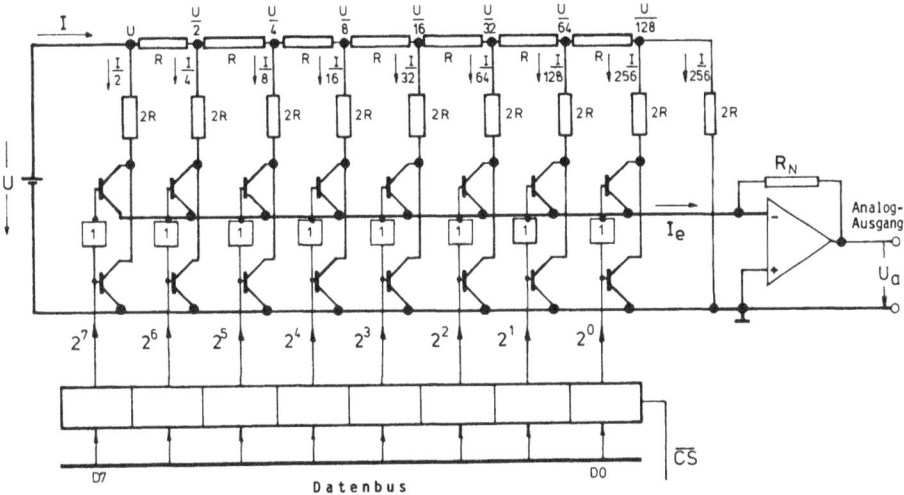

Bild 3-56: Aufbau eines Digital/Analogwandlers

Bild 3-56 zeigt das Prinzip eines Digital/Analogwandlers mit einem R-2R-Netzwerk. Der Mikroprozessor speichert den umzuwandelnden Wert in ein 8-Bit-Register. An den Ausgängen liegen Stromschalter. Das R-2R-Netzwerk bildet einen Spannungsteiler. Am werthöchsten Bit liegt der Zweig mit dem größten, am wertniedrigsten Bit liegt der Zweig mit dem niedrigsten Strom. Die auf 1 liegenden Bits schalten ihre Teilströme auf einen Summierer, der eine dem digitalen Wert proportionale analoge Ausgangsspannung erzeugt. **Bild 3-57** zeigt als Beispiel den Blockschaltplan des D/A-Wandlers ZN 428.

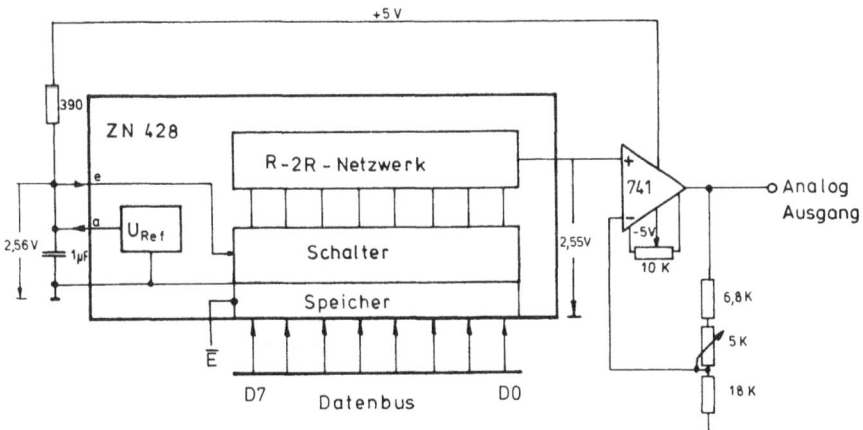

Bild 3-57: Blockschaltplan des D/A-Wandlers ZN 428

Die an den acht Datenleitungen D0 bis D7 anliegenden Daten werden mit dem Freigabesignal $\overline{E}$ in den Speicher geschrieben und dort gespeichert. Die Umwandlung erfolgt durch ein R-2R-Netzwerk und Stromschalter. In der dargestellten Schaltung liefert der kleinste digitale Wert 00000000 eine analoge Ausgangsspannung von 0 Volt und der größte digitale Wert 11111111 die Ausgangsspannung +2,55 Volt. Der nachgeschaltete Operationsverstärker 741 dient als Leistungsverstärker. An den Potentiometern werden Nullpunkt und Ausgangsspannung eingestellt. Ein D/A-Wandler verhält sich für den Mikroprozessor wie ein 8-Bit-Ausgaberegister.

Bild 3-58 zeigt als Beispiel für einen Analog/Digitalwandler den Blockschaltplan des A/D-Wandlers ZN 427.

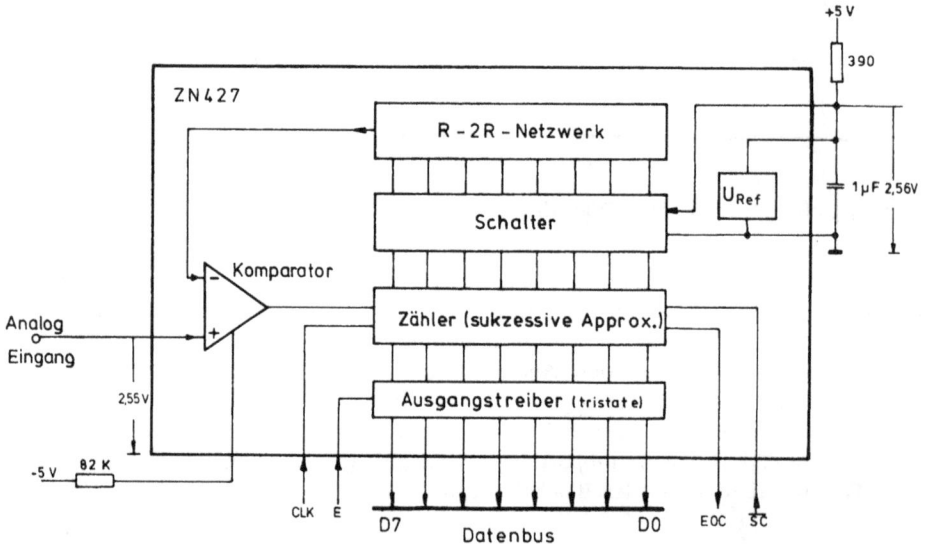

Bild 3-58: Blockschaltplan des A/D-Wandlers ZN 427

Der Wandler besteht aus einem Digital/Analogwandler, der eine Vergleichsspannung liefert, und einem Komparator (Vergleicher), der die Vergleichsspannung mit der umzuwandelnden analogen Spannung vergleicht. Man verändert die Vergleichsspannung so lange, bis sie mit der zu messenden Spannung übereinstimmt. Der Zählerstand kann als Digitalwert vom Prozessor gelesen werden. Der Zähler der vorliegenden Schaltung zählt nicht mit der Schrittweite 1, sondern arbeitet nach dem Verfahren der sukzessiven Approximation (schrittweisen Näherung). Er beginnt nicht mit Null, sondern setzt das werthöchste Bit gleich 1 und alle anderen 0. Ist die zu messende Spannung kleiner oder gleich, so bleibt die 1 erhalten. Ist die zu messende Spannung größer, so wird an die Stelle der 1 eine 0 gesetzt. Dies Verfahren wird für alle folgenden Stellen durchgeführt. Nach insgesamt 9 Takten ist die Umwandlung beendet.

Die Anschlüsse D0 bis D7 sind die Datenausgänge, von denen der Prozessor den umgewandelten Digitalwert abholt. Der Umwandlungstakt CLK (Clock gleich Takt) kann maximal 1 MHz betragen. Die Umwandlung wird mit einem $\overline{SC}$-Signal (Start of Conversion gleich Beginn der Umwandlung) gestartet. Das Ende der Umwandlung wird durch den EOC-Ausgang (End Of Conversion gleich Ende der Umwandlung) angezeigt. Der E-Eingang (Enable gleich Freigabe) legt die umgewandelten Daten auf den Datenausgang. In der dargestellten Schaltung liefert der Baustein bei einer Eingangsspannung von +2,55 Volt den maximalen digitalen Wert von 11111111. Da die Umwandlungszeit immer 9 Takte beträgt, kann auf eine Auswertung des EOC-Signals verzichtet werden. Der Prozessor startet die Umwandlung mit einem $\overline{SC}$-Signal und holt nach einer kurzen Verzögerung (NOP-Befehle) die Daten wie von einem 8-Bit-Eingaberegister ab.

3.6 Bausteinauswahl und Adreßdecodierung

Beim Entwurf eines Mikrorechners sind folgende Überlegungen anzustellen:
- Auswahl des Prozessors, der Speicher- und der Peripheriebausteine,
- Vergabe der Bausteinadressen und Entwurf der Adreßdecodierung,
- Untersuchung der Zeitbedingungen für die Datenübertragung und
- Kontrolle der Busbelastung und notfalls Einsatz von Bustreibern.

Dieser Abschnitt befaßt sich mit der Adreßvergabe für kleine und mittlere Systeme. Die meisten MOS-Speicher- und Peripheriebausteine haben getrennte Steuersignale für die Bausteinauswahl ($\overline{CE}$, $\overline{CS}$) und für die Schreib- und Lesesignale $\overline{WR}$ und $\overline{RD}$, die neben der Übertragungsrichtung auch noch die Zeitsteuerung vornehmen. Bei TTL- und Wandlerbausteinen (A/D und D/A) müssen die Auswahlsignale noch zusätzlich mit den Signalen $\overline{RD}$ bzw. $\overline{WR}$ verknüpft werden, um Richtung und Zeitpunkt der Datenübertragung zu bestimmen.

3.6.1 Adreßdecoder

Der Mikroprozessor 8085 hat 16 Adreßleitungen und kann 64 KByte Speicher adressieren. Peripherieadressen bestehen aus 8 Bit und können 256 Register auswählen. Für $IO/\overline{M}$ = LOW werden die Speicher, für $IO/\overline{M}$ = HIGH wird die Peripherie angesprochen. Beim Aussenden einer Speicher- oder Peripherieadresse darf nur ein Baustein Daten senden oder empfangen, alle anderen müssen gesperrt sein. Bei bestimmten Betriebszuständen können die Adreßleitungen hochohmig (tristate) sein (RESET, HOLD, HALT) oder ungültige Adressen führen (Takt T4 und weitere Takte eines M1-Zyklus, Interruptzyklen). Gültige Adressen liegen nur dann vor, wenn $\overline{RD}$ oder $\overline{WR}$ im LOW-Zustand sind. Die folgenden Beispiele zeigen nur die verschiedenen Arten der Adreßdecodierung und setzen voraus, daß die Zeitsteuerung durch diese Signale vorgenommen wird.

Sowohl die Eingänge zur Bausteinfreigabe ($\overline{CE}$, $\overline{CS}$) als auch die Ausgänge der Decoderbausteine entsprechend **Bild 3-59** sind aktiv LOW. Dies wird durch einen Punkt am Bausteineingang bzw. Decoderausgang gekennzeichnet.

Zur Auswahl von einem Baustein aus zweien genügt eine Adreßleitung und ein Inverter entsprechend Bild 3-59a. Sind drei oder vier Bausteine vorhanden, so benötigt man zwei Adreßleitungen und einen 1-aus-4-Decoder, der wie in der Einführung Bild 2-29 gezeigt aus Logikschaltungen aufgebaut werden kann. Es ist jedoch günstiger, einen fertigen Decoderbaustein (Bild 3-59b) einzusetzen, selbst wenn einige Ausgänge zunächst nicht verwendet werden. Sie können als Reserve für spätere Erweiterungen dienen. Der Baustein 74LS155 besteht aus zwei getrennten 1-aus-4-Decodern mit gemeinsamen Adreßeingängen und ge-

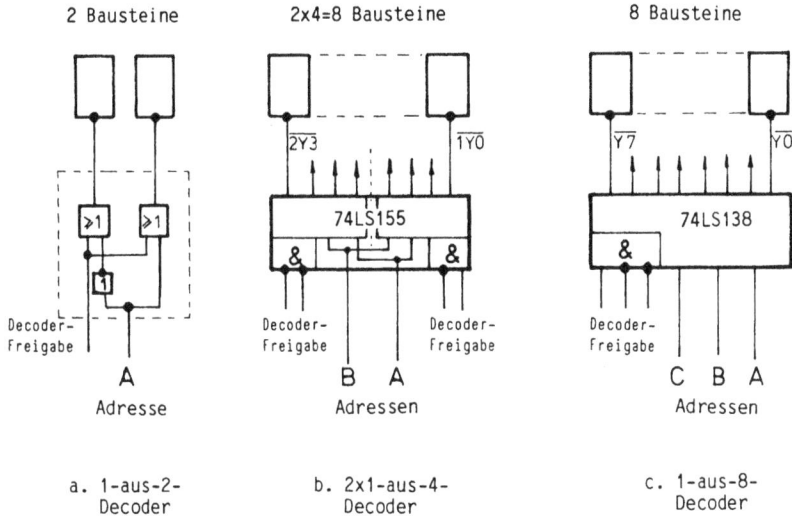

Bild 3-59: Adreßdecoderschaltungen

trennten Freigabeeingängen. Ist die Freigabebedingung nicht erfüllt, so sind alle Decoderausgänge HIGH und sperren. Verwendet man je einen Freigabeeingang als Adreßeingang, so läßt sich der Baustein auch als 1-aus-8-Decoder betreiben. Der funktionsgleiche Baustein 74LS156 hat Offene-Kollektor-Ausgänge, die man mit einem gemeinsamen Arbeitswiderstand auch zusammenschalten kann. Dabei entsteht eine logische ODER-Verknüpfung für aktiv LOW. Zur Auswahl von fünf bis acht Bausteinen benötigt man drei Adreßleitungen und einen 1-aus-8-Decoder. Der Baustein 74LS138 (Bild 3-59c) hat drei zusätzliche Freigabeeingänge. Die Bausteine 74154 (Gegentaktausgänge) und 74159 (Offene-Kollektor-Ausgänge) sind 1-aus-16-Decoder mit vier Adreß- und zwei Freigabeeingängen. Bei schwierigen Auswahlbedingungen können umfangreiche TTL-Logikschaltungen nötig sein, die zusätzlichen Platz- und Leistungsbedarf erfordern und die Auswahlzeit verlängern. Die Schaltzeit von TTL-Logikbausteinen liegt bei ca. 10 ns, die von Decodern bei 20 ns. Stattdessen können Festwertspeicher entsprechend **Bild 3-60** zur Adreßdecodierung eingesetzt werden. Die Schaltzeiten liegen bei etwa 50 ns.

Die programmierbaren Festwertspeicher 74S188 und 74S189 sind in TTL-Technik aufgebaut. Bei ihrer Programmierung werden Widerstände mit Überspannung durchgebrannt. Die Schaltzeiten liegen zwischen 20 und 40 ns. Fünf Eingangssignale und ein Freigabesignal können zu acht Ausgangssignalen verknüpft werden und damit z.B. acht Speicher ansteuern. Die Tabelle zeigt ein Beispiel für den Aufbau eines 1-aus-8-Decoders. Der Baustein hat mehr Eingangsleitungen als zur Auswahl von acht Bausteinen erforderlich wären. Vom Anwender programmierbare Decoderschaltungen lassen sich auch aus PAL-

D7 D6 D5 D4 D3 D2 D1 D0

74S188 (O.C.) 74S189 (tristate) **32 X 8 Bit** PROM

Decoder-Freigabe

S̅   E   D   C   B   A

Adressen und Steuersignale

Eingänge						Ausgänge							
S̅	E	D	C	B	A	D7	D6	D5	D4	D3	D2	D1	D0
0	0	0	0	0	0	1	1	1	1	1	1	1	0
0	0	0	0	0	1	1	1	1	1	1	1	0	1
0	0	0	0	1	0	1	1	1	1	1	0	1	1
0	0	0	1	0	0	1	1	1	1	0	1	1	1

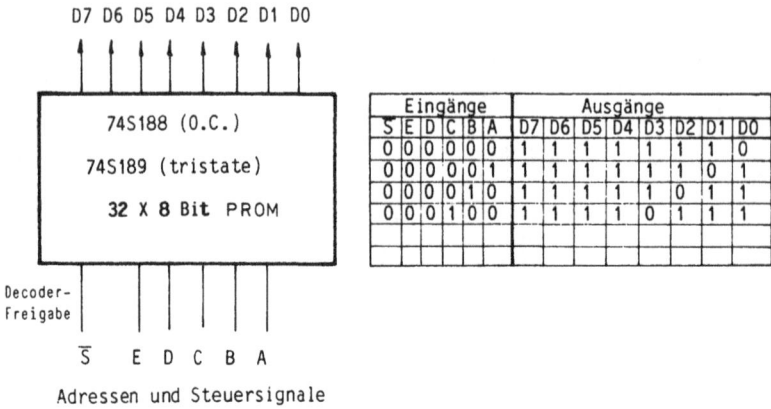

Bild 3-60: PROM als Adreßdecoder

bzw. PLA-Bausteinen aufbauen. Sie bestehen aus UND- und ODER-Schaltungen, deren Verbindungen wie bei einem PROM programmierbar sind. PLA bedeutet Programmable Logic Array gleich programmierbare logische Anordnung.

3.6.2 Die Teildecodierung

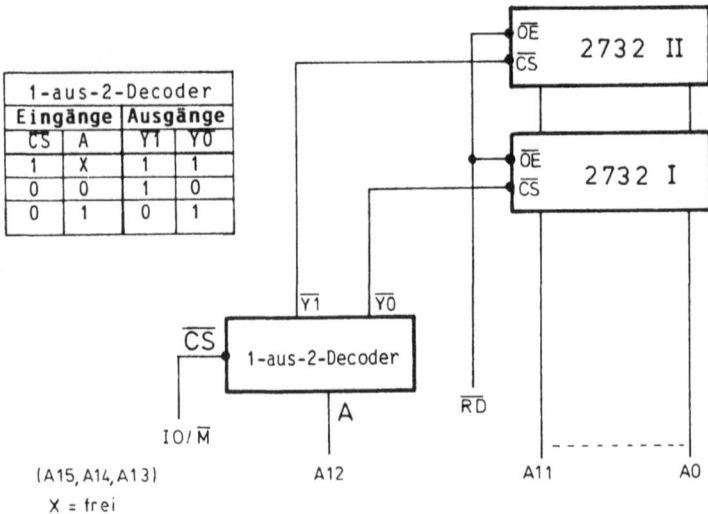

1-aus-2-Decoder			
Eingänge		Ausgänge	
CS	A	Y1	Y0
1	X	1	1
0	0	1	0
0	1	0	1

O̅E̅   C̅S̅   2732 II

O̅E̅   C̅S̅   2732 I

Y̅1   Y̅0

C̅S̅   1-aus-2-Decoder

A   R̅D̅

IO/M̅

(A15, A14, A13)   A12   A11   A0
X = frei

Bild 3-61: Schaltplan einer Teildecodierung

Bei der Teildecodierung werden nicht alle 16 Adreßleitungen für die Bausteinauswahl verwendet. Durch die freien Adreßleitungen kann ein Baustein unter mehreren Adressen angesprochen werden. **Bild 3-61** zeigt als Beispiel die Auswahl von zwei 4-KByte-EPROMs vom Typ 2732.

Die Adreßleitungen A0 bis A11 werden an beide Bausteine angeschlossen und wählen dort je 4096 Bytes aus. Die Adreßleitung A12 unterscheidet zwischen den beiden Bausteinen; die Adreßleitungen A13 bis A15 werden nicht verwendet. Die hexadezimalen Speicheradressen ergeben sich aus dem Adreßplan **Bild 3-62.**

Baustein	Adresse	IO/M̄	A15	A14	A13	A12	A11	A10	A9	A8	A7	A6	A5	A4	A3	A2	A1	A0
2732 I	0000	0	X=0	X=0	X=0	0	0	0	0	0	0	0	0	0	0	0	0	0
	0FFF						1	1	1	1	1	1	1	1	1	1	1	1
2732 II	1000	0	X=0	X=0	X=0	1	0	0	0	0	0	0	0	0	0	0	0	0
	1FFF						1	1	1	1	1	1	1	1	1	1	1	1

Bild 3-62: Adreßplan einer Teildecodierung

Der Adreßplan enthält die Belegung aller 16 Adreßleitungen und die sich daraus ergebenden hexadezimalen Adressen der Bausteine. Für die an den Bausteinen liegenden Adressen A0 bis A11 werden nur die obere (11111111111) und die untere (00000000000) Grenze angegeben. A12 wählt bei einer 0 den Baustein I und bei einer 1 den Baustein II aus. Die Leitungen A13, A14 und A15 haben keinen Einfluß auf die Adressierung und sind beliebig (X) wählbar. Um jedoch hexadezimale Adressen bilden zu können, wird X zweckmäßigerweise 0 gesetzt. Durch Zusammenfassung von vier Bit zu einer Hexadezimalziffer entstehen die Adreßbereiche 0000 bis 0FFF für den Baustein I und 1000 bis 1FFF für den Baustein II. **Bild 3-63** zeigt den vollständigen Speicherbelegungsplan.

Adreßbereich	Baust	IO/M̄	A15	A14	A13	A12	A11	A10	A9	A8	A7	A6	A5	A4	A3	A2	A1	A0
0000 - 0FFF	I	0	X=0	X=0	X=0	0	0/1	0/1	0/1	0/1	0/1	0/1	0/1	0/1	0/1	0/1	0/1	0/1
1000 - 1FFF	II	0	X=0	X=0	X=0	1	0/1	0/1	0/1	0/1	0/1	0/1	0/1	0/1	0/1	0/1	0/1	0/1
2000 - 2FFF	I	0	X=0	X=0	X=1	0	0/1	0/1	0/1	0/1	0/1	0/1	0/1	0/1	0/1	0/1	0/1	0/1
3000 - 3FFF	II	0	X=0	X=0	X=1	1	0/1	0/1	0/1	0/1	0/1	0/1	0/1	0/1	0/1	0/1	0/1	0/1
4000 - 4FFF	I	0	X=0	X=1	X=0	0	0/1	0/1	0/1	0/1	0/1	0/1	0/1	0/1	0/1	0/1	0/1	0/1
5000 - 5FFF	II	0	X=0	X=1	X=0	1	0/1	0/1	0/1	0/1	0/1	0/1	0/1	0/1	0/1	0/1	0/1	0/1
6000 - 6FFF	I	0	X=0	X=1	X=1	0	0/1	0/1	0/1	0/1	0/1	0/1	0/1	0/1	0/1	0/1	0/1	0/1
7000 - 7FFF	II	0	X=0	X=1	X=1	1	0/1	0/1	0/1	0/1	0/1	0/1	0/1	0/1	0/1	0/1	0/1	0/1
8000 - 8FFF	I	0	X=1	X=0	X=0	0	0/1	0/1	0/1	0/1	0/1	0/1	0/1	0/1	0/1	0/1	0/1	0/1
9000 - 9FFF	II	0	X=1	X=0	X=0	1	0/1	0/1	0/1	0/1	0/1	0/1	0/1	0/1	0/1	0/1	0/1	0/1
A000 - AFFF	I	0	X=1	X=0	X=1	0	0/1	0/1	0/1	0/1	0/1	0/1	0/1	0/1	0/1	0/1	0/1	0/1
B000 - BFFF	II	0	X=1	X=0	X=1	1	0/1	0/1	0/1	0/1	0/1	0/1	0/1	0/1	0/1	0/1	0/1	0/1
C000 - CFFF	I	0	X=1	X=1	X=0	0	0/1	0/1	0/1	0/1	0/1	0/1	0/1	0/1	0/1	0/1	0/1	0/1
D000 - DFFF	II	0	X=1	X=1	X=0	1	0/1	0/1	0/1	0/1	0/1	0/1	0/1	0/1	0/1	0/1	0/1	0/1
E000 - EFFF	I	0	X=1	X=1	X=1	0	0/1	0/1	0/1	0/1	0/1	0/1	0/1	0/1	0/1	0/1	0/1	0/1
F000 - FFFF	II	0	X=1	X=1	X=1	1	0/1	0/1	0/1	0/1	0/1	0/1	0/1	0/1	0/1	0/1	0/1	0/1

Bild 3-63: Speicherbelegungsplan einer Teildecodierung

Bei drei freien Adreßleitungen gibt es für jeden Baustein 2 hoch 3 gleich 8 verschiedene Adressen entsprechend den acht möglichen Bitkombinationen. Die Adressierung ist jedoch eindeutig: beim Aussenden einer Adresse wird auch immer nur ein Baustein ausgewählt. Bei der Programmierung arbeitet man meist nur mit der Adresse, die sich für X=0 ergibt. Die Adressen der beiden Bausteine liegen in allen Bereichen hintereinander. Dies liegt daran, daß die an die Bausteinadressen anschließende Adresse A12 zur Unterscheidung der beiden Bausteine benutzt wurde. **Bild 3-64** zeigt den Adreßplan für den Fall, daß die Adreßleitung A15 für die Auswahl benutzt wird und A12 frei bleibt.

Baustein	Adresse	IO/M̄	A15	A14	A13	A12	A11	A10	A9	A8	A7	A6	A5	A4	A3	A2	A1	A0
2732 I	0000	0	0	X=0	X=0	X=0	0	0	0	0	0	0	0	0	0	0	0	0
	0FFF						1	1	1	1	1	1	1	1	1	1	1	1
2732 II	8000	0	1	X=0	X=0	X=0	0	0	0	0	0	0	0	0	0	0	0	0
	8FFF						1	1	1	1	1	1	1	1	1	1	1	1

Bild 3-64: Adreßplan einer verstreuten Teildecodierung

Die Leitung A15 teilt den Speicher in einen unteren Bereich von 0000 bis 7FFF und in einen oberen Bereich von 8000 bis FFFF. Der Baustein I befindet sich bei allen Kombinationen der freien Adreßleitungen im oberen, der Baustein II im unteren Bereich. Bei Speichern vermeidet man diese verstreute Adressierung und bildet möglichst einen zusammenhängenden Adreßbereich.

3.6.3 Die Volldecodierung

Die Volldecodierung benutzt alle Adreßleitungen. Jeder Baustein hat nur eine Adresse. **Bild 3-65** zeigt den Schaltplan einer Volldecodierung.

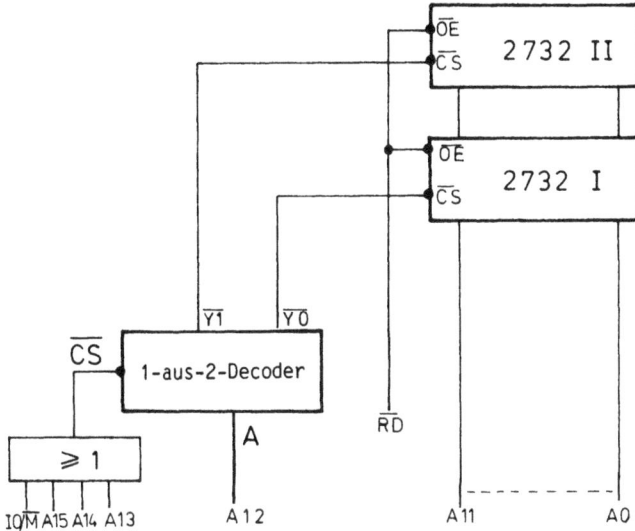

Bild 3-65: Schaltplan einer Volldecodierung

Im Gegensatz zur Teildecodierung werden die nicht zur Bausteinauswahl benötigten Adreßleitungen A15, A14 und A13 zur Freigabe des Adreßdecoders eingesetzt. **Bild 3-66** zeigt den Adreßplan.

Baustein	Adresse	IO/$\overline{M}$	A15	A14	A13	A12	A11	A10	A9	A8	A7	A6	A5	A4	A3	A2	A1	A0
2732 I	0000	0	0	0	0	0	0	0	0	0	0	0	0	0	0	0	0	0
	0FFF						1	1	1	1	1	1	1	1	1	1	1	1
2732 II	1000	0	0	0	0	1	0	0	0	0	0	0	0	0	0	0	0	0
	1FFF						1	1	1	1	1	1	1	1	1	1	1	1

Bild 3-66: Adreßplan einer Volldecodierung

Die Adreßleitungen A0 bis A11 wählen die 4096 Bytes auf jedem Baustein aus. Die Adreßleitung A12 unterscheidet die beiden Bausteine. Die Adreßleitungen A13 bis A15 geben nur dann zusammen mit der Speicher/Peripherieauswahlleitung IO/$\overline{M}$ den Adreßdecoder frei, wenn sie alle LOW sind. Die beiden Speicherbausteine bilden einen zusammenhängenden Adreßbereich von 0000 bis 1FFF. Schaltet man Bausteine unterschiedlicher Speicherkapazität nach Bild **3-67** zusammen, so können trotz Volldecodierung teildecodierte Bereiche (Lücken) entstehen.

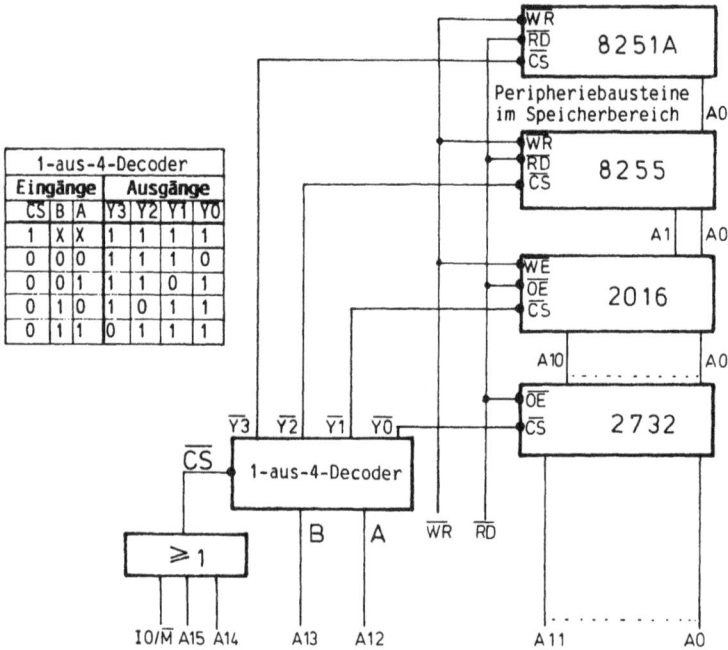

Bild 3-67: Schaltplan einer Volldecodierung mit Lücken

Ein 1-aus-4-Decoder wählt vier Bausteine unterschiedlicher Speicherkapazität aus: einen 4-KByte-EPROM, einen 2-KByte-RAM, eine 4-Byte-Parallelschnittstelle und eine 2-Byte-Serienschnittstelle. Die Peripheriebausteine werden hier als Speicher adressiert. **Bild 3-68** zeigt den Adreßplan.

Baustein	Adresse	IO/M̄	A15	A14	A13	A12	A11	A10	A9	A8	A7	A6	A5	A4	A3	A2	A1	A0
2732	0000	0	0	0	0	0	0	0	0	0	0	0	0	0	0	0	0	0
	0FFF						1	1	1	1	1	1	1	1	1	1	1	1
2016	1000	0	0	0	0	1	X	0	0	0	0	0	0	0	0	0	0	0
	17FF							1	1	1	1	1	1	1	1	1	1	1
8255	2000	0	0	0	1	0	X	X	X	X	X	X	X	X	X	X	0	0
	2003																1	1
8251A	3000	0	0	0	1	1	X	X	X	X	X	X	X	X	X	X	X	0
	3001																	1

Bild 3-68: Adreßplan einer Volldecodierung mit Lücken

Die Adreßleitungen A0 bis A11 sind an den Baustein 2732 mit der größten Speicherkapazität angeschlossen. Damit müssen A12 und A13 für die Bausteinauswahl und A14 und A15 für die Freigabe des Decoders verwendet werden. Der Baustein 2732 ist volldecodiert. Der Baustein 2016 nur teildecodiert, da A11 für seine Auswahl nicht verwendet wird und 0 oder 1 sein kann. Die Peripheriebausteine, die nur zwei bzw. vier Registeradressen enthalten, haben 10 bzw. 11 freie Adreßleitungen und damit 1024 bzw. 2048 mögliche Adressen. Da ein Peripheriebaustein den Adreßbereich eines 4-KByte-Speichers belegt, benutzt man bei 8085-Systemen bevorzugt die Ein/Ausgabebetriebsart, bei der der Adreßbereich der Peripheriebausteine von dem der Speicherbausteine getrennt ist. Für eine lückenlose Volldecodierung von Speicherbausteinen unterschiedlicher Speicherkapazität können die Schaltungen nach Bild 3-69 und Bild 3-70 verwendet werden.

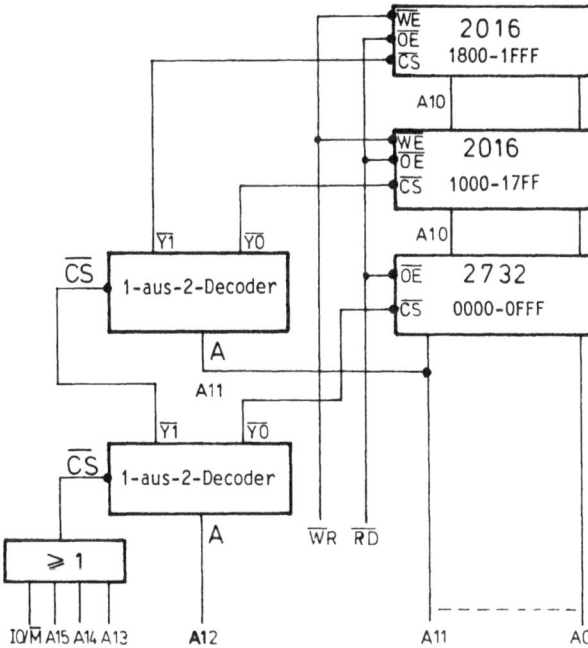

Bild 3-69: Gestaffelte Decodierung

Bei der gestaffelten Decodierung nach **Bild 3-69** unterteilt der erste 1-aus-2-Decoder den Speicherbereich in einen RAM- und einen EPROM-Bereich. Zur Auswahl der beiden RAM-Bausteine ist ein weiterer Decoder erforderlich. In dieser Schaltung zeigen sich die Vorteile zusätzlicher Freigabeeingänge an Decodern.

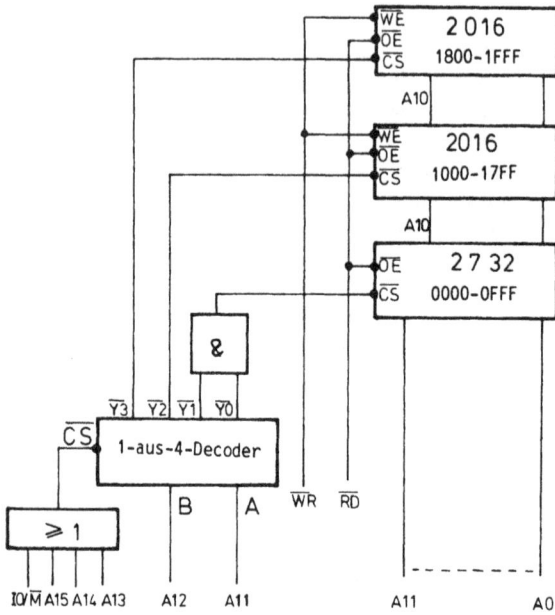

Bild 3-70: Zusammenführung von Decoderausgängen

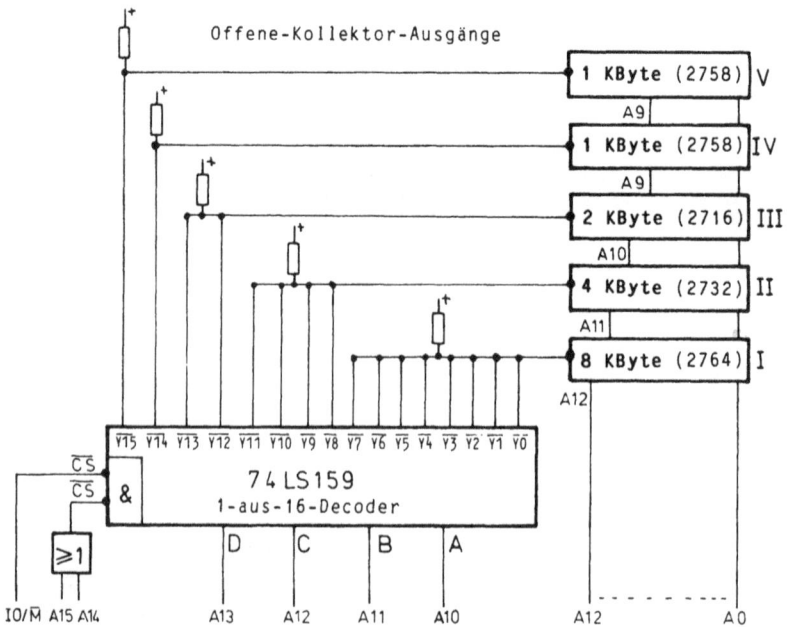

Bild 3-71: Schaltplan eines gemischten 16-KByte-Systems

In der Schaltung **Bild 3-70** wählt ein 1-aus-4-Decoder drei Bausteine aus. Die Adreßleitung A11 liegt sowohl am Baustein 2732 als auch am Decodereingang. Da der Baustein sowohl für A11 = 0 als auch für A11 = 1 ausgewählt werden muß, verbindet ein "logisches ODER" die beiden Decoderausgänge $\overline{Y0}$ und $\overline{Y1}$. Da die Leitungen aktiv LOW sind, muß eine UND-Schaltung verwendet werden, die dann LOW ist, wenn einer der beiden Eingänge LOW ist und die für den Fall, daß beide Ausgänge HIGH sind, den Baustein sperrt. Bei Decodern, die Offene-Kollektor-Ausgänge haben, können mehrere Ausgänge mit einem gemeinsamen Arbeitswiderstand zu einem logischen ODER zusammengeschaltet werden. **Bild 3-71** zeigt ein extremes Beispiel mit einem 1-aus-16-Decoder.

Der Adreßdecoder unterteilt den Bereich entsprechend der Kapazität des kleinsten Bausteins V in 16 Speicherblöcke zu je 1 KByte. Zur Auswahl von 16 Speicherblöcken ist ein 1-aus-16-Decoder erforderlich. Da A9 die höchste Adreßleitung des kleinsten Bausteins V ist, legt man an den Adreßdecoder die Leitungen A10 bis A13. A14 und A15 geben den Decoder frei. Die Freigabeeingänge der Bausteine haben alle wegen der Offenen-Kollektor-Ausgänge des Decoders Arbeitswiderstände gegen +5 Volt. Die Frage nach der Zusammenschaltung der Decoderausgänge läßt sich am besten mit Hilfe des Adreßplans **Bild 3-72** beantworten.

Baust.	Adresse	Y	IO/M	A15	A14	A13	A12	A11	A10	A9	A8	A7	A6	A5	A4	A3	A2	A1	A0
	0000	Y0	0	0	0	0	0	0	0	0	0	0	0	0	0	0	0	0	0
		Y1	0	0	0	0	0	0	1	x	x	x	x	x	x	x	x	x	x
		Y2	0	0	0	0	0	1	0	x	x	x	x	x	x	x	x	x	x
I	8 KB	Y3	0	0	0	0	0	1	1	x	x	x	x	x	x	x	x	x	x
	(2764)	Y4	0	0	0	0	1	0	0	x	x	x	x	x	x	x	x	x	x
		Y5	0	0	0	0	1	0	1	x	x	x	x	x	x	x	x	x	x
		Y6	0	0	0	0	1	1	0	x	x	x	x	x	x	x	x	x	x
	1FFF	Y7	0	0	0	0	1	1	1	1	1	1	1	1	1	1	1	1	1
	2000	Y8	0	0	0	1	0	0	0	0	0	0	0	0	0	0	0	0	0
II	4 KB	Y9	0	0	0	1	0	0	1	x	x	x	x	x	x	x	x	x	x
	(2732)	Y10	0	0	0	1	0	1	0	x	x	x	x	x	x	x	x	x	x
	2FFF	Y11	0	0	0	1	0	1	1	1	1	1	1	1	1	1	1	1	1
III	3000	Y12	0	0	0	1	1	0	0	0	0	0	0	0	0	0	0	0	0
	37FF	(2716) Y13	0	0	0	1	1	0	1	1	1	1	1	1	1	1	1	1	1
IV	3800	Y14	0	0	0	1	1	1	0	0	0	0	0	0	0	0	0	0	0
	3BFF	(2758) Y14	0	0	0	1	1	1	0	1	1	1	1	1	1	1	1	1	1
V	3C00	Y15	0	0	0	1	1	1	1	0	0	0	0	0	0	0	0	0	0
	3FFF	(2758) Y15	0	0	0	1	1	1	1	1	1	1	1	1	1	1	1	1	1

Bild 3-72: Adreßplan eines gemischten 16-KByte-Systems

Der Adreßplan enthält alle 16 möglichen Ausgangskombinationen der Decodereingänge A10 bis A13, die sich teilweise mit Adreßeingängen der Bausteine decken. Für den Baustein I sind dies die Leitungen A10, A11 und A12. Der Baustein I muß an acht Ausgänge angeschlossen werden, die alle acht Kombinationen liefern; dies sind in dem Beispiel die Ausgänge $\overline{Y0}$ bis $\overline{Y7}$ oder alternativ $\overline{Y8}$ bis $\overline{Y15}$. Beim Baustein II überschneiden sich die Leitungen A10 und A11; gewählt wurden die Decoderausgänge $\overline{Y8}$ bis $\overline{Y11}$, die alle vier nötigen Kombinationen enthalten. Der Baustein III wird durch $\overline{Y12}$ und $\overline{Y13}$ ausgewählt, die restlichen beiden Bausteine nur durch eine Leitung.

Anstelle des Decoders 74LS159, bei dem sich die Ausgänge wegen der offenen Kollektoren frei zusammenschalten lassen, hätte man auch einen entsprechend programmierten PROM- oder PLA-Baustein als Adreßdecoder einsetzen können.

3.6.4 Die lineare Auswahl

Die lineare Auswahl verzichtet auf einen Adreßdecoder und schließt jede zur Bausteinauswahl dienende Adreßleitung entsprechend **Bild 3-73** direkt an den Freigabeeingang an.

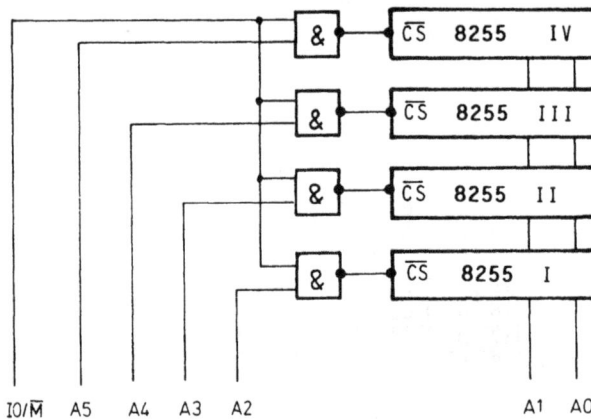

Bild 3-73: Schaltplan einer linearen Auswahl

Durch die zusätzliche Verknüpfung mit IO/$\overline{M}$ liegen die Bausteine im Peripheriebereich. Die Adressen müssen entsprechend dem Adreßplan **Bild 3-74** so gewählt werden, daß in den zur Auswahl dienenden Bits (A2 bis A5) nur eine 1 vorkommt. Damit ist sichergestellt, daß immer nur ein Baustein ausgewählt ist.

Der Adreßplan beschränkt sich auf die Adreßleitungen A0 bis A7, da eine Peripherieadresse immer nur aus acht Bits besteht. A0 und A1 wählen die vier Register auf jedem Baustein aus, A2 bis A5 adressieren je einen Baustein und A6 und A7 sind noch frei und könnten noch zwei weitere Bausteine ansteuern.

Baustein	Adressen	IO/M̄	A7	A6	A5	A4	A3	A2	A1	A0
8255 Nr. I	04	1	X=0	X=0	0	0	0	1	0	0
	05	1	X=0	X=0	0	0	0	1	0	1
	06	1	X=0	X=0	0	0	0	1	1	0
	07	1	X=0	X=0	0	0	0	1	1	1
8255 Nr. II	08	1	X=0	X=0	0	0	1	0	0	0
	09	1	X=0	X=0	0	0	1	0	0	1
	0A	1	X=0	X=0	0	0	1	0	1	0
	0B	1	X=0	X=0	0	0	1	0	1	1
8255 Nr. III	10	1	X=0	X=0	0	1	0	0	0	0
	11	1	X=0	X=0	0	1	0	0	0	1
	12	1	X=0	X=0	0	1	0	0	1	0
	13	1	X=0	X=0	0	1	0	0	1	1
8255 Nr. IV	20	1	X=0	X=0	1	0	0	0	0	0
	21	1	X=0	X=0	1	0	0	0	0	1
	22	1	X=0	X=0	1	0	0	0	1	0
	23	1	X=0	X=0	1	0	0	0	1	1

Bild 3-74: Adreßplan einer linearen Auswahl

Die lineare Auswahl wird nur bei kleinen Systemen verwendet, da sie den verfügbaren Adreßbereich stark einschränkt. In dem Beispiel lassen sich nur maximal sechs Bausteine anstelle der bei 6 Bit maximal möglichen 64 adressieren. Es gibt eine Reihe von "gefährlichen" Adressen wie z.B. FF, die alle vier Bausteine gleichzeitig freigeben. In diesem Fall sind A2, A3, A4 und A5 gleichzeitig 1. In einigen Adreßbereichen wie z.B. 00 läßt sich die lineare Auswahl nicht anwenden, da dort keine 1 vorkommt. In dem vorliegenden Beispiel sind die Adreßleitungen durch die NAND-Schaltungen aktiv HIGH; werden z.B. Mehrzweckbausteine (8155) direkt an die Adreßleitungen angeschlossen, so sind sie aktiv LOW, und eine 0 wählt den Baustein aus.

3.7 Entwurf eines Kleinsystems

Unter einem Kleinsystem oder Minimalsystem versteht man einen Mikrorechner aus möglichst wenigen Bausteinen. Er wird ähnlichen einem Ein-Chip-Rechner für kleine Steuerungsaufgaben eingesetzt. Der Abschnitt Anwendungen enthält Einsatzbeispiele mit Peripherieschaltungen und Programmen.

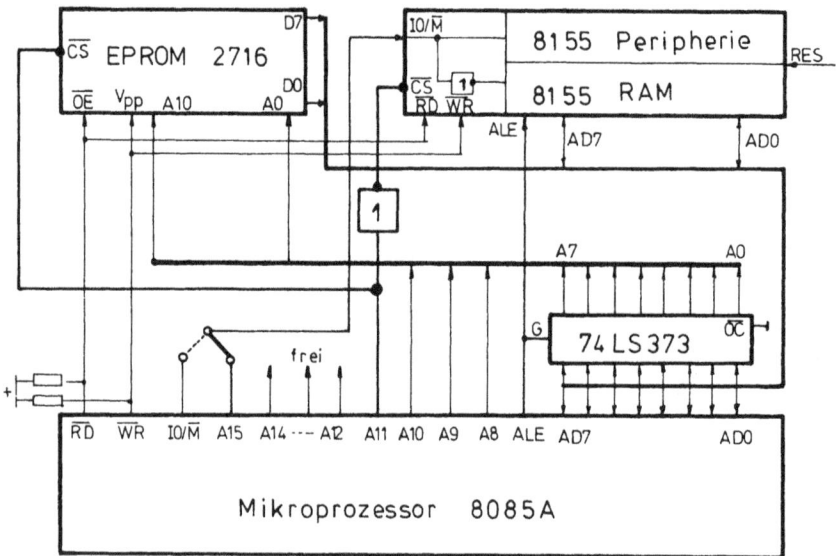

Bild 3-75: Blockschaltplan eines Kleinsystems

Das Kleinsystem **Bild 3-75** besteht aus einem Mikroprozessor 8085A, einem EPROM 2716 mit 2 KByte Programmspeicher und einem Mehrzweckbaustein 8155 mit 256 Byte RAM, 22 Peripherieleitungen und einem Zeitgeber (Timer). Ein 74LS373 bestehend aus acht D-Flipflops hält die Adressen A0 bis A7 fest. **Bild 3-76** zeigt den Adreßplan des vorliegenden Kleinsystems.

Baustein	Adressen	IO/M̄	A15	A14	A13	A12	A11	A10	A9	A8	A7	A6	A5	A4	A3	A2	A1	A0
2716 EPROM	0000 07FF	X	X	X	X	X	0	0/1	0/1	0/1	0/1	0/1	0/1	0/1	0/1	0/1	0/1	0/1
8155 RAM	0800 08FF	X	0	X	X	X	1	X	X	X	0/1	0/1	0/1	0/1	0/1	0/1	0/1	0/1
8155 Periph.	8800 8807	X	1	X	X	X	1	X	X	X	X	X	X	X	X	0/1	0/1	0/1

Bild 3-76: Adreßplan des Kleinsystems

Die Adreßleitungen A0 bis A10 wählen die 2048 Bytes des EPROMs 2716 aus. Daher wird die nächste Adreßleitung A11 zur Unterscheidung der beiden Speicherbausteine verwendet. Da der Prozessor 8085A bei einem Reset immer das Programm ab 0000 startet, muß der Festwertspeicher ab der Adresse 0000 angeordnet werden. Die Peripherieregister des Mehrzweckbausteins 8155 können wahlweise als Speicher oder als Peripherie adressiert werden. Verbindet man den IO/$\overline{M}$-Eingang des 8155 über eine Brücke mit dem IO/$\overline{M}$-Ausgang des 8085A, so haben die Register die Adressen 08 bis 0F. Beim Anschluß an die Adreßleitung A15 entstehen die Speicheradressen 8800 bis 8807. Die Adressen des RAM-Bereiches liegen davon unberührt von 0800 bis 08FF. Das System ist teildecodiert. Erweiterungen sind nicht vorgesehen. **Bild 3-77** zeigt den Anschluß der Steuerleitungen.

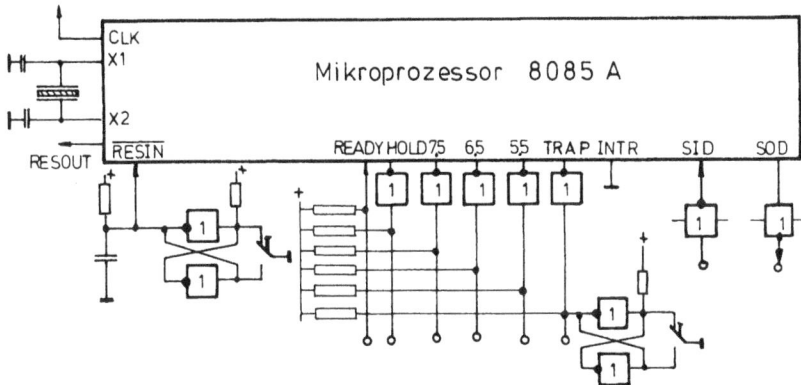

Bild 3-77: Prozessorsteuerung des Kleinsystems

HOLD und die Interrupteingänge werden von aktiv HIGH mit Invertern zu aktiv LOW gemacht. Die Eingänge der Inverter werden durch Widerstände auf HIGH gehalten und können durch äußere Schaltungen auf LOW gebracht werden. Für RESET und den TRAP-Interrupt sind entprellte Taster vorhanden. **Bild 3-78** zeigt den Zeitplan der Bussignale bei einem 4-MHz-Quarz (Takt 2 MHz).

Bei der Ansteuerung des zur Bausteinfamilie gehörenden 8155 entstehen keine Zeitprobleme. Für den EPROM 2716 wurde die langsamste Ausführung mit einer Zugriffszeit von 450 ns gewählt. Die in den Plan eingetragenen Zeiten beruhen auf den Datenblättern der Bausteinhersteller.

Zum Zeitpunkt (1) sind mit der fallenden Flanke von ALE die Adressen und damit das Freigabesignal $\overline{CE}$ des EPROMs gültig. Nach der Zugriffszeit von 450 ns sind die gültigen Daten an den Ausgängen des Speichers verfügbar.

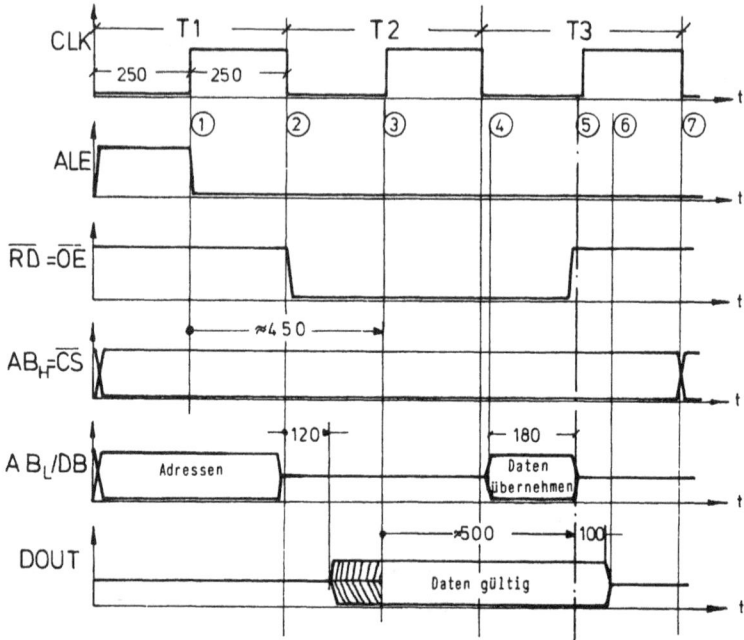

Bild 3-78: Zeitplan der Bussignale eines Kleinsystems

Zum Zeitpunkt (2) geht das Lesesignal $\overline{RD}$ in den aktiven LOW-Zustand über. Zu diesem Zeitpunkt hat der Prozessor den Datenbus bereits hochohmig (tristate) gemacht. Mit dem Lesesignal werden über $\overline{OE}$ die Ausgangstreiber des 2716 freigegeben, die maximal 120 ns danach vom hochohmigen in den aktiven Zustand übergehen. Zu diesem Zeitpunkt findet der Speicher mit Sicherheit einen vom Prozessor freigegebenen Datenbus vor. Da die Zugriffszeit noch nicht abgelaufen ist, sind die Daten jedoch noch nicht gültig.

Zum Zeitpunkt (3) liegen gültige Daten auf dem Datenbus, die vom Zeitpunkt (4) bis zum Zeitpunkt (5) stabil sein müssen. Dies ist die Vorbereitungszeit für die Dateneingänge des Prozessors.

Zum Zeitpunkt (5) übernimmt der Prozessor mit der steigenden Flanke des Lesesignals $\overline{RD}$ die Daten. Die Vorbereitungszeit von 100 bis 180 ns wird mit Sicherheit eingehalten. Gleichzeitig geht $\overline{OE}$ wieder in den HIGH-Zustand.

Zum Zeitpunkt (6) hat der Speicher den Bus wieder freigegeben. Der Prozessor findet also zum Zeitpunkt (7) wieder einen hochohmigen Bus vor. Das Zeitdiagramm zeigt, daß die Zeitbedingungen mit Sicherheit eingehalten werden und daß das System mit höherer Frequenz betrieben werden könnte. Mit Rücksicht auf die bei Versuchsaufbauten übliche Steck- und Fädeltechnik wurde die "sichere" Frequenz von 2 MHz gewählt.

Auch die zulässige Busbelastung wird mit Sicherheit nicht überschritten. Die höchste Belastung liegt bei einer LS- und zwei MOS-Lasten für die Anschlüsse AD0 bis AD7. Die Adreßleitung A11 treibt eine LS- und eine MOS-Last.

Bei der Erprobung neuer Schaltungen und für den Test fertiger Platinen benötigt man Testprogramme, die die Funktionsfähigkeit der Hardware prüfen und die für die Fehlersuche leicht zu verfolgende Bussignale liefern. Das in **Bild 3-79** dargestellte Testprogramm adressiert die Peripherieregister als Speicher und gibt auf den Peripherieanschlüssen PA0 bis PA7 einen zeitverzögerten Dualzähler aus. Er kann mit einer einfachen Leuchtdiode (Vorwiderstand 390 Ohm) an den Peripherieanschlüssen verfolgt werden.

```
                   0001 >; BILD 3-79  TESTPROGRAMM KLEINSYSTEM
L0000              0002 >         ORG  0000H    ; ADRESSZAEHLER
*0000 C3 40 00     0003 >START    JMP  BEGIN    ; RESET
L0024              0004 >         ORG  0024H    ; ADRESSZAEHLER
*0024 C3 40 00     0005 >TRAP     JMP  BEGIN    ; TRAP-INTERRUPT
                   0006 >;
L0040              0007 >         ORG  0040H    ; ADRESSZAEHLER
*0040 3E 01        0008 >BEGIN    MVI  A,01H    ; STEUERBYTE A=AUS B=EIN C=EIN
*0042 32 00 88     0009 >         STA  8800H    ; NACH STEUERREGISTER
*0045 32 01 88     000A >LOOP     STA  8801H    ; NACH A-PORT AUSGEBEN
*0048 3C           000B >         INR  A        ; AKKU = AKKU + 1
*0049 06 FF        000C >         MVI  B,0FFH   ; ZAEHLER LADEN
*004B 32 00 08     000D >LOOP1    STA  0800H    ; AKKU NACH RAM
*004E 3A 00 08     000E >         LDA  0800H    ; ZURUECKLESEN
*0051 05           000F >         DCR  B        ; ZAEHLER - 1
*0052 C2 4B 00     0010 >         JNZ  LOOP1    ; BIS B=0
*0055 C3 45 00     0011 >         JMP  LOOP     ; SCHLEIFE
E0000              0012 >         END
```

Bild 3-79: Testprogramm für das Kleinsystem

Das Programm wird sowohl bei Reset als auch bei einem TRAP-Interrupt gestartet. Nach der Programmierung des A-Ports der Schnittstelle als Ausgang wird der Inhalt des Akkumulators laufend um 1 erhöht und ausgegeben. Ein im B-Register des Prozessors laufender Zähler verzögert die Ausgabe, damit die Anzeige auf den höheren Bitpositionen mit dem Auge verfolgt werden kann. In der Verzögerungsschleife wird das erste Byte des RAM-Bereiches beschrieben und wieder gelesen. Dies erzeugt entsprechende Signale am Freigabeeingang des Bausteins.

Das vorliegende Beispiel eines Kleinsystems wurde zuerst auf einem Steckpult getestet und dann als gedruckte Schaltung auf einer Hälfte einer Europakarte aufgebaut. Die andere Hälfte der Karte besteht aus einem Lochraster, auf dem man die Peripherieschaltung für den speziellen Anwendungsfall in Fädeltechnik verdrahten kann.

3.8 Entwurf eines Übungssystems

Das in diesem Abschnitt beschriebene Übungssystem wurde in Jahre 1982 entwickelt und enthält daher Bausteine, die nicht mehr dem Stand der Technik
entsprechen. Es ist jedoch einfach und übersichtlich strukturiert und kann
leicht z.B. in Fädeltechnik nachgebaut werden.

Mit Hilfe einer Hexadezimaltastatur und Siebensegmentanzeige werden Programme eingegeben und getestet. Eine Serienschnittstelle über SID und SOD
ermöglicht wahlweise den Betrieb mit einem Datensichtgerät (Terminal). Zur
Eingabe und Ausgabe von Daten durch das Programm enthält das System Schalter, Siebensegmentanzeigen und Leuchtdioden. Die Interruptsignale sowie HOLD
können mit einer entprellten Taste ausgelöst werden. Für den INTR-Interrupt
stehen acht Schiebeschalter zur Eingabe eines Funktionscodes zur Verfügung.

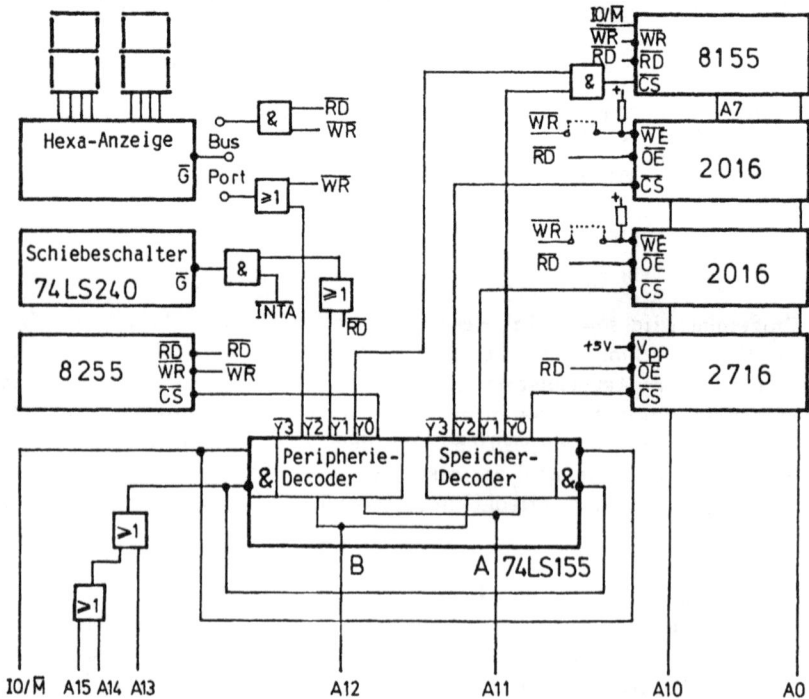

Bild 3-80: Blockschaltplan des Übungssystems

Eine Einzelschrittsteuerung hält ein Programm nach jedem Befehl an. Dabei läßt sich der Inhalt der Register überprüfen. Eine Einzeltaktsteuerung schiebt in jedem Zyklus beliebig viele Wartetakte ein (READY). Dabei werden die Zustände des Adreßbus, Datenbus und der Steuersignale angezeigt. Alle Bussignale werden über Treiber verstärkt und stehen an einer 31poligen Leiste für Messungen, Versuchsschaltungen und Systemerweiterungen zur Verfügung.

Zwei 24polige Sockel lassen sich wahlweise mit dem RAM 2016 oder dem EPROM 2716 bestücken. Eine Programmiereinrichtung ermöglicht die Programmierung des EPROMs 2716.

Das System wurde als gedruckte Schaltung auf einer Platine der Größe 200 X 290 mm aufgebaut. **Bild 3-80** zeigt den Blockschaltplan.

Zur Bausteinauswahl dient der Adreßdecoderbaustein 74LS155. Er enthält zwei unabhängige 1-aus-4-Decoder mit gemeinsamen Auswahleingängen, die an die Adreßleitungen A11 und A12 angeschlossen werden. Beide Decoder werden nur für A13 = A14 = A15 = LOW freigegeben; das System ist damit mit Ausnahme einiger Lücken volldecodiert. Die Auswahlleitung IO/$\overline{\text{M}}$ trennt den Speicher- vom Peripheriedecoder. **Bild 3-81** zeigt den Adreßplan des Speicherbereiches.

Baustein	Adresse	IO/$\overline{\text{M}}$	A15	A14	A13	A12	A11	A10	A9	A8	A7	A6	A5	A4	A3	A2	A1	A0
2716 EPROM	0000	0	0	0	0	0	0	0	0	0	0	0	0	0	0	0	0	0
	07FF							1	1	1	1	1	1	1	1	1	1	1
8155 RAM	0800	0	0	0	0	0	1	X	X	X	0	0	0	0	0	0	0	0
	08FF							X	X	X	1	1	1	1	1	1	1	1
2016 RAM	1000	0	0	0	0	1	0	0	0	0	0	0	0	0	0	0	0	0
	17FF							1	1	1	1	1	1	1	1	1	1	1
2016 RAM	1800	0	0	0	0	1	1	0	0	0	0	0	0	0	0	0	0	0
	1FFF							1	1	1	1	1	1	1	1	1	1	1

Bild 3-81: Speicheradreßplan des Übungssystems

Der Speicherdecoder adressiert drei 2-KByte-Bausteine (2716 oder 2016) und den RAM-Bereich des Mehrzweckbausteins 8155. Der im Bereich von 0000 bis 07FF liegende EPROM 2716 enthält das zum Betrieb des Gerätes notwendige Steuerprogramm, den Tastaturmonitor. Für den Terminalbetrieb ist ein EPROM 2716 mit dem Terminalmonitor anstelle eines RAM-Bausteins im Adreßbereich 1800 bis 1FFF erforderlich. Die Eingänge zur Schreibfreigabe $\overline{\text{WE}}$ können über Brücken vom Schreibsignal $\overline{\text{WR}}$ getrennt werden. Ohne Brücke liegen die Eingänge über Widerstände dauernd auf HIGH; die Bausteine können nicht beschrieben und nur gelesen werden. Damit lassen sich Programme in der Testphase gegen unbeabsichtigte Zerstörung (Selbstmord) schützen. Der Baustein 8155 muß sowohl als Speicher als auch als Peripherie adressiert werden. Daher ist ein "logisches ODER" einer Speicher- und einer Peripherieauswahlleitung erforderlich. **Bild 3-82** zeigt den Adreßplan des Peripheriebereiches.

Baustein	Adresse	IO/M̄	A15	A14	A13	A12	A11	A10	A9	A8	A7	A6	A5	A4	A3	A2	A1	A0
8255 Ports	00	1	0	0	0	0	0	X	0	0	0	0	0	0	0	X	0	0
	03								1	1							1	1
8155 Ports	08	1	0	0	0	0	1	0	0	0	0	0	0	0	1	0	0	0
	0F							1	1	1						1	1	1
74LS240 Schalter	10	1	0	0	0	1	0	X	X	X	0	0	0	1	0	X	X	X
Anzeige	18	1	0	0	0	1	1	X	X	X	0	0	0	1	1	X	X	X

Bild 3-82: Peripherieadreßplan des Übungssystems

Der Peripheriedecoder adressiert den Peripheriebereich. Dieser besteht aus einer Parallelschnittstelle 8255 (Kippschalter, Leuchtdioden und EPROM-Programmiereinrichtung), dem Peripheriebereich des Mehrzweckbausteins 8155 (Tastatur und Siebensegmentanzeige), acht Schiebeschaltern und einer Siebensegmentanzeige für zwei Hexadezimalstellen. Die Schiebeschalter können sowohl unter der Portadresse 10H zur Dateneingabe als auch im Falle eines INTR-Interrupts zur Eingabe eines 1-Byte-Befehls verwendet werden. Die zweistellige Anzeigeeinheit kann wahlweise unter der Portadresse 18H zur Datenausgabe oder auch zur Datenbusanzeige verwendet werden. **Bild 3-83** zeigt die Bussteuerung.

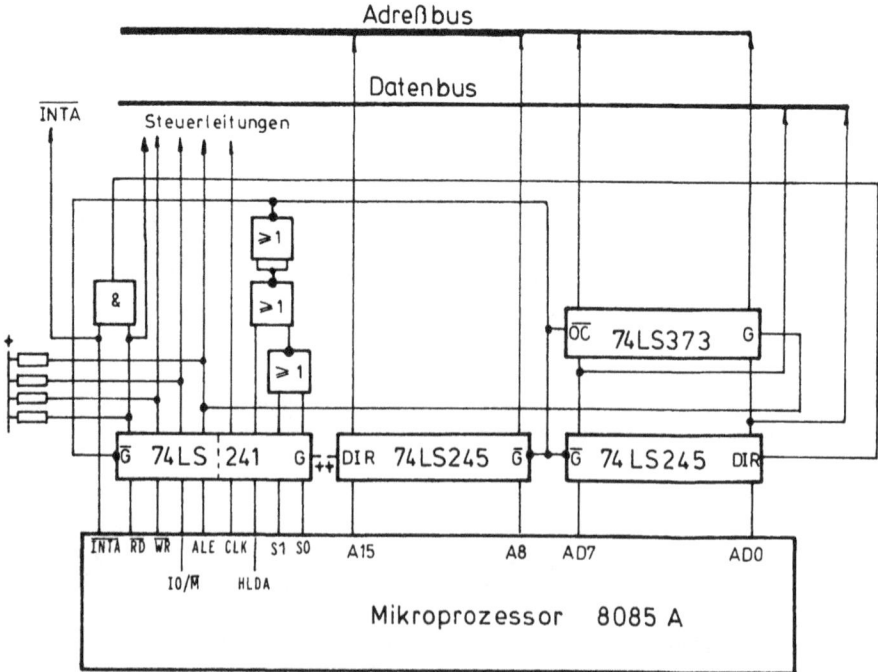

Bild 3-83: Bussteuerung des Übungssystems

3.9 Ein Testsystem für PC-Bausteine

Das in diesem Abschnitt beschriebene 8085-Mikrocomputersystem verwendet Peripheriebausteine, die auch in üblichen Personal Computern (PC) eingesetzt werden. Die Schaltung wurde auf einer Steckplatine in lötfreier Verbindungstechnik aufgebaut und mit dem in Abschnitt 6.4 beschriebenen Terminalmonitor getestet. Als Bedienungsterminal diente ein Personal Computer mit einem in Pascal geschriebenen Terminalprogramm, das im Anhang dargestellt ist. Man vergleiche die Pascalprogrammierung der Serienschnittstelle 8250 und des Interruptsteuerbausteins 8259 mit der Programmierung im 8085-Assembler!

Die Auswahlschaltung der Speicher- und Peripheriebausteine ist in **Bild 3-84** dargestellt. Dazu bildet ein 2-zu-1-Multiplexer 74257 (Bild 3-85) aus den Prozessorsignalen IO/$\overline{\text{M}}$, $\overline{\text{RD}}$ und $\overline{\text{WR}}$ die Speicherauswahlsignale $\overline{\text{MRD}}$ und $\overline{\text{MWR}}$ sowie die Signale $\overline{\text{IORD}}$ und $\overline{\text{IOWR}}$ für die Auswahl der Peripheriebausteine. Das System ist mit Ausnahme von Lücken im Peripheriebereich volldecodiert. Die Adressen der Bausteine können dem Adreßplan entnommen werden.

Baustein	Adresse	A15	A14	A13	A12	A11	A10	A9	A8	A7	A6	A5	A4	A3	A2	A1	A0
EPROM Monitor	0000H	0	0	0	0	0	0	0	0	0	0	0	0	0	0	0	0
	07FFH	0	0	0	0	0	1	1	1	1	1	1	1	1	1	1	1
RAM I	0800H	0	0	0	0	1	0	0	0	0	0	0	0	0	0	0	0
	7FFFH	0	1	1	1	1	1	1	1	1	1	1	1	1	1	1	1
RAM II	8000H	1	0	0	0	0	0	0	0	0	0	0	0	0	0	0	0
	FFFFH	1	1	1	1	1	1	1	1	1	1	1	1	1	1	1	1

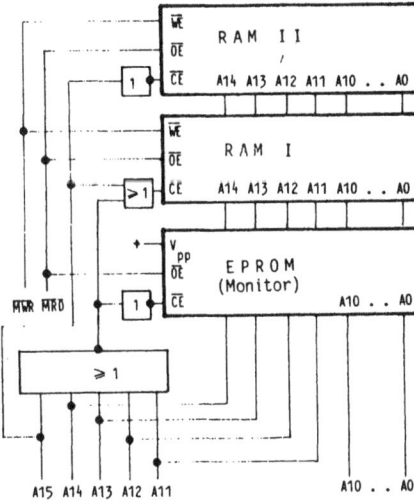

Baustein	Adresse		A7	A6	A5	A4	A3	A2	A1	A0
8250 ACE	00H / 07H	$\overline{Y0}$	0	0	0	0	x	0/1	0/1	0/1
8255 PIO	10H / 13H	$\overline{Y1}$	0	0	0	1	x	x	0/1	0/1
8259 PIC	20H / 21H	$\overline{Y2}$	0	0	1	0	x	x	x	0/1
82C11 PAI	30H / 33H	$\overline{Y3}$	0	0	1	1	x	x	0/1	0/1
8253 Timer	40H / 43H	$\overline{Y4}$	0	1	0	0	x	x	0/1	0/1
8257 DMA	50H / 5FH	$\overline{Y5}$	0	1	0	1	0/1	0/1	0/1	0/1
74374 TTL	60H	$\overline{Y6}$ $\overline{IOWR}$	0	1	1	0	x	x	x	x
427 A/D SC	60H	$\overline{Y6}$ $\overline{IORD}$	0	1	1	0	x	x	x	x
427 A/D EN	70H	$\overline{Y7}$ $\overline{IORD}$	0	1	1	1	x	x	x	x
428 D/A	70H	$\overline{Y7}$ $\overline{IOWR}$	0	1	1	1	x	x	x	x

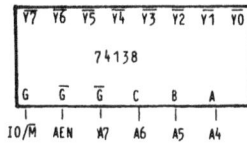

Schaltungsteil:

RAM II — $\overline{\text{WE}}$, $\overline{\text{OE}}$, $\overline{\text{CE}}$ — A14 A13 A12 A11 A10 .. A0
RAM I — $\overline{\text{WE}}$, $\overline{\text{OE}}$, $\overline{\text{CE}}$ — A14 A13 A12 A11 A10 .. A0
EPROM (Monitor) — V_{PP}, $\overline{\text{OE}}$, $\overline{\text{CE}}$ — A10 .. A0

$\overline{\text{MWR}}$ $\overline{\text{MRD}}$ — ≥1

A15 A14 A13 A12 A11   A10 .. A0

74138:
$\overline{Y7}$ $\overline{Y6}$ $\overline{Y5}$ $\overline{Y4}$ $\overline{Y3}$ $\overline{Y2}$ $\overline{Y1}$ $\overline{Y0}$
G $\overline{G}$ $\overline{G}$ C B A
IO/$\overline{\text{M}}$ AEN X7 A6 A5 A4

Bild 3-84: Adreßdecodierung und Adreßplan

Der 64 KByte große **Speicherbereich** besteht aus zwei 32 KByte Speicherbausteinen 62256. Sie werden von einem 1-aus-2-Decoder (Negierer!) mit der Adreßleitung A15 ausgewählt. In den unteren Baustein ist ein 2 KByte Festwertspeicher eingeblendet. Für A15 = A14 = A13 = A12 = A11 = 0 wird der RAM gesperrt und der EPROM mit dem Monitor freigegeben. Ist umgekehrt mindestens eine dieser fünf Adreßleitungen 1, so wird der EPROM gesperrt und der untere RAM-Baustein freigegeben. In der Testphase der Monitorprogrammierung erwies es sich als zweckmäßig, anstelle des EPROMs einen batteriegepufferten Schreib/Lesespeicher (BRAM) zu verwenden.

Der **Peripheriebereich** wird durch einen 1-aus-8-Decoder ausgewählt. Der DMA-Steuerbaustein 8257 (Bild 3-85) liefert das Decoderfreigabesignal AEN und sperrt dadurch im Falle eines direkten Speicherzugriffs (DMA) den gesamten Peripheriebereich. Die zusätzliche Analogperipherie auf den Adressen 60H und 70H ist im PC nicht vorgesehen und wird daher im Abschnitt 7.4 (Bild 7-20) erläutert.

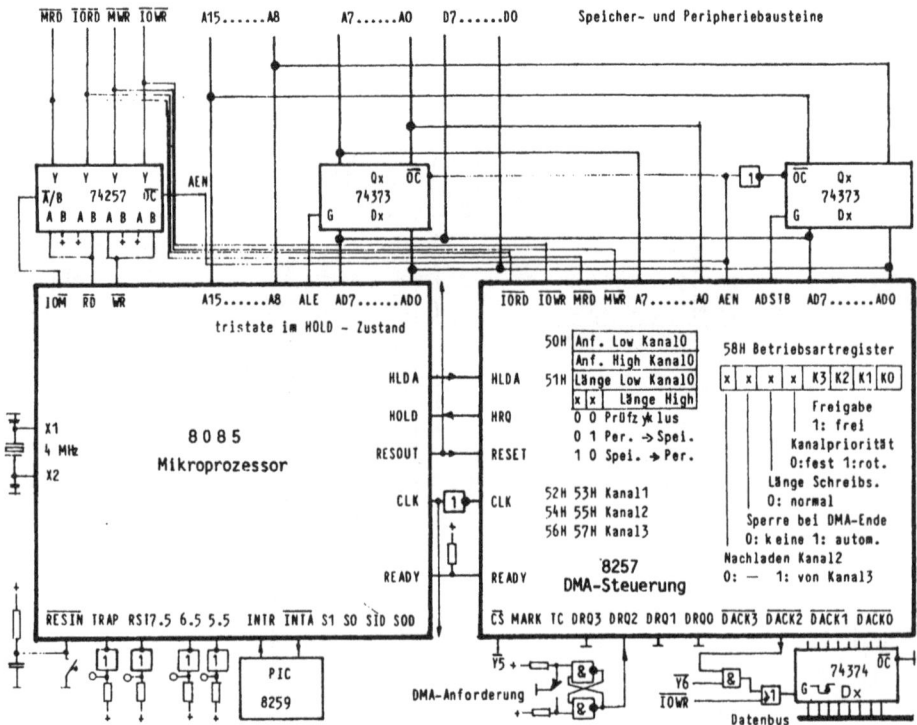

Bild 3-85: Prozessor- und DMA-Steuerung des Testsystems

3.9.1 Die Prozessor- und DMA-Steuerung des Testsystems

DMA bedeutet Direct Memory Access gleich direkter Speicherzugriff durch einen Steuerbaustein, der anstelle des Prozessors alle erforderlichen Adreß- und Steuersignale liefert, um Daten zwischen den Bausteinen zu übertragen. Dies geschieht mit wesentlich höherer Geschwindigkeit als durch ein Programm, da das Lesen und Decodieren der Lade- und Speicherbefehle entfällt.

Der **Mikroprozessor** 8085 ist im **Bild 3-85** links dargestellt. Ein 2-zu-1-Multiplexer bildet aus den Prozessorsignalen IO/$\overline{\text{M}}$, $\overline{\text{RD}}$ und $\overline{\text{WR}}$ die Zugriffssignale $\overline{\text{MRD}}$ und $\overline{\text{MWR}}$ für die Speicher sowie die Peripheriesignale $\overline{\text{IORD}}$ und $\overline{\text{IOWR}}$, die direkt an die $\overline{\text{RD}}$- und $\overline{\text{WR}}$-Eingänge der Bausteine geführt werden. Daher kann auf eine Freigabe der Speicherdecodierung mit IO/$\overline{\text{M}}$ verzichtet werden; im Falle des Peripheriedecoders wäre sie wegen der Freigabe mit AEN nicht erforderlich. Die Adreßleitungen A8 bis A15 sind direkte Prozessorausgänge, die im HOLD-Betriebszustand zusammen mit den Datenleitungen AD0 bis AD7 durch den Prozessor tristate gemacht werden. Die Adreßleitungen A0 bis A7 erscheinen am Ausgang des Adreßspeichers 74373. Der DMA-Steuerbaustein übernimmt mit dem AEN-Signal die Tristatesteuerung des Multiplexers für die Lese/Schreibsignale und des Adreßspeichers für die unteren Adreßleitungen. Im HOLD-Betriebszustand (Bild 3-32) sind daher alle Adreß-, Daten- und Bausteinzugriffssignale des Prozessors tristate. Die Interrupteingänge TRAP, RST7.5, RST6.5 und RST5.5 werden in dem vorliegenden System nicht verwendet; die Interruptsteuerung übernimmt der Baustein 8259 mit den Interruptsignalen INTR (Prozessoreingang) und $\overline{\text{INTA}}$ (Prozessorausgang). Die Steuerleitungen HOLD (Prozessoreingang) und HLDA (Prozessorausgang) verbinden den 8085 mit der DMA-Steuerung.

Die **DMA-Steuerung** ist im Bild 3-85 rechts dargestellt. Sie besteht aus einem DMA-Steuerbaustein 8257, einem Adreßspeicher 74373 sowie aus einer Schaltung, die DMA-Zugriffe mit einem Taster anfordert und die bei DMA-Zugriffen übertragenen Daten auf einem Peripherieregister 74374 ausgibt. In PC-Schaltungen wird anstelle des 8257 häufig der DMA-Steuerbaustein 8237 mit mehr Betriebsarten eingesetzt.

Bei der **DMA-Vorbereitung** verhält sich der DMA-Steuerbaustein wie ein normaler Peripheriebaustein. Mit den Eingängen $\overline{\text{IORD}}$, $\overline{\text{IOWR}}$, $\overline{\text{CS}}$ und A0 bis A3 werden die Register für die Programmierung des DMA-Betriebs ausgewählt. Die Anschlüsse AD0 bis AD7 übertragen Daten für das Lesen und Schreiben der Einstelldaten. Der Baustein enthält vier DMA-Kanäle, von denen entsprechend einer einstellbaren Priorität immer nur einer aktiv sein kann. Für jeden Kanal gibt es ein 16-bit-Adreßregister mit der Anfangsadresse des direkt adressierten Speicherbereiches und ein 16-Bit-Register, das in den unteren 14 Bitpositionen die Länge des Speicherbereiches (Zahl der Bytes – 1) von max. 16 KByte enthält. In den oberen beiden Bitpositionen wird die Betriebsart des Kanals festgelegt. Da die 16-bit-Register auf jeweils einer Adresse liegen, müssen sie in der Reihenfolge erst Low-Byte dann High-Byte

angesprochen werden. Das Betriebsartregister ist allen vier Kanälen gemeinsam. Es gibt die Kanäle einzeln frei und legt die Priorität fest. Der Kanal 2
kann so programmiert werden, daß seine Einstellwerte am Ende des Speicherbereiches automatisch von den Registern des Kanals 3 nachgeladen werden.

Der **DMA-Betrieb** soll nun anhand des in **Bild 3-86** dargestellten Programmbeispiels erläutert werden. Es behandelt die Aufgabe, einen Block von 1024
Bytes ab Adresse 8000H zyklisch auf dem Ausgabeport 74LS374 (Bild 3-85
rechts unten) auszugeben. Dieser Baustein kann entweder mit dem Decoderausgang $\overline{Y6}$ (Adresse 60H) oder mit dem DMA-Signal $\overline{DACK2}$ gesteuert durch
$\overline{IOWR}$ Daten vom Datenbus übernehmen und speichern. Das Programm Bild
3-86 bringt zunächst abwechselnd die Bitmuster 00H und 0FFH in den Daten-
bereich, damit sich die Ausgabedaten leicht mit einem Oszilloskop verfolgen
lassen. Dann wird der DMA-Kanal 2 programmiert. Es folgt eine programmgesteuerte Ausgabe des Speicherbereiches mit dem Peripheriebefehl OUT 60H.
Die Ausgabeschleife benötigt für ein Byte 47 Takte (23.5 us bei 2 MHz).
Durch eine DMA-Anforderung wird sie ähnlich wie bei einem Interrupt unterbrochen und nach Beendigung der DMA-Übertragung an der Stelle der Unterbrechung fortgesetzt.

Die entprellte DMA-Taste legt ein High-Potential an den Eingang DRQ2 des
8257 und löst eine DMA-Anforderung für den Kanal 2 aus, der bei der Programmierung freigegeben und eingestellt worden war. Die Anforderung wird
an den HOLD-Eingang des Prozessors weitergereicht. Bild 3-32 zeigt die Vor-
gänge im Prozessor, der HOLD-Wartetakte einfügt, seine Steuer-, Adreß- und
Datenausgänge tristate macht und die Anforderung mit dem Ausgang HLDA
dem 8257 bestätigt. Der Ausgang AEN (Address ENable gleich Adreßfreigabe)
des 8257 wird High und macht die Ausgänge des Steuersignalmultiplexers
74257 und des Adreßspeichers 74373 des 8085 tristate; der Peripheriedecoder
wird gesperrt. Das negierte AEN-Signal schaltet nun den an den Anschlüssen
AD0 bis AD7 des 8257 liegenden Adreßspeicher 74373 an den höheren Adreßbus. Ein direkter Speicherzugriff wird nun in 4 Takten (2 us bei 2 MHz) ähnlich wie ein Speicherzugriff des Mikroprozessors ausgeführt:
- der laufende Adreßzähler liegt an A0 bis A7 und AD0 (A8) bis AD7 (A15),
- der Ausgang ADSTB speichert wie ALE die High-Adresse in den 74373,
- danach werden die Anschlüsse AD0 bis AD7 als Datenbus tristate,
- die Ausgänge $\overline{MRD}$ und $\overline{IOWR}$ des 8257 werden aktiv und
- der Ausgang $\overline{DACK2}$ liefert das Freigabesignal für die Peripherie.

In dem vorliegenden Beispiel wurde der DMA-Kanal 2 für die Richtung "Speicher nach Peripherie" programmiert. Der durch die Adresse und $\overline{MRD}$ ausgewählte Baustein legt seine Daten auf den Datenbus, der durch $\overline{DACK2}$ und
$\overline{IOWR}$ freigegebene Peripheriebaustein übernimmt die Daten mit der steigenden Flanke des Freigabeeingangs G.

Nach jedem direkten Speicherzugriff werden der laufende Adreßzähler erhöht
und der Durchlaufzähler vermindert. Liegt die DMA-Anforderung noch oder

wieder an, so wird ein neuer DMA-Zyklus durchgeführt. In dem vorliegenden Beispiel wurde der DMA-Kanal 2 so programmiert, daß er am Ende des Durchlaufzählers automatisch neu mit den Anfangswerten aus den Registern des Kanals 3 geladen wird.

Die Wirkung der DMA-Steuerung konnte an den Q-Ausgängen des Peripherieregisters 74374 oszilloskopisch beobachtet werden. Beim programmgesteuerten Speicherzugriff mit den Befehlen MOV A,M und OUT 60H erschien alle 23.5 us ein neues Byte. Wurde die DMA-Anforderungstaste gedrückt, so wurde im direkten Speicherzugriff alle 2 us ein Byte übertragen.

Die DMA-Steuerung wird im PC nicht nur für den direkten Speicherzugriff beim Lesen und Schreiben der Disklaufwerke, sondern auch für das Wiederauffrischen (Refresh) der dynamischen Speicher (Abschnitt 3.4.4) verwendet. Dabei werden keine Daten übertragen, sondern nur die Speicheradressen durchlaufen. Ein Timer 8253 liefert periodisch die Refresh-DMA-Anforderungen.

```
 1 0000            ; Bild 3-86: Speicherbytes ausgeben  Schleife - DMA
 2 1000            ORG   1000H    ; Lade- und Startadresse
 3 1000            ; Bytes 00H und 0FFH liefern Rechtecksignal 74LS374
 4 1000 21 00 80   LXI   H,8000H  ; Anfangsadresse des Bereiches
 5 1003 01 00 02   LXI   B,512    ; Zahl der Wörter (2 Bytes)
 6 1006 36 00  LOOP1 MVI  M,00H    ; 1.Byte
 7 1008 23         INX   H        ;
 8 1009 36 FF      MVI   M,0FFH   ; 2.Byte
 9 100B 23         INX   H        ;
10 100C 0B         DCX   B        ; Zähler - 1
11 100D 78         MOV   A,B      ; Schleifenkontrolle
12 100E B1         ORA   C        ; Zähler 0?
13 100F C2 06 10   JNZ   LOOP1    ; nein: Schleife
14 1012            ; DMA-Kanal 2, DMA-Anforderung Taste, 4 Takte = 2 us
15 1012 3E 84      MVI   A,84H    ; 1000 0100 Autoload, kein TC-Stop
16 1014 D3 58      OUT   58H      ; Normallänge Prior. fest  Kanal 2
17 1016 21 00 80   LXI   H,8000H  ; Speicher-Anfangsadresse
18 1019 7D         MOV   A,L      ; Low-Teil
19 101A D3 54      OUT   54H      ; zuerst
20 101C 7C         MOV   A,H      ; High-Teil
21 101D D3 54      OUT   54H      ; zuletzt
22 101F 21 FF 03   LXI   H,1023   ; Zahl der Bytes - 1
23 1022 7D         MOV   A,L      ; Low-Teil
24 1023 D3 55      OUT   55H      ; zuerst
25 1025 7C         MOV   A,H      ; High-Teil nur 14 bit lang
26 1026 E6 3F      ANI   3FH      ; 0 0 xxxxxx = Maske Bit 6 und 7
27 1028 F6 80      ORI   80H      ; 1 0 xxxxxx = Speicher -> Periph.
28 102A D3 55      OUT   55H      ; Mode und Länge High
29 102C            ; Programm Bytes Port 60H ausgeben: 47 Takte = 23.5 us
30 102C 21 00 80 LOOP LXI H,8000H ; Anfangsadresse
31 102F 01 00 04   LXI   B,1024   ; Bytezähler
32 1032 7E    LOOP2 MOV  A,M      ;  7 Takte : Byte laden
33 1033 D3 60      OUT   60H      ; 10 Takte : Portausgabe
34 1035 23         INX   H        ;  6 Takte : Adresse + 1
35 1036 0B         DCX   B        ;  6 Takte : Zähler - 1
36 1037 78         MOV   A,B      ;  4 Takte : Nullprüfung
37 1038 B1         ORA   C        ;  4 Takte : über Akku
38 1039 C2 32 10   JNZ   LOOP2    ; 10 Takte : ungleich Null
39 103C C3 2C 10   JMP   LOOP     ; 47 Takte * 0.5 us = 23.5 us
40 103F            END   ;
```

Bild 3-86: Speicherausgabe durch Programm und DMA

3.9.2 Die Serienschnittstelle 8250 ACE

Die serielle Datenübertragung wird ausführlich im Kapitel 6 erklärt. Die in **Bild 3-87** dargestellte Serienschnittstelle 8250 enthält gegenüber dem in Abschnitt 6.2 behandelten Baustein 8251A einen Taktgenerator mit einem programmierbaren Teiler, der den Übertragungstakt sowohl für den Sender als auch für den Empfänger bereitstellt. Das Bit B7 (DLAB) des Leitungssteuerregisters unterscheidet, ob der Teiler oder das Datenregister bzw. Interruptfreigaberegister angesprochen wird. Nach der Programmierung der Übertragungsparameter (Baudrate sowie Anzahl der Datenbits, Stopbits und der Parität) kann die serielle Datenübertragung durch Abfragen des Leitungsstatusregisters oder durch Interrupts abgewickelt werden. Das im Anhang dargestellte Pascalprogramm zeigt die Programmierung eines Empfängerinterrupts. In den oberen vier Bitpositionen des Modemstatusregisters erscheinen die Zustände der Modemsteuersignale, die unteren vier Bitpositionen werden durch Flanken gesetzt und können ebenfalls Interrupts auslösen. Bild 3-90 zeigt ein Programmbeispiel, in dem ein am Eingang DSR liegender Taster für einen In-

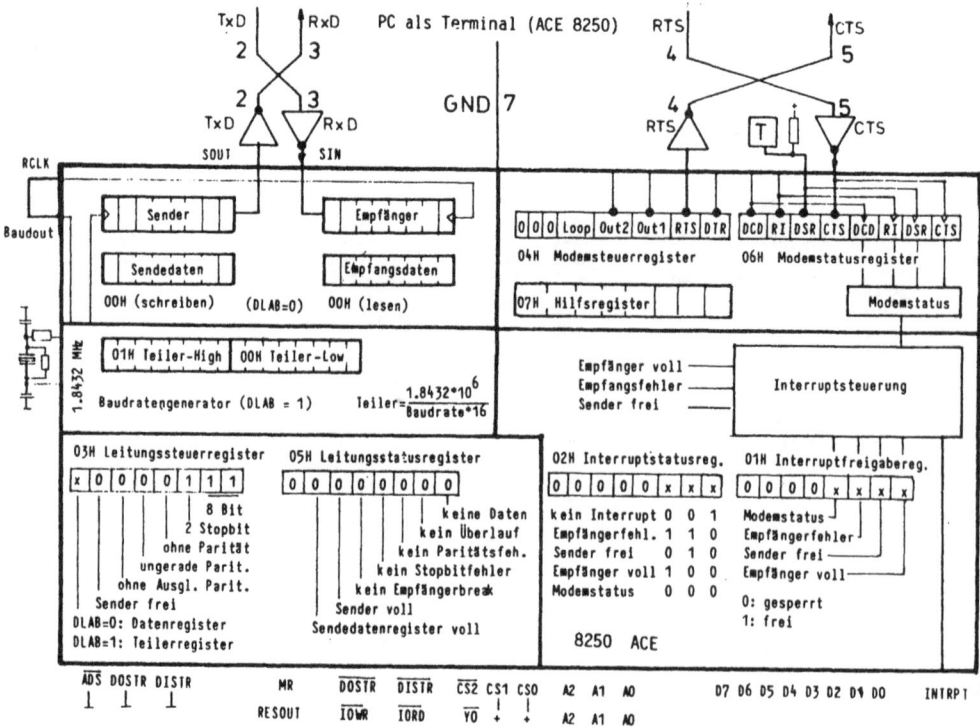

Bild 3-87: Die Serienschnittstelle 8250 ACE

terrupt verwendet wird. Alle Modemsteuersignale müssen durch Software aus-
gegeben bzw. gelesen und ausgewertet werden; dies gilt auch für den Eingang
CTS (Clear To Send gleich Senderfreigabe), der **nicht** hardwaremäßig auf den
Sender wirkt.

Das in **Bild 3-88** dargestellte Testprogramm überträgt Zeichen von und zu
einem Bedienungsterminal (PC) durch Abfrage des Leitungsstatusregisters
ohne Auswertung der Modemleitungen. Handshakeverfahren (RTS-CTS bzw.
XON-XOFF) sind hier nicht erforderlich, da bei 4800 Baud nur alle 2 ms neue
Zeichen erscheinen und die Gegenstation (PC) mit einem Empfängerinterrupt
arbeitet, so daß keine Zeichen verloren gehen können.

Das Programm diente ursprünglich bei der Inbetriebnahme des Mikrocomputers
als Testschleife. Es wurde dabei mit der Assembleranweisung ORG 0000H
übersetzt, in einen Festwertspeicher mit der Anfangsadresse 0000H geladen
und mit Reset gestartet. Gegenüber dem in Bild 3-88 dargestellten Programm
ergaben sich folgende Abweichungen:
Zeile 17 Adresse 101A Inhalt CA 16 00   JZ   LOOP1
Zeile 22 Adresse 1024 Inhalt CA 20 00   JZ   LOOP2
Zeile 24 Adresse 1029 Inhalt C3 15 00   JMP LOOP

Das in Bild 6-15 Abschnitt 6.4 dargestellte Monitorprogramm verwendet die
Serienschnittstelle 8250 in der gleichen Betriebsart; jedoch werden für das
Einstellen der Übertragungsparameter (Initialisierung) sowie für das Senden
und Empfangen von Zeichen Unterprogramme aufgerufen.

```
 1 0000         ; Bild 3-88: Testschleife 8250 Serienschnittstelle
 2 1000            ORG   1000H ; Lade- und Startadresse
 3 1000 3E 80   START MVI  A,80H  ; DLAB = 1
 4 1002 D3 03         OUT  03H    ; Steuerregister
 5 1004 21 18 00      LXI  H,24   ; Teiler für 4800 Bd
 6 1007 7D            MOV  A,L    ; Low-Teil
 7 1008 D3 00         OUT  00H    ;
 8 100A 7C            MOV  A,H    ; High-Teil
 9 100B D3 01         OUT  01H    ;
10 100D 3E 07         MVI  A,07H  ; DLAB=0 2 Stop 8 Daten
11 100F D3 03         OUT  03H    ; Steuerregister
12 1011 DB 00         IN   00H    ; Empfänger leeren
13 1013 3E 3E         MVI  A,'>'  ; Prompt ausgeben
14 1015 47      LOOP  MOV  B,A    ; Zeichen retten
15 1016 DB 05   LOOP1 IN   05H    ; Status lesen
16 1018 E6 20         ANI  20H    ; 0010 0000 Sender frei?
17 101A CA 16 10      JZ   LOOP1  ; nein: warten
18 101D 78            MOV  A,B    ; ja: Zeichen im Echo
19 101E D3 00         OUT  00H    ; ausgeben
20 1020 DB 05   LOOP2 IN   05H    ; Status lesen
21 1022 E6 01         ANI  01H    ; 0000 0001 Empf. voll ?
22 1024 CA 20 10      JZ   LOOP2  ; nein: warten
23 1027 DB 00         IN   00H    ; ja: abholen
24 1029 C3 15 10      JMP  LOOP   ; Schleife
25 102C               END         ;
```

Bild 3-88: Testprogramm für serielle Ein/Ausgabe

3.9.3 Die Interruptsteuerung und der Timer

Der in **Bild 3-89** dargestellte Baustein hat die Aufgabe, von den Peripheriege-räten (z.B. 8250, 8253 oder 8255) ausgehende Interruptanforderungen zusam-menzufassen und an den Prozessor weiterzureichen. Er hat daher Eingänge für acht Anforderungssignale und einen Ausgang INTR zum Prozessor; eine Erwei-terung der Eingänge durch Kaskadierung mehrerer 8259 ist vorgesehen. Die Priorität der Eingänge ist programmierbar. Im Abschnitt 3.3.3 über den Inter-ruptbetrieb wurde im Bild 3-30 gezeigt, daß ein INTR-Interrupt (INTerrupt Request gleich Interrupt-Anforderung) im 8085 nach Beendigung des laufen-den Befehls ein $\overline{\text{INTA}}$-Signal (INTerrupt Acknowledge gleich Interrupt-Bestä-tigung) auslöst, das zum Lesen des nun auszuführenden Befehlscodes verwen-det wird. Der 8259 liefert im 8085-Betrieb einen aus drei Bytes bestehenden CALL-Befehl. Die Zieladresse im 2. und 3. Byte wird bei der Programmierung des Bausteins festgelegt. Der High-Teil ist für alle Eingänge gleich; in den LOW-Teil wird die Nummer des auslösenden Eingangs eingesetzt. Jeder einen Interrupt auslösende Eingang wird zunächst gesperrt und muß durch ein Kom-mando wieder freigegeben werden.

Wegen der Beschränkung auf ein Adreßbit zur Auswahl von nur zwei Registern erfolgt die Programmierung der Betriebsart durch mehrere Initialisierungs Commando Wörter (ICW), die in einer bestimmten Reihenfolge eingegeben werden müssen. In dem hier vorliegenden 8085-Betrieb enthält das ICW1 die

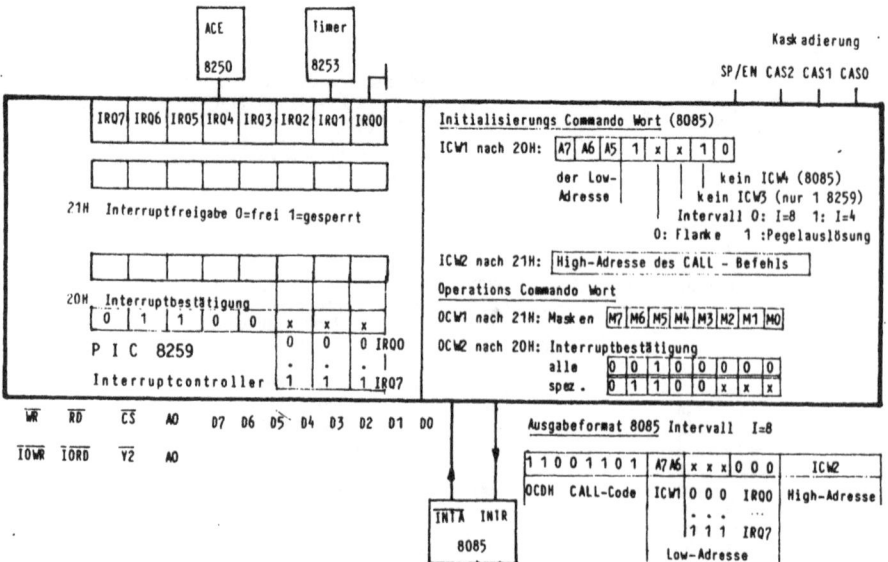

Bild 3-89: Der Interruptsteuerbaustein 8259 PIC

höchsten Bits der LOW-Zieladresse, die Auslösungsart (Flanke oder Zustand) und eine Intervallangabe. Für I = 8 sind die drei niedrigsten Bits der Zieladresse 0, die Zieladressen der auslösenden Eingänge liegen 8 Bytes voneinander entfernt. Das ICW2 legt den High-Teil der Zieladresse fest. Im Betrieb werden durch Operations Commando Wörter (OCW) die Eingänge durch Masken freigegeben oder gesperrt bzw. ausgeführte Interrupts bestätigt und damit erneut freigegeben. **Bild 3-90** zeigt als Beispiel die Auslösung eines pegelgesteuerten IRQ4 durch das Modemsteuersignal DSR der Serienschnittstelle 8250 (Bild 3-87). Das Programm ist auf den in Abschnitt 6.4 beschriebenen Terminalmonitor abgestimmt, der ab Adresse 0000 in einem Festwertspeicher liegt.

Bei der Programmierung der Zieladresse werden die festen Anteile 0 gesetzt, so daß bei einem IRQ4 nach Einsetzen der IRQ-Nummer (Low-Byte 0010 0000 = 20H) der Befehl CALL 0020H vom Prozessor übernommen und ausgeführt wird. Dies entspricht dem Einsprungpunkt RST4, der vom Monitor auf die Adresse 0FF20H im RAM umgelenkt wird. Dort wird bei der Vorbereitung des Interrupts der Befehl JMP INTER abgelegt, der in das Interruptprogramm INTER führt. Als Antwort erscheint ein Zeichen * auf dem Terminal. Das Interruptprogramm löscht das DSR-Bit durch Lesen des Modemstatusregisters (8250), bestätigt die Annahme im 8259, gibt den Interrupt im Prozessor 8085 frei und kehrt mit RET in die Warteschleife LOOP JMP LOOP zurück. Bild 3-92 zeigt die Auslösung eines flankengesteuerten Interrupts durch den Timer.

```
 1 0000              ; Bild 3-90: PIC 8259 mit 8250-Interrupt DSR-Taste
 2 1000              ORG   1000H   ; Lade- und Startadresse
 3 1000 DB 06  START IN    06H     ; Modem-Interruptanzeige löschen
 4 1002 3E 08        MVI   A,08H   ; 0000 1000 Modem-
 5 1004 D3 01        OUT   01H     ; Interruptfreigabe
 6 1006 3E 1A        MVI   A,1AH   ; 0001 1010 PIC - ICW1
 7 1008 D3 20        OUT   20H     ; Pegel, Schrittweite 8
 8 100A 3E 00        MVI   A,00H   ; 0000 0000 PIC - ICW2
 9 100C D3 21        OUT   21H     ; High-Adresse 00H
10 100E 3E EF        MVI   A,0EFH  ; 1110 1111
11 1010 D3 21        OUT   21H     ; IRQ4 frei
12 1012 3E C3        MVI   A,0C3H  ; Code JMP-Befehl
13 1014 32 20 FF     STA   0FF20H  ; Umlenkung RST4=IRQ4
14 1017 21 21 10     LXI   H,INTER ; Ziel JMP-Befehl
15 101A 22 21 FF     SHLD  0FF21H  ; Umlenkung RST4=IRQ4
16 101D FB           EI            ; 8085 Interrupt frei
17 101E C3 1E 10 LOOP JMP  LOOP    ; warten auf Interrupt
18 1021              ; Interruptprogramm gestartet durch DSR - Flanke
19 1021 DB 05  INTER IN    05H     ; Status lesen
20 1023 E6 20        ANI   20H     ; 0010 0000 Sender frei?
21 1025 CA 21 10     JZ    INTER   ; nein: warten
22 1028 3E 2A        MVI   A,'*'   ; ja: Stern als Antwort
23 102A D3 00        OUT   00H     ; senden
24 102C DB 06        IN    06H     ; Modemstatus löschen
25 102E 3E 64        MVI   A,64H   ; IRQ4 im PIC
26 1030 D3 20        OUT   20H     ; bestätigen
27 1032 FB           EI            ; Interruptfreigabe 8085
28 1033 C9           RET           ; Rücksprung nach Warteschleife
29 1034              END           ;
```

Bild 3-90: Interruptauslösung mit dem Modemsteuersignal DSR

Ein Timer ist ein Hardwarezählerbaustein, der mit einem Anfangswert geladen wird und der dann durch programmunabhängige Taktimpulse abwärts zählt. Beim Zählernulldurchgang kann im Prozessor ein Interrupt ausgelöst werden. **Bild 3-91** zeigt den Zählerbaustein (Timer) 8253. Er enthält drei voneinander unabhängige Timer Nr. 0 bis 2 und ein Steuerregister zur Festlegung der Timerfunktionen. Jeder Timer besteht aus einem 16-bit-Abwärtszähler, einem Laderegister für den Zähleranfangswert und einem Leseregister, mit dem der augenblickliche Zählerstand ausgelesen werden kann. Der Zähltakt wird außen an den Clk-Anschluß angelegt, er läßt sich mit dem Steuereingang Gate sperren und freigeben. Die Funktion des Ausgangs Out hängt von der eingestellten Betriebsart ab. In der hier als Beispiel programmierten Betriebsart 0 1 1 (Frequenzteiler) liefert er das herabgeteilte Rechtecksignal. Jeder Timer wird einzeln mit einem Steuerbyte programmiert. Es enthält die Nummer des Timers, die Zugriffsart auf die 16-bit-Register, die Betriebsart und die Zählart (dual oder BCD). In der Schaltung Bild 3-91 arbeitet Timer 0 als Vorteiler für den Timer 1, der mit seinem Out-Ausgang über den Interruptsteuerbaustein 8259 jede Sekunde einen Interrupt auslöst. Mit diesem periodischen Interrupt lassen sich in RAM-Speicherstellen Zähler für Uhrzeit und Datum aufbauen, die vom Hauptprogramm jederzeit ausgelesen werden können. Timer können nicht nur als Ersatz für Warteschleifen (Abschnitte 4.6.2 und 4.6.3), sondern auch als Ereigniszähler (Abschnitt 4.6.4) verwendet werden, wenn man die Signalflanken am Clk-Eingang anlegt und den Zählerstand am Ende der Meßzeit ausliest.

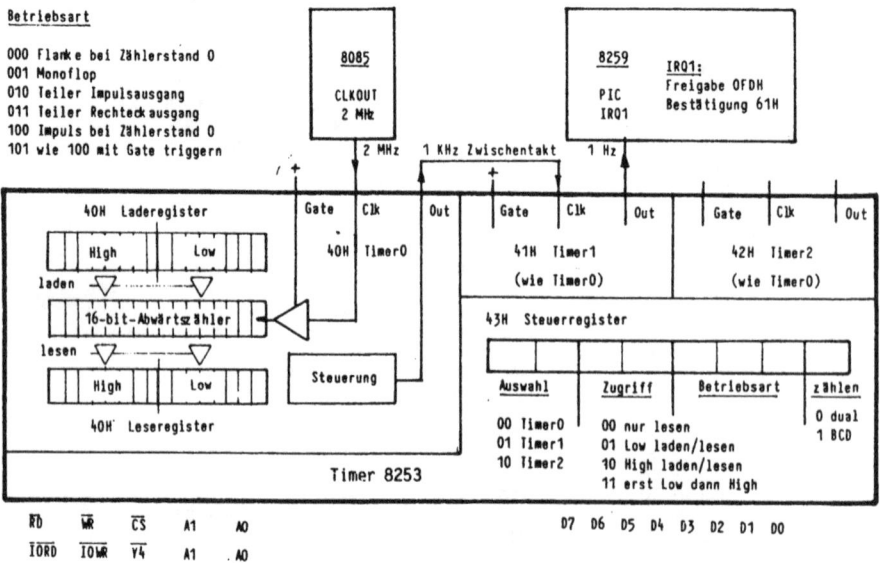

Bild 3-91: Der Timer 8253

Das in **Bild 3-92** dargestellte Programmbeispiel verwendet den Timer 8253 in Verbindung mit dem Interruptsteuerbaustein 8259 dazu, einen periodischen Interrupt auszulösen, der jede Sekunde das Zeichen * auf dem Bedienungsterminal ausgibt. Dazu werden Timer 0 als Vorteiler mit dem Teilungsfaktor 2000 für den 2-MHz-Prozessortakt und Timer 1 mit dem Teilungsfaktor 1000 für den 1-KHz-Zwischentakt eingestellt. Anders als beim Programmbeispiel Bild 3-90 findet keine Umlenkung des Interrupteinsprungs statt. Das Interruptprogramm wird mit der ORG-Anweisung auf die Anfangsadresse 1108H gelegt, und der Interruptcontroller wird so programmiert, daß er bei einem IRQ1 den Befehl CALL 1108H liefert. Das ICW2 ergibt das High-Byte 11H, das ICW1 die beiden höchsten Bitpositionen 0 0 für das Low-Byte. Der Controller fügt für den IRQ1 das Bitmuster 0 0 1 0 0 0 hinzu, so daß die Low-Adresse 08H entsteht. Für mehr als einen Interrupt müßte eine Sprungtabelle ähnlich wie bei den Interrupteinsprüngen RST0 bis RST7 aufgebaut werden.

Im PC wird der Timer 0 dazu verwendet, alle 55 ms einen periodischen Interrupt auszulösen, der einen Uhrenzähler erhöht; Timer 1 erzeugt periodisch Refresh-Signale und Timer 2 dient als Frequenzgenerator für den Lautsprecher.

```
 1 0000             ; Bild 3-92: PIC 8259A und Timer-Interrupt jede Sek.
 2 1000             ORG    1000H  ; Ladeadresse Hauptprogramm
 3 1000 3E 36   START  MVI  A,36H  ; 00 11 011 0 Timer0 Mode 3 dual
 4 1002 D3 43          OUT  43H    ; nach Steuerregister
 5 1004 21 D0 07       LXI  H,2000 ; Vorteiler Timer0
 6 1007 7D             MOV  A,L    ; Low-Byte
 7 1008 D3 40          OUT  40H    ; Timer0
 8 100A 7C             MOV  A,H    ; High-Byte
 9 100B D3 40          OUT  40H    ; Timer0
10 100D 3E 76          MVI  A,76H  ; 01 11 011 0 Timer1 Mode 3 dual
11 100F D3 43          OUT  43H    ; nach Steuerregister
12 1011 21 E8 03       LXI  H,1000 ; Teiler Timer1
13 1014 7D             MOV  A,L    ; Low-Byte
14 1015 D3 41          OUT  41H    ; Timer1
15 1017 7C             MOV  A,H    ; High-Byte
16 1018 D3 41          OUT  41H    ; Timer1
17 101A 3E 12          MVI  A,12H  ; 000 1 0 0 1 0 PIC - ICW1
18 101C D3 20          OUT  20H    ; Flanke Schrittw. 8
19 101E 3E 11          MVI  A,11H  ; 0001 0001 PIC - ICW2
20 1020 D3 21          OUT  21H    ; High-Adresse 11H
21 1022 3E FD          MVI  A,0FDH ; 1111 1101
22 1024 D3 21          OUT  21H    ; IRQ1 frei
23 1026 FB             EI          ; 8085 Interrupt frei
24 1027 C3 27 10  LOOP  JMP  LOOP   ; warten auf Timerinterrupt
25 1108             ORG    1108H  ; Ladezähler Interruptprogramm
26 1108             ; Interruptprogramm durch Timerausgang Out1 gestartet
27 1108 DB 05   INTER  IN   05H    ; Status lesen
28 110A E6 20          ANI  20H    ; 0010 0000 Sender frei?
29 110C CA 08 11       JZ   INTER  ; nein: warten
30 110F 3E 2A          MVI  A,'*'  ; ja: Stern
31 1111 D3 00          OUT  00H    ; senden
32 1113 3E 61          MVI  A,61H  ; IRQ1 im PIC
33 1115 D3 20          OUT  20H    ; bestätigen
34 1117 FB             EI          ; Interruptfreigabe
35 1118 C9             RET         ; Rücksprung
36 1119             END    ;
```

Bild 3-92: Interruptauslösung durch Timer als Frequenzteiler

3.9.4 Die Druckerschnittstelle

In der "Urversion" des PC bestand die Druckerschnittstelle, nach einem Drukkerhersteller auch Centronics-Schnittstelle genannt, aus mehreren TTL-Bausteinen, die später durch den in **Bild 3-93** dargestellten integrierten Steuerbaustein 82C11 PAI ersetzt wurden. Dieser besteht aus einem 8-bit-Ausgaberegister (ähnlich 74374) mit Tristateausgängen, mit dem ein ASCII-Zeichen parallel an den Drucker gesendet wird. Die Ausgänge lassen sich über einen auf der gleichen Adresse liegenden Bustreiber zurücklesen. Mit einem 5-bit-Eingabeport werden die Statussignale (z.B. BUSY = belegt) des Druckers empfangen. Der Eingang ACK (Acknowledge = Bestätigung) kann über den Ausgang IRQ (Interrupt ReQuest) zur Auslösung eines Interrupts verwendet werden. Der 5-bit-Ausgabeport für Steuersignale (z.B. INIT = Druckerinitialisierung) ist in den vier unteren Bitpositionen mit Treibern versehen, die einen "Offenen-Kollektor-Ausgang" entsprechend Bild 3-7 haben. Dadurch können die Steuerausgänge mit einem auf gleicher Adresse liegenden Eingabeport zurückgelesen werden. Das fünfte Bit dient zur Freigabe des ACK-Interrupts. Die drei unteren Bitpositionen des Status-Eingabeports und die drei oberen Bitpositionen des Steuerports sind nicht belegt. Bei einer Programmierung der Schnittstelle ist besonders auf die Invertierung einiger Signale zu achten. Der Interruptausgang wird im PC normalerweise nicht verwendet. An den Steuerbaustein wurde ein Paralleldrucker mit der eingezeichneten üblichen Stiftbelegung des 36poligen Druckersteckers angeschlossen. **Bild 3-94** zeigt ein Testprogramm zur Initialisierung des Druckers und Ausgabe eines Textes.

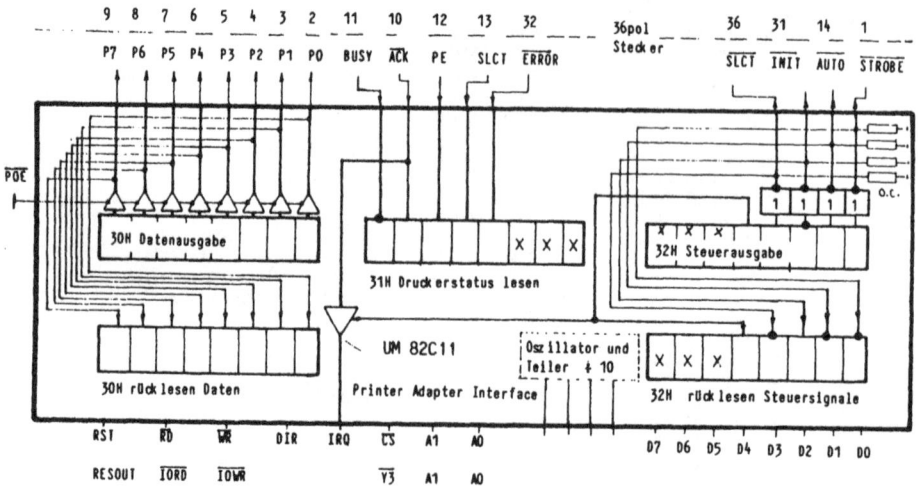

Bild 3-93: Der Druckersteuerbaustein 82C11 PAI

Der Abschnitt 5.7 Parallele Datenübertragung mit Steuersignalen beschreibt das Centronics-Verfahren mit einer Parallelschnittstelle 8255. Das einfache Testprogramm Bild 5-36 behandelt jedoch nur die wichtigsten Signale BUSY und STROBE. Bild 3-94 zeigt das vollständige Verfahren mit dem Steuerbaustein 82C11 und allen Steuer- und Statussignalen.

Das Programm initialisiert zunächst den Drucker mit einem Low-Impuls und legt dann den STROBE-Ausgang auf High. In einer Endlosschleife wird ein Text ausgegeben, der durch die Endemarke 0DH, dem ASCII-Steuerzeichen für einen Wagenrücklauf, abgeschlossen wird. Das Unterprogramm DRUCK zur Ausgabe eines Zeichens auf dem Drucker wertet alle fünf Statussignale des Druckers mit einer gemeinsamen Maske aus; auf eine besondere Untersuchung der einzelnen Signale wird verzichtet. Nach der Ausgabe des Zeichens auf dem Ausgabeport wird der STROBE-Impuls erzeugt. Die Impulslänge von 17 Takten (8.5 us) reichte bei dem untersuchten Drucker aus; erforderlich sind laut Druckerhandbuch 0.5 us. Das Bestätigungssignal ACK des Druckers wird nicht ausgewertet. Der Baustein kann nicht nur zum Betrieb eines Druckers, sondern auch zur parallelen Datenübertragung mit 8 Ausgängen, 5 Eingängen und 4 bidirektionalen (Open-Kollektor) Leitungen verwendet werden.

```
 1 0000              ; Bild 3-94: Druckerschnittstelle 82C11
 2 1000              ORG     1000H   ; Lade- und Startadresse
 3 1000 3E 00  START MVI     A,00H   ; xxx0 0000 Initialisierung
 4 1002 D3 32        OUT     32H     ; Reset Low
 5 1004 3E 04        MVI     A,04H   ; xxx0 0100 Reset High Strobe High
 6 1006 D3 32        OUT     32H     ; Drucker eingestellt
 7 1008              ; Begrüßungstext in Endlosschleife ausgeben
 8 1008 21 30 10 LOOP LXI    H,TEXT  ; Anfangsadresse
 9 100B 7E     LOOP1 MOV     A,M     ; Zeichen laden
10 100C 23            INX    H       ; Adresse + 1
11 100D CD 18 10      CALL   DRUCK   ; ausgeben
12 1010 FE 0D         CPI    0DH     ; Ende durch CR ?
13 1012 C2 0B 10      JNZ    LOOP1   ; nein: nächstes Zeichen
14 1015 C3 08 10      JMP    LOOP    ; ja: Text nochmal ausgeben
15 1018              ; Zeichen auf Drucker ausgeben
16 1018 F5     DRUCK PUSH    PSW     ; Zeichen retten
17 1019 DB 31  DRUCK1 IN     31H     ; Druckerstatus
18 101B E6 F8         ANI    0F8H    ; 1111 1000 Druckerstatus ?
19 101D FE D8         CPI    0D8H    ; 1101 1xxx
20 101F C2 19 10      JNZ    DRUCK1  ; High: nicht bereit
21 1022 F1            POP    PSW     ; LOW: bereit
22 1023 F5            PUSH   PSW     ; nochmal retten
23 1024 D3 30         OUT    30H     ; Zeichen ausgeben
24 1026 3E 05         MVI    A,05H   ; 0000 0101 Strobe Low
25 1028 D3 32         OUT    32H     ;
26 102A 3E 04         MVI    A,04H   ; 0000 0100 Strobe High
27 102C D3 32         OUT    32H     ;
28 102E F1            POP    PSW     ; ausgegebenes Zeichen zurück
29 102F C9            RET            ; fertig
30 1030              ; Begrüßungstext mit LF (0AH) und CR (0DH)
31             TEXT  DC      'Guten Morgen!' ; Textkonstante
   1030 47 75 74 65 6E 20 4D 6F 72 67 65 6E 21
32 103D 0A 0D        DW      0D0AH   ; LF und Endemarke CR
33 103F              END            ;
```

Bild 3-94: Textausgabe mit der Druckerschnittstelle

4 Einführung in die maschinenorientierte Programmierung

Dieser Abschnitt ist eine Einführung in die maschinenorientierte Programmierung des 8085A. Er erklärt die Befehle und grundlegenden Programmierverfahren anhand einfacher Beispiele. Der Abschnitt Anwendungen enthält weitere Programmbeispiele mit der entsprechenden Hardware.

Ein Teil der aus dem Amerikanischen stammenden Bezeichnungen wurde durch deutsche Wörter ersetzt, z.B. Befehlszählregister statt Program Counter. Dagegen blieben die Abkürzungen der Assemblerbefehle erhalten, z.B. JMP für Jump gleich springe.

4.1 Die Hardware des Übungsrechners

Programmieren kann man nur anhand von Beispielen lernen, die möglichst getestet werden sollten. **Bild 4-1** zeigt den Aufbau des Übungsrechners, auf den die Beispielprogramme zugeschnitten sind. Die Hardware wurde im Abschnitt 3.8 ausführlich besprochen. Ähnliche Geräte werden von verschiedenen Herstellern angeboten. Sie unterscheiden sich von dem vorliegenden System z.T. in den Adressen der Bausteine. Geräte mit anderen Prozessoren als dem 8085 können für die vorliegenden Beispiele nicht verwendet werden. Bedingt einsetzbar sind die Prozessoren 8080 und Z80.

Der Übungsrechner enthält einen Mikroprozessor 8085A. Ein Teil des Speichers wird von einem Betriebsprogramm, dem Monitor belegt. Dem Benutzer steht ein Schreib/Lesespeicher zur Verfügung, in dem er seine Programme und Daten ablegt. Dieser Bereich erstreckt sich hier von den Adressen 1000 bis 17FF hexadezimal. Für die Eingabe und Ausgabe von Daten während des Programmlaufes enthält das System zwei parallele Ein/Ausgaberegister in einer Parallelschnittstelle 8255. Wird das Steuerregister mit der Konstanten 8B hexadezimal geladen, so können von dem Eingaberegister mit der Adresse 01 binäre Kippschalterwerte gelesen werden. Mit dem Ausgaberegister auf der Adresse 00 sind acht Leuchtdioden verbunden, mit denen binäre Ausgabewerte angezeigt werden. Auf den Peripherieadressen 10 und 18 hexadezimal des Übungsgerätes liegen weitere Ein/Ausgaberegister, die aus TTL-Bausteinen bestehen. Das Gerät enthält zwei Schnittstellen für das Monitorprogramm, mit denen der Benutzer wahlweise über eine Tastatur mit Siebensegmentanzeige oder mit einem Sichtgerät (Terminal) Programme eingeben, starten und testen kann.

Adresse | Siebensegment-
18H | Ausgabe

Benutzer - Ein/Ausgabe

Adresse | Schiebeschalter-
10H | Eingabe

Leuchtdioden-
Ausgabe

Adresse
00H

Kippschalter-
Eingabe

Adresse
01H

Monitor
0000
	EPROM
07FF
0800
	RAM
08FF

Benutzer-RAM
1000
Befehle
Daten
17FF

A-Port	B-Port
Steuerregister	
Adresse 03H	
Benutzer- Schnittstelle	

Mikroprozessor 8085A

Monitor- Schnittstelle

Monitor - Ein/Ausgabe

Status	Adresse	Inhalt

C	D	E	F	ADR	DAT
8	9	A	B	HAP	GO
4	5	6	7	P/R	EBF
0	1	2	3	-	+

Anzeige-
Bildschirm

Eingabe-
Tastatur

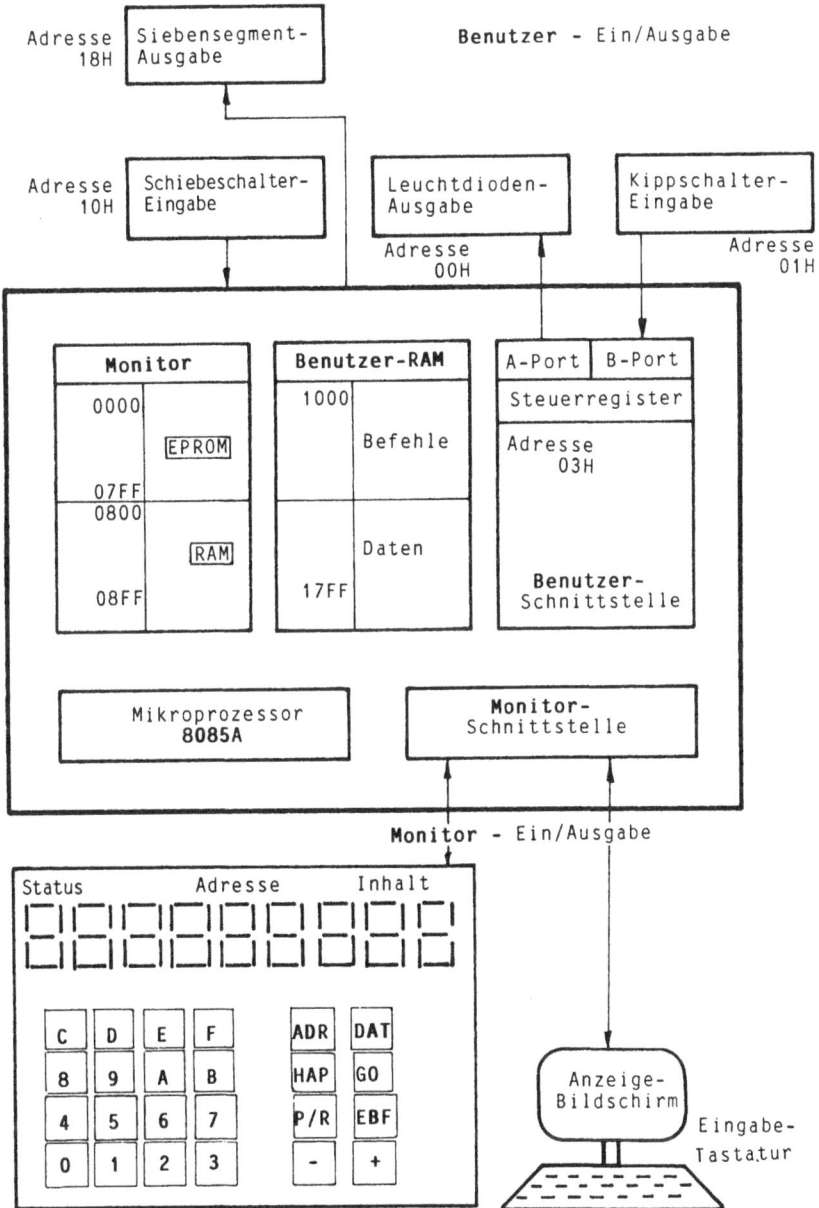

Bild 4-1: Aufbau des Übungsrechners

4.2 Assemblerprogrammierung

Ein Assembler ist ein Übersetzungsprogramm, das symbolische Befehlsbezeichnungen wie z.B. LDA für "Lade Akkumulator" in den binären Code des Prozessors wie z.B. 00111010 binär oder 3A hexadezimal übersetzt. Assembler ist gleichzeitig die Bezeichnung für die Programmiersprache, die sich symbolischer Befehle und Adressen bedient. Das folgende Beispiel zeigt, wie ein einfaches Assemblerprogramm entsteht.

Aufgabe:
Es ist ein Programm zu entwickeln, das die Parallelschnittstelle 8255 mit dem Steuerbyte 8B hexadezimal so programmiert, daß das B-Register Eingabe und das A-Register Ausgabe ist. Das Steuerregister hat die Adresse 03. In einer unendlichen Schleife sollen die am Eingaberegister (Adresse 01) anliegenden Daten zum Ausgaberegister (Adresse 00) gebracht und dort angezeigt werden.

Die Lösung beginnt damit, die Aufgabe und den Lösungsweg entsprechend **Bild 4-2** darzustellen. Bei diesem einfachen Beispiel wäre es eigentlich nicht nötig, bei großen Aufgaben ist es ratsam, vor der Programmierung den Lösungsweg grafisch darzustellen.

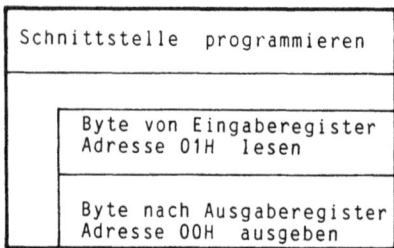

```
┌─────────────────────────────────────────┐
│ Schnittstelle   programmieren           │
├─────────────────────────────────────────┤
│   ┌─────────────────────────────────┐   │
│   │ Byte von Eingaberegister        │   │
│   │ Adresse 01H   lesen             │   │
│   ├─────────────────────────────────┤   │
│   │ Byte nach Ausgaberegister       │   │
│   │ Adresse 00H   ausgeben          │   │
│   └─────────────────────────────────┘   │
└─────────────────────────────────────────┘
```

```
        ╭─────────╮
        │  Start  │
        ╰─────────╯
     ┌─────────────────┐
     │ Ai <= 8BH       │
     │ A  => 03H       │
     └─────────────────┘
     ┌─────────────────┐
     │ A <= 01H        │
     └─────────────────┘
     ┌─────────────────┐
     │ A => 00H        │
     └─────────────────┘
```

a. **Programmblockplan**
   (Struktogramm)

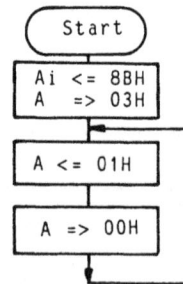

b. **Programmablaufplan**

Bild 4-2: Grafische Programmdarstellung

Der Programmblockplan (Struktogramm) beschreibt den Aufbau des Programms. Die bisher noch nicht genormten Sinnbilder sind im Anhang zusammengestellt. Der Programmblockplan ist unabhängig von einer Programmiersprache. Man könnte also den im Bild 4-2a gezeigten Lösungsweg auch in BASIC programmieren. Die Lösung besteht aus einem nur einmal durchlaufenen Teil, der die Schnittstelle programmiert, und einer Schleife, die sich endlos wiederholt.

Der Programmablaufplan stellt die Befehle einzeln dar. Sein Aufbau ist abhängig vom verwendeten Mikroprozessor und von der gewählten Programmiersprache. Der Anhang zeigt die wichtigsten in DIN 66001 genormten Sinnbilder. Der Programmablaufplan des Bildes 4-2b enthält bereits die Bezeichnungen der benutzten Register. Die Abkürzung A steht für Akkumulator; die Zuordnungszeichen zeigen die Richtung der Datenübertragung an. Die Programmschleife wird durch einen Pfeil vom letzten Befehl zum Befehl in der Mitte des Programms gekennzeichnet. Der nächste Schritt ist die Programmierung in der Assemblersprache entsprechend **Bild 4-3**.

Adresse	Inhalt	Name	Befehl	Operand	Bemerkung
			ORG	1000 H	
		START	MVI	A, 8B H	Konstante
			OUT	03 H	Ausgabe
		LOOP	IN	01 H	lesen
			OUT	00 H	ausgeben
			JMP	LOOP	Schleife
			END		

Bild 4-3: Assemblerprogramm auf einem Vordruck

Der Vordruck des Bildes 4-3 enthält vier Felder:

Namen müssen in Spalte 1 beginnen. Sie bezeichnen Befehle (Sprungmarken) oder Daten (Konstanten oder Variablen) und können vom Programmierer frei vereinbart werden. Statt der Namen START und LOOP des Beispiels hätte man also auch ADAM oder SUSI sagen können.

Befehle bestehen aus Kennwörtern, die der Hersteller des Mikroprozessors festgelegt hat. Im Befehlsfeld können auch Assembleranweisungen wie z.B. ORG und END stehen, die nicht in Maschinencode übersetzt werden, sondern Anweisungen an den Übersetzer (Assembler) darstellen. Die Befehle des Beispiels werden später erklärt.

Operanden sind Registerbezeichnungen, symbolische Namen von Befehlen und Speicherstellen oder Zahlen. Allen Hexadezimalzahlen muß der Kennbuchstabe "H" folgen. Beginnt eine Hexadezimalzahl mit einem Buchstaben (A-F), so muß eine führende Null vorangestellt werden. Beispiel: 0FFH statt FF.

Bemerkungen beginnen mit einem ";". Sie dienen zur Erläuterung des Programms und sind für seinen Ablauf ohne Bedeutung.

Für den Fall, daß wie beim vorliegenden Übungssystem kein Assembler vorhanden ist, folgt die Übersetzung des Assemblerprogramms in den Maschinencode entsprechend **Bild 4-4** auf dem Programmvordruck.

Adresse	Inhalt		Name	Befehl	Operand	Bemerkung
				ORG	1000 H	
1000	3E	8B	START	MVI	A,8B H	Konstante
1002	D3	03		OUT	03H	Ausgabe
1004	DB	01	LOOP	IN	01H	lesen
1006	D3	00		OUT	00H	ausgeben
1008	C3	04	10		JMP	LOOP	Schleife
				END		

Bild 4-4: Handübersetztes Programm

Rechts steht das Assemblerprogramm, links die hexadezimale Übersetzung mit den Adressen der Befehle. Symbolische Namen (z.B. LOOP) werden in eine hexadezimale Adresse (z.B. 1004) übersetzt, symbolische Befehle (z.B. JMP) in hexadezimalen Code (z.B. C3). Operanden können je nach Befehl aus ein oder zwei Bytes bestehen. Die Adressen der Schnittstellenregister sind ein Byte lang, Sprungziele wie z.B. 1004 für LOOP sind zwei Bytes lang. Die Befehle werden nun kurz erklärt.

Zeile 1:
Die Assembleranweisung ORG legt die Anfangsadresse des Programms fest. Im vorliegenden Beispiel ist es die Adresse des ersten Bytes des Benutzer-RAMs, die Adresse 1000 hexadezimal.

Zeile 2:
Der Befehl MVI bringt die im Operandenteil stehende Konstante 8B hexadezimal oder 10001011 binär in den Akkumulator.

Zeile 3:
Der Befehl OUT bringt den Inhalt des Akkumulators, also die Konstante 8B, in das Steuerregister der Parallelschnittstelle 8255. Das Register hat in dem Übungsgerät die Adresse 03. Mit diesem Steuerbyte wird das A-Register der Parallelschnittstelle als Ausgang und das B-Register als Eingang programmiert.

Zeile 4:
Der Befehl IN bringt die am Eingaberegister mit der Adresse 01 anliegenden Daten in den Akkumulator. Die Potentiale werden mit Kippschaltern eingestellt.

Zeile 5:
Der Befehl OUT bringt den Inhalt das Akkumulators in das Ausgaberegister mit der Adresse 00. Die Ausgangspotentiale werden über Leuchtdioden angezeigt.

Zeile 6:

Der Befehl JMP springt zu dem im Operanden angegebenen Sprungziel mit der symbolischen Adresse LOOP. Dadurch werden die beiden Befehle IN und OUT erneut ausgeführt. Das Programm arbeitet in einer unendlichen Schleife.

Nach der Übersetzung auf dem Vordruck wurde das hexadezimale Programm über die Monitorschnittstelle (Hexadezimaltastatur bzw. Terminal) in den Übungsrechner eingegeben und gestartet. Wesentlich schneller und einfacher geht die Übersetzung mit einem Assembler, dessen Übersetzungsliste in **Bild 4-5** dargestellt ist.

```
                    ┌──────Meldung des Betriebssystems
8085-SYSTEM 1.0
>LASM◄─Aufruf des Assemblers
                  0001 >; BILD 4-5  EINFUEHRENDES BEISPIEL
L1000             0002 >       ORG   1000H   ; ADRESSZAEHLER
*1000 3E 8B       0003 >START  MVI   A,8BH   ; STEUERBYTE A=AUS, B=EIN
*1002 D3 03       0004 >       OUT   03H     ; NACH STEUERREGISTER
*1004 DB 01       0005 >LOOP   IN    01H     ; KIPPSCHALTER-EINGABE
*1006 D3 00       0006 >       OUT   00H     ; LEUCHTDIODEN-AUSGABE
*1008 C3 04 10    0007 >       JMP   LOOP    ; SCHLEIFE
E0000             0008 >       END
```

Bild 4-5: Übersetzungsliste eines Assemblers

Die dargestellte Übersetzungsliste entstand an einem Tischrechner, der mit einer Schreibmaschinentastatur und einem Bildschirm ausgerüstet ist. Zunächst wurde das Programm mit Hilfe eines Editors eingegeben. Ein Editor ist ein Programm, das dem Benutzer das Eingeben, Löschen und Ändern von Programmzeilen ermöglicht. Der Editor hat die Zeilen von 0001 bis 0008 durchnumeriert. Das editierte Programm wurde von einem Assembler übersetzt und sowohl auf dem Bildschirm als auch auf dem Drucker ausgegeben. Die Liste enthält links die Adressen und den erzeugten Code zusammen mit den hexadezimalen Operanden. Der binäre Code des Programms wurde zunächst in den Arbeitsspeicher des Tischrechners goladen und anschließend über eine serielle Schnittstelle in den Übungsrechner übertragen.

Die folgenden Beispiele dieses Abschnitts unterscheiden zwischen Befehlsbeispielen und Programmbeispielen. Befehlsbeispiele enthalten nur einzelne Befehle, die ohne zusätzliche Schleifenbefehle nicht ablauffähig sind und damit auch nicht getestet werden können. Programmbeispiele sind vollständige testbare Programme. Sie erhalten entsprechend **Bild 4-6** einen "Rahmen".

Die Assembleranweisung ORG ist eine Abkürzung für Origin gleich Anfang oder Ursprung. Im Operandenteil steht die Anfangsadresse des Programms, auf die sich der Assembler bei der Adressierung bezieht. Die Assembleranweisung END kennzeichnet das Ende des Programms. Beide Anweisungen sind lediglich Übersetzungshilfen und werden nicht in Maschinencode übersetzt. Sie können bei der Handübersetzung entfallen.

Adresse	Inhalt	Name	Befehl	Operand
adresse			ORG	adresse
			Befehle und Assembleranweisungen	
			END	

Bild 4-6: "Rahmen" eines Assemblerprogramms

Innerhalb des Rahmens stehen Befehle und weitere Assembleranweisungen, die in den folgenden Abschnitten besprochen werden.

4.3 Einfache Datenübertragung

Eine der wichtigsten Aufgaben eines Programms besteht darin, Daten zu übertragen, z.B. Meßwerte von einem Eingaberegister in den Speicher oder Ergebnisse aus dem Akkumulator in ein Ausgaberegister. Übertragen bedeutet in der Umgangssprache, Dinge von einem Ort wegzunehmen und an einen anderen Ort zu bringen. In der Rechnertechnik behält die abgebende Speicherstelle ihren alten Wert. Der alte Inhalt der aufnehmenden Speicherstelle wird durch die neuen Daten überschrieben. Daten übertragen heißt also Daten kopieren.

Dieser Abschnitt erklärt die Datenübertragung zwischen den Registern des Mikroprozessors und Speicherstellen, deren Adressen direkt im Operandenteil des Befehls stehen. Der Abschnitt 4.7 behandelt Probleme der indizierten Adressierung, bei denen die Adresse der Datenspeicherstelle in einem Registerpaar enthalten ist. **Bild 4-7** zeigt den Registersatz des Mikroprozessors 8085A. In Klammern stehen die amerikanischen Bezeichnungen.

Die 16-Bit-Register des Mikroprozessors sind mit dem Adreßbus verbunden und enthalten Adressen von Befehls- und Datenbytes im Speicher. Das Bild zeigt nur die dem Programmierer zugänglichen Register; dazu kommen Hilfsregister für die Zwischenspeicherung von Adressen und Registerinhalten. Das Befehlszählregister (Program Counter) enthält die Adresse des Programmbytes, das aus dem Programmspeicher in das Steuerwerk des Prozessors geholt wird. Der Stapelzeiger (Stack Pointer) adressiert einen RAM-Bereich, den Stapel (Stack), der Rücksprungadressen von Unterprogrammen und Programmunterbrechungen enthält. Die drei Registerpaare BC, DE und HL können auch einzeln als 8-Bit-Register verwendet werden.

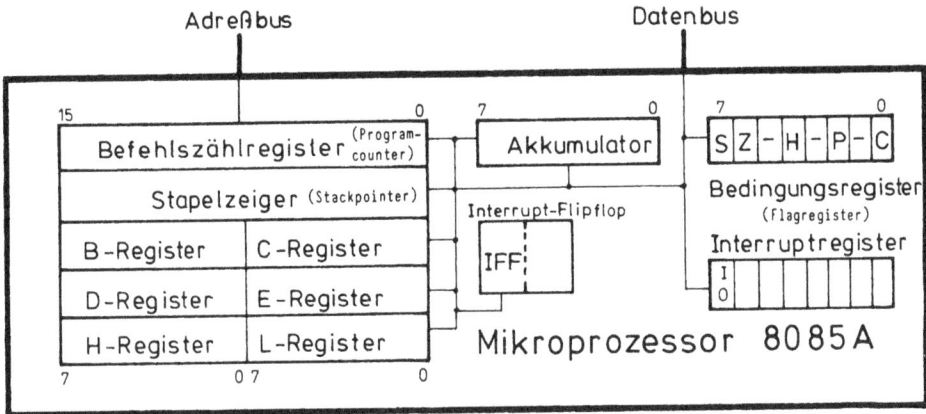

Bild 4-7: Die Register des Mikroprozessors 8085A

Der 8-Bit-Akkumulator (Accumulator) ist das wichtigste Register für die Datenübertragung sowie für die arithmetischen und logischen Operationen. Das Bedingungsregister (Flagregister) besteht aus acht Anzeigeflipflops (Flags), von denen vier als Sprungbedingungen verwendet werden. Die Bits werden entsprechend dem Ergebnis einer arithmetischen oder logischen Operation verändert (0 oder 1); bei jeder Datenübertragung bleiben sie erhalten. Das S-Bit (S für Sign gleich Vorzeichen) speichert das Vorzeichen des Ergebnisses. Das Z-Bit (Z für Zero oder Null) zeigt an, ob das Ergebnis Null war oder nicht. Das H-Bit (H für Hilfsübertrag; original AC für Auxiliary Carry) ist keine Sprungbedingung, sondern ein Korrekturübertrag der BCD-Arithmetik. Das P-Bit (P für Parity oder Parität) kann zur Fehlerprüfung bei der Datenübertragung verwendet werden. Das C-Bit (C für Carry gleich Übertrag; original CY) zeigt an, ob sich das Ergebnis im zulässigen Zahlenbereich befindet. Zwei der drei restlichen Bitpositionen werden im Abschnitt 4.11 zusammen mit Sonderbefehlen behandelt, die nicht zum offiziellen Befehlssatz gehören. Das Interruptregister dient zusammen mit dem Interruptflipflop zum Sperren und Freigeben von Programmunterbrechungen.

4.3.1 Datenübertragung zwischen den 8-Bit-Registern des Prozessors

Befehl	Operand	Wirkung
MOV	reg1,reg2	Lade Register reg1 mit Register reg2

Bild 4-8: Datenübertragung zwischen 8-Bit-Registern

Bild 4-8 zeigt den MOV-Befehl, der Daten zwischen den 8-Bit-Registern des Prozessors überträgt. MOV bedeutet MOVe gleich bewege oder besser lade. Im Operandenteil des Befehls steht links vom Komma das Zielregister, rechts das Herkunftsregister. Als Registerbezeichnungen dienen die Buchstaben A, B, C, D, E, H und L. Der Befehl MOV A,B lädt den Akkumulator mit dem Inhalt des B-Registers.

```
         Binär                    Symbolisch
      ←                        ←
   [0 1 d d d s s s]          [MOV │ r1,r2]

   0 0 0 für B-Register     B   für B-Register
   0 0 1 für C-Register     C   für C-Register
   0 1 0 für D-Register     D   für D-Register
   0 1 1 für E-Register     E   für E-Register
   1 0 0 für H-Register     H   für H-Register
   1 0 1 für L-Register     L   für L-Register
   1 1 0 für Memory         M   für Memory = Speicher
   1 1 1 für Akkumulator    A   für Akkumulator
```

Bild 4-9: Aufbau der MOV-Befehle

Bild 4-9 zeigt rechts den Aufbau des MOV-Befehls in der symbolischen Assemblerschreibweise. Der Kennbuchstabe M steht für Memory gleich Speicher. Damit wird eine Speicherstelle adressiert, deren Adresse im HL-Registerpaar enthalten ist. Der Abschnitt 4.7 behandelt weitere Einzelheiten der Registerpaaradressierung.

Bild 4-9 zeigt links den Aufbau des binären Codes der MOV-Befehle. Alle MOV-Befehle haben die Bitkombination 01 in den beiden werthöchsten Bitpositionen. Dann folgen drei Bits für das Zielregister (d = destination) und drei Bits für das Herkunftsregister (s = source). Das Bild zeigt auch die binären Codierungen der Registeradressen, die auch in allen anderen Befehlen verwendet wird.

Ein Assembler muß also zur Übersetzung des Befehls MOV A,B zunächst den symbolischen Befehl MOV in einer Befehlstabelle suchen. Der Grundcode lautet 01dddsss. Nach einer Untersuchung der Operanden ergeben sich die Adressen der Register aus einer Registertabelle. Der Akkumulator hat die Adresse 111, das B-Register die Adresse 000. Der Assembler baut nun den Grundcode mit dem Registeradressen zusammen zum Befehlscode 01111000 für den Befehl MOV A,B. Ein Assembler ist also ein Montierer, der binäre Codes zusammenbaut. **Bild 4-10** zeigt eine Tabelle der MOV-Befehle, in der die binären Codes hexadezimal zusammengefaßt wurden.

Bef.	Operand	Wirkung	A	B	C	D	E	H	L	M	S Z x H O P v C y
MOV	A, reg	A <= reg	7F	78	79	7A	7B	7C	7D	7E	
MOV	B, reg	B <= reg	47	40	41	42	43	44	45	46	
MOV	C, reg	C <= reg	4F	48	49	4A	4B	4C	4D	4E	
MOV	D, reg	D <= reg	57	50	51	52	53	54	55	56	
MOV	E, reg	E <= reg	5F	58	59	5A	5B	5C	5D	5E	
MOV	H, reg	H <= reg	67	60	61	62	63	64	65	66	
MOV	L, reg	L <= reg	6F	68	69	6A	6B	6C	6D	6E	
MOV	M, reg	M <= reg	77	70	71	72	73	74	75		

Bild 4-10: Tabelle der MOV-Befehle

Die Tabelle enthält in den Zeilen die Zielregister und in den Spalten die Herkunftsregister. Alle MOV-Befehle zwischen den Registern A bis L bestehen aus einem Byte und werden in vier Takten ausgeführt. Der Befehl MOV A,B steht in der ersten Zeile und zweiten Spalte der Tabelle. Er hat den Code 78 hexadezimal. Die Befehle, mit denen ein Register mit sich selbst geladen wird (z.B. MOV A,A), werden zwar ausgeführt; sie verändern oder übertragen jedoch keine Daten. Der Buchstabe M bedeutet Memory gleich Speicher. Dabei handelt es sich um ein "Register", das sich im Arbeitsspeicher befindet. Seine Adresse steht im HL-Registerpaar. Wegen des zusätzlichen Speicherzugriffs benötigen MOV-Befehle mit dem "M-Register" sieben Takte. Der Befehl MOV M,M ist ungültig. Der sich aus den Registeradressen ergebende hexadezimale Code 76 entspricht dem HLT-Befehl. Die Tabelle enthält rechts eine Darstellung des Bedingungsregisters. Da die Bedingungsbits (Flags) durch die MOV-Befehle nicht verändert werden, bleiben die Spalten leer. **Bild 4-11** zeigt die Ausführung des als Beispiel gewählten Befehls MOV A,B, der den Akkumulator mit dem Inhalt des B-Registers lädt.

Programmspeicher	
Adresse	Inhalt
1000	78

Adreßbus   **Datenbus**

M1   M1

1000

Befehlszähler   Akkumulator   B-Register

78

MOV A,B

Befehlsregister   Mikroprozessor 8085A

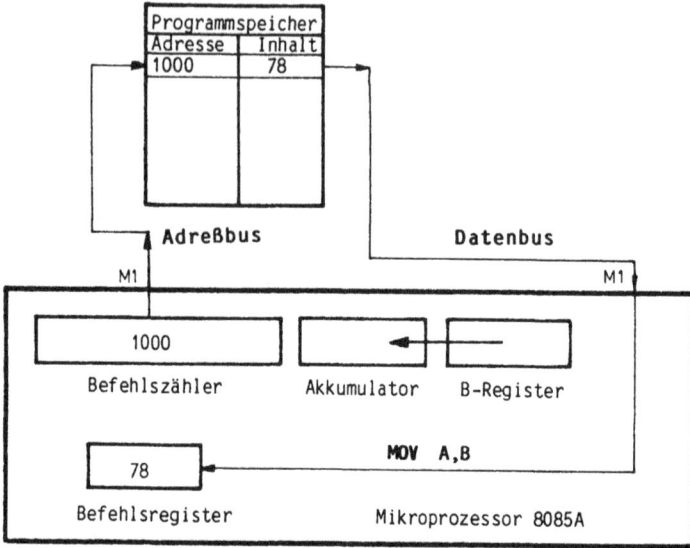

Adresse	Inhalt	Name	Befehl	Operand	
1000	78		MOV	A,B	; A <= B

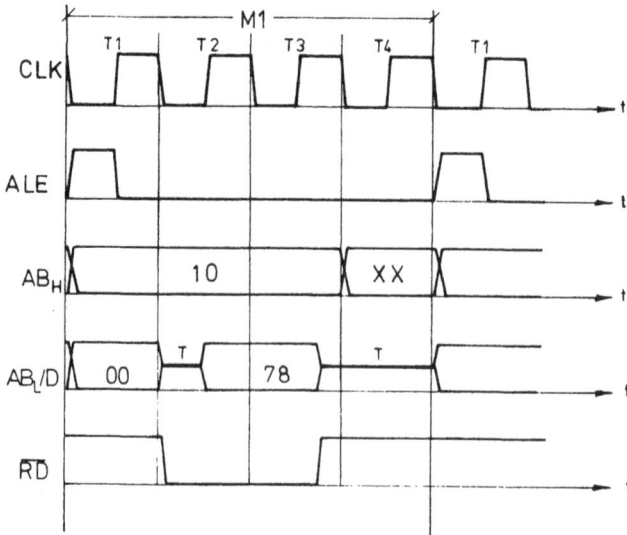

Bild 4-11: Ablauf des Befehls MOV A,B (code-eigene Adressierung)

Die MOV-Befehle sind ein Beispiel für die code-eigene Adressierungsart, bei der die Adressen der beteiligten Register im Code des Befehls enthalten sind. Der als Beispiel gewählte Befehl besteht nur aus einem Byte mit dem Code 78 und liege auf der willkürlich gewählten Speicheradresse 1000 hexadezimal im Programmspeicher. Vor der Ausführung des Befehls muß also das Befehlszählregister die Adresse 1000 enthalten.

Takt T1:
Zu Beginn des Taktes T1 wird der Inhalt des Befehlszählregisters mit der Adresse 1000 des zu lesenden Funktionscodes auf den Adreßbus geschaltet. Auf dem höherwertigen Teil des Adreßbus (ABH) bleibt die Adresse bis zum Ende des Taktes T3 erhalten.

Takt T2:
Im Takt T2 wird der niederwertige Teil des Adreßbus zum Datenbus. Die Adresse muß daher in einem besonderen Adreßspeicher des Rechners festgehalten werden. Der Prozessor bringt die Datenausgangstreiber in den hochohmigen (tristate) Zustand und sendet das Lesesignal $\overline{RD}$ aus.

Takt T3:
Der Programmspeicherbaustein legt den Inhalt der adressierten Speicherstelle 1000, den Code 78, auf den Datenbus. Er wird vom Prozessor in das Befehlsregister übernommen.

Takt T4:
Im Takt T4 decodiert das Steuerwerk den Code 78 und überträgt dann den Inhalt des B-Registers in den Akkumulator. Der Inhalt des B-Registers bleibt dabei erhalten; der Akkumulator wird überschrieben. Am Ende dieses Taktes ist der Befehlszähler bereits um 1 auf 1001 erhöht worden; er wird im folgenden Takt zum Lesen eines neuen Codes auf den Adreßbus geschaltet. Dies ist der Takt T1 eines neuen M1-Zyklus.

Befehle in der code-eigenen Adressierung bestehen nur aus einem Byte mit dem Funktionscode, der bereits die Adressen der beteiligten Register enthält. Sie werden in mindestens vier Takten (M1-Zyklus) ausgeführt. Bei einigen Befehlen dieser Adressierungsart sind weitere Takte z.B. für Rechenvorgänge erforderlich; ihre genaue Zahl kann den Befehlslisten entnommen werden.

Bild 4-12 zeigt als Anwendungsbeispiel drei MOV-Befehle, die den Inhalt des H-Registers mit dem Inhalt des L-Registers vertauschen.

Beim Vertauschen zweier Registerinhalte dürfen die Daten nicht verloren gehen. Würde man also das H-Register mit dem L-Register laden, so ginge der Inhalt des H-Registers verloren. Es ist also ein drittes Register als Zwischenspeicher erforderlich. Der erste Befehl MOV A,H lädt den Akkumulator (Zwischenspeicher) mit dem Inhalt des H-Registers. Mit dem zweiten Befehl MOV H,L wird das H-Register mit dem Inhalt des L-Registers geladen. Der dritte

```
Adresse  Inhalt  Name  Befehl Operand
  1000     7C            MOV    A,H   ; A <= H
  1001     65            MOV    H,L   ; H <= L
  1002     6F            MOV    L,A   ; L <= A
```

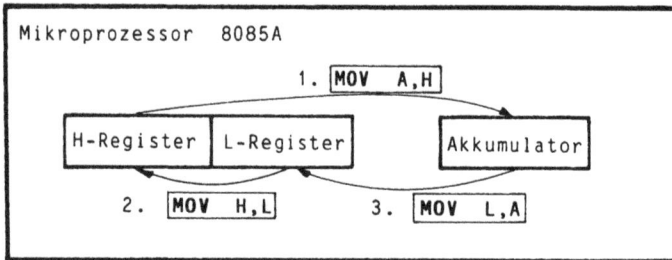

Bild 4-12: Befehlsbeispiel: H-Register mit L-Register vertauschen

Befehl MOV L,A lädt das L-Register mit dem Inhalt des Akkumulators. Dort befindet sich der alte gerettete Inhalt des H-Registers. Bei dem Ringtausch wird der Inhalt des Akkumulators zerstört. Als Zwischenregister könnten auch die Register B, C, D oder E verwendet werden.

4.3.2 Laden von 8-Bit-Konstanten

Konstanten sind feste Zahlenwerte oder bestimmte Steuerbytes, die bereits bei der Programmierung bekannt sind. Ein Beispiel ist das Steuerbyte 8B, das die Parallelschnittstelle 8255 so programmiert, daß das A-Register Ausgang und das B-Register Eingang ist. **Bild 4-13** zeigt die Befehle, die ein 8-Bit-Register mit einer 8-Bit-Konstanten laden.

Befehl	Operand	Wirkung
MVI	reg,konst	Lade Register reg mit der 8-Bit-Konstanten

Bild 4-13: Laden von 8-Bit-Konstanten

MVI bedeutet MoVe Immediate gleich lade das Register mit der unmittelbar folgenden Konstanten. Im Operandenteil des Befehls stehen, durch ein Komma getrennt, das zu ladende Register und die Konstante. Hexadezimale Konstanten müssen mit einer Ziffer beginnen und mit dem Buchstaben H enden. Dezimale Konstanten werden bei Benutzung eines Assemblers von diesem in Hexadezimalzahlen umgewandelt. Für die Handübersetzung durch den Programmierer enthält der Anhang Umwandlungstabellen. Textkonstanten bestehen aus einem Buchstaben, einer Ziffer oder einem Sonderzeichen. **Bild 4-14** zeigt den Aufbau der MVI-Befehle.

```
├──── 1. Byte ────┼──── 2. Byte ────┤
┌─┬─┬─┬─┬─┬─┬─┬─────────────────┐
│0│0│d│d│d│1│1│0│  8-Bit-Konstante │
└─┴─┴─┴─┴─┴─┴─┴─────────────────┘
```

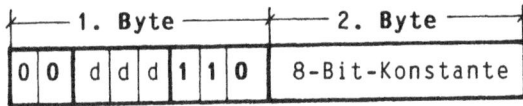

Bild 4-14: Aufbau der MVI-Befehle

Die MVI-Befehle enthalten im ersten Byte den Funktionscode mit der Registeradresse und im zweiten Byte die zu ladende Konstante. Die Registeradressen
entsprechen denen des Bildes 4-9. **Bild 4-15** zeigt eine Tabelle, in der die
binären Codes hexadezimal zusammengefaßt wurden.

						Bedingung							
Bef.	Operand	Wirkung	OP	B	T	S	Z	x	H	O	P	v	C y
MVI	A, kon	A <= 8-Bit-kon	3E	2	7								
MVI	B, kon	B <= 8-Bit-kon	06	2	7								
MVI	C, kon	C <= 8-Bit-kon	0E	2	7								
MVI	D, kon	D <= 8-Bit-kon	16	2	7								
MVI	E, kon	E <= 8-Bit-kon	1E	2	7								
MVI	H, kon	H <= 8-Bit-kon	26	2	7								
MVI	L, kon	L <= 8-Bit-kon	2E	2	7								
MVI	M, kon	M <= 8-Bit-kon	36	2	10								

Bild 4-15: Tabelle der MVI-Befehle

Alle MVI-Befehle, die Register laden, bestehen aus 2 Bytes und werden in 7
Takten ausgeführt. Die Bits des Bedingungsregisters werden nicht beeinflußt.
  Bild 4-16 zeigt den Ablauf des Befehls MVI A,8BH, der den Akkumulator
mit der hexadezimalen Konstanten 8B lädt.

Die MVI-Befehle sind ein Beispiel für die unmittelbare Adressierung, bei der
die zu ladende Konstante unmittelbar auf den Funktionscode des Befehls folgt.
Beim Laden eines 8-Bit-Registers besteht der Befehl aus zwei Bytes; das erste
Byte enthält den Funktionscode mit der Registeradresse, das zweite Byte die
zu ladende Konstante. Beim Laden eines 16-Bit-Registers mit einer 16-Bit-
Konstanten besteht der Befehl aus drei Bytes. Der als Beispiel gewählte Befehl
liege auf der willkürlich gewählten Adresse 1000.

Zyklus M1:
Im ersten Zyklus wird die Adresse des Funktionscodes aus dem Befehlszählre-
gister ausgesendet. Der adressierte Speicher übergibt dem Mikroprozessor den
Code 3E, den dieser in das Befehlsregister bringt und im Takt T4 decodiert.
Der Befehlszähler wird um 1 auf 1001 erhöht.

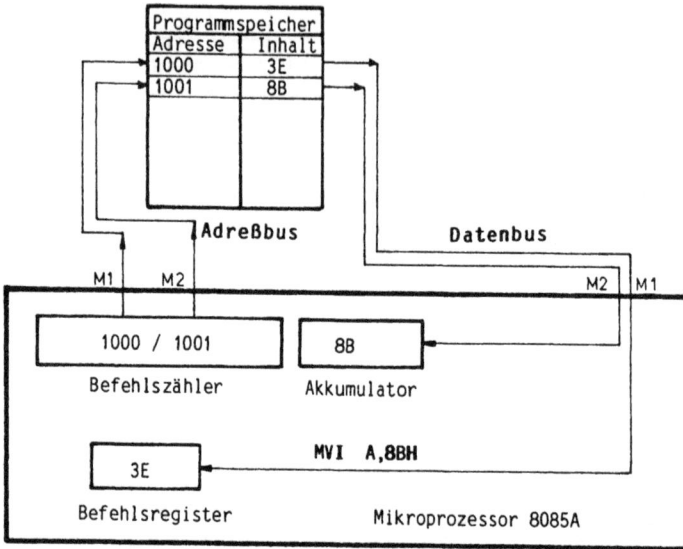

Programmspeicher	
Adresse	Inhalt
1000	3E
1001	8B

Adreßbus   **Datenbus**

M1   M2   M2 M1

1000 / 1001		8B

Befehlszähler   Akkumulator

MVI   A,8BH

3E

Befehlsregister   Mikroprozessor 8085A

Adresse	Inhalt	Name	Befehl	Operand
1000	3E 8B		MVI	A,8BH ; Ai<= 8BH

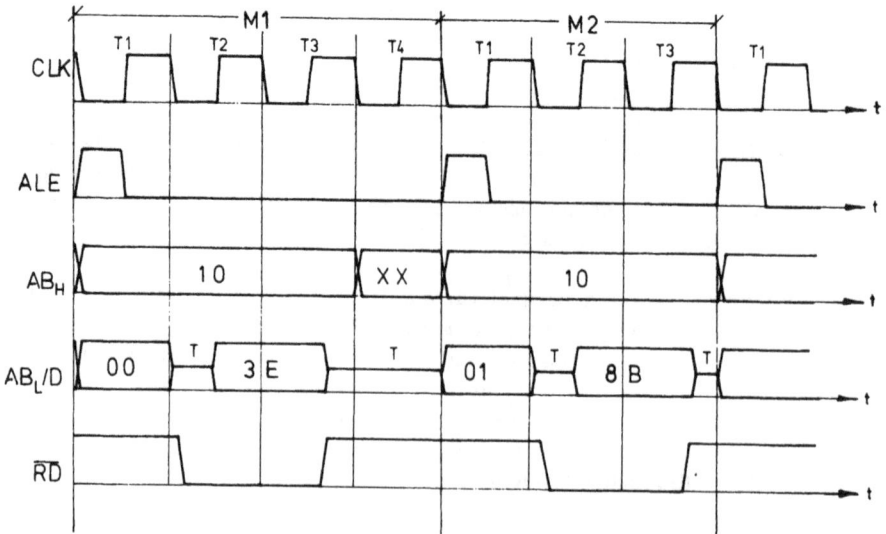

Bild 4-16: Ablauf des MVI-Befehls (unmittelbare Adressierung)

Zyklus M2:

Im zweiten Zyklus wird die Adresse der Konstanten aus dem Befehlszählregister ausgesendet. Der Prozessor übernimmt die Konstante und bringt sie in den adressierten Akkumulator. Der Befehlszähler wird um 1 auf 1002 erhöht.

Bei der Speicheradressierung (M) gelangt die Konstante in ein Hilfsregister und wird in einem dritten Zyklus in den Speicher übertragen. Beim Laden einer 16-Bit-Konstanten wird ebenfalls in einem dritten Zyklus der zweite Teil der Konstanten geholt. **Bild 4-17** zeigt Befehlsbeispiele für die unmittelbare Adressierung.

```
Adresse  Inhalt  Name  Befehl Operand
  1000    3E 41         MVI    A,41H  ; hexadezimal
  1002    06 41         MVI    B,65   ; dezimal
  1004    0E 41         MVI    C,'A'  ; Textkonstante
```

Bild 4-17: Befehlsbeispiele: Laden von 8-Bit-Konstanten

Der erste Befehl MVI A,41H lädt den Akkumulator mit der hexadezimalen Konstanten 41. Hexadezimale Konstanten werden vom Assembler direkt in das zweite Bytes des Befehls übernommen. Der zweite Befehl MVI B,65 lädt das B-Register mit der dezimalen Konstanten 65, die vom Assembler in die entsprechende Dualzahl umgerechnet wird. Der dritte Befehl MVI C,'A' lädt das C-Register mit der Codierung des Buchstabens A. Der Anhang enthält die entsprechende Codetabelle für eine Handübersetzung.

Die unmittelbare Adressierung, bei der Konstanten im Befehl enthalten sind, läßt sich auch auf arithmetische und logische Befehle anwenden. 8-Bit-Konstanten können aus einer Hexadezimalzahl (maximal zweistellig), einer Dezimalzahl (maximal 255) oder einem Zeichen bestehen.

4.3.3 Übertragung von 8-Bit-Daten mit direkter Adressierung

Der Mikroprozessor 8085A unterscheidet zwischen Speicherzugriffen und Peripheriezugriffen. Bei einem Speicherzugriff liegt die Leitung IO/$\overline{M}$ auf LOW-Potential. Nur die Befehle IN und OUT greifen auf Peripherieregister zu, deren Adressen aus acht Bits oder zwei Hexadezimalziffern bestehen. Im Ausführungszyklus dieser beiden Befehle liegt die Leitung IO/$\overline{M}$ auf HIGH-Potential. **Bild 4-18** zeigt die beiden Befehle, die den Akkumulator mit den Peripherieregistern (Ports) verbinden.

						Bedingung							
Bef.	Operand	Wirkung	OP	B	T	S	Z	x	H	O	P	v	C y
IN	port	A <= Periph.	DB	2	10								
OUT	port	A => Periph.	D3	2	10								

Bild 4-18: Ein/Ausgabebefehle

IN bedeutet Eingabe, OUT bedeutet Ausgabe. Die beiden Ein/Ausgabebefehle lassen sich nur auf den Akkumulator anwenden. Daher entfällt eine besondere Registeradresse im Funktionscode der Befehle. Beide Ein/Ausgabebefehle bestehen aus zwei Bytes. Das erste Byte enthält den Funktionscode des Befehls, das zweite Byte enthält die Adresse des Peripherieregisters. Wie bei allen anderen Übertragungsbefehlen werden die Bedingungsbits nicht verändert. **Bild 4-19** zeigt den zeitlichen Ablauf eines Ausgabebefehls, der den Inhalt des Akkumulators in das Peripherieregister 03 bringt. Der Akkumulator wurde vorher mit der Konstanten 8BH geladen.

Das Befehlszählregister enthält nach Ablauf des ersten Befehls, der den Akkumulator mit der Konstanten 8BH geladen hat, die Adresse 1002. Damit beginnt die Ausführung des Ausgabebefehls.

Zyklus M1:
Im ersten Zyklus wird die Adresse des Funktionscodes aus dem Befehlszählregister ausgesendet. Der adressierte Programmspeicher übergibt dem Mikroprozessor den Code D3, den dieser in das Befehlsregister bringt und im Takt T4 decodiert. Der Befehlszähler wird um 1 auf 1003 erhöht.

Zyklus M2:
Im zweiten Zyklus wird die Adresse des zweiten Bytes aus dem Befehlszählregister ausgesendet. Der adressierte Programmspeicher übergibt dem Mikroprozessor die Adresse des Peripherieregisters. Sie gelangt in ein nicht zugängliches Hilfsregister des Prozessors. Der Befehlszähler wird um 1 auf 1004 erhöht, aber im nächsten Zyklus noch nicht ausgesendet.

Programmspeicher	
Adresse	Inhalt
1000	3E
1001	8B
1002	D3
1003	03

Parallelschnittstelle	
Adresse	Steuerregister
03	8 B

Adreßbus

Datenbus

M1   M2   M3   M2   M3   M1

1002 / 1003		03		8B

Befehlszähler   Hilfsregister   Akkumulator

OUT 03H

D3

Befehlsregister   Mikroprozessor 8085A

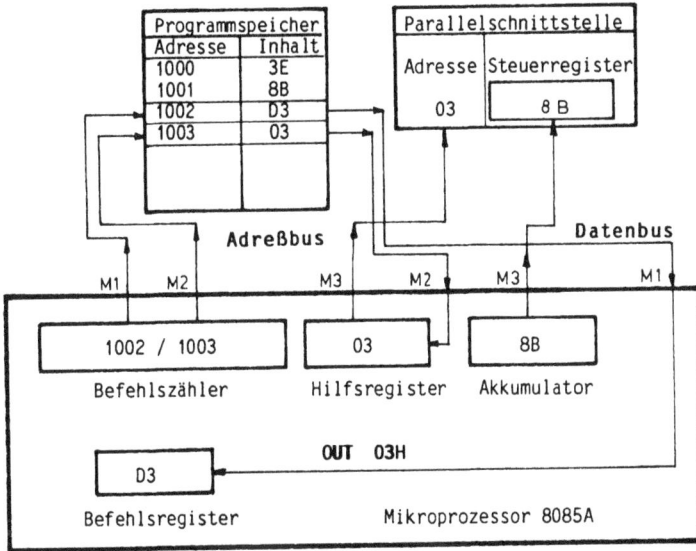

Adresse	Inhalt	Name	Befehl	Operand	
1000	3E 8B		MVI	A,8BH	; Konstante laden
1002	D3 03		OUT	03H	; nach Peripherie

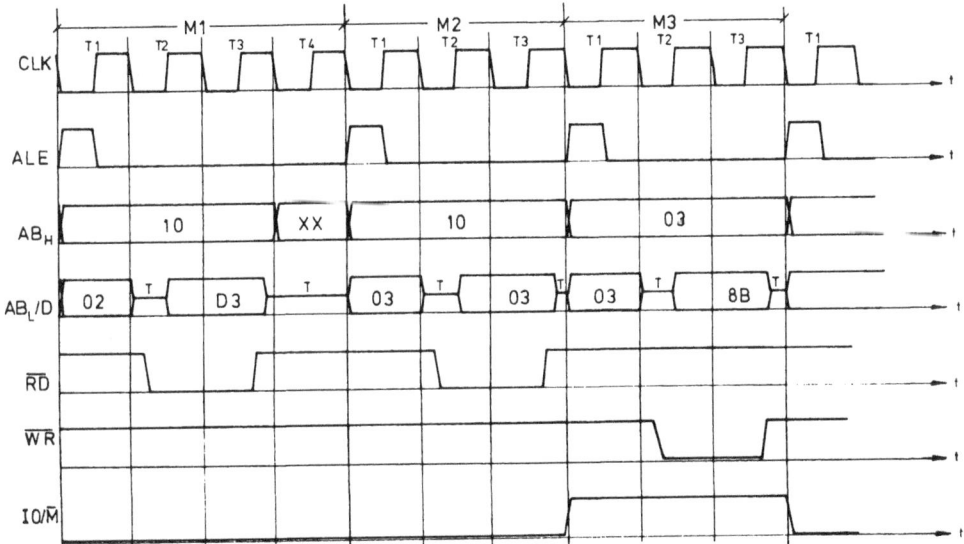

Bild 4-19: Ablauf des OUT-Befehls (direkte Peripherieadressierung)

Zyklus M3:

Im dritten Zyklus wird die Adresse des Peripherieregisters sowohl auf dem höherwertigen als auch auf dem niederwertigen Teil des Adreßbus ausgesendet. Gleichzeitig geht die Auswahlleitung IO/$\overline{\text{M}}$ auf HIGH und signalisiert damit einen Peripheriezugriff. In den Takten T2 und T3 legt der Prozessor den Inhalt des Akkumulators auf den Datenbus; er wird vom Peripheriebaustein übernommen. Dieser Zyklus ist ein Schreibzyklus.

Für den Speicherzugriff gibt es die beiden Befehle Laden und Speichern (**Bild 4-20**), die den Akkumulator mit einem Byte des Speichers verbinden.

Bef.	Operand	Wirkung	OP	B	T	Bedingung S Z x H O P v C y
LDA	adresse	A <= Speicher	**3A**	3	13	
STA	adresse	A => Speicher	**32**	3	13	

Bild 4-20: Lade- und Speicherbefehle des Akkumulators

LDA bedeutet LoaD Accumulator gleich Lade den Akkumulator; STA bedeutet STore Accumulator gleich Speichere den Akkumulator. Da sich beide Befehle nur auf den Akkumulator anwenden lassen, entfällt eine besondere Registeradresse im Funktionscode.

Beide Befehle bestehen aus drei Bytes. Das erste Byte enthält den Funktionscode, die beiden anderen die 16-Bit-Datenadresse. Alle Speicheradressen werden beim 8085A in der Reihenfolge "niederwertiger Teil oder LOW-Byte" und "höherwertiger Teil oder HIGH-Byte" im Programmspeicher angeordnet. Die in **Bild 4-21** dargestellte Anordnung gilt auch für Speicheradressen anderer Befehle wie z.B. JMP gleich Springe.

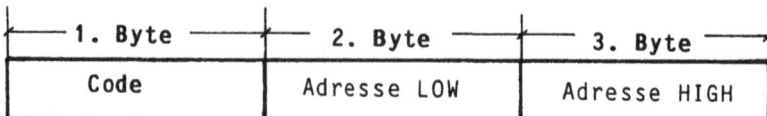

──── 1. Byte ────	──── 2. Byte ────	──── 3. Byte ────
Code	Adresse LOW	Adresse HIGH

Beispiel: STA   1100H

32	00	11

Bild 4-21: Anordnung der Speicheradressen beim 8085A

Programmspeicher		Datenspeicher	
Adresse	Inhalt	Adresse	Inhalt
1000	3E	1100	55
1001	55		
1002	32		
1003	00		
1004	11		

Adreßbus

Datenbus

M1   M2   M3   M4   M3   M2   M4   M1

1002 /1003/1004	11	00	55

Befehlszähler   Adreßzwischenspeicher   Akkumulator

STA 1100H

32

Befehlsregister   Mikroprozessor 8085A

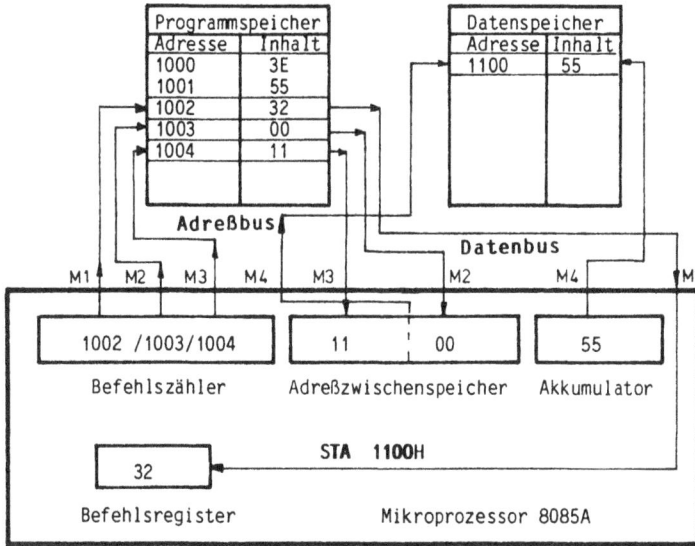

```
Adresse  Inhalt   Name   Befehl Operand
  1000   3E 55            MVI    A,55H  ; 0101 0101
  1002   32 00 11         STA    1100H  ; nach Speicher
```

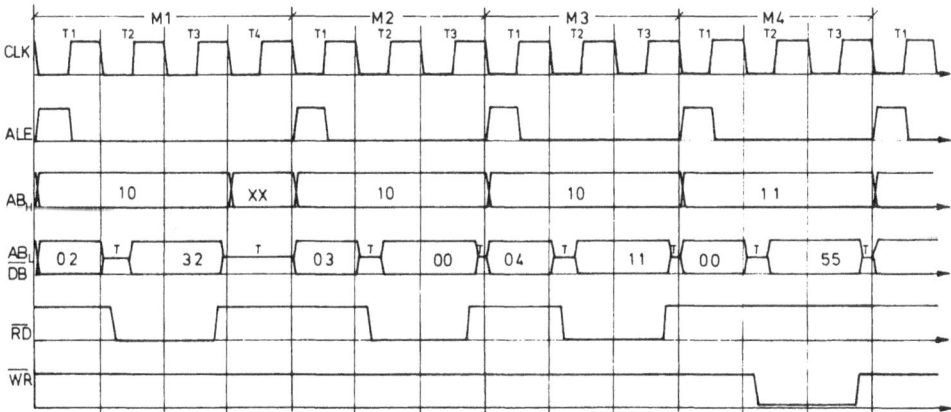

Bild 4-22: Ablauf des STA-Befehls (direkte Speicheradressierung)

In der Assemblerschreibweise erscheinen Speicheradressen in der "natürlichen" Reihenfolge HIGH-Byte - LOW-Byte; im Beispiel also 1100H. Der Assembler - bei der Handübersetzung der Programmierer - muß bei der Übersetzung die Reihenfolge vertauschen; im Beispiel also 00 11. Es gibt Assembler, bei denen in der Übersetzungsliste Speicheradressen wie im Assemblerbefehl in der "natürlichen" Reihenfolge erscheinen. Ein Binder (Linker) oder Lader vertauscht die beiden Bytes beim Laden des Programms in den Programmspeicher.

Bild 4-22 zeigt als Beispiel den Ablauf des Befehls STA 1100H, der den Inhalt des Akkumulators in das Speicherbyte mit der Adresse 1100 bringt.

Durch den vorhergehenden Befehl enthält der Akkumulator den Wert 55H, also das Bitmuster 01010101. Die Ausführung des Speicherbefehls beginnt mit dem Befehlszählerstand 1002.

Zyklus M1:
Im ersten Zyklus sendet der Prozessor die Adresse 1002 aus dem Befehlszählregister aus und übernimmt vom adressierten Speicher den Funktionscode 32 in das Befehlsregister. Der Befehlszähler wird um 1 auf 1003 erhöht.

Zyklus M2:
Im zweiten Zyklus sendet der Prozessor die Adresse 1003 aus dem Befehlszählregister aus und übernimmt vom Speicher den niederwertigen Teil der Datenadresse in einen Adreßzwischenspeicher. Der Befehlszähler wird um 1 auf 1004 erhöht.

Zyklus M3:
Im dritten Zyklus sendet der Prozessor die Adresse 1004 aus dem Befehlszählregister aus und übernimmt vom Speicher den höherwertigen Teil der Datenadresse in einen Adreßzwischenspeicher. Der Befehlszähler wird um 1 auf 1005 erhöht, aber im folgenden Zyklus noch nicht ausgesendet.

Zyklus M4:
Im vierten Zyklus gelangt die Datenadresse aus dem Adreßzwischenspeicher auf den Adreßbus. Der Inhalt des Akkumulators, im Beispiel der Wert 55H, wird auf den Datenbus gelegt und vom adressierten Datenspeicher übernommen. Dieser Zyklus ist ein Schreibzyklus.

Bild 4-23 zeigt zusammenfassend vier Möglichkeiten, einen Wert in den Akkumulator zu bringen:

1. Der Befehl MOV lädt den Inhalt eines anderen 8-Bit-Prozessorregisters in den Akkumulator.

2. Der Befehl MVI lädt die unmittelbar auf den Code folgende Konstante in den Akkumulator.

3. Der Befehl IN lädt den Inhalt eines Peripherieregisters (Eingabeports) in den Akkumulator.

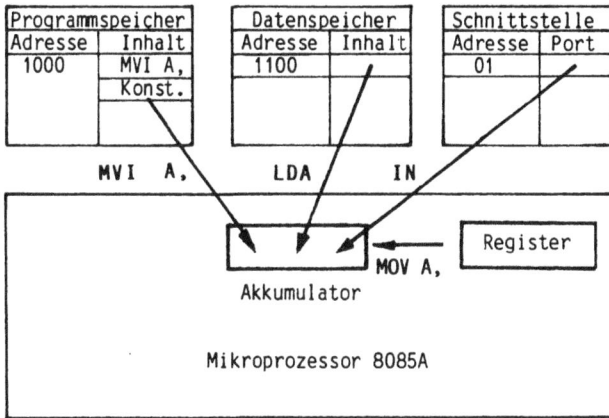

Bild 4-23: Laden des Akkumulators

4. Der Befehl LDA lädt den Inhalt eines Speicherbytes in den Akkumulator.

Die vier Befehle müssen im Ablaufplan unterschiedlich dargestellt werden. **Bild 4-24** zeigt die in diesem Buch verwendete Darstellung.

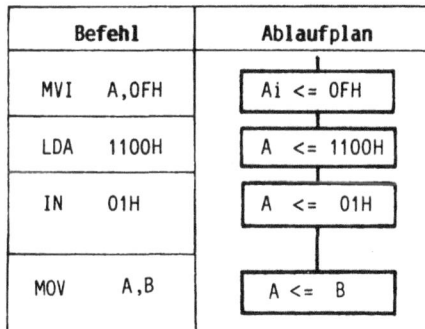

Befehl	Ablaufplan
MVI A,0FH	Ai <= 0FH
LDA 1100H	A <= 1100H
IN 01H	A <= 01H
MOV A,B	A <= B

Bild 4-24: Die Ladebefehle des Akkumulators im Ablaufplan

4.3.4 Assembleranweisungen

Bei der Programmierung in der Assemblersprache werden die Befehle symbolisch angegeben, z.B. JMP für "Springe". Der Assembler (Übersetzungsprogramm) erzeugt daraus mit Hilfe von festen Listen z.B. den binären Code 11000011 = C3H. Auch für die Adressen von Befehlen lassen sich vom Programmierer frei wählbare Symbole verwenden. Also "JMP LOOP" statt "JMP 1004H". Die Übersetzung dieser symbolischen Adressen geschieht mit Hilfe von Symboltabellen (Namenslisten), die sich der Assembler in einem ersten Durchlauf anlegt. Mit der Assembleranweisung ORG wird ein Adreßzähler auf einen Anfangswert gesetzt und mit jedem Befehlsbyte weitergezählt. Erscheint ein Symbol wie z.B. LOOP im Namensfeld, so wird es zusammen mit dem Adreßzähler z.B. 1004H in die Tabelle eingetragen. In einem zweiten Durchlauf kann dann der Assembler symbolische Sprungziele durch binäre Adressen ersetzen. Genauso müssen symbolische Adressen von Speicherstellen und Peripherieports im Namensfeld definiert werden. Bei der Handübersetzung **Bild 4-25** geht man ähnlich vor.

Adresse	Inhalt		Name	Befehl	Operand
				ORG	1000H
	3E	8B	START	MVI	A,8BH
	D3	03		OUT	03H
	DB	01	LOOP	IN	01H
	D3	00		OUT	00H
	C3			JMP	LOOP
				END	

a. Übersetzung der Codes

Adresse	Inhalt		Name	Befehl	Operand
				ORG	1000H
1000	3E	8B	START	MVI	A,8BH
1002	D3	03		OUT	03H
1004	DB	01	LOOP	IN	01H
1006	D3	00		OUT	00H
1008	C3			JMP	LOOP
				END	

b. Durchzählen der Bytes

Adresse	Inhalt		Name	Befehl	Operand
				ORG	1000H
1000	3E	8B	START	MVI	A,8BH
1002	D3	03		OUT	03H
1004	DB	01	LOOP	IN	01H
1006	D3	00		OUT	00H
1008	C3	04 10		JMP	LOOP
				END	

c. Einsetzen offener Adressen

Bild 4-25: Handübersetzung eines Assemblerprogramms

Im ersten Durchlauf (Bild 4-25a) werden die Funktionscodes und hexadezimalen Adressen eingesetzt. Bytes, die symbolischen Adressen entsprechen, bleiben offen. Im zweiten Durchlauf (Bild 4-25b) werden ausgehend von der Assembleranweisung ORG sämtliche Programmbytes hexadezimal durchgezählt. Im dritten Durchlauf (Bild 4-25c) werden die offenen Adressen eingesetzt. Sie ergeben sich aus einem Vergleich zwischen dem symbolischen Namen im Namensfeld und dem hexadezimalen Stand des Adreßzählers. Ein Assembler setzt also nicht nur symbolische Befehle und Registerbezeichnungen, sondern auch symbolische Adressen ein. **Bild 4-26** zeigt Assembleranweisungen, mit deren Hilfe Konstanten, Variablen und Namen vereinbart werden können. Sie erhalten im Namensfeld einen frei wählbaren symbolischen Namen, der mit einem Buchstaben beginnen muß.

Name	Anweisung	Operand	Wirkung
name	DB	konstante	Lege eine 8-Bit-Konstante ab
name	DW	konstante	Lege eine 16-Bit-Konstante ab
name	DC	'text'	Lege eine Textkonstante ab
name	DS	zahl n	Reserviere n Bytes
name	EQU	wert	Weise dem namen einen zahlenwert zu

Bild 4-26: Assembleranweisungen

DB bedeutet Define Byte gleich vereinbare ein Byte. Der Assembler legt die im Operandenteil enthaltene 8-Bit-Konstante im Speicher ab. Dies kann sein eine Dezimalzahl von 0 bis 255, eine zweistellige Hexadezimalzahl oder ein Zeichen.

DW bedeutet Define Word gleich vereinbare ein Wort oder zwei Bytes. Als Operanden sind symbolische Adressen oder 16-Bit-Konstanten zulässig. Dies können sein Dezimalzahlen von 0 bis 65 535, vierstellige Hexadezimalzahlen oder zwei Zeichen. Der Assembler behandelt sie wie Speicheradressen und legt sie in der Reihenfolge LOW-Byte - HIGH-Byte im Programmspeicher ab.

DC bedeutet Define Character gleich vereinbare Zeichen. Der Assembler legt den zwischen Hochkommas stehenden Text im ASCII-Code im Programmspeicher ab. Bei einigen Assemblern erhält das letzte Zeichen des Textes eine Endemarke in Form eines Einerbits in der werthöchsten Bitposition.

DS bedeutet Define Storage gleich vereinbare Speicherplatz. Der Assembler reserviert die im Operandenteil angegebene Anzahl von Bytes. Dabei wird lediglich der Adreßzähler weitergezählt, ohne daß Bytes im Speicher abgelegt werden.

EQU bedeutet EQUal oder gleich. Dem im Namensfeld stehenden symbolischen Namen wird ein hexadezimaler Wert zugewiesen. Erscheint der Name im Operandenteil eines Befehls, so wird er durch den hexadezimalen Wert ersetzt. Dies gilt sowohl für 8-Bit- als auch für 16-Bit-Operanden. Die EQU-Anweisung dient vorwiegend zur Vereinbarung von Registeradressen und von Namen von Unterprogrammen des Monitors.

```
           0001 >; BILD 4-27  ASSEMBLERANWEISUNGEN
*8000      0002 >EIN    EQU   01H        ; EINGABEREGISTER
*8000      0003 >AUS    EQU   00H        ; AUSGABEREGISTER
*8000      0004 >SREG   EQU   03H        ; STEUERREGISTER
L1000      0005 >       ORG   1000H      ; BEFEHLSBEREICH
*1000 3A 00 11  0006 >START  LDA  SBYTE  ; STEUERBYTE LADEN
*1003 D3 03  0007 >       OUT   SREG     ; NACH STEUERREGISTER
*1005 DB 01  0008 >LOOP   IN    EIN      ; KIPPSCHALTER-EINGABE
*1007 32 00 12  0009 >       STA   WERT   ; NACH SPEICHER
*100A D3 00  000A >       OUT   AUS      ; LEUCHTDIODEN-AUSGABE
*100C C3 05 10  000B >       JMP   LOOP   ; SCHLEIFE
L1100      000C >       ORG   1100H      ; KONSTANTENBEREICH
*1100 8B   000D >SBYTE  DB    8BH        ; STEUERBYTE A=AUS  B=EIN
L1200      000E >       ORG   1200H      ; VARIABLENBEREICH
*1200      000F >WERT   DS    1          ; SPEICHERSTELLE FUER EINGABEWER
E0000      0010 >       END
```

Bild 4-27: Programmbeispiel mit Assembleranweisungen

Bild 4-27 zeigt das bereits bekannte Programmbeispiel mit Assembleranweisungen. Die drei EQU-Anweisungen vereinbaren symbolische Namen für die Register der Parallelschnittstelle. Gegenüber dem ursprünglichen Programm wird das Steuerbyte nicht im Operandenteil des MVI-Befehls, sondern in einem besonderen Konstantenspeicher abgelegt und mit dem Befehl LDA in den Akkumulator geladen. Um auch die Arbeit mit einem Variablenspeicher zu zeigen, speichert der Befehl STA den eingelesenen Kippschalterwert in die Speicherstelle WERT. **Bild 4-28** zeigt die Speicheraufteilung des Programmbeispiels.

1000	**Befehlsbereich**
10FF	
1100	**Konstantenbereich**
11FF	
1200	**Variablenbereich**
17FF	

Bild 4-28: Speicheraufteilung des Programmbeispiels

Alle drei Bereiche liegen im Schreib/Lesespeicher des Übungssystems. In einem Anwendungsrechner liegen die Befehle und Konstanten in einem Festwertspeicher (EPROM). Für die variablen oder veränderlichen Daten ist ein Schreib/ Lesespeicher (RAM) erforderlich.

4.3.5 16-Bit-Datenübertragung

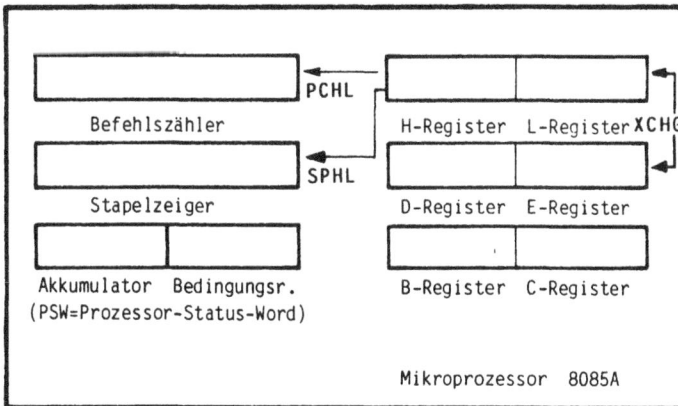

Bild 4-29: Die 16-Bit-Register des Prozessors 8085A

Bild 4-29 zeigt die 16-Bit-Register. Die Registerpaare BC, DE und HL setzen sich aus je zwei 8-Bit-Registern zusammen. Dabei nimmt das HL-Registerpaar eine Sonderstellung bei der Adressierung von Speicherbereichen und als 16-Bit-Akkumulator ein. Bei der Verwendung als Adreßregister enthält das H-Register den High-Teil und das L-Register den Low-Teil einer Speicheradresse. Für das HL-Registerpaar gibt es Befehle für die Übertragung und Berechnung von 16-Bit-Operanden. Die Register PC (Program Counter = Befehlszähler) und SP (Stack Pointer = Stapelzeiger) können nur als 16-Bit-Register verwendet werden. **Bild 4-30** zeigt drei Befehle, die 16-Bit-Operanden innerhalb der Register des Prozessors übertragen. Es sind 1-Byte-Befehle ohne Operandenteil.

Bef.	Operand	Wirkung	OP	B	T	Bedingung S Z x H 0 P v C y
XCHG		HL <=> DE	EB	1	4	
PCHL		PC <= HL	E9	1	6	
SPHL		SP <= HL	F9	1	6	

Bild 4-30: Datenübertragung zwischen 16-Bit-Registern

XCHG bedeutet eXCHanGe gleich vertausche den Inhalt des HL-Registerpaares mit dem Inhalt des DE-Registerpaares. Die Vertauschung erfolgt ähnlich Bild 4-12 über ein nicht zugängliches Zwischenregister des Prozessors.

PCHL bedeutet load Program Counter with HL-register gleich lade den Befehlszähler mit dem HL-Registerpaar. Da der Befehlszähler zur Adressierung der Befehlsbytes dient, wird das Programm bei der im HL-Registerpaar enthaltenen Adresse fortgesetzt.

SPHL bedeutet load Stack Pointer with HL-register gleich lade den Stapelzeiger mit dem HL-Registerpaar. **Bild 4-31** zeigt die Befehle zum Laden eines 16-Bit-Registers mit einer 16-Bit-Konstanten. Der Operandenteil der Befehle enthält dabei nur den Namen des höheren Registers, z.B. H für das HL-Registerpaar.

Bef.	Operand	Wirkung	OP	B	T	Bedingung S Z x H 0 P v C y
LXI	B, konst	BC<=16-Bit-kon	01	3	10	
LXI	D, konst	DE<=16-Bit-kon	11	3	10	
LXI	H, konst	HL<=16-Bit-kon	21	3	10	
LXI	SP, kons	SP<=16-Bit-kon	31	3	10	

Bild 4-31: Laden von 16-Bit-Konstanten

LXI bedeutet Load indeX register Immediate gleich lade ein Index register mit der unmittelbar folgenden Konstanten. Die Registerpaare werden hier als Index-register bezeichnet. **Bild 4-32** zeigt den Aufbau des Befehls, der sich auf alle drei Registerpaare und den Stapelzeiger anwenden läßt.

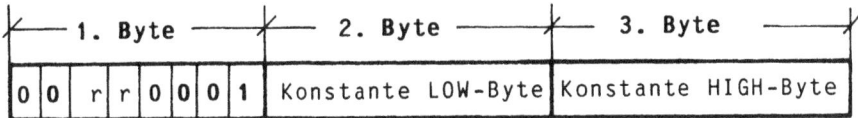

| ⊢── **1. Byte** ──⊣── **2. Byte** ──⊣── **3. Byte** ──⊣ |

| 0 | 0 | r | r | 0 | 0 | 0 | 1 | Konstante LOW-Byte | Konstante HIGH-Byte |

```
r r = 00 für BC-Registerpaar
r r = 01 für DE-Registerpaar
r r = 10 für HL-Registerpaar
r r = 11 für Stapelzeiger
```

Bild 4-32: Aufbau des LXI-Befehls

Die LXI-Befehle bestehen aus drei Bytes; auf das erste Byte mit dem Funktionscode folgt die 2-Byte-Konstante, die in das adressierte Registerpaar geladen wird. In den Grundcode werden die zwei Bit langen Bezeichnungen der Registerpaare eingebaut; sie werden auch in anderen Registerpaarbefehlen verwendet.

Die Registerpaare werden im Assemblerbefehl mit dem Namen des werthöheren Registers angesprochen; also z.B. LXI H,1234H zum Laden des HL-Registerpaares mit der hexadezimalen Konstanten 1234. Die 16-Bit-Konstante liegt im Befehlsspeicher in der Reihenfolge niederwertiges Byte - höherwertiges Byte. In dieser Reihenfolge gelangen die beiden Bytes auch über den acht Bit breiten Datenbus in den Mikroprozessor. **Bild 4-33** zeigt, daß zuerst das niederwertige Register und dann das höherwertige Register geladen werden.

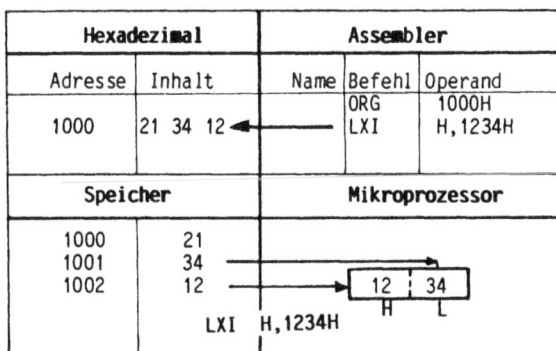

Hexadezimal		Assembler		
Adresse	Inhalt	Name	Befehl	Operand
			ORG	1000H
1000	21 34 12◄		LXI	H,1234H

Speicher		Mikroprozessor	
1000	21		
1001	34		
1002	12	12 ┊ 34	
		H L	
LXI	H,1234H		

Bild 4-33: Reihenfolge der Bytes beim LXI-Befehl

In dem angeführten Beispiel soll die Konstante 12H in das H-Register und die
Konstante 34H in das L-Register geladen werden. In der Assemblerschreibweise erscheint die Konstante in der "natürlichen" Reihenfolge LXI H,1234H.
Bei der Übersetzung werden die beiden Bytes der Konstanten vertauscht. Bei
der Ausführung des LXI-Befehls wird zunächst die Speicherstelle 1001 mit
dem niederwertigen Teil der Konstanten adressiert. Ihr Inhalt gelangt in das
L-Register. Im folgenden Zyklus gelangt der auf der Adresse 1002 liegende
höherwertige Teil der Konstanten in das H-Register. Damit steht die Konstante in der im Befehl angegebenen Reihenfolge auch im Registerpaar. Infolge
der Eigenart des Mikroprozessors 8085A, zuerst das niederwertige Register und
dann das höherwertige Register zu adressieren, muß der Übersetzer die Adressen
gegenüber der "natürlichen" Schreibweise vertauschen. Das gleiche gilt auch
für die in **Bild 4-34** dargestellten Speicherbefehle, die sich nur auf das HL-
Registerpaar anwenden lassen.

Bef.	Operand	Wirkung	OP	B	T	Bedingung S Z x H O P v C y
LHLD	adresse	L<=adr H<=adr+1	2A	3	16	
SHLD	adresse	L=>adr H=>adr+1	22	3	16	

Bild 4-34: 16-Bit-Speicherbefehle

LHLD bedeutet Load HL Direct gleich lade das HL-Registerpaar direkt aus
dem Speicher. SHLD bedeutet Store HL Direct gleich speichere das HL-Registerpaar direkt in den Speicher. Wie bei den Befehlen LDA und STA enthält
der Operandenteil die Speicheradresse. Im Gegensatz zu den Akkumulatorbe-
fehlen werden jedoch zwei Bytes in zwei aufeinander folgenden Zyklen übertragen, da nur ein 8-Bit-Datenbus zur Verfügung steht. **Bild 4-35** zeigt den Ablauf
des Befehls SHLD 1200H, der den Inhalt des L-Register in das adressierte Byte
und den Inhalt des H-Registers in das folgende Byte überträgt.

Die ersten drei Zyklen holen den Funktionscode und die Datenadresse in den
Mikroprozessor. Bei der Ausführung des Befehls werden zuerst die Datenadresse
auf den Adreßbus und der Inhalt des L-Registers auf den Datenbus gelegt.
Dann wird die Datenadresse um 1 erhöht und im nächsten Zyklus zusammen
mit dem Inhalt des H-Registers ausgegeben. Der Inhalt des HL-Registerpaares
wird also in der Reihenfolge niederwertiges Byte im L-Register - höherwertiges
Byte im H-Register in den Speicher gebracht.

Bild 4-36 zeigt ein Beispiel für den Befehl LHLD. Die Assembleranweisung
DW legt die Konstante 1234H in der Reihenfolge 34 und dann 12 im Speicher
ab. Der Befehl LHLD bringt das erste Byte - den Wert 34 in das L-Register
und das zweite Byte, den Wert 12 in das H-Register. Das HL-Registerpaar
wird also mit der Konstanten 1234H geladen, die im Operandenfeld der DW-
Anweisung steht.

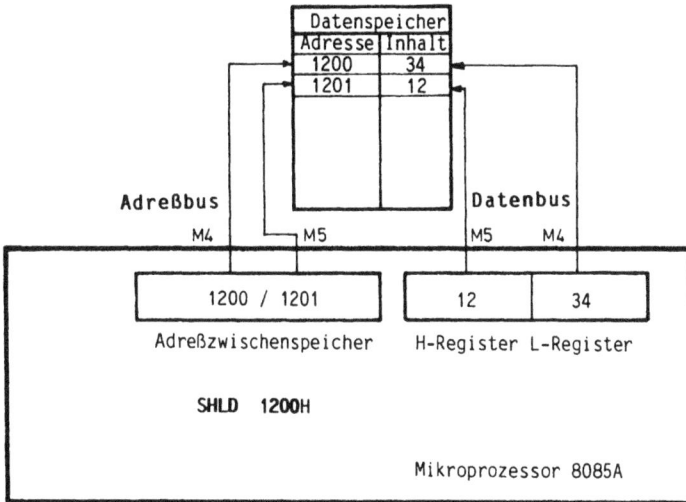

Bild 4-35: Ablauf des Befehls SHLD

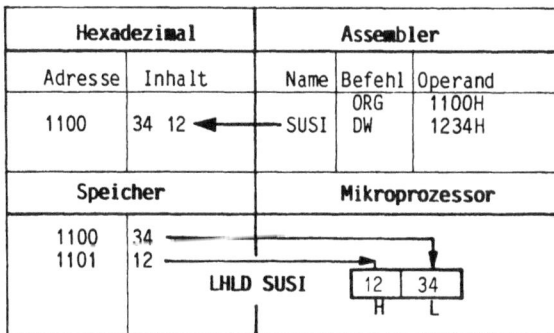

Bild 4-36: Ablauf des Befehls LHLD

In dem vorliegenden Beispiel legt die Assembleranweisung DW die Konstante 1234H im Speicher ab. Sie wird vom Assembler als Adresse angesehen und in der Reihenfolge der Bytes vertauscht. Bei der Ausführung des Ladebefehls gelangt zuerst der niederwertige Teil in das L-Register und dann der höherwertige Teil in das H-Register. Damit ist die in der Assemblerschreibweise vorgegebene Reihenfolge wiederhergestellt worden.

Es gibt Mikroprozessoren wie z.B. der 6802 und 6809, die die Adressen und
Adreßkonstanten in der "natürlichen" Reihenfolge belassen und zuerst den
höherwertigen Teil und dann erst den niederwertigen Teil der 16-Bit-Register
adressieren. Da beim 8085A wie auch beim 8080 und Z80 zuerst das niederwertige Byte der 16-Bit-Register angesprochen wird, müssen bei diesen
Prozessoren die Adreßbytes vertauscht werden. Bei der Handübersetzung ist
dies besonders zu beachten!

Beim Laden des HL-Registerpaares muß man streng zwischen dem Laden einer
Konstanten oder Adresse durch den LXI-Befehl und dem Laden von 16-Bit-
Daten durch den LHLD-Befehl unterscheiden. **Bild 4-37** zeigt die Darstellung
der beiden Befehle im Ablaufplan.

Befehl	Ablaufplan
LXI H,1000H	HLi <= 1000H
LXI H,TEST	HLi <= TEST
LHLD 1000H	HL <= 1000H
LHLD TEST	HL <= TEST

Bild 4-37: 16-Bit-Befehle im Ablaufplan

4.3.6 Übungen zum Abschnitt Datenübertragung

Die Lösungen befinden sich im Anhang!

Alle Programme sollen ähnlich dem einführenden Beispiel in einer Schleife laufen. Der dafür erforderliche Sprungbefehl JMP wird im nächsten Abschnitt behandelt.

1.Aufgabe:
Die Parallelschnittstelle 8255 ist mit dem Steuerbyte 8BH zu programmieren. Das im Konstantenspeicher angelegte Bitmuster 01010101 ist auf den Leuchtdioden (Port 00H) anzuzeigen.

2.Aufgabe:
Die Parallelschnittstelle 8255 ist mit dem Steuerbyte 8BH zu programmieren. Alle Leuchtdioden sind durch Einspeichern von Nullen zu löschen. Das an den Kippschaltern eingestellte Bitmuster ist in die Variablenspeicherstelle 1200H zu bringen. Die Kippschalter haben die Portadresse 01H.

3.Aufgabe:
Der Stapelzeiger ist mit der konstanten Adresse 1800H zu laden. Im Konstantenspeicher ab Adresse 1100H sind die drei Bytes 100 dezimal, 8B hexadezimal und der Buchstabe "X" anzulegen. Ein Programm soll die drei Bytes in den Variablenbereich ab Adresse 1200H bringen.

4.4 Sprungbefehle

Das Befehlszählregister, auch Befehlszähler genannt, bestimmt, welcher Befehl als nächster ausgeführt wird. Beim Einschalten der Versorgungsspannung wird der Befehlszähler automatisch mit 0000 geladen; desgleichen bei einer steigenden Flanke am RESET-Eingang. Auf der Adresse 0000 muß der Funktionscode des ersten Befehls liegen. Aus dem Funktionscode erkennt das Steuerwerk die Länge des Befehls (1 oder 2 oder 3 Bytes) und holt je nach Befehl weitere Bytes des Befehls wie z.B. Adressen oder Konstanten in den Prozessor. Bei einem linearen Programm erhöht das Steuerwerk den Befehlszähler laufend um 1 und führt die Befehle in der Reihenfolge aus, in der sie im Speicher liegen. **Bild 4-38** zeigt, daß der Befehlszähler mit einer Zählschaltung laufend um 1 erhöht werden kann.

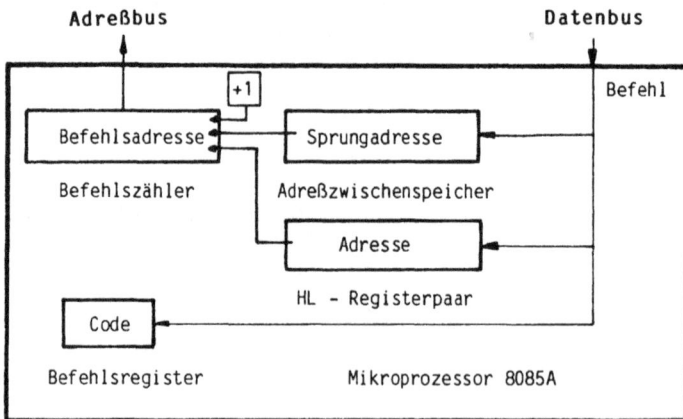

Bild 4-38: Der Befehlszähler bestimmt den Programmablauf

Eine der wichtigsten Eigenschaften eines Rechners ist die Fähigkeit, das Programm mit einem anderen als dem folgenden Befehl fortzusetzen. Im einführenden Beispiel geschah dies durch den Sprungbefehl JMP, durch den eine Schleife entstand. Der Befehlszähler kann also mit der Adresse eines Sprungziels geladen werden. Beim Prozessor 8085A enthalten alle Sprungbefehle im zweiten und dritten Byte eine 16-Bit-Sprungadresse, die zunächst in einen Adreßzwischenspeicher gelangt und dann unverändert in den Befehlszähler übernommen wird. Bei anderen Mikroprozessoren kann die im Befehl enthaltene Sprungadresse mit einem Adreßrechenwerk noch verändert werden. Man unterscheidet bedingte und unbedingte Sprungbefehle. Mit Hilfe der bedingten Sprünge ist es möglich, den Lauf des Programms durch Eingabedaten zu beeinflussen.

4.4.1 Der unbedingte Sprung

Bild 4-39 zeigt die beiden unbedingten Sprungbefehle des 8085A. Sie werden immer ausgeführt.

Bef.	Operand	Wirkung	OP	B	T	Bedingung S Z x H O P x C y
JMP	adresse	springe immer	C3	3	10	
PCHL		PC <= HL	E9	1	6	

Bild 4-39: Die unbedingten Sprungbefehle

JMP bedeutet JuMP gleich springe. Der Befehl besteht wie auch die bedingten Sprungbefehle des Bildes 4-42 aus drei Bytes. Das erste Byte enthält den Funktionscode; das zweite und dritte Byte die Sprungadresse in der Reihenfolge niederwertiges Byte, - höherwertiges Byte.

PCHL bedeutet load Program Counter with HL-register gleich lade den Befehlszähler mit dem HL-Registerpaar. Das Programm wird mit der im HL-Registerpaar enthaltenen Adresse fortgesetzt. Diese kann z.B. einer Sprungtabelle entnommen oder berechnet werden. Der Befehl besteht nur aus einem Byte mit dem Funktionscode; die Sprungadresse steht im HL-Registerpaar.

Bild 4-40 zeigt den zeitlichen Ablauf des JMP-Befehls, der in dem Beispiel zum Sprungziel mit der Adresse 1004H springt. Seine Ausführung beginnt mit dem Befehlszählerstand 1008H.

Zyklus M1:
Im ersten Zyklus sendet der Prozessor die Adresse 1008 aus dem Befehlszähler an den Programmspeicher, holt den Funktionscode C3 in das Befehlsregister und decodiert ihn im Takt T4. Der Befehlszähler wird um 1 auf 1009 erhöht.

Zyklus M2:
Im zweiten Zyklus sendet der Prozsssor die Adresse 1009 aus und holt das niederwertige Byte 04 der Sprungadresse in einen Adreßzwischenspeicher. Der Befehlszähler wird um 1 auf 100A (hexadezimal!) erhöht.

Zyklus M3:
Im dritten Zyklus sendet der Prozessor die Adresse 100A aus und holt das höherwertige Byte 10 der Sprungadresse in den Zwischenspeicher. Am Ende des Zyklus wird der Befehlszähler aus dem Zwischenspeicher mit der neuen Adresse geladen, so daß bereits im folgenden Zyklus die neue Adresse 1004 ausgesendet werden kann, um in einem neuen M1-Zyklus den Funktionscode des Sprungziels zu holen.

Programmspeicher	
Adresse	Inhalt
1004	DB
1005	01
1006	D3
1007	00
1008	C3
1009	04
100A	10

Datenbus

Adreßbus

M1   M2   M3   (M1)   M3   M2   M1

| 1008/1009/100A/ | | 10 | 04 |

Befehlszähler   Adreßzwischenspeicher

JMP 1004H

C3

Befehlsregister   Mikroprozessor 8085A

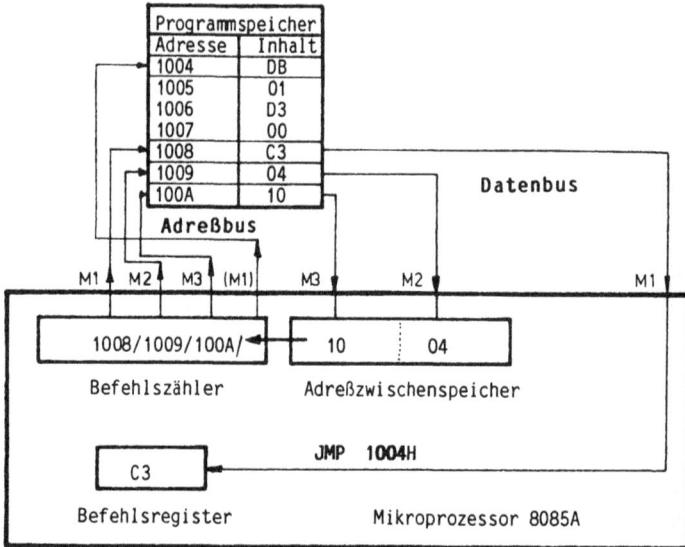

Adresse	Inhalt	Name	Befehl	Operand	
1004	DB 01	LOOP	IN	01H	; von Peripherie
1006	D3 00		OUT	00H	; nach Peripherie
1008	C3 04 10		JMP	LOOP	; springe immer

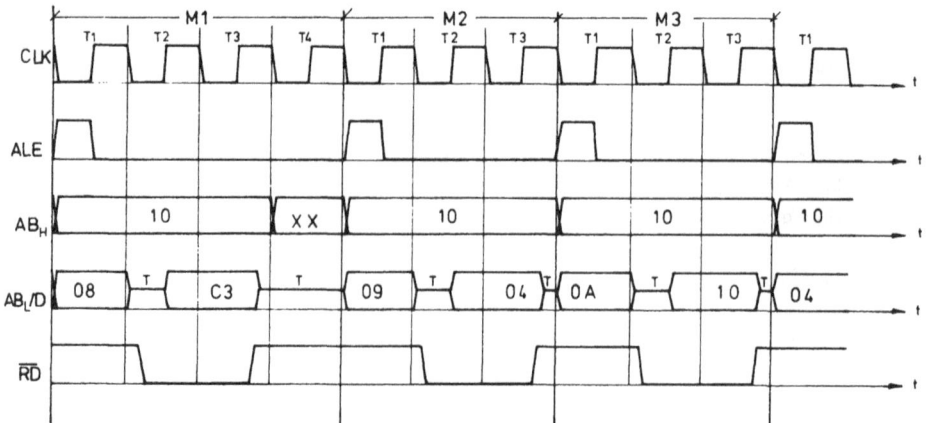

Bild 4-40: Ablauf des Befehls JMP

Der unbedingte Sprungbefehl JMP wird immer in drei Zyklen oder 10 Takten ausgeführt. Bei bedingten Sprüngen ergeben sich unterschiedliche Abläufe, je nach dem, ob der Sprung ausgeführt wird oder nicht. **Bild 4-41** zeigt die Darstellung des unbedingten Sprungbefehls im Programmablaufplan.

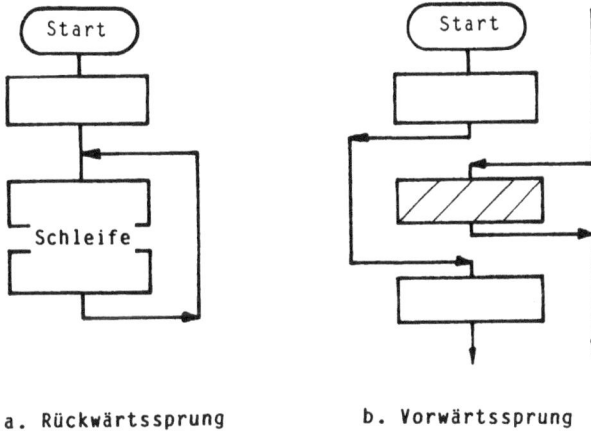

a. Rückwärtssprung   b. Vorwärtssprung

Bild 4-41: Der unbedingte Sprung im Programmablaufplan

Man unterscheidet Vorwärtssprünge und Rückwärtssprünge. Bei einem Rückwärtssprung entsteht eine Programmschleife, in der Befehle mehrmals ausgeführt werden. Vorwärtssprünge überspringen Programmteile.

4.4.2 Der bedingte Sprung

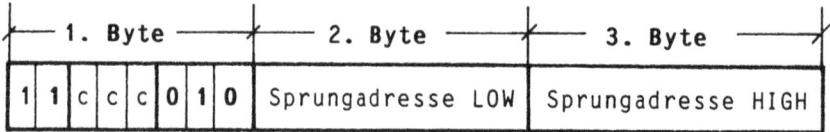

```
                    c c c = 000 für NZ = Not Zero     = nicht Null
                          = 001 für Z  = Zero         = gleich Null
                          = 010 für NC = No Carry     = kein Übertrag
                          = 011 für C  = Carry        = Übertrag
                          = 100 für PO = Parity Odd   = ungerade Parität
                          = 101 für PE = Parity Even  = gerade Parität
                          = 110 für P  = Plus         = positiv (0)
                          = 111 für M  = Minus        = negativ (1)
```

Bild 4-42: Aufbau der bedingten Sprungbefehle

Die bedingten Sprungbefehle entsprechend **Bild 4-42** werten die vier Bedingungsbits des Bedingungsregister aus. Ist die Sprungbedingung erfüllt, so wird
der Sprung wie der JMP-Befehl ausgeführt. Ist die Sprungbedingung nicht erfüllt, so wird der auf den Sprungbefehl folgende Befehl ausgeführt. Die bedingten Sprungbefehle bestehen aus drei Bytes. Auf das erste Byte mit dem
Funktionscode folgt die 16-Bit-Sprungadresse wie beim 8085A üblich in der
Reihenfolge niederwertiges Byte - höherwertiges Byte. Es gibt vier Bedingungsbits und acht bedingte Sprungbefehle entsprechend einer 0 oder 1 im
Bedingungsbit. **Bild 4-43** zeigt die Tabelle der bedingten Sprungbefehle mit
den hexadezimal zusammengefaßten Bedingungscodes.

						Bedingung							
Bef.	Operand	Wirkung	OP	B	T	S	Z	x	H	O	P	v	Cy
JZ	adresse	sprg. bei = 0	CA	3	7/10								
JNZ	adresse	sprg. bei ≠ 0	C2	3	7/10								
JC	adresse	sprg. bei Cy=1	DA	3	7/10								
JNC	adresse	sprg. bei Cy=0	D2	3	7/10								
JM	adresse	sprg. bei S =1	FA	3	7/10								
JP	adresse	sprg. bei S =0	F2	3	7/10								
JPE	adresse	sprg. bei P =1	EA	3	7/10								
JPO	adresse	sprg. bei P =0	E2	3	7/10								

Bild 4-43: Tabelle der bedingten Sprungbefehle

Abfrage auf Null:
JZ bedeutet Jump on Zero gleich springe, wenn das Ergebnis Null ist. JNZ bedeutet Jump on Not Zero gleich springe, wenn das Ergebnis ungleich Null ist. Ein Ergebnis ist dann Null, wenn alle acht Bits Null sind.

Abfrage auf Vorzeichen:
JP bedeutet Jump on Plus gleich springe, wenn das Vorzeichenbit B7 positiv (0) ist. JM bedeutet Jump on Minus gleich springe, wenn das Vorzeichenbit B7 negativ (1) ist. Bei vorzeichenbehafteten Dualzahlen enthält die linkeste Bitposition B7 das Vorzeichen. 0 bedeutet dabei positiv (+); 1 bedeutet dabei negativ (-). Mit den Befehlen JP und JM kann auch die Bitposition B7 von Bitmustern untersucht werden, die keine Zahlen, sondern z.B. Eingänge von Steuersignalen darstellen.

Abfrage auf Übertrag:
JC bedeutet Jump on Carry gleich springe bei Übertrag. JNC bedeutet Jump on No Carry gleich springe, wenn kein Übertrag entstanden ist. Für positive Dualzahlen gilt: bei einer Addition entsteht ein Übertrag (C=1), wenn das Ergebnis größer als acht Bit wird; bei einer Subtraktion oder einem Vergleich entsteht ein Übertrag (C=1), wenn das Ergebnis kleiner als 0 wird. Kein Carry (C=0) zeigt, daß das Ergebnis im zulässigen Zahlenbereich von 0 bis 255 dezimal liegt.

Abfrage auf Parität:
JPE bedeutet Jump on Parity Even gleich springe bei gerader Parität. JPO bedeutet Jump on Parity Odd gleich springe bei ungerader Parität. Gerade Parität liegt vor, wenn die Anzahl der Einerbits eines Bitmusters geradzahlig (0, 2, 4, 6 oder 8) ist. Bei ungerader Parität ist sie ungerade (1, 3, 5 oder 7).

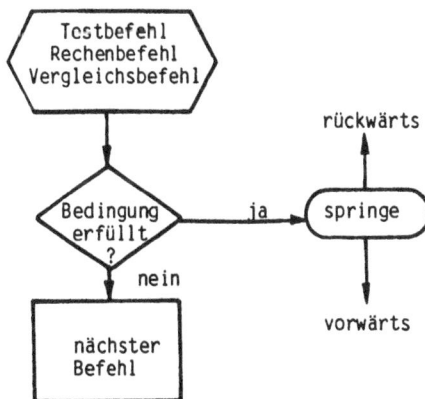

Bild 4-44: Bedingte Sprungbefehle im Ablaufplan

Bild 4-44 zeigt die Darstellung der bedingten Sprungbefehle im Programmablaufplan. Vor dem eigentlichen Sprung muß ein Testbefehl, Rechenbefehl oder Vergleichsbefehl liegen, der das auszuwertende Bedingungsbit verändert. Will man z.B. feststellen, ob der werthöchste Kippschalter eines Eingaberegisters LOW oder HIGH ist, so sind die Schalterpotentiale mit dem IN-Befehl in den Akkumulator zu laden. Ein Testbefehl (z.B. ORA A) verändert das S-Bit. Unabhängig vom vorhergehenden Inhalt wird es 0, wenn die werthöchste Bitposition des Akkumulators 0 ist, und es wird 1, wenn sie 1 ist. Der nachfolgende Befehl JM oder JP kann nun das Vorzeichen- oder S-Bit auswerten.

4.4.3 Der Unterprogrammsprung

Bei der Ausführung eines Sprungbefehls wird der Befehlszähler mit der Adresse des Sprungziels überschrieben, der alte Inhalt des Befehlszählers geht verloren. Bei Unterprogrammsprüngen will man in ein anderes Programmstück springen, aber später wieder an die alte Stelle zurückkehren. Dazu wird der alte Befehlszähler in einen besonderen Schreib/Lesespeicher, den Stapel, gerettet. Am Ende des Unterprogramm steht ein Rücksprungbefehl, der den geretteten Befehlszähler wieder zurücklädt. Damit setzt das Programm an der alten Stelle seine Arbeit fort. **Bild 4-45** zeigt die Unterprogrammbefehle.

						Bedingung							
Bef.	Operand	Wirkung	OP	B	T	S	Z	x	H	O P	v	C	y
CALL	adresse	rufe Unterprog.	CD	3	18								
RET		Rücksprung	C9	1	10								

Bild 4-45: Unterprogrammbefehle

CALL bedeutet rufen. Im Operandenteil steht die Adresse des aufzurufenden Unterprogramms. Wie bei bedingten Sprüngen gibt es auch bedingte Unterprogrammaufrufe. Ist die Bedingung erfüllt, so wird das Unterprogramm aufgerufen, sonst nicht. Die Bedingungsbits und die Sprungadresse entsprechen Bild 4-42.

RET bedeutet RETurn gleich kehre zurück in das aufrufende Programm. Auch hier gibt es bedingte Rücksprünge. Es sind 1-Byte-Befehle ohne Adreßteil, da sich die Rücksprungadresse im Stapel befindet. Vor dem Aufruf eines Unterprogramms muß also der Stapelzeiger mit dem Befehl LXI SP,adresse mit einer RAM-Adresse geladen worden sein. Bei der Arbeit mit einem Übungsgerät geschieht dies meist durch den Monitor. **Bild 4-46** zeigt den Aufruf eines Unterprogramms im Programmablaufplan.

Unterprogramme erhalten wie Sprungziele frei wählbare Namen wie z.B. GIRL. Im Gegensatz zu einem Sprungbefehl kann man jedoch mit dem Befehl RET

Hauptprogramm   Unterprogramm

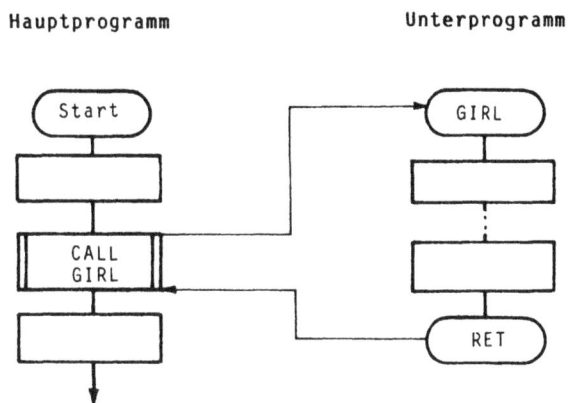

Bild 4-46: Aufruf eines Unterprogramms

wieder an die Stelle des Aufrufs zurückkehren. Damit ist es möglich, ein Unterprogramm von verschiedenen Stellen aus aufzurufen. Ein Unterprogramm kann weitere Unterprogramme, aber auch sich selbst aufrufen.

4.4.4 Anwendung der bedingten Befehle

	Sprungbefehl				Unterprogramm				Rücksprung			
Bedingung	Befehl	OP	B	T	Befehl	OP	B	T	Befehl	OP	B	T
keine	JMP	C3	3	10	CALL	CD	3	18	RET	C9	1	10
Ergebnis = 0	JZ	CA	3	7/10	CZ	CC	3	9/18	RZ	C8	1	6/12
Ergebnis ≠ 0	JNZ	C2	3	7/10	CNZ	C4	3	9/18	RNZ	C0	1	6/12
Carrybit = 1	JC	DA	3	7/10	CC	DC	3	9/18	RC	D8	1	6/12
Carrybit = 0	JNC	D2	3	7/10	CNC	D4	3	9/18	RNC	D0	1	6/12
Signbit = 1	JM	FA	3	7/10	CM	FC	3	9/18	RM	F8	1	6/12
Signbit = 0	JP	F2	3	7/10	CP	F4	3	9/18	RP	F0	1	6/12
Parität = 1	JPE	EA	3	7/10	CPE	EC	3	9/18	RPE	E8	1	6/12
Parität = 0	JPO	E2	3	7/10	CPO	E4	3	9/18	RPO	E0	1	6/12

Bild 4-47: Zusammenfassung der bedingten Befehle

Bild 4-47 zeigt eine Zusammenfassung der bedingten Befehle. Sie haben alle die gleiche Anordnung der Bedingungsbits im Funktionscode (Bild 4-42). Eine 1 im Bedingungsbit bedeutet "ja"; eine 0 bedeutet "nein". Im Fall des Zero- oder Nullbits ist Z = 1, wenn das Ergebnis Null ist, und Z = 0, wenn das Ergebnis nicht Null ist. Schaltungstechnisch liegt das Z-Bit am Ausgang eines NOR (NICHT-ODER) mit acht Eingängen. Sind alle Eingänge 0, so ist das ODER 0, das NOR aber 1. Um diesem etwas verwirrenden Zusammenhang zu entgehen, sollte man die Null-Abfrage immer auf das Ergebnis beziehen:

JZ bedeutet: Springe, wenn das **Ergebnis Null** ist.

JNZ bedeutet: Springe, wenn das **Ergebnis ungleich Null** ist.

Die bedingten Sprungbefehle haben zwei verschiedene Ausführungszeiten. Wird der Sprung ausgeführt, so muß der Prozessor in drei Maschinenzyklen (10 Takten) den Code und die vollständige Zieladresse holen. Wird der Sprung nicht ausgeführt, so entfällt der dritte Maschinenzyklus, da die Sprungadresse nicht benötigt wird. Der Befehl dauert nur zwei Maschinenzyklen (7 Takte). Ähnliches gilt für die bedingten Unterprogrammbefehle CALL und RET.

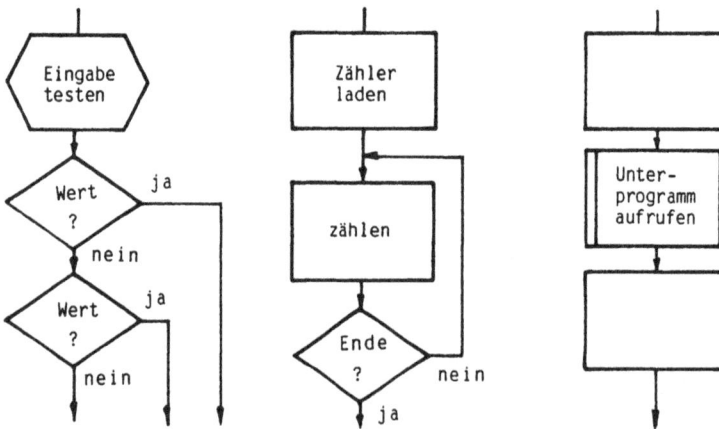

a. Programmverzweigung   b. Programmschleife   c. Unterprogrammaufruf

Bild 4-48:   Anwendungen der bedingten Befehle

Die bedingten Befehle werden entsprechend **Bild 4-48** für verschiedene Programmstrukturen verwendet, denen besondere Abschnitte gewidmet sind.

Programmverzweigungen werten einen Eingabewert aus. Dies können z.B. Schalter einer Eingabetastatur sein, die verschiedene Gerätefunktionen auslösen. Programmschleifen dienen zur mehrmaligen Ausführung von Befehlen. Das einführende Beispiel arbeitete in einer unendlichen Schleife. Durch bedingte Sprungbefehle kann jetzt eine Abbruchbedingung z.B. mit einem Schleifenzähler programmiert werden. Umfangreiche Programme teilt man in Unterprogramme auf, die den Ablauf übersichtlicher machen und die sich einzeln testen lassen.

4.4.5 Übungen zum Abschnitt über bedingte Sprünge

Die Lösungen befinden sich im Anhang!

Die Abschnitte 4.3 und 4.4 enthalten eine Reihe von Zeitabläufen verschiedener Adressierungsarten. Mit ihrer Hilfe lassen sich bei Hardwareuntersuchungen Testschleifen aufbauen, um Signale auf den Leitungen verfolgen. Die folgenden Übungen sollen den Zusammenhang zwischen den Programmen (Software) und den Signalen in den Schaltungen (Hardware) zeigen. Die Programme sind zu übersetzen und als Zeitdiagramme für den Takt, den Adreßbus, den Datenbus und die Steuerleitungen $\overline{RD}$, $\overline{WR}$ und IO/$\overline{M}$ darzustellen.

1.Aufgabe:
Das folgende Programm ist eine einfache Testschleife für ein EPROM. Nach einem RESET muß das Programm in einer Schleife laufen.

```
Name    Befehl Operand
        ORG    0000H    ; Adresszähler
LOOP    JMP    LOOP     ; Schleife
        END
```

2.Aufgabe:
Das folgende Programm untersucht eine Parallelschnittstelle. Der anliegende Eingabewert muß auf dem Datenbus im Ausführungszyklus des IN-Befehls zu beobachten sein.

```
Name    Befehl Operand
        ORG    1000H    ; Adresszähler
LOOP    IN     01H      ; lesen
        JMP    LOOP     ; Schleife
        END
```

3.Aufgabe:
Das folgende Programm beschreibt ein Byte eines Schreib/Lesespeichers mit dem Bitmuster 01010101.

```
Name    Befehl Operand
        ORG    1000H    ; Adresszähler
        MVI    A,55H    ; 0101 0101
LOOP    STA    1100H    ; nach RAM
        JMP    LOOP     ; Schleife
        END
```

4.5 Programmverzweigungen

Dieser Abschnitt behandelt Programmverzweigungen als Anwendung bedingter
Sprünge. Programmverzweigungen werten Eingabewerte aus, die z.B von Kippschaltern oder einer Tastatur eingegeben werden.

4.5.1 Grafische Darstellung und Vorbereitung einer Verzweigung

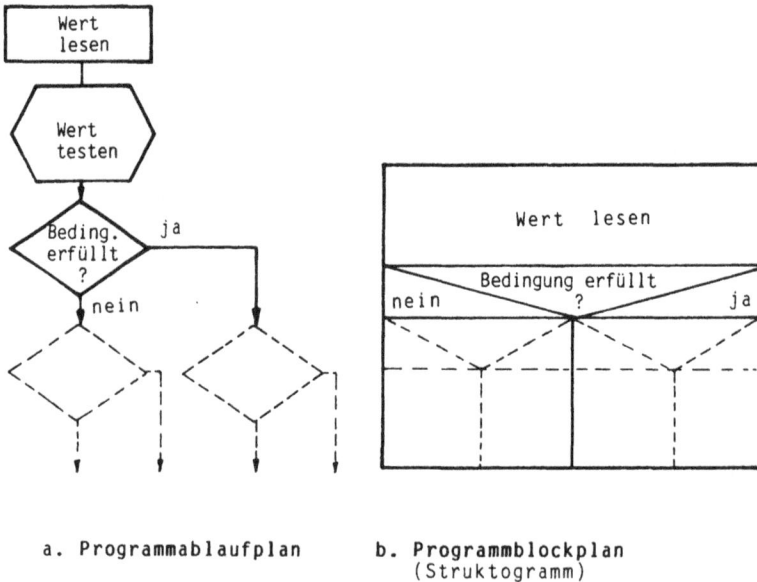

a. Programmablaufplan   b. Programmblockplan
                                  (Struktogramm)

Bild 4-49: Grafische Darstellung einer Verzweigung

Der Programmablaufplan **Bild 4-49** zeigt die Reihenfolge, in der eine Verzweigung abläuft: Wert einlesen, Wert testen und in Abhängigkeit von einem der
vier Bedingungsbits bedingt springen. Der Programmablaufplan stellt die Befehle einzeln dar. Der Programmblockplan, auch Struktogramm genannt, zeigt den
Aufbau der Verzweigung in zwei nebeneinander liegenden Blöcken, ohne die
einzelnen Befehle darzustellen, mit denen die Verzweigung ausgeführt wird.

In jedem Zweig können weitere Verzweigungen erforderlich sein. In diesem
Fall spricht man von einer Fallunterscheidung nach **Bild 4-50**.

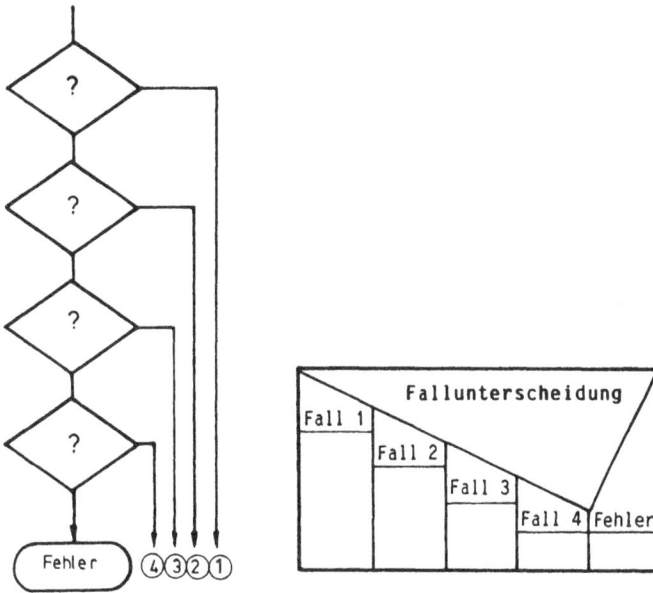

a. Programmablaufplan

b. Programmblockplan
(Struktogramm)

Bild 4-50: Grafische Darstellung einer Fallunterscheidung

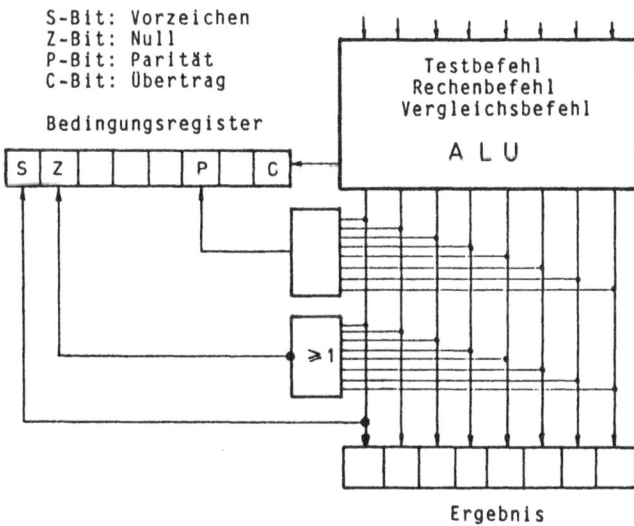

Bild 4-51: Beeinflussung der Bedingungsflipflops

Der Programmblockplan einer Fallunterscheidung ist wesentlich übersichtlicher als der Programmablaufplan. Ein besonderer Block enthält den Fehlerfall, wenn kein vorgegebener Wert eingelesen wird. In diesem Fall sollte das Programm eine Fehlermeldung ausgeben.

Bei der Ausführung der bedingten Sprünge vergleicht das Steuerwerk die Sprungbedingung im Funktionscode des Befehls mit dem entsprechenden Bit des Bedingungsregisters. Sollen z.B. die Kippschalter des Eingaberegisters 01 auf Null untersucht werden, so müssen die binären Schalterwerte über die arithmetisch-logische Einheit (ALU) laufen. An ihrem Ausgang liegen entsprechend **Bild 4-51** Schaltungen, die die Bedingungsflipflops setzen oder rücksetzen, kurz beeinflussen. Im Gegensatz zu anderen Mikroprozessoren übertragen beim 8085A alle Transportbefehle (MOV, IN, LDA) die Daten nicht über die ALU, sondern direkt in die Register. Daher sind nach diesen Befehlen keine bedingten Sprünge möglich. Die zu untersuchenden Daten sind zuerst in den Akkumulator zu bringen und mit einem der in **Bild 4-52** zusammengestellten Befehle zu testen. Erst dann kann ein bedingter Sprungbefehl die Bedingungsflipflops auswerten.

Bef.	Operand	Wirkung	OP	B	T	S	Z	x	H	O	P	v	C	y
ORA	A	teste Akku	B7	1	4	x	x		0		x		0	
ADI	konst	A <= A + konst	C6	2	7	x	x		x		x		x	
CPI	konst	A - konstante	FE	2	7	x	x		x		x		x	
ANI	konst	A <= A UND kon	E6	2	7	x	x		1		x		0	
RAL		⤺Cy◄─[ ]◄┘	17	1	4								x	
RAR		└Cy◄─►[ ]┘	1F	1	4								x	

Bild 4-52: Vorbereitungsbefehle für einen bedingten Sprung

ORA A bedeutet OR Accumulator with Accumulator gleich bilde das logische ODER des Akkumulators mit sich selbst. Dabei bleibt der Inhalt des Akkumulators unverändert; es werden jedoch bei dieser logischen Operation vor allem das S- und das Z-Bit entsprechend dem getesteten Akkumulatorinhalt verändert. Das S-Bit speichert die werthöchste Bitposition; das Z-Bit zeigt an, ob alle acht Bitpositionen des Akkumulators Null sind oder nicht. Das Carry-Bit wird durch den Befehl ORA A immer 0 gesetzt. Den Befehl ORA A kann man auch als Testbefehl bezeichnen, der die Bedingungsbits S und Z verändert; den Inhalt des Akkumulators jedoch nicht beeinflußt.

ADI bedeutet ADd Immediate gleich addiere zum Akkumulator die folgende 8-Bit-Konstante. Er ist wie der Befehl MVI aufgebaut mit dem Unterschied, daß die Konstante nicht geladen, sondern zum Akkumulator addiert wird. Addiert man die Konstante 00, so bleibt der Inhalt des Akkumulators unverändert.

CPI bedeutet ComPare Immediate gleich vergleiche den Akkumulator mit der folgenden 8-Bit-Konstanten. Dies ist eine Testsubtraktion, bei der die Differenz nur die Bedingungsflipflops verändert, den Inhalt des Akkumulators jedoch nicht beeinflußt.

ANI bedeutet ANd Immediate gleich bilde das logische UND des Akkumulators mit der folgenden 8-Bit-Konstanten. Als Konstante wählt man eine Maske, mit der man bestimmte Bitpositionen des Akkumulators ausblenden kann.

RAL bedeutet Rotate Accumulator Left gleich verschiebe den Akkumulator zyklisch nach links. Der Akkumulator bildet dabei mit dem Carrybit ein 9-Bit-Schieberegister. RAR bedeutet Rotate Accumulator Right gleich verschiebe den Akkumulator zyklisch nach rechts. Der Akkumulator bildet dabei mit dem Carrybit ein 9-Bit-Schieberegister.

Die im Bild 4-52 dargestellten Befehle dienen hier nur zur Vorbereitung von Programmverzweigungen. Der Abschnitt Datenverarbeitung verwendet sie für arithmetische und logische Operationen.

4.5.2 Untersuchung eines 8-Bit-Wertes (Bytes)

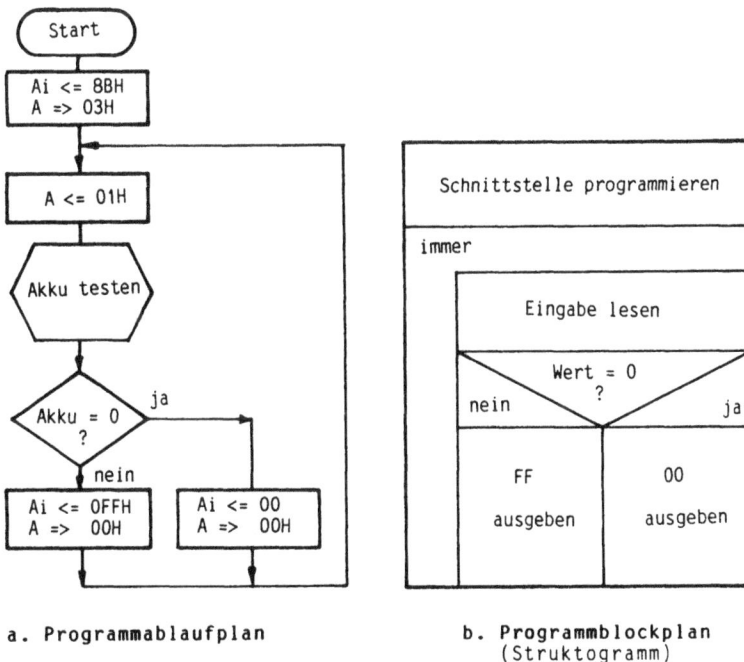

a. Programmablaufplan

b. Programmblockplan
   (Struktogramm)

Bild 4-53: Grafische Darstellung des Programmbeispiels

Für die Untersuchung eines 8-Bit-Wertes auf Null steht das Z-Bit zur Verfügung. Das folgende Programmbeispiel prüft, ob alle acht Kippschalter des Eingaberegisters Null sind. Bei "ja" sollen alle acht Leuchtdioden des Ausgaberegisters ausgeschaltet werden. Bei "nein", wenn also mindestens ein Kippschalter an ist, sollen auf der Ausgabe alle acht Leuchtdioden eingeschaltet werden. **Bild 4-53** zeigt den Programmablaufplan und den Programmblockplan.

Nach der Programmierung der Parallelschnittstelle arbeitet das Programm in einer Schleife, die dauernd die Eingabewerte untersucht und entsprechende Ausgabewerte auf den Leuchtdioden anzeigt. Damit kann das Programm mit verschiedenen Eingabewerten getestet werden. Auch in der praktischen Anwendung muß das Programm laufend die Eingabetastatur kontrollieren, ob z.B. neue Kommandos eingegeben werden. **Bild 4-54** zeigt das übersetzte Programm.

```
                    0001 >; BILD 4-54  VERZWEIGUNG BEI NULL
 L1000              0002 >       ORG   1000H     ; ADRESSZAEHLER
*1000 3E 8B         0003 >START  MVI   A,8BH     ; STEUERBYTE A=AUS  B=EIN
*1002 D3 03         0004 >       OUT   03H       ; NACH STEUERREGISTER
*1004 DB 01         0005 >LOOP   IN    01H       ; EINGABE
*1006 B7            0006 >       ORA   A         ; TESTEN
*1007 CA 11 10      0007 >       JZ    SUSI      ; SPRINGE BEI NULL
*100A 3E FF         0008 >       MVI   A,0FFH    ; KONSTANTE 1111 1111 LADEN
*100C D3 00         0009 >       OUT   00H       ; AUSGEBEN
*100E C3 04 10      000A >       JMP   LOOP      ; SCHLEIFE
*1011 3E 00         000B >SUSI   MVI   A,00H     ; KONSTANTE 0000 0000 LADEN
*1013 D3 00         000C >       OUT   00H       ; AUSGEBEN
*1015 C3 04 10      000D >       JMP   LOOP      ; SCHLEIFE
 E0000              000E >       END
```

Bild 4-54: Programmbeispiel einer Verzweigung bei Null

Zum Testen des Eingabewertes dient der Befehl ORA A. Eine andere Möglichkeit wäre der Befehl ADI 00. Beide Befehle verändern in diesem Fall das Z-Bit, das anschließend durch den Befehl JZ SUSI ausgewertet wird. Der Name SUSI wurde frei gewählt. Die in der grafischen Darstellung nebeneinander liegenden Programmzweige sind im Programm hintereinander angeordnet. Sie müssen durch den bedingten Sprungbefehl JMP voneinander getrennt werden. Anderenfalls würde das Programm nach Ausführung des oberen Zweiges auch noch den unteren Zweig durchlaufen. Die durch einen Rahmen besonders gekennzeichneten drei Befehle IN 01H, ORA A und JZ werden in den folgenden Beispielen durch andere Abfragebefehle ersetzt.

Der Vergleichsbefehl CPI **(Bild 4-55)** dient dazu, die Eingabe auf ein bestimmtes Bitmuster zu untersuchen. Dazu wird das an den Schaltern eingestellte Muster zunächst mit einem IN-Befehl in den Akkumulator geladen. Das zweite Byte des CPI-Befehls enthält das gesuchte Bitmuster als Konstante. Der Befehl bildet die Differenz Akkumulator minus Vergleichskonstante. Ist die Differenz Null, so ist das zu untersuchende Muster gleich dem Vergleichsmuster. Faßt man die beiden Bitmuster als positive Dualzahlen auf, so erlaubt das Carrybit

Eingabewert Vergleichswert
Akkumulator 8-Bit-Konstante

C = 0: Differenz positiv
C = 1: Differenz negativ

 = Null: Differenz Null
≠ Null: Differenz ungleich Null

vergleichen
(Testsubtraktion)

A L U

Z   C

≥ 1

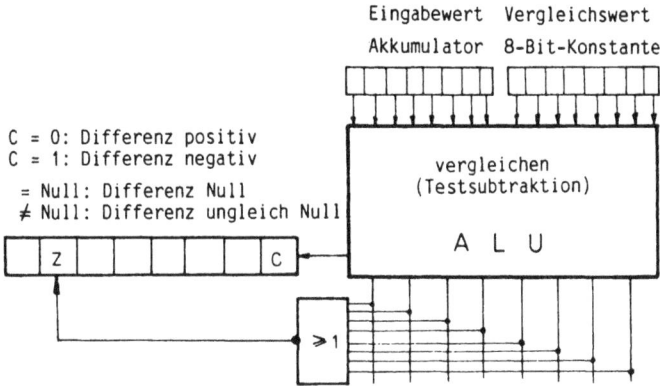

Bild 4-55: Ausführung des Vergleichsbefehls

einen Größenvergleich. Ist das Carrybit gleich 0, so ist die Differenz größer oder gleich Null. Ist das Carrybit gleich 1, so ist die Differenz negativ. Vergleichsbefehle führen eine Testsubtraktion durch. Im Gegensatz zu den Subtraktionsbefehlen bleibt der Inhalt des Akkumulators erhalten und kann mit weiteren Vergleichsbefehlen auf andere Bitmuster untersucht werden. **Bild 4-56** zeigt als Beispiel den Test auf das Bitmuster 00001111 hexadezimal 0F.

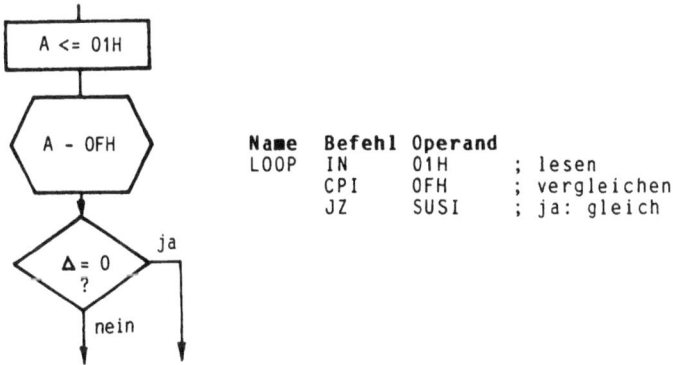

A <= 01H

A - 0FH

Δ = 0 ?

ja

nein

```
Name   Befehl Operand
LOOP   IN     01H       ; lesen
       CPI    0FH       ; vergleichen
       JZ     SUSI      ; ja: gleich
```

Bild 4-56: Vergleich auf das Bitmuster 00001111

Der IN-Befehl bringt das an den Kippschaltern eingestellte Bitmuster in den Akkumulator. Der Befehl CPI 0FH vergleicht den Akkumulator mit dem Vergleichsmuster 00001111 hexadezimal 0F. Stimmen beide Muster überein, so springt das Programm zum Ziel SUSI. Die drei Befehle können in das Programm Bild 4-54 eingebaut und mit diesem getestet werden.

Da nach einem Vergleichsbefehl der Inhalt des Akkumulators erhalten bleibt, können mehrere Vergleichsbefehle mit den entsprechenden bedingten Sprüngen aufeinander folgen. Trifft keiner der Vergleiche zu, so liegt ein Eingabefehler vor, der eine Fehlermeldung auslösen sollte.

4.5.3 Abfrage eines Einzelbits

Die Bitpositionen eines Bytes werden mit B7 (links) bis B0 (rechts) bezeichnet. Für die Untersuchung der linkesten Bitposition B7 unabhängig von den anderen kann entsprechend **Bild 4-57** das S-Bit (Vorzeichenbit) des Bedingungsregisters verwendet werden.

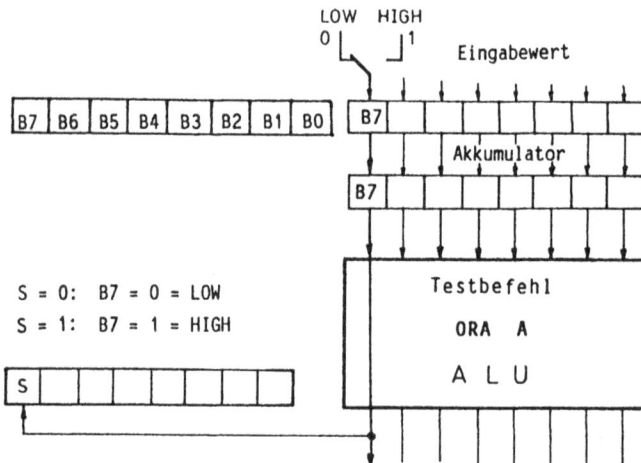

Bild 4-57: Auswertung des Vorzeichenbits

Bei einem Bitmuster, das die ALU verläßt, wird die linkeste Bitposition B7 in das S-Flipflop kopiert. S steht für Sign gleich Vorzeichen. Es wird durch die bedingten Sprünge JP (Positiv oder 0) bzw. JM (Minus oder 1) ausgewertet. Damit ist es z.B. möglich, den Kippschalter B7 eines Eingabeports zu untersuchen. Ein LOW-Potential erscheint als S = 0; ein HIGH-Potential als S = 1. **Bild 4-58** zeigt dazu ein Programmbeispiel.

Der IN-Befehl lädt alle acht Kippschalterpotentiale in den Akkumulator. Durch den Befehl ORA A wird der Akkumulator getestet, d.h. ohne Veränderung über die ALU geschaltet. Dabei gelangt das werthöchste Bit in das S-Flipflop. Der Befehl JP SUSI springt nur dann, wenn das S-Flipflop 0 ist. Die drei Befehle können in das Programm Bild 4-54 eingebaut und mit diesem getestet werden.

```
          A <= 01H
```

```
Name    Befehl  Operand
LOOP    IN      01H      ; lesen
        ORA     A        ; testen
        JP      SUSI     ; ja: Bit = Null
```

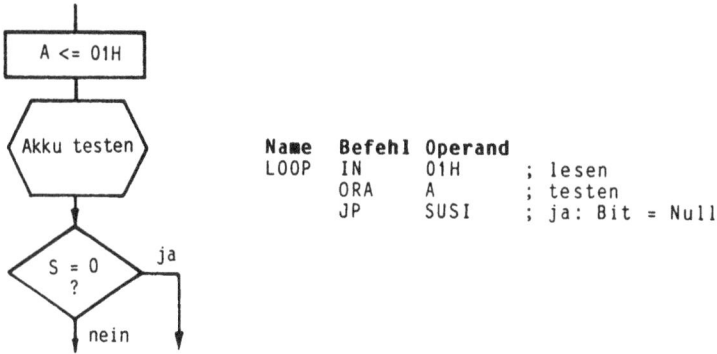

Bild 4-58: Beispiel für Auswertung des Vorzeichenbits

Die linkeste Bitposition B7 kann mit Hilfe des S-Bits durch die Befehle JP oder JM direkt abgefragt werden; der Zustand der restlichen sieben Bitpositionen ist dabei ohne Einfluß. Für die anderen Bitpositionen kommt nur dann ein Vergleichsbefehl (CPI) in Frage, wenn sichergestellt ist, daß alle anderen Bits konstant sind. Da für eine Untersuchung der Bitpositionen B6 bis B0 keine Bedingungsbits und bedingten Sprungbefehle vorhanden sind, müssen das Z-Bit (Null) und das C-Bit (Übertrag) herangezogen werden. **Bild 4-59** zeigt ein Beispiel, wie durch eine UND-Maske die zu untersuchende Bitposition unverändert übernommen wird, während die anderen Bitpositionen Null gesetzt werden.

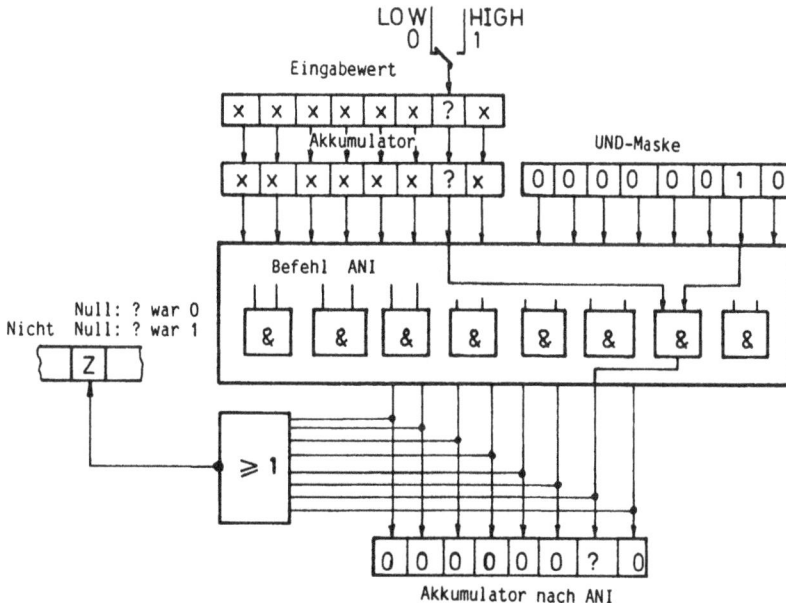

Bild 4-59: Maskierung einzelner Bitpositionen

Bei der Ausführung eines ANI-Befehls besteht die ALU aus acht UND-Schaltungen mit je zwei Eingängen. An einem Eingang liegt ein Bit des Akkumulators, am anderen das entsprechende Bit einer 8-Bit-Konstanten, die auch als Maske bezeichnet wird. Ist ein Eingang des UND konstant 0, so ist der Ausgang auch immer 0. Ist ein Eingang des UND konstant 1, so ist der Ausgang gleich dem zweiten Eingang. In den Bitpositionen, in denen die Maske eine 0 enthält, wird der Akkumulator gelöscht; in den Bitpositionen, in denen die Maske eine 1 enthält, bleibt der Akkumulator unverändert erhalten. **Bild 4-60** zeigt als Beispiel die Untersuchung der Bitposition B1 des Akkumulators unabhängig vom Zustand der anderen Bits. ANI heißt ANd Immediate gleich bilde das logische UND des Akkumulators mit einer unmittelbar folgenden Konstanten.

```
                    Name   Befehl Operand
                    LOOP   IN     01H      ; lesen
                           ANI    02H      ; Maske 0000 0010
                           JZ     SUSI     ; ja: Bit = Null
```

Bild 4-60: Beispiel für eine Maskierung

Das Beispiel untersucht die Bitposition B1 der Eingabekippschalter. Der IN-Befehl bringt den Zustand **aller** Kippschalter in den Akkumulator. Dabei werden die Bedingungsbits nicht verändert. Der ANI-Befehl verknüpft das Bitmuster mit der binären Maske 0000 0010 = 02 hexadezimal. Damit bleibt nur die Bitposition B1 erhalten, alle anderen werden gelöscht. Ist die zu untersuchende Bitposition B1 = 0, so ist das Gesamtergebnis Null und das Programm springt mit dem Befehl JZ zum Ziel SUSI. Ist B1 = 1, so wird nicht gesprungen.

Mit Hilfe von Masken lassen sich nicht nur einzelne Bitpositionen, sondern auch Gruppen von mehreren Bits ausblenden und z.B. mit Vergleichsbefehlen weiter untersuchen. **Bild 4-61** zeigt eine andere Möglichkeit der Einzelbitverarbeitung. Dabei wird die zu untersuchende Bitposition in das Carrybit geschoben, das ebenfalls durch bedingte Befehle ausgewertet werden kann.

Die beiden Schiebebefehle des Bildes 4-61 behandeln den Akkumulator und das Carrybit als ein zyklisches 9-Bit-Schieberegister. Weitere Schiebebefehle werden später im Zusammenhang mit der Verarbeitung von Daten betrachtet. Beim Prozessor 8085A wird bei allen Schiebebefehlen nur das Carrybit, nicht

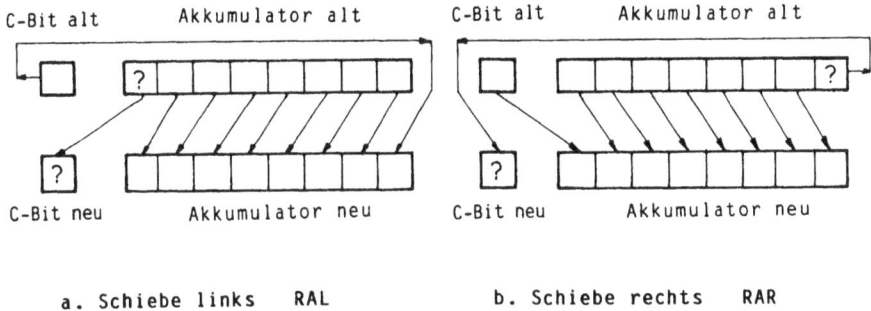

C-Bit alt   Akkumulator alt   C-Bit alt   Akkumulator alt

C-Bit neu   Akkumulator neu   C-Bit neu   Akkumulator neu

a. Schiebe links   RAL   b. Schiebe rechts   RAR

Bild 4-61: Schiebebefehle RAL und RAR

aber das S-Bit beeinflußt. Durch Linksschieben (RAL) gelangt die linkeste Bitposition B7 des Akkumulators in das Carrybit. Durch Rechtsschieben (RAR)
gelangt die rechteste Bitposition B0 in das Carrybit. Das Carrybit kann dann
mit den Befehlen JC (Springe bei C = 1) bzw. JNC (Springe bei C = 0) ausgewertet werden. Da ein Schiebebefehl nur um ein Bit verschiebt, müssen gegebenenfalls mehrere Schiebebefehle verwendet werden. **Bild 4-62** zeigt, daß zur
Untersuchung der Bitposition B1 zwei Schiebebefehle erforderlich sind.

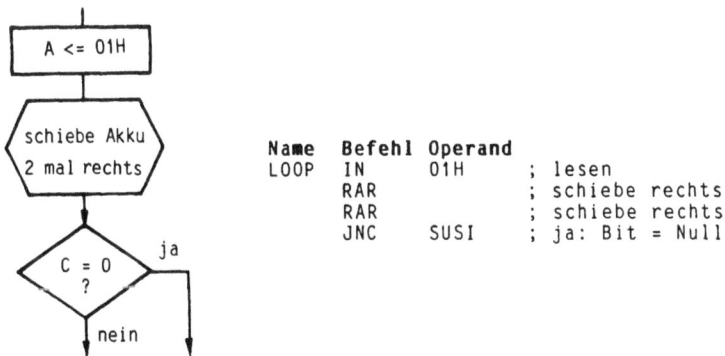

Name	Befehl	Operand	
LOOP	IN	01H	; lesen
	RAR		; schiebe rechts
	RAR		; schiebe rechts
	JNC	SUSI	; ja: Bit = Null

Bild 4-62: Verschieben einer Bitposition in das Carrybit

Das Beispiel untersucht den Kippschalter B1. Der IN-Befehl bringt den Zustand
aller Schalter in den Akkumulator. Die beiden RAR-Befehle schieben die Bitposition B1 in das Carrybit. Ist die Bitposition 0, so springt der Befehl JNC
zum Ziel SUSI. Ist die Bitposition 1, so wird nicht gesprungen. Die Befehle
lassen sich in das Programm Bild 4-54 einbauen und testen.

Sollen mehrere Kippschalter untersucht werden, so wird durch das Schieben eine Rangordnung festgelegt. Das Bit, das zuerst in das Carrybit geschoben wird, wird auch als erstes ausgewertet. Schiebt man nach links, so haben die höherwertigen Bits Vorrang vor den niederwertigen. Das Vorzeichenbit (S-Bit) läßt sich nach einer Schiebeoperation ohne einen Testbefehl nicht auswerten!

4.5.4 Übungen zum Abschnitt Programmverzweigungen

Die Lösungen befinden sich im Anhang!

1.Aufgabe:
Man entwerfe und teste ein Programm, das die Parallelschnittstelle 8255 programmiert und dann in einer Schleife die Kippschalter auf der Adresse 01H untersucht.

Sind alle Schalter AUS (LOW), so erscheine das Bitmuster 0000 0000 auf den Leuchtdioden.

Ist der Schalter des werthöchsten Bits (B7) EIN (HIGH), so erscheine das Bitmuster 1111 0000 auf der Ausgabe.

Ist der Schalter des werthöchsten Bits (B7) AUS (LOW), der Rest aber ungleich Null, so erscheine das Bitmuster 0000 1111 auf der Ausgabe.

2.Aufgabe:
Man entwerfe und teste ein Programm, das die Parallelschnittstelle 8255 programmiert und dann in einer Schleife die Kippschalter auf der Adresse 01H untersucht.

Das Bitmuster 0000 1111 erzeuge das Bitmuster 1111 0000 auf der Ausgabe.

Das Bitmuster 1111 0000 erzeuge das Bitmuster 0000 1111 auf der Ausgabe.

Das Bitmuster 0000 0000 erzeuge das Bitmuster 0000 0000 auf der Ausgabe.

Wird das Bitmuster 0101 0101 eingegeben, so springe das Programm zur Adresse 0000H und damit zurück in den Monitor.

Alle anderen Bitmuster sollen als Fehlermeldung das Muster 1111 1111 auf der Ausgabe erzeugen. Dieses Muster tritt auch beim Umschalten der zulässigen Eingaben auf.

3.Aufgabe:

Man entwerfe und teste ein Programm, das die Parallelschnittstelle 8255 programmiert und dann in einer Schleife die Kippschalter auf der Adresse 01H untersucht.

Ist der werthöchste Schalter B7 EIN (HIGH), so erscheine das Muster 1100 0000 auf der Ausgabe.

Ist der Schalter B6 EIN (HIGH), so erscheine das Muster 1111 0000 auf der Ausgabe.

Ist der Schalter B5 EIN (HIGH), so erscheine das Muster 1111 1100 auf der Ausgabe.

Ist der Schalter B4 EIN (HIGH), so erscheine das Muster 1111 1111 auf der Ausgabe.

Alle anderen Schalter B3 bis B0 haben keine Bedeutung. Sind mehrere der Schalter B7 bis B4 EIN (HIGH), so haben die werthöheren Schalter Vorrang.

4.6 Programmschleifen

Eine Schleife besteht aus einer Folge von Befehlen, die mehrmals ausgeführt werden. Da der Prozessor, von Ausnahmen abgesehen, keinen Halt kennt, sondern immer aktiv ist, laufen fast alle Programme in Schleifen.

4.6.1 Schleifen mit und ohne Abbruchbedingung

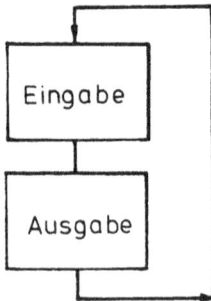

a. Programmablaufplan

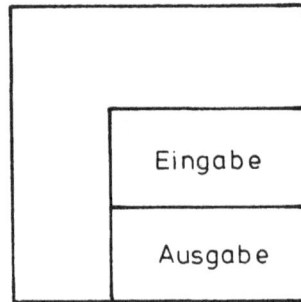

b. Programmblockplan
   (Struktogramm)

Bild 4-63:   Schleife ohne Abbruchbedingung

Das einführende Beispiel enthielt eine Schleife ohne programmgesteuerte Abbruchbedingung entsprechend **Bild 4-63**. Ein Ende der Schleife ist harwaremäßig möglich durch einen Interrupt oder ein Reset. Bei einem Übungssystem übernimmt in diesen Fällen der Monitor, das Überwachungsprogramm oder Betriebssystem, die Kontrolle. **Bild 4-64** zeigt den Abbruch einer Schleife durch einen bestimmten Eingabewert.

Nach der Eingabe eines Wertes muß dieser getestet werden, ob die Abbruchbedingung zutrifft. Bei "ja" verläßt das Programm die Schleife. Als Abbruchbedingung dienen die Programmverzweigungen des vorigen Abschnitts. **Bild 4-65** zeigt ein ablauffähiges Programmbeispiel, das bei der Eingabe von acht Nullbits (alle acht Kippschalter auf LOW) die Schleife verläßt und zurück in den Monitor springt.

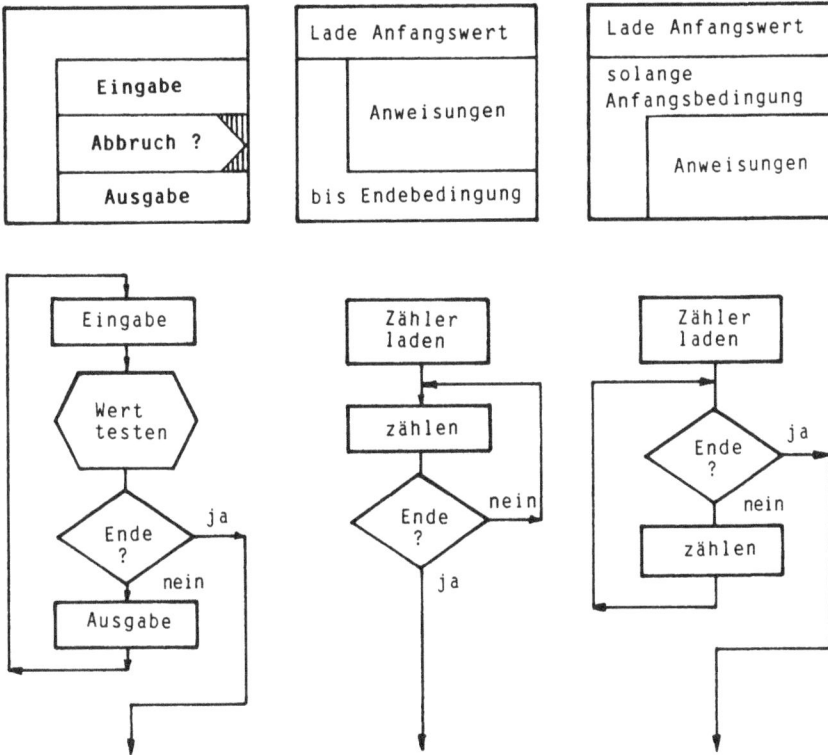

Bild 4-64: Schleife mit Abbruchbedingung

Nach dem Programmieren der Parallelschnittstelle liest das Programm mit
dem IN-Befehl die Stellung der Kippschalter ein. Der Wert wird mit dem Befehl ORA A getestet. Ist er in allen acht Bitpositionen Null, so springt das
Programm zum Ziel MONI aus der Schleife heraus. In dem vorliegenden Beispiel ist MONI das Monitorprogramm mit der Startadresse 0000H. Da der
Name MONI im Programm nicht vorkommt, wird er mit der Assembleranweisung
EQU auf den Wert 0000H gesetzt.

```
              0001 >; BILD 4-65  SCHLEIFENABBRUCH DURCH DEN WERT NULL
*8000         0002 >MONI   EQU  0000H    ; EINSPRUNG MONITOR
L1000         0003 >       ORG  1000H    ; ADRESSZAEHLER
*1000 3E 8B   0004 >START  MVI  A,8BH    ; STEUERBYTE  A=AUS  B=EIN
*1002 D3 03   0005 >       OUT  03H      ; STEUERREGISTER
*1004 DB 01   0006 >LOOP   IN   01H      ; KIPPSCHALTER-EINGABE
*1006 B7      0007 >       ORA  A        ; EINGABE TESTEN
*1007 CA 00 00 0008 >      JZ   MONI     ; BEI NULL: ABBRUCH
*100A D3 00   0009 >       OUT  00H      ; UNGLEICH NULL: AUSGEBEN
*100C C3 04 10 000A >      JMP  LOOP     ; SCHLEIFE
E0000         000B >       END
```

Bild 4-65: Programmbeispiel: Schleifenabbruch durch den Wert Null

4.6.2 Aufbau von 8-Bit-Zählschleifen

Eine Schleife kann auch durch einen Zähler gesteuert werden, der vor dem Eintritt in die Schleife auf einen Anfangswert gesetzt und in der Schleife herauf- oder herabgezählt wird. **Bild 4-66** zeigt den Aufbau von Aufwärts- und Abwärtszählern.

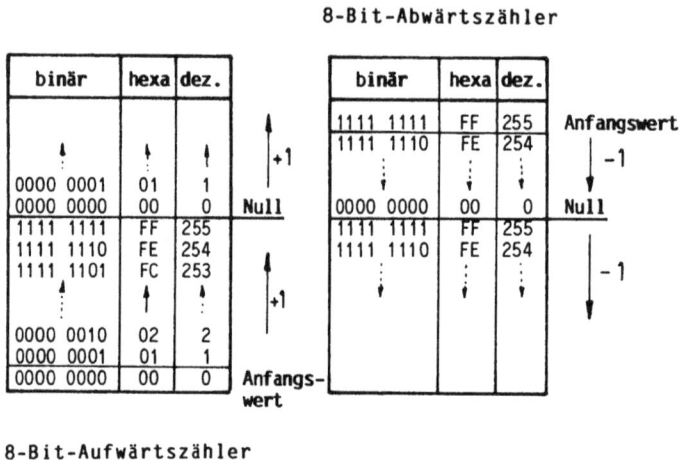

8-Bit-Abwärtszähler

binär	hexa	dez.		binär	hexa	dez.	
			+1	1111 1111	FF	255	Anfangswert
				1111 1110	FE	254	−1
0000 0001	01	1					
0000 0000	00	0	Null	0000 0000	00	0	Null
1111 1111	FF	255		1111 1111	FF	255	
1111 1110	FE	254		1111 1110	FE	254	−1
1111 1101	FC	253	+1				
0000 0010	02	2					
0000 0001	01	1					
0000 0000	00	0	Anfangswert				

8-Bit-Aufwärtszähler

Bild 4-66: 8-Bit-Zähler ohne Abbruchbedingung

Zählen heißt, einen Wert um 1 zu erhöhen (inkrementieren) oder um 1 zu vermindern (dekrementieren). In den Beispielen des Bildes 4-66 sind die Zähler positive Dualzahlen von 0 bis 255. Der Aufwärtszähler beginnt bei 0 und zählt bis 255, dual 1111 1111. Addiert man noch eine 1, so entsteht die Dualzahl 1 0000 0000 oder dezimal 256. Da die neunte Stelle nicht mehr in acht Bit darstellbar ist, geht sie bei einem 8-Bit-Zähler verloren, und der Zähler beginnt wieder mit seinem Anfangswert 0. Der Abwärtszähler des Beispiels beginnt mit dem größten Wert 1111 1111 dual oder 255 dezimal und zählt bis zum kleinsten Wert 0 herunter. Vermindert man den Zähler von 0000 0000 nochmals um 1, so entsteht die Zahl 1111 1111, die man als -1 ansehen könnte. Da man bei Zähler nur mit positiven Zahlen arbeitet, ist wieder der größte Wert 255 dezimal entstanden. **Bild 4-67** zeigt die Darstellung im Zahlenkreis.

Beim Aufwärtszählen (+1) bewegt man sich im Uhrzeigersinn; beim Abwärtszählen (-1) gegen den Uhrzeigersinn. In beiden Zählrichtungen kann durch eine Nullabfrage ein Überlauf bzw. Unterlauf festgestellt werden. In der praktischen Anwendung lädt man häufig ein 8-Bit-Register mit einem Anfangswert und zählt es so lange herab, bis es Null ist. **Bild 4-68** zeigt die 8-Bit-Zählbefehle des Prozessors 8085A.

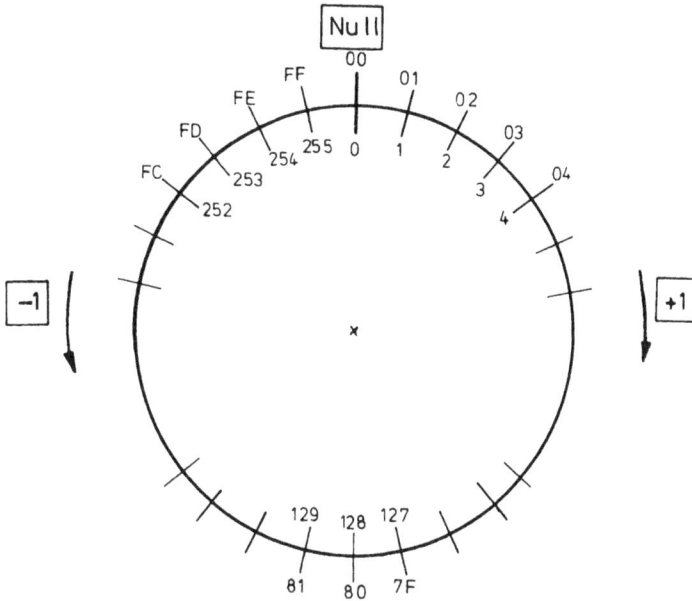

Bild 4-67: Zahlenkreis der 8-Bit-Zähler

Bef.	Operand	Wirkung	OP	B	T	S	Z	x	H	O	P	V	Cy
											Bedingung		
INR	A	A <= A + 1	3C	1	4	x	x		x		x		
INR	B	B <= B + 1	04	1	4	x	x		x		x		
INR	C	C <= C + 1	0C	1	4	x	x		x		x		
INR	D	D <= D + 1	14	1	4	x	x		x		x		
INR	E	E <= E + 1	1C	1	4	x	x		x		x		
INR	H	H <= H + 1	24	1	4	x	x		x		x		
INR	L	L <= L + 1	2C	1	4	x	x		x		x		
INR	M	M <= M + 1	34	1	10	x	x		x		x		
DCR	A	A <= A - 1	3D	1	4	x	x		x		x		
DCR	B	B <= B - 1	05	1	4	x	x		x		x		
DCR	C	C <= C - 1	0D	1	4	x	x		x		x		
DCR	D	D <= D - 1	15	1	4	x	x		x		x		
DCR	E	E <= E - 1	1D	1	4	x	x		x		x		
DCR	H	H <= H - 1	25	1	4	x	x		x		x		
DCR	L	L <= L - 1	2D	1	4	x	x		x		x		
DCR	M	M <= M - 1	35	1	10	x	x		x		x		

Bild 4-68: 8-Bit-Zählbefehle

INR bedeutet INcrement Register gleich erhöhe ein 8-Bit-Register um 1.
DCR bedeutet DeCrement Register gleich vermindere ein 8-Bit-Register um 1.
Die Befehle lassen sich auf alle 8-Bit-Register und das durch das HL-Registerpaar adressierte Speicherbyte (M) anwenden. Sie laufen über die ALU und verändern alle Bedingungsbits außer dem Carrybit. Sieht man die Zähler als positive Zahlen von 0 bis 255 an, so entfällt das Vorzeichenbit. Damit lassen sich
Zähler nur auf Null oder mit Hilfe eines Vergleichsbefehls auf einen bestimmten Endwert prüfen. Die Zähler laufen in Registern, die man über den Akkumulator mit dem OUT-Befehl auf den Leuchtdioden ausgeben kann. Allerdings
ist die Zählfrequenz so hoch, daß sie sich nicht mit dem Auge verfolgen läßt.
Zur Anzeige ist daher eine Zeitverzögerung entsprechend dem Beispiel **Bild
4-69** erforderlich.

Der Programmblockplan zeigt einen Aufwärtszähler ohne Endebedingung, der
in der Schleife ausgegeben wird. Für die Zeitverzögerung wurde ein neuer Plan
gezeichnet. Er enthält einen Abwärtszähler, der bis auf Null heruntergezählt
wird. Der Programmablaufplan zeigt die Verteilung der Register. Der auszugebende Aufwärtszähler läuft wegen des OUT-Befehls im Akkumulator; der Verzögerungszähler im B-Register. Da der bedingte Sprung JNZ auf den DCR-
Befehl des B-Registers folgt, wird nur der Zähler im B-Register auf Null geprüft.

Läßt man das Programmbeispiel **Bild 4-70** auf dem Übungsgerät laufen, so
kann man den Zähler in den höheren Bitpositionen mit dem Auge verfolgen.
Die Zählfrequenz läßt sich berechnen. Der Befehl DCR B benötigt 4 Takte;
der Befehl JNZ 10 Takte. Die in der Schleife liegenden 14 Takte werden 255
mal durchlaufen. Damit ergeben sich 14 x 255 = 3570 Takte Verzögerungszeit.
Bei einer Taktfrequenz von 2 MHz und damit einer Zykluszeit von 0,5 µs liefert
die Schleife eine Wartezeit von ca. 1,8 ms. Die wertniedrigste Leuchtdiode
wird alle 1,8 ms umgeschaltet. Eine Periode dauert damit 3,6 ms. Dies entspricht einer Frequenz von ca. 277 Hz. Der Binärzähler ist ein Frequenzteiler,
der von Stelle zu Stelle die Frequenz 2:1 herunterteilt. Die werthöchste Stelle hat den Teilungsfaktor 128 und blinkt mit einer Frequenz von ca. 2 Hz.

Das Beispiel **Bild 4-71** zeigt drei Zähler, die ineinander verschachtelt sind.
Im C-Register läuft ein Aufwärtszähler ohne Abbruchbedingung, der auf den
Leuchtdioden ausgegeben wird. Die Verzögerungszeit und damit die Blinkfrequenz
wird an den Kippschaltern eingestellt. Der Verzögerungszähler läuft im Akkumulator. Ein Unterprogramm liefert mit einem Abwärtszähler im B-Register
eine konstante Wartezeit von 1 ms. **Bild 4-72** zeigt das vollständige Programmbeispiel.

Der Anfangswert des Verzögerungszählers im Akkumulator wird von den Kippschaltern gelesen. Der Wert muß vor dem Herabzählen auf Null geprüft werden, um zu verhindern, daß ein Anfangswert gleich Null vor der Abfrage bereits
auf 1111 1111 herabgezählt wird. Der Abwärtszähler des Unterprogramms im

B-Register arbeitet mit einem konstanten Anfangswert ungleich Null und kann daher nach dem Herabzählen abgefragt werden. Der Anfangswert wurde so berechnet, daß das Programm 1 ms wartet. Bei einem Takt von 2 MHz (Zykluszeit 0,5 µs) müssen zwischen dem Aufruf und dem Rücksprung 2000 Takte vergehen. Der konstante Anteil (CALL, MVI und RET) beträgt 35 Takte. Der Rest von 1965 Takten verteilt auf 14 Takte pro Durchlauf ergibt 140,3 gerundet 140 Durchläufe. Für die Erzeugung sehr genauer Frequenzen müßten für den gerundeten Anteil zusätzliche Befehle außerhalb der Schleife eingebaut werden. Außerdem wäre zu berücksichtigen, daß der letzte bedingte Sprung JNZ nicht 10 Takte, sondern nur 7 Takte dauert, da in diesem Fall nicht gesprungen wird.

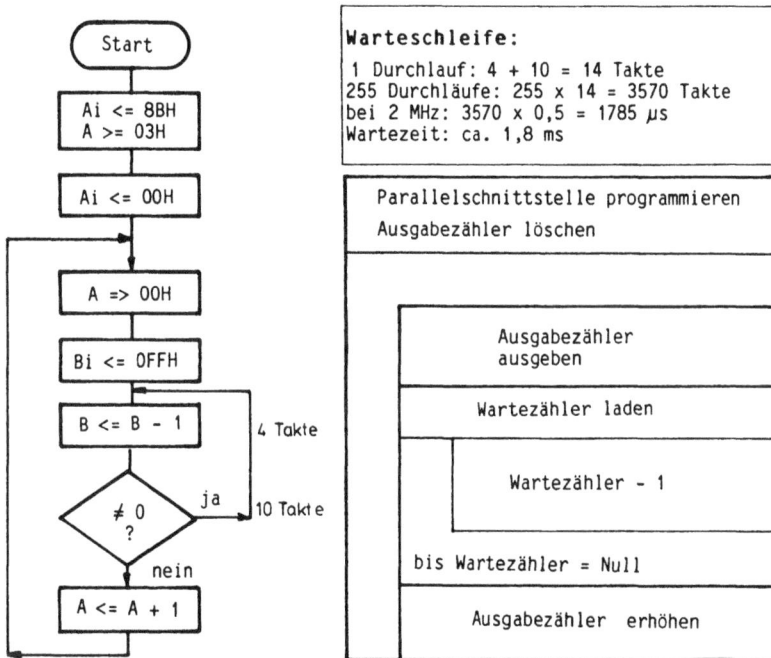

Bild 4-69: Verzögerter Binärzähler

```
              0001 >; BILD 4-70  VERZOEGERTER BINAERZAEHLER
L1000         0002 >      ORG   1000H   ; ADRESSZAEHLER
*1000 3E 8B   0003 >START MVI   A,8BH   ; STEUERBYTE A=AUS B=EIN
*1002 D3 03   0004 >      OUT   03H     ; STEUERREGISTER
*1004 3E 00   0005 >      MVI   A,00H   ; ZAEHLERANFANGSWERT
*1006 D3 00   0006 >LOOP  OUT   00H     ; ZAEHLER AUSGEBEN
*1008 06 FF   0007 >      MVI   B,0FFH  ; VERZOEGERUNGSZAEHLER LADEN
*100A 05      0008 >WAIT  DCR   B       ; 4 TAKTE
*100B C2 0A 10 0009 >     JNZ   WAIT    ; 10 TAKTE
*100E 3C      000A >      INR   A       ; ZAEHLER + 1
*100F C3 06 10 000B >     JMP   LOOP    ; SCHLEIFE ZUR AUSGABE
E0000         000C >      END
```

Bild 4-70: Programmbeispiel: Verzögerter Binärzähler

Start

Ai <= 8BH
A => 03H

Ci <= 00H

A <= C
A => 00H

A <= 01H

Akku
testen

= 0
?

ja

nein

MS1
1 ms warten

A <= A - 1

C <= C + 1

Wartezeit:

1 ms = 1000 µs
2 MHz: 2000 Takte
fest   -35 Takte
Schleife 1965 Takte

1965:14 = 140,3

140 Durchläufe

MS1

Bi <= 140   7 Takte

B <= B - 1   4 Takte

≠ 0   ja
?   10 Takte

nein   14 Takte

RET   10 Takte

CALL:
18 Takte

Parallelschnittstelle programmieren
Ausgabezähler löschen

Ausgabezähler ausgeben
Wartezähler einlesen

solange ungleich Null

1 ms warten

Wartezähler - 1

Ausgabezähler erhöhen

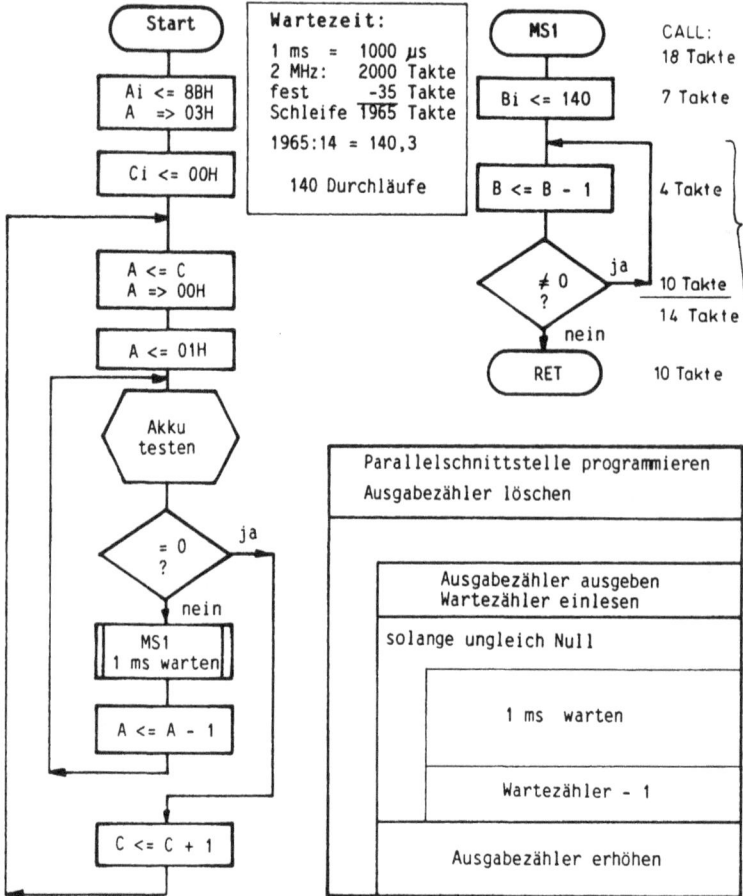

Bild 4-71: Einstellbarer Binärzähler

```
                 0001 >; BILD 4-72  EINSTELLBARER BINAERZAEHLER
L1000            0002 >        ORG   1000H    ; ADRESSZAEHLER
*1000 3E 8B      0003 >START   MVI   A,8BH    ; STEUERBYTE A=AUS B=EIN
*1002 D3 03      0004 >        OUT   03H      ; STEUERREGISTER
*1004 0E 00      0005 >        MVI   C,00H    ; AUSGABEZAEHLER
*1006 79         0006 >LOOP    MOV   A,C      ; AUSGABEZAEHLER NACH AKKU
*1007 D3 00      0007 >        OUT   00H      ; AUSGEBEN
*1009 DB 01      0008 >        IN    01H      ; KIPPSCHALTER LESEN
*100B B7         0009 >TEST    ORA   A        ; AKKU TESTEN
*100C CA 16 10   000A >        JZ    FERT     ; NULL: FERTIG
*100F CD 1A 10   000B >        CALL  MS1      ; UNTERPROGRAMM 1 MS WARTEN
*1012 3D         000C >        DCR   A        ; DURCHLAUFZAEHLER - 1
*1013 C3 0B 10   000D >        JMP   TEST     ; ZAEHLER TESTEN
*1016 0C         000E >FERT    INR   C        ; AUSGABEZAEHLER + 1
*1017 C3 06 10   000F >        JMP   LOOP     ; SCHLEIFE ZAEHLER AUSGEBEN
                 0010 >; UNTERPROGRAMM 1 MS WARTEN
*101A 06 8C      0011 >MS1     MVI   B,140    ;  7 TAKTE
*101C 05         0012 >MS11    DCR   B        ;  4 TAKTE 140 DURCHLAEUFE
*101D C2 1C 10   0013 >        JNZ   MS11     ; 10 TAKTE 140 DURCHLAEUFE
*1020 C9         0014 >        RET            ; 10 TAKTE
E0000            0015 >        END
```

Bild 4-72: Programmbeispiel: Einstellbarer Binärzähler

```
Ai <= 01H

A <= A + 1

A - 100

≠ 0
?
```
ja
nein

```
Name    Befehl  Operand
        MVI     A,01H
LOOP    INR     A       ; A <= A + 1
        CPI     100     ; A - 100 dezimal
        JNZ     LOOP    ; ungleich: weiter
```

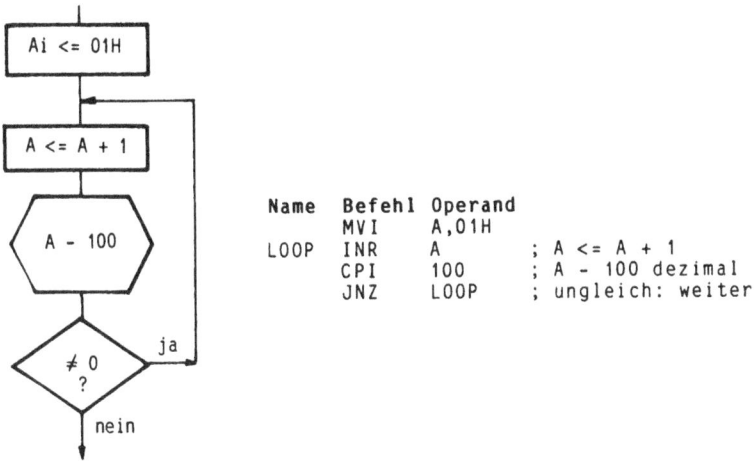

Bild 4-73: Aufwärtszähler von 1 bis 100

Der in **Bild 4-73** dargestellte Aufwärtszähler von 1 bis 100 wird durch einen Vergleichsbefehl auf seinen Endwert kontrolliert. **Bild 4-74** zeigt weitere Befehle, die für Zählschleifen verwendet werden können.

Bef.	Operand	Wirkung	OP	B	T	Bedingung						
						S	Z	x	H	0	P	v	C	y
CPI	konst	A - konstante	FE	2	7	x	x	x	x	x		
ADI	konst	A <= A + konst	C6	2	7	x	x	x	x	x		
SUI	konst	A <= A - konst	D6	2	7	x	x	x	x	x		
NOP		keine	00	1	4							
RLC		⌐y⌐⫿▯▯▯▯▯▯▯⫿⌐	07	1	4							x

Bild 4-74: Befehle für Zählschleifen

CPI bedeutet ComPare Immediate gleich vergleiche den Inhalt des Akkumulators mit der unmittelbar folgenden Konstanten. Der Befehl führt eine Testsubtraktion Akkumulator minus Konstante durch und beeinflußt die Bedingungsbits, die durch nachfolgende Sprungbefehle ausgewertet werden können. Der Inhalt des Akkumulators bleibt unverändert. Mit diesem Befehl lassen sich Zähler auf einen Endwert kontrollieren.

ADI bedeutet ADd Immediate gleich addiere die folgende Konstante zum Akkumulator. SUI bedeutet SUbtract Immediate gleich subtrahiere die folgende Konstante vom Akkumulator. Diese beiden arithmetischen Befehle ergeben Schrittweiten größer als 1. Lädt man die Schrittweite in ein Register, so lassen sich variable Schrittweiten erzielen.

NOP bedeutet No OPeration gleich "tu nix". Der Befehl liefert eine Verzögerung von vier Takten ohne Beeinflussung der Bedingungsbits oder eines Registers. Innerhalb einer Schleife verlängert er die Laufzeit, außerhalb der
Schleife wird er für den Feinabgleich der Wartezeit benutzt. Der NOP-Befehl
dient auch beim Entwurf von Programmen als Platzhalter für später einzufü-
gende Befehle oder ersetzt Befehle, die man unwirksam machen will.

RLC bedeutet Rotate Left without Carry gleich verschiebe den Akkumulator
ohne das Carrybit zyklisch nach links. Im Gegensatz zum RAL-Befehl wird al-
lein der Akkumulator verschoben. Das herausgeschobene Bit wird zwar in das
Carrybit übernommen; der alte Inhalt des Carrybits geht jedoch verloren. Mit
Hilfe der Schiebebefehle lassen sich Sprungleisten anstelle von Zählschleifen
aufbauen.

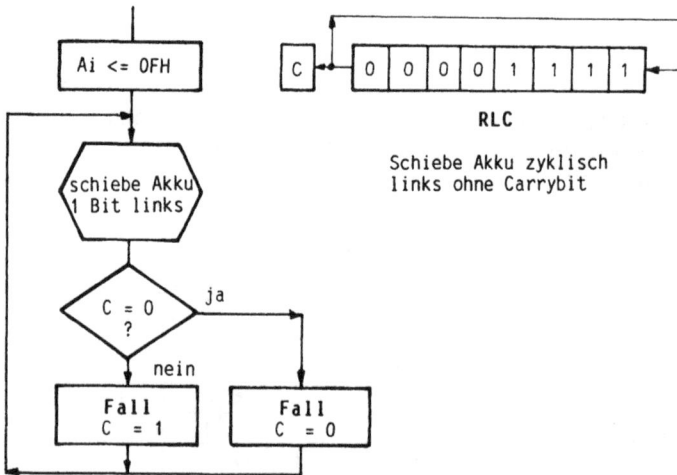

```
Name    Befehl  Operand
        MVI     A,0FH   ; Muster 0000 1111
LOOP    RLC             ; 1 Bit links schieben
        JNC     FALL0   ; springe bei Cy = 0
FALL1   NOP             ; Fall Cy = 1
        JMP     LOOP    ; Schleife
FALL0   NOP             ; Fall Cy = 0
        JMP     LOOP    ; Schleife
```

Bild 4-75: Schiebebefehle zum Aufbau von Sprungleisten

Im Beispiel des Bildes **4-75** lautet die Sprungleiste 00001111. Nach jedem
Schiebebefehl wird das Carry-Bit untersucht. Das Programm verzweigt viermal
zum Fall C=0 und viermal zum Fall C=1.

4.6.3 Aufbau von 16-Bit-Zählschleifen

Reicht die mit einem 8-Bit-Zähler erreichbare Verzögerungszeit nicht aus, so können, wie schon im Bild 4-71 gezeigt, Zählschleifen ineinander verschachtelt werden. Eine andere Möglichkeit ist der Aufbau von Zählern in den 16-Bit-Registern.

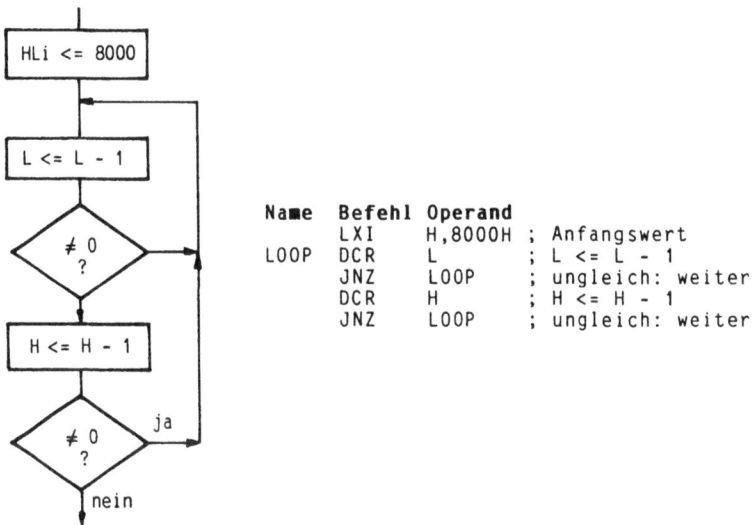

```
Name   Befehl  Operand
       LXI     H,8000H  ; Anfangswert
LOOP   DCR     L        ; L <= L - 1
       JNZ     LOOP     ; ungleich: weiter
       DCR     H        ; H <= H - 1
       JNZ     LOOP     ; ungleich: weiter
```

Bild 4-76: 16-Bit-Zähler in zwei Teilen

Der in **Bild 4-76** dargestellte Zähler wird durch den LXI-Befehl mit einem 16-Bit-Anfangswert geladen und mit zwei 8-Bit-Zählbefehlen in zwei Teilen getrennt heruntergezählt. Die Schleife ist beendet, wenn beide Register Null sind. Da der Zähler nach dem Vermindern kontrolliert wird, würde ein Anfangswert 0000 vor der ersten Abfrage den Wert FFFF liefern, der ungleich Null ist. Die Schleife würde anschließend 65535 mal durchlaufen werden, bis der Zähler wieder Null geworden ist. Die Abfrage nach dem Zählen eignet sich also nur für konstante Zähler, bei denen man den Fall Anfangswert gleich Endwert ausschließen kann. Bei variablen Anfangswerten ist die Kontrolle auf das Ende vor dem Zählen vorzunehmen.

Bild 4-77 zeigt die 16-Bit-Zählbefehle für die Registerpaare BC, DE und HL sowie für den Stapelzeiger. Mit diesen Befehlen lassen sich 16-Bit-Zähler in Registerpaaren aufbauen.

Bef.	Operand	Wirkung	OP	B	T	Bedingung S Z x H 0 P v C y
INX	B	BC <= BC + 1	03	1	6	
INX	D	DE <= DE + 1	13	1	6	
INX	H	HL <= HL + 1	23	1	6	
INX	SP	SP <= SP + 1	33	1	6	
DCX	B	BC <= BC - 1	0B	1	6	
DCX	D	DE <= DE - 1	1B	1	6	
DCX	H	HL <= HL - 1	2B	1	6	
DCX	SP	SP <= SP - 1	3B	1	6	

Bild 4-77: 16-Bit-Zählbefehle

INX bedeutet INcrement indeXregister gleich erhöhe ein Registerpaar um 1.
DCX bedeutet DeCrement indeXregister gleich vermindere ein Registerpaar
um 1. Als symbolische Registeradressen dienen die Kennbuchstaben B für BC-
Registerpaar, D für DE-Registerpaar, H für HL-Registerpaar und SP für Stapelzeiger. **Bild 4-78** zeigt einen 16-Bit-Zähler, der in einem Registerpaar
aufwärts oder abwärts läuft.

binär	hexa	dezim.	
0000000000000010	0 0 0 2	0 0 0 0 2	
0000000000000001	0 0 0 1	0 0 0 0 1	
0000000000000000	0 0 0 0	0 0 0 0 0	**keine**
1111111111111111	F F F F	6 5 5 3 5	Nullabfrage !
1111111111111110	F F F E	6 5 5 3 4	
1111111111111101	F F F D	6 5 5 3 3	
⋮	⋮	⋮	
0000000000000010	0 0 0 2	0 0 0 0 2	
0000000000000001	0 0 0 1	0 0 0 0 1	
0000000000000000	0 0 0 0	0 0 0 0 0	**keine**
1111111111111111	F F F F	6 5 5 3 5	Nullabfrage !
1111111111111110	F F F E	6 5 5 3 4	
1111111111111101	F F F D	6 5 5 3 3	

Bild 4-78: 16-Bit-Zähler in einem Registerpaar

Im Gegensatz zu den 8-Bit-Zählbefehlen werden durch die 16-Bit-Zählbefehle
die Bedingungsbits für die Sprungbedingungen **n i c h t** verändert. Damit lassen sich zwar in den 16-Bit-Registern Zähler aufbauen, aber nicht auf Null
prüfen. Bild 4-76 zeigte einen Ausweg, den 16-Bit-Zähler in zwei Teilen durch
8-Bit-Zählbefehle bis auf Null herunterzuzählen. Das Beispiel **Bild 4-79** benutzt den Akkumulator als Hilfsregister zur Nullabfrage.

```
HLi <= 0000

HL <= HL - 1

A <= H

A <=
A ODER L

≠ 0
?
        ja

nein
```

```
Name  Befehl Operand
      LXI    H,0000H ; Anfangswert
LOOP  DCX    H       ; HL <= HL - 1
      MOV    A,H     ; A <= H
      ORA    L       ; A <= A ODER L
      JNZ    LOOP    ; ungleich: weiter
```

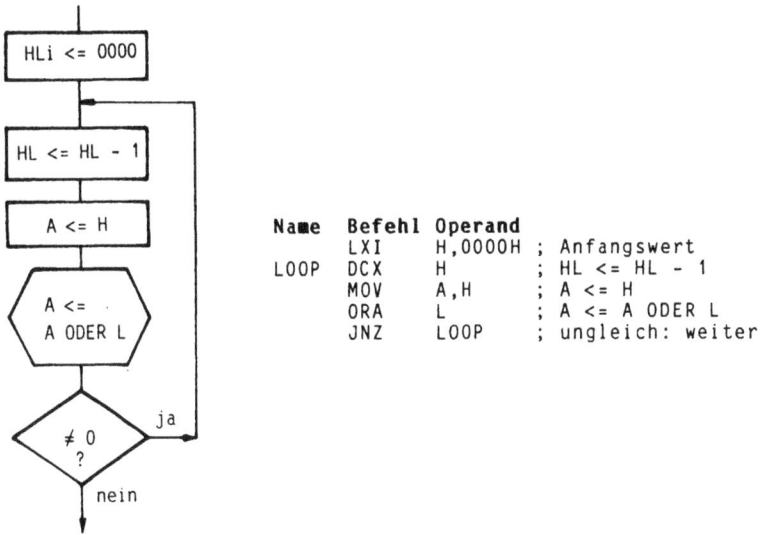

Bild 4-79: 16-Bit-Zähler mit Nullabfrage

Das HL-Registerpaar wird mit einem konstanten 16-Bit-Anfangswert geladen und kann daher **nach** dem Herabzählen auf Null geprüft werden. Dazu wird der Akkumulator mit dem höherwertigen Teil des Zählers im H-Register geladen und dann durch das logische ODER mit dem niederwertigen Teil im L-Register verknüpft. Das Ergebnis ist nur dann Null, wenn alle 16 Bits beider Register Null sind. Der bedingte Sprung JNZ wertet das Nullbit aus. Der ursprüngliche Inhalt des Akkumulators wird durch das Laden und Verknüpfen zerstört. **Bild 4-80** zeigt einen 16-Bit-Zähler mit variablem Anfangs- und Endwert.

Im Beispiel Bild 4-80 werden mit den beiden ersten LXI-Befehlen Anfangs- und Endwert geladen; sie könnten aber auch z.B. von einer Tastatur eingegeben werden. In diesem Falle müßte jedoch geprüft werden, ob der Anfangswert kleiner oder gleich dem Endwert ist. Dazu müßte das Carrybit herangezogen werden. Der Vergleich der beiden Registerpaare geschieht mit Hilfe des Akkumulators vor dem Zählen, um die Schleife für den Fall Anfangswert gleich Endwert sofort abbrechen zu können.

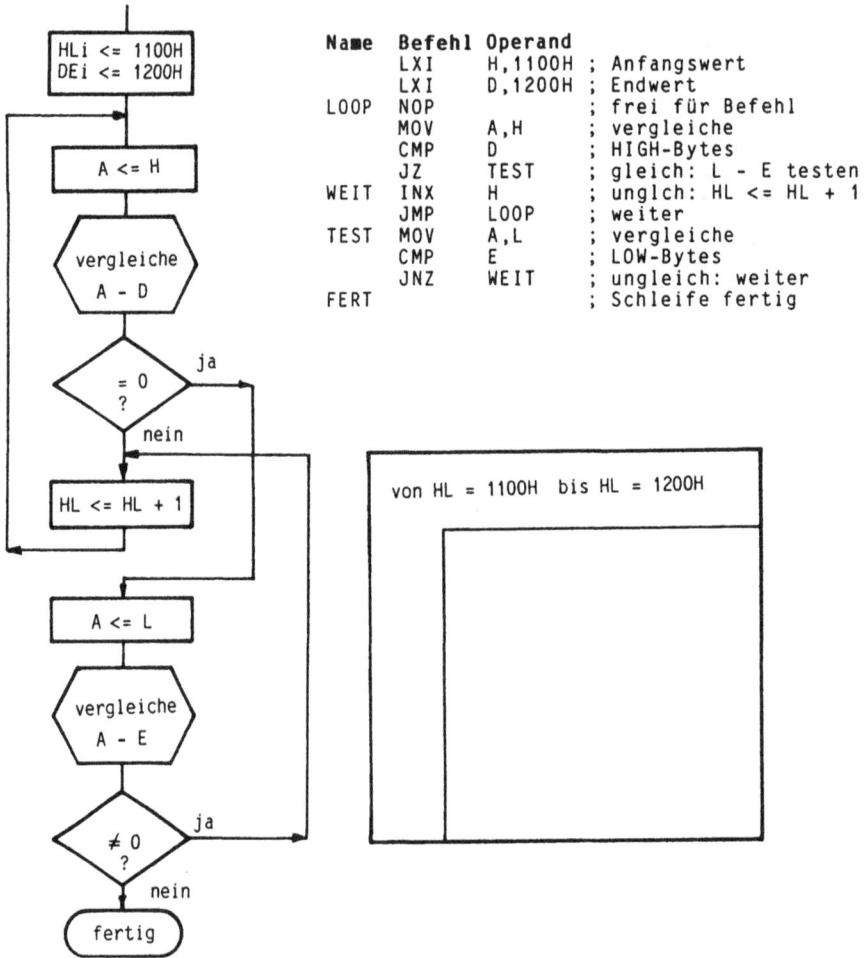

```
Name   Befehl Operand
       LXI    H,1100H  ; Anfangswert
       LXI    D,1200H  ; Endwert
LOOP   NOP             ; frei für Befehl
       MOV    A,H      ; vergleiche
       CMP    D        ; HIGH-Bytes
       JZ     TEST     ; gleich: L - E testen
WEIT   INX    H        ; unglch: HL <= HL + 1
       JMP    LOOP     ; weiter
TEST   MOV    A,L      ; vergleiche
       CMP    E        ; LOW-Bytes
       JNZ    WEIT     ; ungleich: weiter
FERT                   ; Schleife fertig
```

von HL = 1100H bis HL = 1200H

Bild 4-80: 16-Bit-Zähler mit Endabfrage

4.6.4 Ereigniszähler

Die in **Bild 4-81** dargestellte Rechteckfunktion läßt sich z.B. durch Kippschalter erzeugen. Dabei kann man Flanken oder Zustände des Signals untersuchen.

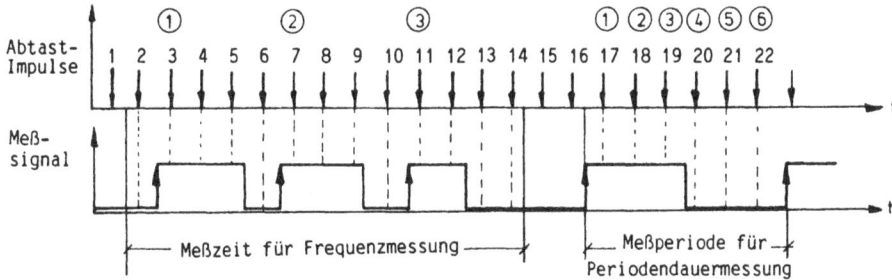

Bild 4-81: Abtastung eines Kippschalterpotentials

Die Abtastrate des Signals beträgt je nach Aufbau der Abfrageschleife 10 bis 100 µs. Eine Frequenzmessung kann auf eine Zählung der Flanken innerhalb einer vorgegebenen Meßzeit zurückgeführt werden. Eine Periodendauermessung zählt die Abtastungen zwischen zwei Signalflanken und multipliziert sie mit der Abtastrate als Zeitfaktor. Erzeugt man das Rechtecksignal nicht mit einem Funktionsgenerator, sondern durch Schalter, so können durch Kontaktprellungen zusätzliche Impulse entstehen, die das Ergebnis verfälschen.

```
                     0001 >; BILD 4-82  ZAEHLEN STEIGENDER FLANKEN
 L1000               0002 >       ORG   1000H       ; ADRESSZAEHLER
*1000 3E 8B          0003 >START  MVI   A,8BH       ; STEUERBYTE A=AUS B=EIN
*1002 D3 03          0004 >       OUT   03H         ; NACH STEUERREGISTER
*1004 0E 00          0005 >       MVI   C,00H       ; ZAEHLERANFANGSWERT
*1006 79             0006 >       MOV   A,C         ; NACH AKKU
*1007 D3 00          0007 >       OUT   00H         ; AUSGEBEN
*1009 DB 01          0008 >LOOP   IN    01H         ; LEITUNG LESEN
*100B B7             0009 >       ORA   A           ; TESTEN
*100C F2 09 10       000A >       JP    LOOP        ; LEITUNG LOW: WARTEN
*100F 0C             000B >       INR   C           ; LEITUNG HIGH: STEIGENDE FLANKE
*1010 79             000C >       MOV   A,C         ; NEUEN ZAEHLER NACH AKKU
*1011 D3 00          000D >       OUT   00H         ; NEUEN ZAEHLER AUSGEBEN
*1013 DB 01          000E >HIGH   IN    01H         ; LEITUNG LESEN
*1015 B7             000F >       ORA   A           ; TESTEN
*1016 FA 13 10       0010 >       JM    HIGH        ; LEITUNG HIGH: WARTEN
*1019 C3 09 10       0011 >       JMP   LOOP        ; LEITUNG LOW: FALLENDE FLANKE
 E0000               0012 >       END
```

Bild 4-82: Programmbeispiel: Zählen steigender Flanken

Bild 4-82 zeigt ein Programmbeispiel, das den werthöchsten Kippschalter mit Hilfe des Vorzeichenbits auf LOW bzw. HIGH untersucht. Jede steigende Flanke erhöht einen Zähler, der auf den Leuchtdioden angezeigt wird. Wird

der Zähler bei einer Tastenbetätigung mehrfach erhöht, so sind Prellungen
aufgetreten. Diese lassen sich durch eine Verlängerung der Abtastzeit auf ca.
1 bis 5 ms je nach Bauart des Kontaktes unterdrücken.

LOW-Potential liefert S=0. HIGH-Potential liefert S=1. Der Schalter soll zunächst LOW sein. Nach dem Löschen des Zählers wartet das Programm in
einer Schleife auf ein HIGH-Potential. Liegt ein HIGH-Potential vor, so wird
der Zähler um 1 erhöht und ausgegeben. Die folgende Schleife wartet auf ein
LOW-Potential und springt dann in die Schleife, die im LOW-Potential wieder
auf ein HIGH wartet. Das Programm springt zwischen den beiden Warteschleifen hin und her. Der Zähler wird nur bei einem Übergang von LOW auf HIGH
um 1 erhöht. Anstelle der beiden Schleifen könnte eine Schleife mit einer
Zustandsmarke verwendet werden, die mit dem laufenden Wert verglichen wird.
Dies geschieht in dem folgenden Programmbeispiel **Bild 4-83**, das die Frequenz
mißt, mit der der werthöchste Kippschalter betätigt wird.

```
              0001 >; BILD 4-83   FREQUENZMESSUNG
 L1000        0002 >           ORG   1000H      ; ADRESSZAEHLER
*1000 3E 8B   0003 >START      MVI   A,8BH      ; STEUERBYTE A=AUS  B=EIN
*1002 D3 03   0004 >           OUT   03H        ; NACH STEUERREGISTER
*1004 0E 00   0005 >NEU        MVI   C,00H      ; FLANKENZAEHLER
*1006 11 73 60 0006 >          LXI   D,24691    ; ZEITZAEHLER
*1009 DB 01   0007 >TEST       IN    01H        ; LEITUNG LESEN
*100B E6 80   0008 >           ANI   80H        ; MASKE 1000 0000
*100D C2 09 10 0009 >          JNZ   TEST       ; LEITUNG HIGH: WARTEN
*1010 47      000A >           MOV   B,A        ; LEITUNG LOW: NACH B
*1011 1B      000B >LOOP       DCX   D          ; ZEITZAEHLER - 1
*1012 7A      000C >           MOV   A,D        ; DE AUF NULL PRUEFEN
*1013 B3      000D >           ORA   E          ; 16-BIT-VERGLEICH
*1014 CA 39 10 000E >          JZ    FERTIG     ; NULL: FERTIG
*1017 DB 01   000F >           IN    01H        ; LEITUNG LESEN
*1019 E6 80   0010 >           ANI   80H        ; MASKE 1000 0000
*101B CA 30 10 0011 >          JZ    LOW        ; NULL: LEITUNG IST LOW
*101E B8      0012 >           CMP   B          ; LEITUNG IST HIGH
*101F CA 2A 10 0013 >          JZ    HIGH       ; LEITUNG WAR HIGH
*1022 47      0014 >FLANKE     MOV   B,A        ; STEIGENDE FLANKE ERKANNT
*1023 0C      0015 >           INR   C          ; FLANKENZAEHLER + 1
*1024 CA 3F 10 0016 >          JZ    FEHLER     ; NULL: UEBERLAUFFEHLER
*1027 C3 11 10 0017 >          JMP   LOOP       ; NEUE ABFRAGE
*102A 00      0018 >HIGH       NOP              ; ZEITAUSGLEICH
*102B 00      0019 >           NOP              ; ZEITAUSGLEICH
*102C 00      001A >           NOP              ; ZEITAUSGLEICH
*102D C3 11 10 001B >          JMP   LOOP       ; NEUE ABFRAGE
*1030 06 00   001C >LOW        MVI   B,00H      ; ZUSTAND LOW SPEICHERN
*1032 00      001D >           NOP              ; ZEITAUSGLEICH
*1033 00      001E >           NOP              ; ZEITAUSGLEICH
*1034 00      001F >           NOP              ; ZEITAUSGLEICH
*1035 00      0020 >           NOP              ; ZEITAUSGLEICH
*1036 C3 11 10 0021 >          JMP   LOOP       ; NEUE ABFRAGE
*1039 79      0022 >FERTIG     MOV   A,C        ; FLANKENZAEHLER NACH AKKU
*103A D3 00   0023 >           OUT   00H        ; AUSGEBEN
*103C C3 04 10 0024 >          JMP   NEU        ; NEUE MESSUNG STARTEN
*103F 0E FF   0025 >FEHLER     MVI   C,0FFH     ; FEHLERMARKE
*1041 C3 39 10 0026 >          JMP   FERTIG     ; AUSGEBEN
 E0000        0027 >           END
```

Bild 4-83: Programmbeispiel: Frequenzmessung

Das Programm zählt in einer Meßzeit von 1 sek die Zahl der steigenden Flanken des Eingangssignals und gibt danach den Zählerstand als Frequenz aus. Bei einem Überlauf des 8-Bit-Zählers wird als Fehlermeldung die größte Zahl ausgegeben. Eine bessere Lösung würde in diesem Fall die Meßzeit automatisch verringern. Der Zeitzähler läuft im DE-Registerpaar. Er wird in jedem Durchlauf um 1 bis auf Null vermindert. Nach dem Lesen des Eingangspotentials wird der werthöchste Kippschalter mit einer UND-Maske von den übrigen Bitpositionen getrennt und untersucht. Es können drei Fälle auftreten:

1. Ist der Schalter LOW, so wird eine Marke im B-Register gelöscht. Zusätzlich findet ein Zeitausgleich statt.

2. Ist der Schalter HIGH und ist die Marke auch HIGH, so findet lediglich ein Zeitausgleich statt, und es wird nicht gezählt.

3. Ist der Schalter HIGH und ist die Marke gelöscht, so liegt eine steigende Flanke vor. Sie wird gezählt, und die Marke wird HIGH gesetzt.

Die beiden kürzeren Programmzweige enthalten NOP-Befehle zum Zeitausgleich, um eine gleiche Ausführungszeit für alle drei Zweige von 43 Takten zu erzielen. Ein Schleifendurchlauf benötigt 81 Takte. Für eine Meßzeit von 1 Sekunde oder 2 Millionen Takten muß der Zeitzähler im DE-Registerpaar mit dem gerundeten Anfangswert 24691 geladen werden. Für eine genauere Bestimmung der Meßzeit müßten zusätzliche Wartebefehle eingefügt werden. Die Frequenz wird auf den Leuchtdioden angezeigt.

Zur Messung der Periodendauer werden Zeittakte zwischen zwei steigenden Flanken des Eingangssignals gezählt. Die Abtastrate beträgt 1 ms. Der Zähler wird in der Einheit ms auf den Leuchtdioden angezeigt. Das Programm besteht aus drei Schleifen. Die erste unverzögerte Schleife wartet auf eine steigende Flanke des Eingangssignals. Dann läuft die zweite Schleife los, die für den HIGH-Zustand des Signals den Zähler erhöht. Wird der LOW-Zustand erkannt, so übernimmt eine LOW-Schleife bis zur nächsten steigenden Flanke die Zählung. Jede der beiden Zählschleifen benötigt 56 Takte. Ein gemeinsames Unterprogramm ZEIT wurde so ausgelegt, daß sich für jeden Schleifendurchlauf eine Abtastrate 1 ms ergibt. Zwei NOP-Befehle gleichen die Zeitdifferenz der Programmzweige aus. Die Warteschleife des Unterprogramms benötigt 18 x 107 - 3 = 1923 Takte. Der feste Anteil beträgt 21 Takte aus dem Unterprogramm und 56 Takte aus dem Hauptprogramm. Zusammen ergeben sich 2000 Takte oder 1000 µs oder 1 ms bei einem Prozessortakt CLK = 2 MHz (Quarz 4 MHz). Bei einem Überlauf des Zählers wird der Wert 0FFH angezeigt.

Die Programmbeispiele Bild 4-83 und 4-84 lassen sich mit TTL-Impulsen am Eingang der Parallelschnittstelle zur Messung der Frequenz bzw. Periodendauer von Rechtecksignalen verwenden. Die Netzfrequenz von 50 Hz liefert einen sehr genauen Vergleichswert.

```
              0001 >; BILD 4-84  PERIODENDAUERMESSUNG
L1000         0002 >        ORG    1000H       ; ADRESSZAEHLER
*1000 3E 8B   0003 >START   MVI    A,8BH       ; STEUERBYTE  A=AUS  B=EIN
*1002 D3 03   0004 >        OUT    03H         ; NACH STEUERREGISTER
*1004 OE 00   0005 >NEU     MVI    C,00H       ; ZEITZAEHLER LOESCHEN
*1006 DB 01   0006 >TEST1   IN     01H         ; LEITUNG LESEN
*1008 E6 80   0007 >        ANI    80H         ; MASKE 1000 0000
*100A C2 06 10 0008 >       JNZ    TEST1       ; LEITUNG HIGH: WARTEN
*100D DB 01   0009 >TEST2   IN     01H         ; LEITUNG LESEN
*100F E6 80   000A >        ANI    80H         ; MASKE 1000 0000
*1011 CA 0D 10 000B >       JZ     TEST2       ; LEITUNG LOW: WARTEN
              000C >; ERSTE STEIGENDE FLANKE ERKANNT: MESSUNG BEGINNT
*1014 0C      000D >LOOP1   INR    C           ; ZEITZAEHLER + 1
*1015 CA 36 10 000E >       JZ     FEHLER      ; NULL: UEBERLAUFFEHLER
*1018 CD 3B 10 000F >       CALL   ZEIT        ; ZEITTAKT 1 MS
*101B DB 01   0010 >        IN     01H         ; LEITUNG LESEN
*101D E6 80   0011 >        ANI    80H         ; MASKE 1000 0000
*101F C2 14 10 0012 >       JNZ    LOOP1       ; LEITUNG IST HIGH
              0013 >; ERSTE FALLENDE FLANKE ERKANNT: MESSUNG GEHT WEITER
*1022 0C      0014 >LOOP2   INR    C           ; ZEITZAEHLER + 1
*1023 CA 36 10 0015 >       JZ     FEHLER      ; NULL: UEBERLAUFFEHLER
*1026 CD 3B 10 0016 >       CALL   ZEIT        ; ZEITTAKT 1 MS
*1029 DB 01   0017 >        IN     01H         ; LEITUNG LESEN
*102B E6 80   0018 >        ANI    80H         ; MASKE 1000 0000
*102D CA 22 10 0019 >       JZ     LOOP2       ; LEITUNG IST LOW
              001A >; ZWEITE STEIGENDE FLANKE ERKANNT: MESSUNG BEENDET
*1030 79      001B >FERTIG  MOV    A,C         ; ZEITZAEHLER NACH AKKU
*1031 D3 00   001C >        OUT    00H         ; AUSGEBEN
*1033 C3 04 10 001D >       JMP    NEU         ; NEUE MESSUNG
*1036 OE FF   001E >FEHLER  MVI    C,0FFH      ; FEHLERMARKE LADEN
*1038 C3 30 10 001F >       JMP    FERTIG      ; AUSGEBEN
              0020 >; UNTERPROGRAMM ZEIT 1 MS WARTEN
*103B 06 6B   0021 >ZEIT    MVI    B,107       ; ZAEHLERANFANGSWERT
*103D 00      0022 >ZEIT1   NOP                ;  4 TAKTE
*103E 05      0023 >        DCR    B           ;  4 TAKTE
*103F C2 3D 10 0024 >       JNZ    ZEIT1       ; 10 TAKTE
*1042 00      0025 >        NOP                ;  4 TAKTE ZEITAUSGLEICH
*1043 C9      0026 >        RET                ; 10 TAKTE
E0000         0027 >        END
```

Bild 4-84: Programmbeispiel: Messung der Periodendauer

Während des Ablaufs von Warteschleifen und Zählschleifen ist der Prozessor für andere Aufgaben blockiert. Es gibt daher Zählerbausteine oder Timer, die mit einem Zähleranfangswert geladen werden und dann unabhängig vom Programm zählen. Ihre Funktionen sind programmierbar. Mit ihnen lassen sich Wartezähler, Ereigniszähler und Funktionsgeneratoren zur Ausgabe beliebiger Rechteckfrequenzen aufbauen.

4.6.5 Übungen zum Abschnitt Programmschleifen

Die Lösungen befinden sich im Anhang!

1. Aufgabe:
Man entwickle ein Unterprogramm, das 100 ms wartet, und verwende es in einem Hauptprogramm, das einen um 100 ms verzögerten binären Aufwärtszähler auf den Leuchtdioden ausgibt.

2. Aufgabe:
Man lasse auf den Leuchtdioden einen unverzögerten Binärzähler von 1 bis 6 (Würfel) laufen, der nach seinem Endwert wieder mit 1 beginnt. Ist der wert-höchste Kippschalter auf LOW, so soll der Zähler laufen; ist er auf HIGH, so soll er anhalten und auf die Freigabe warten. Da der Zähler zu einem zufälligen Zeitpunkt angehalten wird, entsteht ein Würfel. Mit dem gleichen Verfahren lassen sich Lottozahlen ermitteln.

3. Aufgabe:
Man entwickle ein Programm, das sowohl die steigenden als auch die fallenden Flanken des wertniedrigsten Kippschalters zählt und den Zähler auf den Leuchtdioden ausgibt.

4.7 Adressierung von Speicherbereichen

Adressen sind "Hausnummern" von Registern des Mikroprozessors, von Ein/Ausgabeports oder von Bytes im Datenspeicher. Jeder Befehl besteht aus einem Code (was ist zu tun?) und aus einer Adresse (mit wem?). **Bild 4-85** stellt die Adressierungsarten des Prozessors 8085A zusammen.

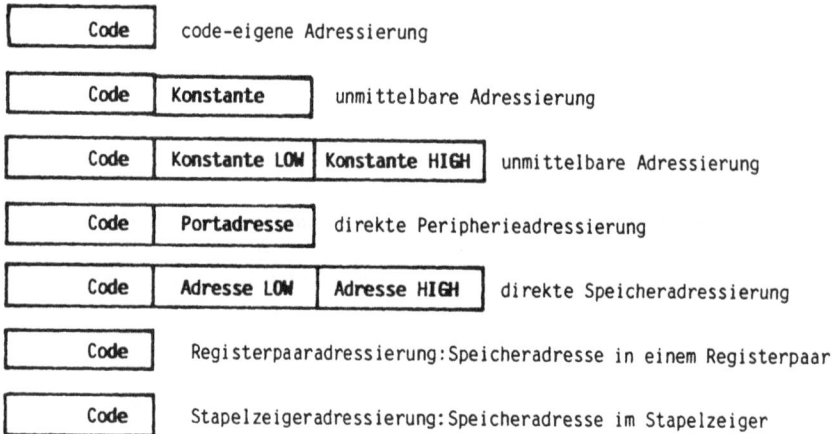

Code			code-eigene Adressierung
Code	Konstante		unmittelbare Adressierung
Code	Konstante LOW	Konstante HIGH	unmittelbare Adressierung
Code	Portadresse		direkte Peripherieadressierung
Code	Adresse LOW	Adresse HIGH	direkte Speicheradressierung
Code			Registerpaaradressierung:Speicheradresse in einem Registerpaar
Code			Stapelzeigeradressierung:Speicheradresse im Stapelzeiger

Bild 4-85: Die Adressierungsarten des Prozessors 8085A

Bei der code-eigenen Adressierung (Hersteller: register) enthält der 8-Bit-Funktionscode die Adressen der Register des Prozessors. Ein Beispiel sind die MOV-Befehle, die Herkunfts- und Zielregister enthalten.

Bei der unmittelbaren Adressierung (Hersteller: immediate) enthält der Funktionscode die Adresse des Zielregisters; das zweite bzw. das zweite und dritte Byte enthalten die zu ladende Konstante.

Bei der direkten Adressierung (Hersteller: direct) wird die Datenadresse im Befehl angegeben. Bei der direkten Peripherieadressierung steht die Adresse des Ports im zweiten Byte; bei der direkten Speicheradressierung steht die Speicheradresse im zweiten und dritten Byte des Befehls.

Die bisher genannten Adressierungsarten haben den Nachteil, daß die Adresse bereits zur Programmierzeit festliegen muß und durch das Programm nicht mehr verändert werden kann. Zur Adressierung eines Speicherbereiches von z.B. 1024 Bytes wären 1024 Befehle erforderlich. Der Funktionscode dieser Befehle wäre gleich (z.B. STA); die Adressen wären verschieden (z.B. von 1000H bis 13FFH).

Bei der Registerpaaradressierung oder indizierten Adressierung (Hersteller:
register indirect) befindet sich die Datenadresse in einem der drei Registerpaare BC oder DE oder HL. Diese Register können geladen und herauf- bzw.
herabgezählt werden. Damit sind Adressen wie Daten berechenbar. Ein Sonderfall ist die Adressierung durch den Stapelzeiger, der bei jedem Speicherzugriff automatisch erhöht bzw. vermindert wird. Bei Unterprogrammbefehlen
wird der Stapelzeiger zum Retten der Rücksprungadresse (CALL) oder zum
Zurückladen (RET) benutzt.

4.7.1 Die Registerpaaradressierung

Der Hersteller bezeichnet diese Adressierungsart als "register indirekt", weil
das im Befehl genannte Register nicht die Daten, sondern die Adresse der
Daten enthält. Bei anderen Mikroprozessoren nennt man die Registerpaare
Indexregister und die Adressierungsart indizierte Adressierung. In der Mathematik kennzeichnet ein Index die Elemente eines Vektors oder einer Matrix
oder die Glieder einer Reihe. In der Rechentechnik dient ein Indexregister zur
Adressierung der Elemente (Bytes) eines Speicherbereiches.

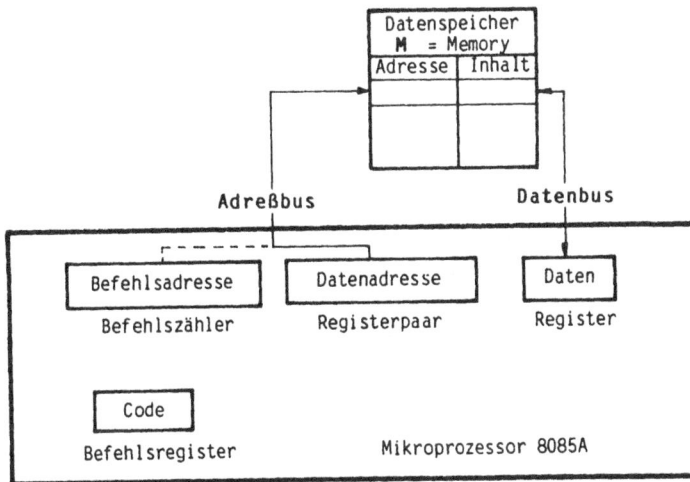

Bild 4-86: Registerpaaradressierung

Bei der in **Bild 4-86** dargestellten Registerpaaradressierung steht die Datenadresse in einem der Registerpaare BC oder DE oder HL. Sie wird bei der Ausführung des Befehls auf den Adreßbus gelegt. Die Daten werden über den
Datenbus zwischen dem Speicher und einem 8-Bit-Register (z.B. Akkumulator)
ausgetauscht. Unter den drei Registerpaaren nimmt das HL-Register eine Sonderstellung ein. Alle Befehle, bei denen die Speicheradresse im HL-Register
steht, erhalten im Operandenteil den Kennbuchstaben **M** für Memory gleich

Speicher. **Bild 4-87** stellt die wichtigsten Befehle dieser Adressierungsart zusammen. Da der Kennbuchstabe M im Operandenfeld anstelle eines Registers erscheint, kann man das durch das HL-Registerpaar adressierte Byte auch als ein Register ansehen, das im Speicher statt im Mikroprozessor liegt.

Bef.	Operand	Wirkung	OP	B	T	Bedingung S	Z	x	H	O	P	v	C	y
MVI	M,kon.	(HL) <= konst	36	2	10									
MOV	A,M	A <= (HL)	3E	1	7									
MOV	M,A	A => (HL)	77	1	7									
LDAX	B	A <= (BC)	0A	1	7									
STAX	B	A => (BC)	02	1	7									
LDAX	D	A <= (DE)	1A	1	7									
STAX	D	A => (DE)	12	1	7									
INR	M	(HL) <= (HL)+1	34	1	10	x	x		x		x			
DCR	M	(HL) <= (HL)-1	35	1	10	x	x		x		x			
CMP	M	A - (HL)	BE	1	7	x	x		x		x		x	

Bild 4-87: Befehle der Registerpaaradressierung

Die Befehle MOV, MVI, INR, DCR und CMP wurden bereits behandelt. Die Befehle der HL-Registerpaaradressierung mit dem Kennbuchstaben M für Memory sind bereits in den entsprechenden Befehlstabellen enthalten. Die Registerpaaradressierung mit den Registerpaaren BC und DE läßt sich nur auf die Befehle LDA und STA anwenden. Die symbolischen Befehlsbezeichnungen erhalten zusätzlich ein X für indeXed gleich indiziert. Im Operandenteil steht ein B für indiziert mit dem BC-Registerpaar oder ein D für indiziert mit dem DE-Registerpaar. Die Befehle der Registerpaaradressierung bestehen nur aus einem Byte mit dem Funktionscode. Sie werden schneller ausgeführt als die der direkten Speicheradressierung, weil die Speicheradresse bereits im Prozessor vorliegt und nicht erst aus dem Programmspeicher geholt werden muß. **Bild 4-88** zeigt den Ablauf des Befehls MOV M,A. Dieser Befehl speichert den Inhalt des Akkumulators in die Speicherstelle, deren Adresse im HL-Registerpaar steht.

Der Befehl setzt voraus, daß sich die Daten im Akkumulator (MVI A,55H) und die Datenadresse im HL-Registerpaar (LXI H,1100H) befinden. Seine Ausführung beginnt beim Befehlszählerstand 1005H.

Zyklus M1:
Im ersten Zyklus sendet der Prozessor die Befehlsadresse 1005 aus dem Befehlszähler an den Programmspeicher, holt den Funktionscode 77 in das Befehlsregister und decodiert ihn im Takt T4.

Programmspeicher		Datenspeicher	
Adresse	Inhalt	Adresse	Inhalt
1000	3E	1100	55
1001	55		
1002	21		
1003	00		
1004	11		
1005	77		

Adreßbus   Datenbus

M1   M2   M2   M1

1005	11	00	55

Befehlszähler   HL - Registerpaar   Akkumulator

MOV M,A

77

Befehlsregister   Mikroprozessor 8085A

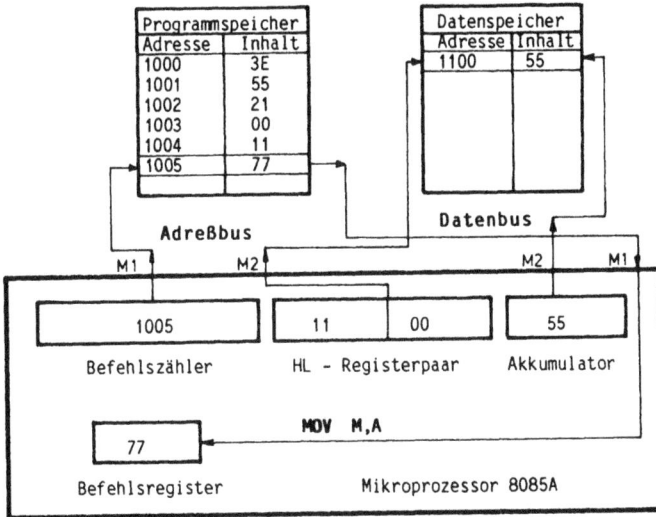

Adresse	Inhalt	Name	Befehl	Operand	
1000	3E 55		MVI	A,55H	; 0101 0101
1002	21 00 11		LXI	H,1100H	; Adreßkonstante
1005	77		MOV	M,A	; nach Speicher

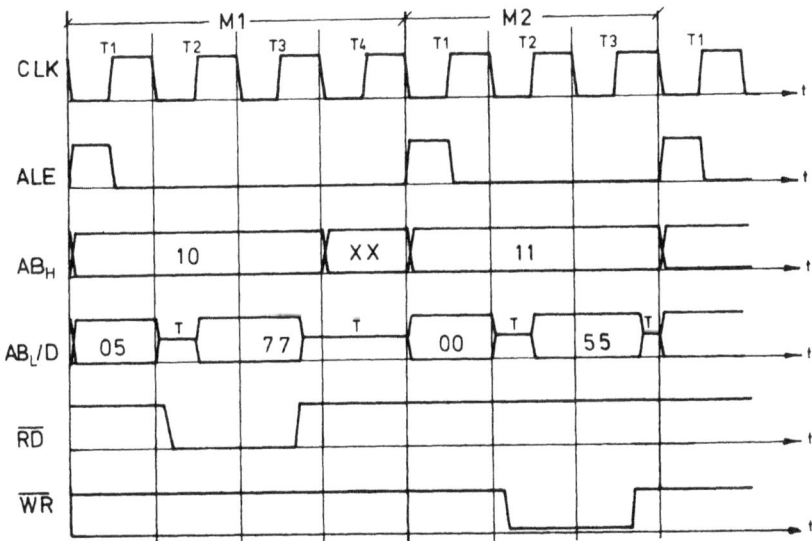

Bild 4-88: Ablauf des Befehls MOV M,A (Registerpaaradressierung)

Zyklus M2:

Im zweiten Zyklus legt der Prozessor die Datenadresse 1100 aus dem HL-Registerpaar auf den Adreßbus und den Inhalt des Akkumulators 55 auf den Datenbus. Die Daten werden vom adressierten Byte des Datenspeichers übernommen.

Für die Adressierung eines aus mehreren Bytes bestehenden Bereiches verwendet man Programmschleifen, die entweder mit einem Durchlaufzähler oder durch eine Abfrage auf die Endeadresse kontrolliert werden. **Bild 4–89** zeigt ein Beispiel, das einen Bereich von 256 Bytes löscht.

```
                 0001 >; BILD 4-89  BEREICH LOESCHEN
*8000            0002 >MONI   EQU   0000H   ; EINSPRUNG MONITOR
L1000            0003 >       ORG   1000H   ; ADRESSZAEHLER
*1000 21 00 11   0004 >START  LXI   H,1100H ; ANFANGSADRESSE
*1003 11 00 01   0005 >       LXI   D,256   ; ZAHL DER BYTES
*1006 36 00      0006 >LOOP   MVI   M,00H   ; KONSTANTE 0000 0000
*1008 23         0007 >       INX   H       ; ADRESSE + 1
*1009 1B         0008 >       DCX   D       ; ZAEHLER - 1
*100A 7A         0009 >       MOV   A,D     ; ZAEHLER AUF NULL TESTEN
*100B B3         000A >       ORA   E       ; MIT HILFE DES AKKUS
*100C C2 06 10   000B >       JNZ   LOOP    ; UNGLEICH NULL: SCHLEIFE
*100F C3 00 00   000C >       JMP   MONI    ; GLEICH NULL: FERTIG
E0000            000D >       END
```

Bild 4–89: Programmbeispiel: Bereich löschen

Da die Anzahl der zu adressierenden Bytes bekannt ist, arbeitet das Programm mit einem Durchlaufzähler, der wie die Anfangsadresse des Bereiches vor dem Beginn der Schleife geladen wird. Das Löschen erfolgt durch den Befehl MVI M,00. Dieser Befehl lädt das durch das HL-Registerpaar adressierte Byte mit der Konstanten 00. Das HL-Registerpaar wird mit dem Befehl INX H fortlaufend um 1 erhöht, um das nächste Byte zu adressieren. Das Ende des 16-Bit-Zählers wird mit Hilfe des Akkumulators geprüft. Ist das Programm fertig, so springt es in den Monitor.

```
                 0001 >; BILD 4-90  BEREICH UEBERTRAGEN
*8000            0002 >MONI   EQU   0000H   ; EINSPRUNG MONITOR
L1000            0003 >       ORG   1000H   ; ADRESSZAEHLER
*1000 21 00 00   0004 >START  LXI   H,0000H ; HER-ANFANGSADRESSE
*1003 11 00 01   0005 >       LXI   D,0100H ; HER-ENDADRESSE
*1006 01 00 11   0006 >       LXI   B,1100H ; ZIEL-ANFANGSADRESSE
*1009 7C         0007 >LOOP   MOV   A,H     ; LAUFENDE ADRESSE = ENDADRESSE?
*100A BA         0008 >       CMP   D       ; HIGH-BYTES VERGLEICHEN
*100B C2 13 10   0009 >       JNZ   LOOP1   ; UNGLEICH: WEITER
*100E 7D         000A >       MOV   A,L     ;
*100F BB         000B >       CMP   E       ; LOW-BYTES VERGLEICHEN
*1010 CA 1A 10   000C >       JZ    FERT    ; GLEICH: FERTIG
*1013 7E         000D >LOOP1  MOV   A,M     ; HER-BYTE LADEN
*1014 02         000E >       STAX  B       ; NACH ZIEL
*1015 23         000F >       INX   H       ; LAUFENDE ADRESSE + 1
*1016 03         0010 >       INX   B       ; ZIELADRESSE + 1
*1017 C3 09 10   0011 >       JMP   LOOP    ; WEITER: SCHLEIFE
*101A C3 00 00   0012 >FERT   JMP   MONI    ; FERTIG: SPRUNG NACH MONITOR
E0000            0013 >       END
```

Bild 4–90: Programmbeispiel: Bereich kopieren

Der Bereich hätte auch durch 256 Speicherbefehle STA mit 256 verschiedenen Adressen gelöscht werden können. Jeder STA-Befehl benötigt 13 Takte. Die in dem Beispiel gezeigte Schleife arbeitet in 256 Durchläufen. Jeder Durchlauf benötigt 40 Takte. Die Registerpaaradressierung von Speicherbereichen vereinfacht die Programmierung und spart Befehle; jedoch verlängert sich Laufzeit gegenüber einer direkten Speicheradressierung. **Bild 4-90** zeigt ein Programmbeispiel, das einen Speicherbereich von einer Anfangsadresse 0000 bis zu einer Endadresse 0100H in einen Zielbereich 1100H kopiert. Die Adressen sind hier als Konstanten vorgegeben, sie könnten aber auch variabel von einer Tastatur eingelesen werden.

Da nur die Adressen der Bereiche bekannt sind, arbeitet das Programm in einer Schleife, die die laufende Adresse im HL-Registerpaar mit der Endadresse im DE-Registerpaar vergleicht. Dies geschieht wieder mit Hilfe des Akkumulators. Eine andere Lösung würde aus der Differenz Endadresse - Anfangsadresse die Zahl der Schleifendurchläufe berechnen. Ist das Programm fertig, so springt es in den Monitor.

4.7.2 Die indirekte Speicheradressierung

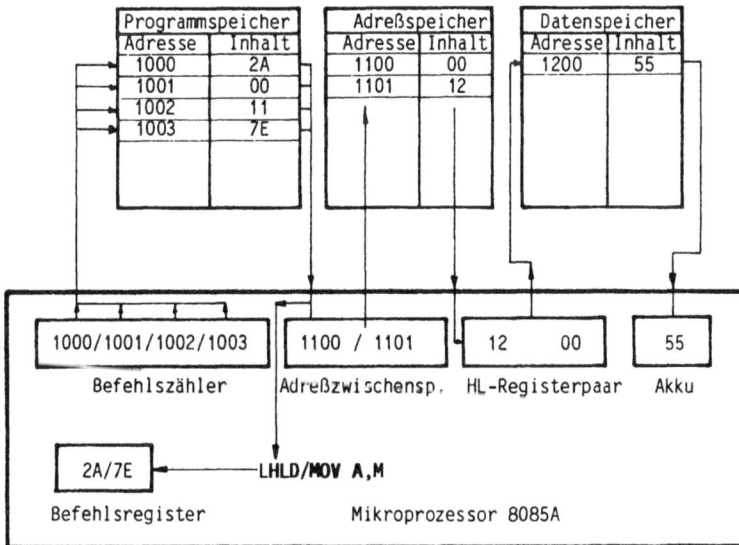

Adresse	Inhalt	Name	Befehl	Operand	
			ORG	1000H	; Befehlsbereich
1000	2A 00 11		LHLD	ADAM	; lade Adresse
1003	7E		MOV	A,M	; LDA (ADAM)
			ORG	1100H	; Adressbereich
1100	00 12	ADAM	DW	EVA	;
			ORG	1200H	; Datenbereich
1200	55	EVA	DB	55H	;

Bild 4-91: Indirekte Speicheradressierung beim 8085A

Die Registerpaaradressierung wird vom Hersteller auch indirekte Registeradressierung genannt. Der Befehl LDAX B lädt den Akkumulator nicht mit dem
Inhalt des B-Registers, sondern mit dem Speicherbyte, dessen Adresse im BC-
Registerpaar steht. Das Verfahren der indirekten Adressierung wird bei anderen
Mikroprozessoren auch auf Speicherstellen angewendet und durch eine in Klammern gesetzte Adresse gekennzeichnet. LDA (ADAM) bedeutet dann z.B., daß
die Speicherstelle ADAM nicht die Daten, sondern die Adresse der Daten enthält. Da die indirekte Speicheradressierung beim 8085A nicht vorhanden ist,
zeigt **Bild 4-91** ihren Ersatz durch Befehle, die zuerst ein Registerpaar mit
der Datenadresse laden und dann erst auf die Daten zugreifen.

Im Datenspeicher befinde sich ein Datenbyte mit dem symbolischen Namen
EVA und dem Inhalt 55H. In einem Adreßspeicher befinde sich eine Adreß-
tabelle, die unter dem Namen ADAM die Adresse von EVA enthält. Der Inhalt
der Speicherstelle EVA soll in den Akkumulator geladen werden. Der Befehl
LHLD ADAM lädt die Adresse von EVA in das HL-Registerpaar. Der Befehl
MOV A,M lädt das gewünschte Datenbyte in den Akkumulator. Die indirekte
Adressierung läßt sich auch auf Sprungadressen **(Bild 4-92)** anwenden.

```
Adresse  Inhalt   Name   Befehl Operand
                          ORG    1000H   ; Befehlsbereich
1000     2A 00 11         LHLD   ABEL    ; lade Adresse
1003     E9       KAIN    PCHL           ; JMP (ABEL)
                          ORG    1100H   ; Adressbereich
1100     03 10    ABEL    DW     KAIN    ;
```

Bild 4-92: Indirekte Sprungadressierung beim 8085A

Der beim 8085A nicht vorgesehene Befehl JMP (ABEL) würde nicht zum Sprungziel ABEL springen, sondern sich die Sprungadresse aus der Speicherstelle
ABEL holen und dann erst springen. In einer Sprungtabelle sei unter dem symbolischen Namen ABEL die Sprungadresse KAIN abgelegt. Der Befehl LHLD
ABEL holt die Sprungadresse in das HL-Registerpaar. Der Befehl PCHL lädt
den Befehlszähler mit dem Inhalt des HL-Registerpaares und springt damit
zum angegebenen Sprungziel. Das Beispiel zeigt eine unendliche Schleife, die
im Gegensatz zum JMP-Befehl in sechs Takten ausgeführt wird gegenüber 10
Takten beim JMP-Befehl.

Die indirekte Speicher- und Sprungadressierung wird besonders bei der Arbeit
mit Tabellen benötigt. Dabei ist es außerordentlich wichtig, zwischen der
Adresse eines Speicherbytes und seinem Inhalt zu unterscheiden.

4.7.3 Datentabellen und Sprungtabellen

Dieser Abschnitt zeigt die wichtigsten Beispiele einer Arbeit mit Tabellen. Das Kapitel Anwendungen enthält weitere Beispiele. Eine Tabelle ist ein Speicherbereich, der Daten oder Adressen enthalten kann. Die Länge der Tabelle kann bestimmt werden durch die Anzahl der Tabellenelemente, Anfangs- und Endadresse oder eine Endemarke, die allerdings nicht Bestandteil der Daten sein darf. Die folgenden Beispiele arbeiten mit einer Marke 0FFH am Ende der Tabellen. **Bild 4-93** zeigt den allen Lösungen gemeinsamen Programmblockplan, der gleichzeitig die Aufgabenstellung erklärt.

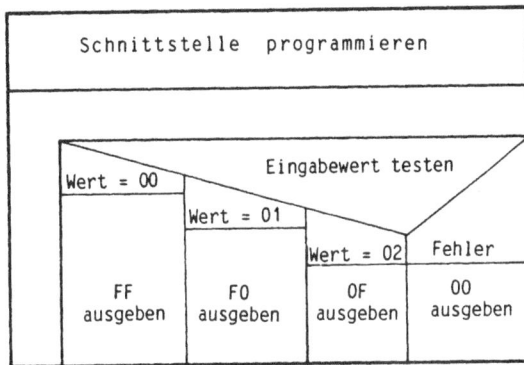

Bild 4-93: Aufgabenstellung und Programmblockplan

Vom Eingaberegister sind in einer unendlichen Schleife Eingabewerte zu holen und zu untersuchen. Für die drei Eingabewerte 00, 01 und 02 sind die entsprechenden Werte FF, F0 und 0F auf den Leuchtdioden auszugeben. Im Fehlerfall sollen alle Leuchtdioden gelöscht werden. Die Aufgabe ließe sich auch mit drei Vergleichsbefehlen lösen. Bei einer größeren Anzahl von Eingabemöglichkeiten sind jedoch Tabellen vorteilhafter. **Bild 4-94** zeigt die Tabelle der einfachsten Lösung.

Eingabewert	Ausgabewert
0000 0000 = 00H	1111 1111 = FFH
0000 0001 = 01H	1111 0000 = F0H
0000 0010 = 02H	0000 1111 = 0FH
1111 1111 = FFH	Endemarke

Bild 4-94: Aufbau der Datentabelle

Die Datentabelle enthält die Eingabe- und die Ausgabedaten. Am Ende steht die Endemarke FF, die nicht in den Eingabedaten vorkommt. **Bild 4-95** zeigt das ablauffähige Programmbeispiel.

```
                    0001 >; BILD 4-95  DATENTABELLE
 L1000              0002 >       ORG   1000H    ; ADRESSZAEHLER
*1000 3E 8B         0003 >START  MVI   A,8BH    ; STEUERBYTE  A=AUS B=EIN
*1002 D3 03         0004 >       OUT   03H      ; NACH STEUERREGISTER
*1004 DB 01         0005 >LOOP   IN    01H      ; KIPPSCHALTER LESEN
*1006 47            0006 >       MOV   B,A      ; WERT NACH B RETTEN
*1007 21 00 11      0007 >       LXI   H,TAB    ; ANFANGSADRESSE DER TABELLE
*100A 7E            0008 >LOOP1  MOV   A,M      ; TABELLENZUGRIFF
*100B 23            0009 >       INX   H        ; TABELLENADRESSE + 1
*100C FE FF         000A >       CPI   OFFH     ; ENDEMARKE TESTEN
*100E CA 1F 10      000B >       JZ    FEHL     ; ENDE ERREICHT: FEHLER
*1011 B8            000C >       CMP   B        ; NEIN: WERT VERGLEICHEN
*1012 CA 19 10      000D >       JZ    GEFU     ; GEFUNDEN
*1015 23            000E >       INX   H        ; TABELLENADRESSE + 1
*1016 C3 0A 10      000F >       JMP   LOOP1    ; WEITER SUCHEN
*1019 7E            0010 >GEFU   MOV   A,M      ; GEFUNDEN: WERT LADEN
*101A D3 00         0011 >       OUT   OOH      ; WERT AUSGEBEN
*101C C3 04 10      0012 >       JMP   LOOP     ; NEUE EINGABE
*101F 3E 00         0013 >FEHL   MVI   A,OOH    ; NICHT GEFUNDEN: FEHLERMARKE
*1021 D3 00         0014 >       OUT   OOH      ; AUSGEBEN
*1023 C3 04 10      0015 >       JMP   LOOP     ; NEUE EINGABE
 L1100              0016 >       ORG   1100H    ; ADRESSBEREICH TABELLE
*1100 00 FF         0017 >TAB    DB    OOH,OFFH ; 1. WERTEPAAR
*1102 01 F0         0018 >       DB    01H,OFOH ; 2. WERTEPAAR
*1104 02 0F         0019 >       DB    02H,OOFH ; 3. WERTEPAAR
*1106 FF            001A >       DB    OFFH     ; ENDEMARKE
 E0000              001B >       END
```

Bild 4-95: Programmbeispiel: Datentabelle

Die Tabelle des Bildes 4-94 ist zweidimensional angeordnet, im Speicher liegen jedoch der Eingabewert und der entsprechende Ausgabewert hintereinander. Das Programm sucht die Eingabewerte in der Tabelle. Nach dem Lesen eines Tabellenwertes wird zunächst die Endemarke geprüft und dann erst der eingegebene Wert mit dem Tabellenwert verglichen. Für den Fall einer Übereinstimmung wird der entsprechende Ausgabewert aus der Tabelle entnommen und ausgegeben. Sonst wird die Adresse nochmals um 1 erhöht. Die Tabellenadresse läuft mit der Schrittweite 2. Will man in einer Tabelle für einen Eingabewert verschieden lange Ausgabewerte wie z.B. Texte bei der Bildschirmausgabe speichern, so ist es entsprechend **Bild 4-96** besser, nicht den Ausgabewert, sondern die Adresse des Ausgabewertes in die zu durchsuchende Tabelle aufzunehmen.

Eingabe	Adresse
00	DAT1
01	DAT2
02	DAT3
FF	Endemarke

Adresse	Inhalt
DAT1	FF
DAT2	F0
DAT3	OF

Bild 4-96: Adreß- und Datentabelle

```
                   0001 >; BILD 4-97  ADRESS- UND DATENTABELLE
L1000              0002 >        ORG   1000H    ; ADRESSZAEHLER
*1000 3E 8B        0003 >START   MVI   A,8BH    ; STEUERBYTE  A=AUS B=EIN
*1002 D3 03        0004 >        OUT   03H      ; NACH STEUERREGISTER
*1004 DB 01        0005 >LOOP    IN    01H      ; KIPPSCHALTER LESEN
*1006 47           0006 >        MOV   B,A      ; WERT NACH B RETTEN
*1007 21 00 11     0007 >        LXI   H,TAB    ; ANFANGSADRESSE DER TABELLE
*100A 7E           0008 >LOOP1   MOV   A,M      ; TABELLENZUGRIFF
*100B 23           0009 >        INX   H        ; TABELLENADRESSE + 1
*100C FE FF        000A >        CPI   OFFH     ; ENDEMARKE TESTEN
*100E CA 23 10     000B >        JZ    FEHL     ; ENDE ERREICHT: FEHLER
*1011 B8           000C >        CMP   B        ; NEIN: WERT VERGLEICHEN
*1012 CA 1A 10     000D >        JZ    GEFU     ; GEFUNDEN
*1015 23           000E >        INX   H        ; TABELLENADRESSE + 1
*1016 23           000F >        INX   H        ; TABELLENADRESSE + 1
*1017 C3 0A 10     0010 >        JMP   LOOP1    ; WEITER SUCHEN
*101A 5E           0011 >GEFU    MOV   E,M      ; GEFUNDEN: ADRESSE LADEN
*101B 23           0012 >        INX   H        ;
*101C 56           0013 >        MOV   D,M      ;
*101D 1A           0014 >        LDAX  D        ; WERT INDIZIERT LADEN
*101E D3 00        0015 >        OUT   00H      ; WERT AUSGEBEN
*1020 C3 04 10     0016 >        JMP   LOOP     ; NEUE EINGABE
*1023 3E 00        0017 >FEHL    MVI   A,00H    ; NICHT GEFUNDEN: FEHLERMARKE
*1025 D3 00        0018 >        OUT   00H      ; AUSGEBEN
*1027 C3 04 10     0019 >        JMP   LOOP     ; NEUE EINGABE
L1100              001A >        ORG   1100H    ; ADRESSBEREICH TABELLE
*1100 00           001B >TAB     DB    00H      ; 1. WERT
*1101 50 11        001C >        DW    DAT1     ; 1. ADRESSE
*1103 01           001D >        DB    01H      ; 2. WERT
*1104 51 11        001E >        DW    DAT2     ; 2. ADRESSE
*1106 02           001F >        DB    02H      ; 3. WERT
*1107 52 11        0020 >        DW    DAT3     ; 3. ADRESSE
*1109 FF           0021 >        DB    OFFH     ; ENDEMARKE
L1150              0022 >        ORG   1150H    ; DATENBEREICH
*1150 FF           0023 >DAT1    DB    OFFH     ; DATEN
*1151 F0           0024 >DAT2    DB    OFOH     ; DATEN
*1152 OF           0025 >DAT3    DB    OOFH     ; DATEN
E0000              0026 >        END
```

Bild 4-97: Programmbeispiel: Adreß- und Datentabelle

Die Tabelle enthält neben den Eingabedaten die Adresse, auf der sich die Ausgabedaten befinden und die Endemarke FF. In einer zweiten Tabelle sind die eigentlichen Ausgabedaten angeordnet. **Bild 4-97** zeigt das ablauffähige Programmbeispiel.

Das Programm durchsucht genauso wie im vorhergehenden Beispiel die Tabelle nach dem Eingabewert. Wurde er gefunden, so werden die beiden folgenden Bytes mit der Datenadresse in das DE-Registerpaar übernommen. Der Befehl LDAX D bringt die Ausgabedaten in den Akkumulator. In dem Beispiel ist es nur ein Byte; es ist jedoch möglich, unter der gefundenen Adresse eine weitere Tabelle anzuordnen, die mehrere Daten oder die eine weitere Tabelle enthält. Sollen bei einer Verzweigung je nach Eingabewert verschiedene Programmteile durchlaufen werden, so arbeitet man entsprechend **Bild 4-98** mit einer Sprungtabelle.

Eingabe	Sprungziel
00	MARK1
01	MARK2
02	MARK3
FF	Endemarke

MARK1 — FF laden

MARK2 — F0 laden

MARK3 — 0F laden

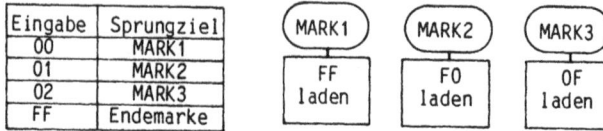

Bild 4-98: Sprungtabelle

Die Sprungtabelle enthält neben den Eingabewerten die Adressen von Programm-
teilen, die bei einer Übereinstimmung auszuführen sind. Am Ende der Tabelle
liegt wieder die Endemarke FF. **Bild 4-99** zeigt das ablauffähige Programmbeispiel.

```
                    0001 >; BILD 4-99   SPRUNGTABELLE
 L1000              0002 >          ORG    1000H    ; ADRESSZAEHLER
*1000 3E 8B         0003 >START     MVI    A,8BH    ; STEUERBYTE  A=AUS B=EIN
*1002 D3 03         0004 >          OUT    03H      ; NACH STEUERREGISTER
*1004 DB 01         0005 >LOOP      IN     01H      ; KIPPSCHALTER LESEN
*1006 47            0006 >          MOV    B,A      ; WERT NACH B RETTEN
*1007 21 00 11      0007 >          LXI    H,TAB    ; ANFANGSADRESSE DER TABELLE
*100A 7E            0008 >LOOP1     MOV    A,M      ; TABELLENZUGRIFF
*100B 23            0009 >          INX    H        ; TABELLENADRESSE + 1
*100C FE FF         000A >          CPI    0FFH     ; ENDEMARKE TESTEN
*100E CA 1F 10      000B >          JZ     FEHL     ; ENDE ERREICHT: FEHLER
*1011 B8            000C >          CMP    B        ; NEIN: WERT VERGLEICHEN
*1012 CA 1A 10      000D >          JZ     GEFU     ; GEFUNDEN
*1015 23            000E >          INX    H        ; TABELLENADRESSE + 1
*1016 23            000F >          INX    H        ; TABELLENADRESSE + 1
*1017 C3 0A 10      0010 >          JMP    LOOP1    ; WEITER SUCHEN
*101A 5E            0011 >GEFU      MOV    E,M      ; GEFUNDEN: ADRESSE LADEN
*101B 23            0012 >          INX    H        ;
*101C 56            0013 >          MOV    D,M      ;
*101D EB            0014 >          XCHG            ; VERTAUSCHE DE MIT HL
*101E E9            0015 >          PCHL            ; SPRUNGADRESSE IN HL
*101F 3E 00         0016 >FEHL      MVI    A,00H    ; NICHT GEFUNDEN: FEHLERMARKE
*1021 D3 00         0017 >          OUT    00H      ; AUSGEBEN
*1023 C3 04 10      0018 >          JMP    LOOP     ; NEUE EINGABE
                    0019 >; ANTWORTPROGRAMME
*1026 3E FF         001A >MARK1     MVI    A,0FFH   ; 1. WERT
*1028 D3 00         001B >          OUT    00H      ; AUSGEBEN
*102A C3 04 10      001C >          JMP    LOOP     ; NEUE EINGABE
*102D 3E F0         001D >MARK2     MVI    A,0F0H   ; 2. WERT
*102F D3 00         001E >          OUT    00H      ; AUSGEBEN
*1031 C3 04 10      001F >          JMP    LOOP     ; NEUE EINGABE
*1034 3E 0F         0020 >MARK3     MVI    A,00FH   ; 3. WERT
*1036 D3 00         0021 >          OUT    00H      ; AUSGEBEN
*1038 C3 04 10      0022 >          JMP    LOOP     ; NEUE EINGABE
 L1100              0023 >          ORG    1100H    ; ADRESSBEREICH TABELLE
*1100 00            0024 >TAB       DB     00H      ; 1. WERT
*1101 26 10         0025 >          DW     MARK1    ; 1. SPRUNGADRESSE
*1103 01            0026 >          DB     01H      ; 2. WERT
*1104 2D 10         0027 >          DW     MARK2    ; 2. SPRUNGADRESSE
*1106 02            0028 >          DB     02H      ; 3. WERT
*1107 34 10         0029 >          DW     MARK3    ; 3. SPRUNGADRESSE
*1109 FF            002A >          DB     0FFH     ; ENDEMARKE
 E0000              002B >          END
```

Bild 4-99: Programmbeispiel: Sprungtabelle

Das Programm durchsucht wie in den vorhergehenden Beispielen die Tabelle nach dem Eingabewert. Wurde er gefunden, so werden die beiden folgenden Bytes mit der Sprungadresse zunächst in das DE-Registerpaar übernommen und dann mit dem Befehl XCHG in das HL-Registerpaar übertragen. Der Befehl PCHL lädt den Befehlszähler mit der Sprungadresse aus dem HL-Registerpaar und führt den Sprung in das neue Programmstück aus. Hier liegen in dem Beispiel lediglich Befehle, die die gewünschte Antwort ausgeben.

Bei umfangreichen Tabellen kann die entsprechend lange Suchzeit zu Schwierigkeiten führen. In diesem Fall sollte man versuchen, aus dem Eingabewert direkt die Zieladresse der Tabelle zu bestimmen. **Bild 4-100** zeigt ein einfaches Beispiel für einen direkten Tabellenzugriff.

Eingabewert	Ausgabewert
00	FF
01	F0
02	0F

Adresse		Inhalt
11	00	FF
11	01	F0
11	02	0F

Bild 4-100: Tabelle für direkten Zugriff

Die Eingabewerte wurden so gewählt, daß sie den niederwertigen Teil der Datenadresse darstellen. Der höherwertige Teil ist konstant 11H. Bei weniger einfachen Zuordnungen kann die Datenadresse mit Hilfe von Additionen und Multiplikationen berechnet werden. Mit Hilfe der 16-Bit-Additionsbefehle DAD ist es möglich, den Eingabewert zur Anfangsadresse der Tabelle zu addieren, um so die Adresse des Tabellenplatzes zu bestimmen. **Bild 4-101** zeigt das ablauffähige Programmbeispiel, jedoch ohne Adreßrechnung.

```
                    0001 >; BILD 4-101  DIREKTER TABELLENZUGRIFF
 L1000              0002 >       ORG  1000H      ; ADRESSZAEHLER
*1000 3E 8B         0003 >START  MVI  A,8BH      ; STEUERBYTE  A=AUS B=EIN
*1002 D3 03         0004 >       OUT  03H        ; NACH STEUERREGISTER
*1004 21 00 11      0005 >       LXI  H,TAB      ; ANFANGSADRESSE TABELLE
*1007 DB 01         0006 >LOOP   IN   01H        ; KIPPSCHALTER LESEN
*1009 FE 03         0007 >       CPI  03H        ; DATENBREICH PRUEFEN
*100B D2 15 10      0008 >       JNC  FEHL       ; WERT GROESSER 2: FEHLER
*100E 6F            0009 >       MOV  L,A        ; WERT ALS ADRESSE NACH L
*100F 7E            000A >       MOV  A,M        ; TABELLENWERT LADEN
*1010 D3 00         000B >       OUT  00H        ; AUSGEBEN
*1012 C3 07 10      000C >       JMP  LOOP       ; NEUE EINGABE
*1015 3E 00         000D >FEHL   MVI  A,00H      ; FEHLERMARKE
*1017 D3 00         000E >       OUT  00H        ; AUSGEBEN
*1019 C3 07 10      000F >       JMP  LOOP       ; NEUE EINGABE
 L1100              0010 >       ORG  1100H      ; ADRESSE DATENTABELLE
*1100 FF            0011 >TAB    DB   0FFH       ; 1. WERT
*1101 F0            0012 >       DB   0F0H       ; 2. WERT
*1102 0F            0013 >       DB   00FH       ; 3. WERT
 E0000              0014 >       END
```

Bild 4-101: Programmbeispiel: Direkter Datenzugriff

Da die Tabelle nur aus drei Eingabewerten besteht, muß der einleitende Vergleichsbefehl den Fehlerfall erkennen. Sonst würde das Programm auf nicht definierte Adressen zugreifen. Der CPI-Befehl vergleicht den eingegebenen Wert mit der Konstanten 03, die über den zulässigen Werten liegt. Ist das Carrybit gleich Null, so ist der eingegebene Wert zu groß, und das Programm springt in den Teil, der den Fehlerfall behandelt. Bei einer gültigen Eingabe wird der eingegebene Wert direkt in das L-Register übernommen. Im H-Register steht der höherwertige Teil der Datenadresse als Konstante. Mit dieser Datenadresse kann der folgende Befehl MOV A,M direkt ohne zu suchen auf die Daten zugreifen. Die Tabelle enthält nur die Ausgabewerte; die Eingabewerte sind Bestandteil der Adresse.

```
                   0001 >; BILD 4-102  ERMITTLUNG DER BEFEHLSLAENGE
   L1000           0002 >        ORG   1000H     ; ADRESSZAEHLER
 *1000 3E 8B       0003 >START   MVI   A,8BH     ; STEUERBYTE A=AUS B=EIN
 *1002 D3 03       0004 >        OUT   03H       ; NACH STEUERREGISTER
 *1004 DB 01       0005 >LOOP    IN    01H       ; EINGABE LESEN
 *1006 OE 03       0006 >        MVI   C,03H     ; BYTE = 3
 *1008 21 29 10    0007 >        LXI   H,TAB     ; ANFANGSADRESSE TABELLE
 *100B 06 1C       0008 >        MVI   B,28      ; ZAHL DER 3-BYTE-BEFEHLE
 *100D BE          0009 >LOOP1   CMP   M         ; VERGLEICHE EINGABE MIT TABELLE
 *100E CA 23 10    000A >        JZ    AUS       ; GEFUNDEN: AUSGEBEN
 *1011 23          000B >        INX   H         ; TABELLENADRESSE + 1
 *1012 05          000C >        DCR   B         ; ZAEHLER - 1
 *1013 C2 0D 10    000D >        JNZ   LOOP1     ; WEITER SUCHEN
 *1016 0D          000E >        DCR   C         ; BYTE = 2
 *1017 06 14       000F >        MVI   B,20      ; ZAHL DER 2-BYTE-BEFEHLE
 *1019 BE          0010 >LOOP2   CMP   M         ; VERGLEICHE EINGABE MIT TABELLE
 *101A CA 23 10    0011 >        JZ    AUS       ; GEFUNDEN: AUSGEBEN
 *101D 23          0012 >        INX   H         ; TABELLENADRESSE + 1
 *101E 05          0013 >        DCR   B         ; ZAEHLER - 1
 *101F C2 19 10    0014 >        JNZ   LOOP2     ; WEITER SUCHEN
 *1022 0D          0015 >        DCR   C         ; WERT NICHT IN TABELLE: BYTE=1
 *1023 79          0016 >AUS     MOV   A,C       ; LAENGE NACH AKKU
 *1024 D3 00       0017 >        OUT   00H       ; AUSGEBEN
 *1026 C3 04 10    0018 >        JMP   LOOP      ; NEUE EINGABE
                   0019 >; TABELLE MIT 3-BYTE-CODES
                   001A >TAB     DB    0C3H,0CAH,0C2H,0DAH
 1029 C3 CA C2 DA
                   001B >        DB    0D2H,0FAH,0F2H,0EAH
 102D D2 7A F2 EA
                   001C >        DB    0E2H,0CDH,0CCH,0C4H
 1031 E2 CD CC C4
                   001D >        DB    0DCH,0D4H,0FCH,0F4H
 1035 DC D4 FC F4
                   001E >        DB    0ECH,0E4H,0DDH,0FDH
 1039 EC E4 DD FD
                   001F >        DB    001H,011H,021H,031H
 103D 01 11 21 31
                   0020 >        DB    03AH,032H,02AH,022H
 1041 3A 32 2A 22
                   0021 >; TABELLE MIT 2-BYTE-CODES
                   0022 >        DB    03EH,006H,00EH,016H
 1045 3E 06 OE 16
                   0023 >        DB    01EH,026H,02EH,036H
 1049 1E 26 2E 36
                   0024 >        DB    0FEH,0C6H,0CEH,0D6H
 104D FE C6 CE D6
                   0025 >        DB    0DEH,0E6H,0F6H,0EEH
 1051 DE E6 F6 EE
                   0026 >        DB    0DBH,0D3H,028H,038H
 1055 DB D3 28 38
 E0000             0027 >        END
```

Bild 4-102: Programmbeispiel: Ermittlung der Befehlslänge

Das folgende Beispiel **Bild 4-102** zeigt ein Programm, das aus dem Funktionscode eines 8085A-Befehls die Anzahl der Bytes des Befehls bestimmt. Der Code wird an den Kippschaltern eingestellt; die Anzahl der Bytes (1 oder 2 oder 3) erscheint auf den Ausgabeleuchtdioden. Einen Fehlerfall gibt es nicht.

Die schnellste aber speicheraufwendigste Lösung wäre der direkte Datenzugriff ähnlich Bild 4-101, bei dem die 256 Funktionscodes den niederwertigen Teil der Tabellenadresse darstellen, die für jeden Code die Befehlslänge enthält.

Eine andere Lösung, die im Abschnitt über logische Befehle vorgestellt wird, trennt soweit möglich den Grundcode der Befehle von den Registeradressen und bestimmt die Befehlslänge durch Vergleichsbefehle.

Der Befehlssatz des 8085A enthält 28 Befehle bestehend aus drei Bytes und 20 Befehle, die aus zwei Bytes bestehen; der Rest sind 1-Byte-Befehle. Es genügt also, in zwei Tabellen die 3-Byte-Befehle und die 2-Byte-Befehle herauszusuchen. Dabei sind bereits die Befehle berücksichtigt, die nicht in den Befehlslisten des Herstellers erscheinen. Da die Zahl der Tabellenwerte konstant ist, arbeiten die Suchschleifen mit Zählern. Die Tabelle enthält nur die Eingabewerte, aber keine Ausgabewerte. Die Zuordnung ergibt sich aus der Lage in der Tabelle. Die Codes des ersten Teils sind drei Bytes, die des zweiten Teils zwei Bytes lang.

Zusammenfassung
Der Umfang einer Tabelle kann festgelegt sein durch:
- die Anfangsadresse und die Zahl der Elemente,
- die Anfangsadresse und die Endadresse oder
- die Anfangsadresse und eine frei wählbare Endemarke.

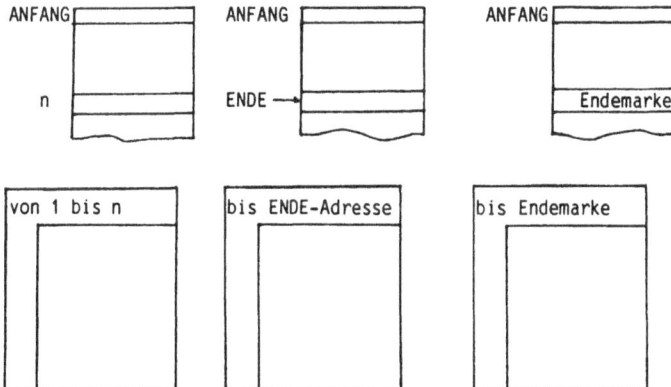

4.7.4 Stapeladressierung

Die Stapeladressierung ist ein Sonderfall der Registerpaaradressierung. Der Stapelzeiger enthält wie die anderen 16-Bit-Register eine Adresse, die zur Adressierung eines Datenbytes im Stapel dient. Der Stapel oder Kellerspeicher ist ein Bereich im Schreib/Lesespeicher (RAM). Der Stapelzeiger zeigt auf die zuletzt in den Stapel geschriebenen Daten. Vor jedem Schreiben in den Stapel wird der Stapelzeiger automatisch um 1 vermindert; nach jedem Lesen aus dem Stapel wird der Stapelzeiger automatisch um 1 erhöht. Die Verminderung bzw. Erhöhung des Stapelzeigers geschieht durch das Steuerwerk und nicht durch Zählbefehle im Programm. Einige Befehle verwenden immer den Stapel.

Bei jedem Unterprogrammaufruf wird die Rücksprungadresse in den Stapel gerettet, und der Stapelzeiger wird um 2 vermindert. Bei jedem Rücksprung aus einem Unterprogramm wird die Rücksprungadresse aus dem Stapel zurückgeholt, und der Stapelzeiger wird um 2 erhöht. Alle Programmunterbrechungen (Interrupts) werden wie Unterprogrammaufrufe behandelt und retten den Befehlszähler in den Stapel. Die in **Bild 4-103** dargestellten Befehle übertragen jeweils zwei Bytes zwischen einem Registerpaar und dem Stapel.

Bef.	Operand	Wirkung	OP	B	T	Bedingung S Z x H 0 P v C y
PUSH	B	BC => Stapel	C5	1	12	
PUSH	D	DE => Stapel	D5	1	12	
PUSH	H	HL => Stapel	E5	1	12	
PUSH	PSW	A,F=> Stapel	F5	1	12	
POP	B	BC <= Stapel	C1	1	10	
POP	D	DE <= Stapel	D1	1	10	
POP	H	HL <= Stapel	E1	1	10	
POP	PSW	A,F<= Stapel	F1	1	10	aus Stapel
XTHL		HL <=>Stapel	E3	1	16	

Bild 4-103: Die Stapelbefehle

PUSH bedeutet in den Stapel stoßen oder auf den Stapel legen. Bei jedem PUSH-Befehl wird der Stapelzeiger automatisch um 2 vermindert. POP bedeutet aus dem Stapel ziehen oder vom Stapel wegnehmen. Bei jedem POP-Befehl wird der Stapelzeiger automatisch um 2 erhöht. Als Operanden dienen die Kennbuchstaben B für das BC-Registerpaar, D für das DE-Registerpaar, H für das HL-Registerpaar und PSW für den Akkumulator und das Bedingungsregister, die ein Registerpaar bilden. PSW bedeutet Prozessor Status Wort. **Bild 4-104** zeigt die Wirkung des Befehls XTHL, der den Stapelzeiger nicht verändert. XTHL bedeutet eXchange the Top of stack with HL gleich vertausche die beiden obersten Bytes des Stapels mit dem HL-Registerpaar. Der Befehl kann z.B. dazu verwendet werden, Rücksprungadressen von Unterprogrammen zu verändern.

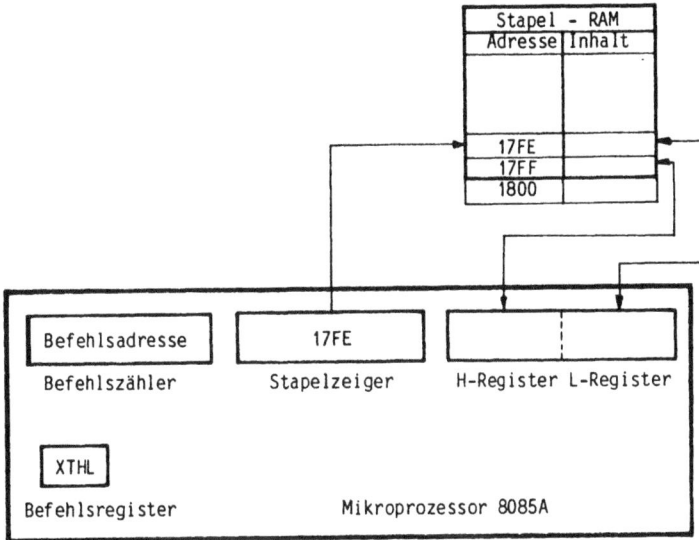

Bild 4-104: Wirkung des Befehls XTHL

Bei der Arbeit mit einem Übungssystem wird in der Regel der Stapelzeiger des Benutzers bereits vom Betriebssystem (Monitor) angelegt. Bei der Programmierung eines selbständigen Rechners muß zuerst der Stapelzeiger mit der Adresse des Stapelbereiches geladen werden, damit Rücksprünge aus Interrupts und Unterprogrammen möglich sind. **Bild 4-105** zeigt die Befehle, die man auf den Stapelzeiger anwenden kann.

Bef.	Operand	Wirkung	OP	B	T	S	Z	x	H	0	P	V	C	y
						Bedingung
LXI	SP, kon	SP <= 16-Bit	31	3	10									
SPHL		SP <= HL	F9	1	6									
LXI	H,0000H	HL <= 0000	21	3	10									
DAD	SP	HL <= SP	39	1	10								0	
INX	SP	SP <= SP + 1	33	1	6									
DCX	SP	SP <= SP - 1	3B	1	6									

Bild 4-105: Stapelzeigerbefehle

Der Befehl LXI SP,konstante lädt den Stapelzeiger mit einer Konstanten, in den meisten Fällen mit der höchsten RAM-Adresse + 1, da der Stapelzeiger vor dem ersten Schreiben um 1 vermindert wird. Mit dem Befehl SPHL läßt sich der Stapelzeiger über das HL-Registerpaar mit einer Variablen laden. Der Stapelzeiger kann nur mit dem Befehl DAD SP gelesen werden. Da dieser Befehl zum HL-Registerpaar den Inhalt des Stapelzeigers addiert, muß das HL-Registerpaar vorher gelöscht werden. Mit den Befehlen INX SP und DCX SP kann der Stapelzeiger durch das Programm aufwärts bzw. abwärts gezählt werden. Bei den Befehlen CALL, RET, PUSH, POP und RST geschieht dies automatisch bei der Ausführung der Befehle durch das Steuerwerk.

Bei der Arbeit mit dem Stapel ist es wichtig zu wissen, in welcher Reihenfolge die Register im Stapel liegen. **Bild 4-106** zeigt die Wirkung der PUSH-Befehle.

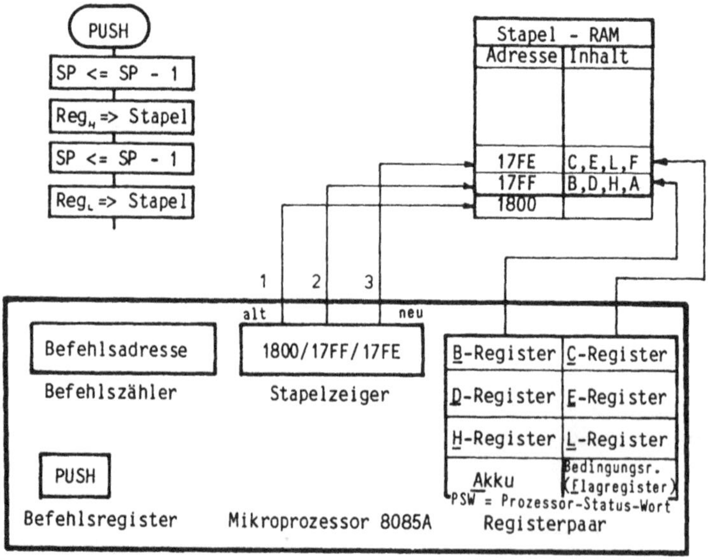

Bild 4-106: Wirkung des PUSH-Befehls

Die Stapelbefehle übertragen immer Registerpaare, keine einzelnen 8-Bit-Register. Der Akkumulator und das Bedingungsregister (F für Flag) bilden ein Registerpaar unter der Bezeichnung PSW gleich Processor Status Word oder Zustandswort des Prozessors. Der PUSH-Befehl wird in folgenden Schritten ausgeführt:

1.Schritt:
Der Stapelzeiger wird um 1 vermindert.

2.Schritt:
Das höherwertige Register (B oder D oder H oder Akkumulator) wird in das
adressierte Byte des Stapels übertragen.

3.Schritt:
Der Stapelzeiger wird um 1 vermindert.

4.Schritt:
Das niederwertige Register (C oder E oder L oder Bedingungsregister) wird
in das adressierte Byte des Stapels übertragen.

Die Inhalte der Registerpaare liegen damit in der bekannten Reihenfolge LOW-
Byte - HIGH-Byte wie Adressen im Stapel. Der POP-Befehl arbeitet in umgekehrter Reihenfolge, jedoch wird der Stapelzeiger nach der Datenübertragung
jeweils um 1 erhöht. Der Befehl XTHL vertauscht die beiden obersten Bytes
des Stapels in der gleichen Reihenfolge wie bei PUSH und POP mit dem Inhalt
des HL-Registerpaares; der Inhalt des Stapelzeigers ändert sich dabei nicht.
Nach einem Unterprogrammaufruf liegt die Rücksprungadresse im Stapel. Der
Befehl XTHL überträgt sie in das HL-Registerpaar. Dort kann sie durch
Befehle verändert werden. Ein erneuter Befehl XTHL bringt die geänderte
Rücksprungadresse zurück auf den Stapel. In der Unterprogrammtechnik dienen
PUSH- und POP-Befehle entsprechend dem Beispiel **Bild 4-107** zum Retten
der vom Unterprogramm benutzten Register.

```
Adresse  Inhalt  Name   Befehl Operand
                        ORG    1000H   ; Hauptprogramm
1000     CD 20 10       CALL   GIRL    ; rufe Unterprogramm

                        ORG    1020H   ; Unterprogramm
1020     C5      GIRL   PUSH   B       ; BC retten
1021     D5             PUSH   D       ; DE retten
1022     E5             PUSH   H       ; HL retten
1023     F5             PUSH   PSW     ; A und F retten

                  B e f e h l e

1030     F1             POP    PSW     ; A und F zurück
1031     E1             POP    H       ; HL zurück
1032     D1             POP    D       ; DE zurück
1033     C1             POP    B       ; BC zurück
1034     C9             RET            ; Rücksprung
```

Bild 4-107: Retten der Register in einem Unterprogramm

Die Registerpaare werden in der Reihenfolge BC, DE, HL und PSW in den
Stapel gerettet und müssen in umgekehrter Reihenfolge PSW, HL, DE und BC
wieder zurückgeladen werden. Bei einer anderen Reihenfolge würden Registerinhalte vertauscht werden. Dies läßt sich für einen Zugriff auf das sonst

unzugängliche Bedingungsregister verwenden. Mit der Befehlsfolge PUSH PSW und POP H wird das Bedingungsregister in das L-Register gebracht und steht dort für weitere Untersuchungen zur Verfügung. Bei einigen Anwendungen kann es nachteilig sein, daß die Stapeladressierung immer Registerpaare behandelt. Durch entsprechende Befehle läßt sich jedes Registerpaar zu einem Stapelzeiger machen, der einen zweiten Stapel neben dem Systemstapel adressiert. **Bild 4-108** zeigt ein Beispiel für den Aufbau eines Stapels für 8-Bit-Register mit dem HL -Registerpaar als Zeiger.

Adresse	Inhalt	Name	Befehl	Operand	
			ORG	1000H	
1000	21 00 17		LXI	H,1700H	; 8-Bit-Stapel
1003	2B		DCX	H	; HL <= HL - 1
1004	77		MOV	M,A	; wie PUSH A
1005	7E		MOV	A,M	; wie POP A
1006	23		INX	H	; HL <= HL + 1

Bild 4-108: 8-Bit-Stapel mit dem HL-Registerpaar

Mit dem Befehl LXI H,1700H wird ein neuer Stapel im Bereich ab Adresse 1700 abwärts angelegt. Die Befehlsfolge DCX H und MOV M,A vermindert das HL-Registerpaar um 1 und bringt den Akkumulator in den Hilfsstapel. Er wirkt wie ein Befehl PUSH A. Mit der Befehlsfolge MOV A,M und INX H wird der Inhalt des Akkumulators zurückgeholt, und das HL-Registerpaar wird um 1 erhöht. Der Befehl wirkt wie ein Befehl POP A.

4.7.5 Übungen zum Abschnitt Adressierung von Speicherbereichen

Die Lösungen befinden sich im Anhang!

1.Aufgabe:
Nach dem Einschalten der Versorgungsspannung haben die RAM-Speicherstellen einen zufälligen Inhalt. Man fülle den Bereich von 1200H bis 17FFH mit dem Bitmuster, das an den Kippschaltern der Portadresse 01H eingestellt wurde. Danach ist in den Monitor zur Adresse 0000 zu springen.

2.Aufgabe:
Man überprüfe, ob sich die Speicherstellen von 1200H bis 17FFH beschreiben lassen. Dazu wird ein Testwert in alle Speicherstellen eingeschrieben, zurückgelesen und mit dem Testwert verglichen. Bei einer Abweichung zwischen dem Testwert und dem zurückgelesenen Wert liegt ein Fehler vor. In diesem Fall soll die Adresse des fehlerhaften Bytes im RAM-Bereich abgelegt werden. Auf den Leuchtdioden ist ein Blinksignal auszugeben. Das Programm soll in einer unendlichen Schleife fortwährend den Speicher testen, bis ein Fehler auftritt oder das Programm mit einem Reset oder Interrupt abgebrochen wird. Man überprüfe auch den EPROM-Bereich ab 0000H, um auch den Fehlerfall zu testen.

3.Aufgabe:
An den Kippschaltern soll der niederwertige Teil einer Speicheradresse eingestellt werden; der höherwertige Teil werde konstant z.B. zu 00 angenommen. Der Inhalt des dadurch adressierten Bytes ist auf den Leuchtdioden anzuzeigen. Bei Eingabe z.B. der Zahl 47 wird der Inhalt der Speicherstelle 0047 ausgegeben.

4.8 Datenverarbeitung

Daten sind Zahlen, Zeichen oder Steuersignale. Bei Zahlen unterscheidet man Dualzahlen mit oder ohne Vorzeichen und binär codierte Dezimalzahlen (BCD). Zeichen sind im ASCII-Code verschlüsselte Buchstaben, Ziffern, Sonderzeichen oder Steuerzeichen. Steuersignale werden z.B. über Kippschalter eingegeben oder schalten eine Heizung ein und aus. Dieser Abschnitt gibt einen Überblick über die Befehle, die zur Verarbeitung von Daten zur Verfügung stehen.

4.8.1 Die logischen Befehle

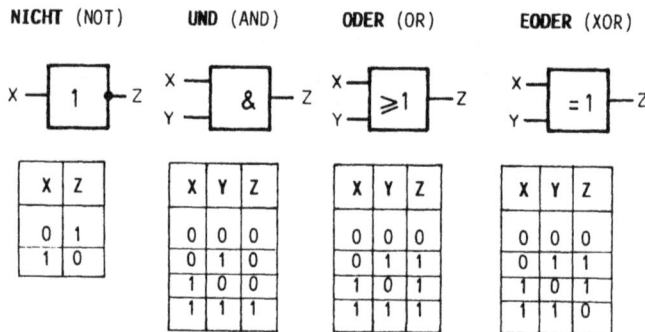

NICHT (NOT)   UND (AND)   ODER (OR)   EODER (XOR)

X	Z
0	1
1	0

X	Y	Z
0	0	0
0	1	0
1	0	0
1	1	1

X	Y	Z
0	0	0
0	1	1
1	0	1
1	1	1

X	Y	Z
0	0	0
0	1	1
1	0	1
1	1	0

Bild 4-109: Die logischen Funktionen

Die in der arithmetisch-logischen Einheit (ALU) vorhandenen logischen Funktionen sind in **Bild 4-109** zusammengestellt. Sie werden für alle acht Datenbits parallel ausgeführt. Es sind also acht NICHT-Schaltungen vorhanden, die alle acht Bits des Akkumulators gleichzeitig komplementieren. Ebenso gibt es acht UND-, ODER- bzw. EODER-Schaltungen mit je zwei Eingängen, die die acht Bits des Akkumulators mit einem zweiten Operanden (Register, Konstante oder Speicherbyte) bitweise verknüpfen. Das Ergebnis steht immer im Akkumulator. **Bild 4-110** zeigt die logischen Befehle.

CMA bedeutet CoMplementiere den Akkumulator. Der Befehl bildet das Einerkomplement und macht aus jeder 1 eine 0 und aus jeder 0 eine 1. Für das Zweierkomplement ist zusätzlich eine 1 zu addieren (INR A). Die logischen Funktionen können mit einer Konstanten im zweiten Byte des Befehls (ANI, ORI, XRI) oder mit dem Inhalt eines zweiten Registers (ANA, ORA, XRA) ausgeführt werden. ANI und ANA bilden das logische UND (AND), ORI und ORA bilden das logische ODER (OR) und XRI und XRA bilden das logische

Bef.	Operand	Wirkung	OP	B	T	S	Z	x	H	O	P	v	C y
CMA		A <= NICHT A	2F	1	4								
ANI	konst	A <= A UND kon	E6	2	7	x	x		1		x		0
ORI	konst	A <= A ODR kon	F6	2	7	x	x		0		x		0
XRI	konst	A <= A XOR kon	EE	2	7	x	x		0		x		0
ANA	register	sh. Tabelle				x	x		1		x		0
ORA	register	sh. Tabelle				x	x		0		x		0
XRA	register	sh. Tabelle				x	x		0		x		0
ANA	A	Akku testen	A7	1	4	x	x		1		x		0
ORA	A	Akku testen	B7	1	4	x	x		0		x		0
XRA	A	Akku löschen	AF	1	4	0	1		0		1		0

Bild 4-110: Die logischen Befehle

EODER (XOR). Mit den Befehlen ANA A und ORA A wird der Akkumulator ohne Änderung des Inhalt getestet. Gleichzeitig wird das Carrybit gelöscht und das Hilfscarrybit gesetzt bzw. gelöscht. Der Befehl XRA A löscht den Akkumulator; er kann anstelle des Befehls MVI A,00 verwendet werden.

Bef.	Operand	Wirkung	A	B	C	D	E	H	L	M	S	Z	x	H	O	P	v	C y
ANA	register	A<=A UND	A7	A0	A1	A2	A3	A4	A5	A6	x	x		1		x		0
ORA	register	A<=A ODR	B7	B0	B1	B2	B3	B4	B5	B6	x	x		0		x		0
XRA	register	A<=A XOR	AF	A8	A9	AA	AB	AC	AD	AE	x	x		0		x		0

Bild 4-111: Tabelle der logischen Befehle

Die Tabelle **Bild 4-111** zeigt die hexadezimalen Codes der logischen Befehle. Sie verknüpfen den Akkumulator mit sich selbst oder mit einem anderen Register des Prozessors oder mit einem Speicherbyte M , dessen Adresse im HL-Registerpaar steht.

Das Programm **Bild 4-112** zeigt ein Beispiel für die Wirkung der logischen Befehle. Dabei werden Bitmuster von den Kippschaltern übernommen und verändert auf den Leuchtdioden ausgegeben. Bei der Ausgabe sind die höchsten Bitpositionen B7 und B6 immer 1 zu setzen. Die Bitpositionen B5 und B4 sind zu löschen, und die beiden nächsten B3 und B2 sind komplementiert auszugeben. Die beiden letzten Bitpositionen B1 und B0 sind unverändert zu übernehmen.

```
                       0001 >; BILD 4-112  LOGISCHE FUNKTIONEN
 L1000                 0002 >         ORG   1000H   ; ADRESSZAEHLER
*1000 3E 8B            0003 >START    MVI   A,8BH   ; STEUERBYTE A=AUS B=EIN
*1002 D3 03            0004 >         OUT   03H     ; NACH STEUERREGISTER
*1004 DB 01            0005 >LOOP     IN    01H     ; KIPPSCHALTER LESEN
*1006 F6 C0            0006 >         ORI   0C0H    ; KONSTANTE 1100 0000
*1008 E6 CF            0007 >         ANI   0CFH    ; MASKE 1100 1111
*100A EE 0C            0008 >         XRI   00CH    ; MASKE 0000 1100
*100C D3 00            0009 >         OUT   00H     ; AUF LEUCHTDIODEN AUSGEBEN
*100E C3 04 10         000A >         JMP   LOOP    ; NEUE EINGABE
 E0000                 000B >         END
```

Bild 4-112: Programmbeispiel für logische Funktionen

ODER									Eingabemuster
	x	x	x	x	x	x	x	x	Eingabemuster
	1	1	0	0	0	0	0	0	ODER-Konstante
UND	1	1	x	x	x	x	x	x	Zwischenergebnis
	1	1	0	0	1	1	1	1	UND-Maske
EODER	1	1	0	0	x	x	x	x	Zwischenergebnis
	0	0	0	0	1	1	0	0	EODER-Maske
	1	1	0	0	x̄	x̄	x	x	Ausgabemuster

Bild 4-113: Ausführung des Programmbeispiels

Bild 4-113 zeigt die Wirkung der logischen Befehle des Programmbeispiels. Die Konstante 11000000 des ORI-Befehls baut an den Stellen, an denen sie Einerbits enthält, diese in das Bitmuster ein und übernimmt den alten Wert an den Stellen, an denen Nullerbits stehen. Auf diese Weise werden die Bitpositionen B7 und B6 immer als 1 ausgegeben, alle anderen bleiben unverändert.

Die UND-Maske 11001111 des ANI-Befehls enthält in den Bitpositionen B5 und B4 Nullerbits und löscht das Bitmuster an diesen Stellen. In allen anderen Bitpositionen enthält die Maske Einerbits, die das Bitmuster unverändert lassen.

Die EODER-Maske 00001100 des XRI-Befehls komplementiert durch die beiden Einerbits die Bitpositionen B3 und B2. In den restlichen Bitpositionen bleiben die alten Zustände durch die Nullerbits der Maske unverändert erhalten.

Die beiden letzten Positionen B1 und B0 des Bitmusters bleiben durch die logischen Befehle unberührt und werden unverändert ausgegeben.

4.8.2 Die Schiebebefehle

Funktion	Befehle	Schieberichtung
9 Bit zyklisch links Rotiere Akkumulator Links	RAL	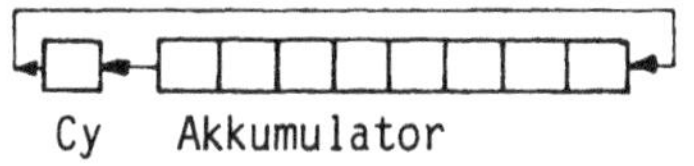 Cy Akkumulator
9 Bit zyklisch rechts Rotiere Akkumulator Rechts	RAR	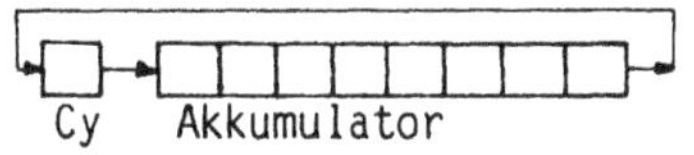 Cy Akkumulator
8 Bit zyklisch links Rotiere Links ohne Carry	RLC	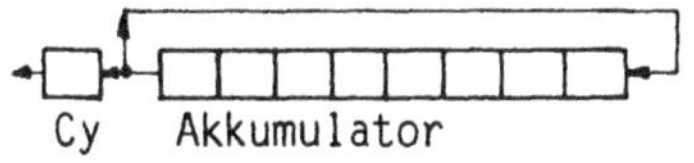 Cy Akkumulator
8 Bit zyklisch rechts Rotiere Rechts ohne Carry	RRC	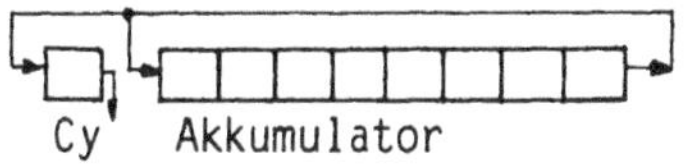 Cy Akkumulator
8 Bit logisch links (LSL) Logisch Schiebe Links	ADD A	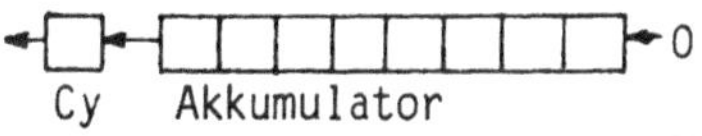 Cy Akkumulator 0
8 Bit logisch rechts (LSR) Logisch Schiebe Rechts	ANA A RAR	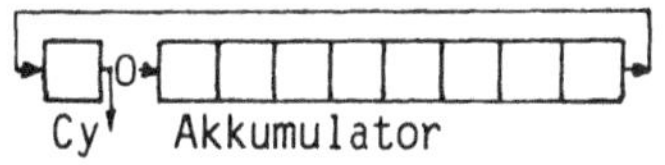 Cy Akkumulator
8 Bit arithm. rechts (ASR) Arithmetisch Schiebe Rechts	RLC RAR RAR	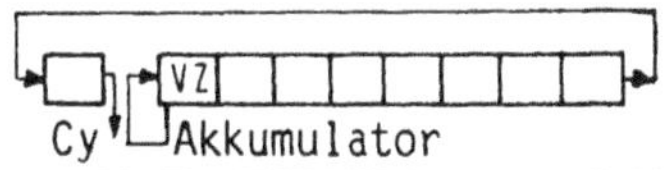 Cy Akkumulator

Bild 4-114: Die Schiebebefehle

Die in **Bild 4-114** dargestellten Befehle verschieben den Inhalt des Akkumulators bzw. des Akkumulators und des Carrybits um 1 Bit nach rechts oder links. Zum Verschieben um mehrere Bitpositionen sind auch mehrere Schiebebefehle erforderlich. Der Befehlssatz des Prozessors 8085A enthält nur Befehle, die zyklisch schieben oder rotieren. Dabei geht keine Bitposition des Akkumulators verloren. Entsprechend den Schiebebefehlen anderer Mikroprozessoren zeigt das Bild auch Möglichkeiten, mit den Befehlen des 8085A logisch und arithmetisch zu schieben.

Beim logischen Schieben wird die frei werdende Stelle durch eine Null ersetzt; die herausgeschobene Stelle geht verloren. Beim logischen Schieben nach links wird der Inhalt des Akkumulators mit 2 multipliziert; dies wird durch den Befehl ADD A erreicht, der den Inhalt des Akkumulators mit sich selbst addiert. Beim logischen Rechtsschieben wird eine vorzeichenlose Dualzahl durch 2 dividiert. Der Rest gelangt in das Carrybit; das alte Carrybit geht verloren. Dazu sind beim 8085A zwei Befehle erforderlich. Der Befehl ANA A löscht das Carrybit; der Befehl RAR schiebt die Null in die werthöchste Bitpositionen. Soll der Akkumulator um mehrere Bitpositionen logisch nach rechts geschoben werden, so ist es günstiger, erst mehrmals zyklisch zu schieben (RAR) und dann mit einer UND-Maske (ANI) die Nullen einzubauen.

Beim arithmetischen Rechtsschieben wird eine vorzeichenbehaftete Dualzahl durch 2 dividiert; jedoch muß das Vorzeichen in der werthöchsten Bitposition erhalten bleiben. Das werthöchste Bit ist also in die rechts stehende Stelle zu kopieren, muß aber selbst erhalten bleiben. Beim 8085A sind drei Befehle erforderlich. Der Befehl RLC bringt das Vorzeichen zunächst nach links in das Carrybit. Der erste RAR-Befehl hebt das Linkschieben wieder auf, der zweite schiebt wie gefordert nach rechts. Dabei ist das Vorzeichenbit erhalten geblieben. **Bild 4-115** zeigt die Schiebebefehle des Prozessors 8085A.

Bef.	Operand	Wirkung	OP	B	T	S	Z	x	H	O	P	v	C y
									Bedingung				
RLC			07	1	4								x
RRC			0F	1	4								x
RAL			17	1	4								x
RAR			1F	1	4								x

Bild 4-115: Tabelle der Schiebebefehle

RAL bedeutet Rotate Accumulator Left gleich verschiebe den Akkumulator und das Carrybit zyklisch nach links. RAR bedeutet Rotate Accumulator Right gleich verschiebe den Akkumulator und das Carrybit zyklisch nach rechts. RLC bedeutet Rotate Left without Carry gleich schiebe den Akkumulator zyklisch nach links ohne das Carrybit. RRC bedeutet Rotate Right without Carry gleich schiebe den Akkumulator zyklisch nach rechts ohne das Carrybit. Beide Befehle kopieren die herausgeschobene Bitposition zusätzlich in das Carrybit; der alte Inhalt des Carrybits geht verloren. Bei allen Schiebebefehlen wird nur das Carrybit verändert, alle anderen Bedingungsbits, auch das Vorzeichenbit, bleiben **unverändert.**

Das in **Bild 4-116** dargestellte Programmbeispiel testet die Schiebebefehle. Das an den Kippschaltern eingestellte Bitmuster wird verzögert auf den Leuchtdioden verschoben. In den eingerahmten Teil des Programms können die zu testenden Befehle eingesetzt werden. Die beiden NOP-Befehle dienen als Platz-

```
                      0001 >; BILD 4-116   SCHIEBEBEFEHLE
 L1000                0002 >          ORG   1000H        ; ADRESSZSEHLER
*1000 3E 8B           0003 >START     MVI   A,8BH        ; STEUERBYTE A=AUS B=EIN
*1002 D3 03           0004 >          OUT   03H          ; NACH STEUERREGISTER
*1004 DB 01           0005 >          IN    01H          ; BITMUSTER EINGEBEN
*1006 D3 00           0006 >LOOP      OUT   00H          ; BITMUSTER AUSGEBEN
*1008 CD 11 10        0007 >          CALL  SEK1         ; UNTERPROGRAMM 1 SEK WARTEN
*100B 17              0008 >          RAL                ; SCHIEBE LINKS
*100C 00              0009 >          NOP                ; PLATZ FUER WEITERE BEFEHLE
*100D 00              000A >          NOP                ; PLATZ FUER WEITERE BEFEHLE
*100E C3 06 10        000B >          JMP   LOOP         ; ZUR AUSGABE
                      000C >; UNTERPROGRAMM
*1011 F5              000D >SEK1      PUSH  PSW          ; AKKU RETTEN
*1012 21 24 F4        000E >          LXI   H,62500      ; ZAEHLER ANFANGSWERT
*1015 00              000F >SEK11     NOP                ;   4 TAKTE
*1016 00              0010 >          NOP                ;   4 TAKTE
*1017 2B              0011 >          DCX   H            ;   6 TAKTE
*1018 7C              0012 >          MOV   A,H          ;   4 TAKTE
*1019 B5              0013 >          ORA   L            ;   4 TAKTE
*101A C2 15 10        0014 >          JNZ   SEK11        ;  10 TAKTE
*101D F1              0015 >          POP   PSW          ; AKKU ZURUECK
*101E C9              0016 >          RET                ; RUECKSPRUNG
 E0000                0017 >          END
```

Bild 4-116: Programmbeispiel für Schiebebefehle

halter für den Fall, daß die Befehle zum logischen und arithmetischen Rechtsschieben eingesetzt werden, die aus zwei bzw. drei Befehlen bestehen. Man
beachte, daß das Carrybit nicht angezeigt wird und daß das Programm in einer
unendlichen Schleife schiebt. Beim logischen und arithmetischen Schieben
ergibt sich nach acht Schritten ein konstanter Endzustand.

4.8.3 Die arithmetischen Befehle

Die in diesem Abschnitt dargestellten arithmetischen Befehle addieren und subtrahieren Bitmuster unabhängig von der Art der Zahlendarstellung. Diese werden in gesonderten Abschnitten mit Beispielen behandelt. **Bild 4-117** zeigt die arithmetischen 8-Bit-Befehle für den Akkumulator mit unmittelbarer Adressierung.

						Bedingung						
Bef.	Operand	Wirkung	OP	B	T	S	Z	H	O	P	v	Cy
ADI	konst	A <= A + konst	C6	2	7	x	x		x	x		x
ACI	konst	A <= A + kon+Cy	CE	2	7	x	x		x	x		x
SUI	konst	A <= A - konst	D6	2	7	x	x		x	x		x
SBI	konst	A <= A - kon-Cy	DE	2	7	x	x		x	x		x

Bild 4-117: Die arithmetischen 8-Bit-Befehle mit Konstanten

Der Befehl ADI addiert zum Akkumulator die folgende 8-Bit-Konstante ohne Berücksichtigung des Carrybits. Der Befehl ACI addiert zum Akkumulator das Carrybit und die folgende 8-Bit-Konstante. Der Befehl SUI subtrahiert vom Akkumulator die folgende 8-Bit-Konstante ohne Berücksichtigung des Carrybits. Der Befehl SBI subtrahiert vom Akkumulator das Carrybit und die folgende 8-Bit-Konstante.

											Bedingung						
Bef.	Operand	Wirkung	A	B	C	D	E	H	L	M	S	Z	H	O	P	v	Cy
CMP	register	A - reg	BF	B8	B9	BA	BB	BC	BD	BE	x	x		x	x		x
ADD	register	A<=A+reg	87	80	81	82	83	84	85	86	x	x		x	x		x
ADC	register	A<=A+r+Cy	8F	88	89	8A	8B	8C	8D	8E	x	x		x	x		x
SUB	register	A<=A-reg	97	90	91	92	93	94	95	96	x	x		x	x		x
SBB	register	A<=A-r-Cy	9F	98	99	9A	9B	9C	9D	9E	x	x		x	x		x

Bild 4-118: Der arithmetischen 8-Bit-Befehle mit Variablen

Bei den in der Tabelle **Bild 4-118** dargestellten arithmetischen Befehlen befindet sich der zweite Operand in einem Register oder in dem Speicherbyte (M), dessen Adresse im HL-Registerpaar steht. Wie bei den arithmetischen Befehlen, die Konstanten verarbeiten, gibt es auch hierbei Befehle, die mit oder ohne Berücksichtigung des Carrybits wirken. **Bild 4-119** zeigt besondere Befehle, mit denen sich das Carrybit direkt verändern läßt.

Bef.	Operand	Wirkung	OP	B	T	Bedingung								
						S	Z	x	H	0	P	v	C	y
STC		Carry <= 1	37	1	4									1
CMC		Carry <= Carry	3F	1	4									x
ANA	A	Carry <= 0	A7	1	4	x	x		1		x		0	
ORA	A	Carry <= 0	B7	1	4	x	x		0		x		0	
XRA	A	Carry <= 0	AF	1	4	0	1		0		1		0	

Bild 4-119: Carrybitbefehle

Der Befehl STC (SeT Carry) setzt das Carrybit auf 1. Der Befehl CMC (CoMplement Carry) komplementiert das Carrybit. Die Befehle ANA A und ORA A und XRA A löschen das Carrybit.

Bef.	Operand	Wirkung	OP	B	T	Bedingung								
						S	Z	x	H	0	P	v	C	y
DAD	H	HL <= HL links	29	1	10								x	
DAD	B	HL <= HL + BC	09	1	10								x	
DAD	D	HL <= HL + DE	19	1	10								x	
DAD	SP	Hl <= HL + SP	39	1	10								x	

Bild 4-120: Die arithmetischen 16-Bit-Befehle

Das HL-Registerpaar nimmt eine Sonderstellung als 16-Bit-Akkumulator ein. Die in **Bild 4-120** dargestellten 16-Bit-Additionsbefehle addieren zum Inhalt des HL-Registerpaares den Inhalt eines anderen 16-Bit-Registers. Der Befehl DAD H addiert das HL-Registerpaar mit sich selbst. Dies bedeutet eine Multiplikation mit 2 oder ein logisches Verschieben um 1 Bit nach links. Der Befehl DAD verändert nur das Carrybit, eine Abfrage auf Null oder Vorzeichen ist nicht möglich. Der Abschnitt 4.11 zeigt weitere 16-Bit-Befehle, die jedoch nicht in den Befehlslisten der Hersteller enthalten sind.

4.8.4 Vorzeichenlose Dualzahlen

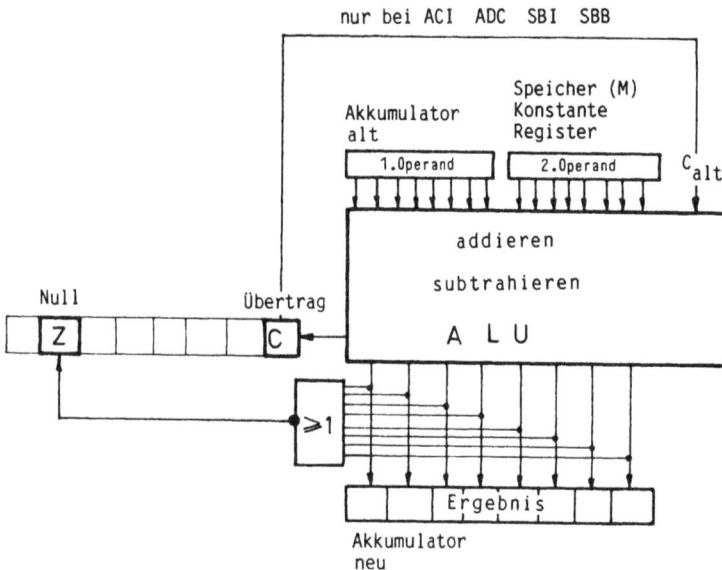

Bild 4-121: Verarbeitung vorzeichenloser 8-Bit-Dualzahlen

Bild 4-121 zeigt die Verarbeitung vorzeichenloser Dualzahlen durch das Rechenwerk (die ALU) des Prozessors 8085A. Bei allen arithmetischen Befehlen steht ein Operand im Akkumulator, der andere befindet sich in einem zweiten 8-Bit-Register oder im Speicher (Memory) oder ist eine 8-Bit-Konstante. Das Ergebnis erscheint wieder im Akkumulator. Bei der Addition bzw. Subtraktion kann der alte Inhalt des Carrybits mit berücksichtigt werden. Obwohl die arithmetischen Befehle alle Bedingungsbits verändern, sind bei vorzeichenlosen Dualzahlen nur das Nullbit (Z) und das Carrybit (C oder Cy) von Bedeutung.
  Bild 4-122 zeigt die Zahlengerade; die Dualzahlen werden hexadezimal dargestellt.

Der Zahlenbereich erstreckt sich bei acht Bit von 0 bis 255 dezimal. Wird der Bereich bei einer Addition überschritten, so wird dies durch Carry gleich 1 angezeigt. Arbeitet man mit mehr als acht Bit (z.B. 16), so bedeutet dies ein Übertrag auf die folgende 8-Bit-Gruppe. Bei einer Subtraktion kann das Ergebnis kleiner als Null werden. Dies wird als Zahlenunterlauf bezeichnet und führt auf die Arbeit mit negativen Dualzahlen, die im folgenden Abschnitt behandelt werden. Bei einer Einschränkung der Stellen auf acht Bit entsteht der in **Bild 4-123** dargestellte Zahlenkreis.

Bereich vorzeichenloser 8-Bit-Dualzahlen

| C = 1 Unterlauf | subtrahieren | | addieren | C = 1 Überlauf |

negative Zahlen | dezimal | 16-Bit-Zahlen

-2 -1   0   1   2   127 128 129   254 255 256 257

FE FF   00 01 02   7F 80 81   FE FF   100 101

hexadezimal

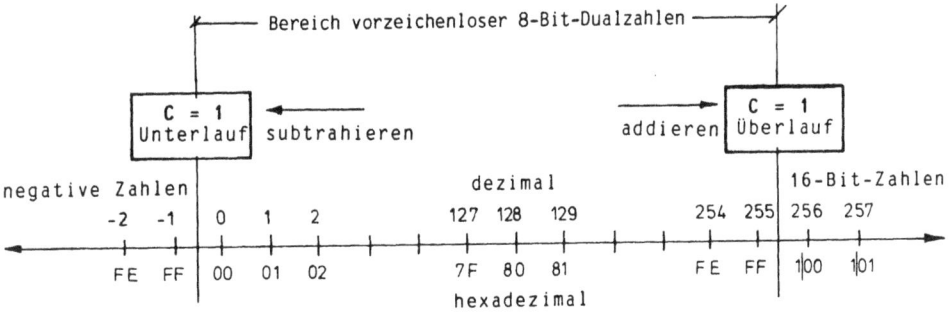

Bild 4-122: Zahlengerade vorzeichenloser Dualzahlen

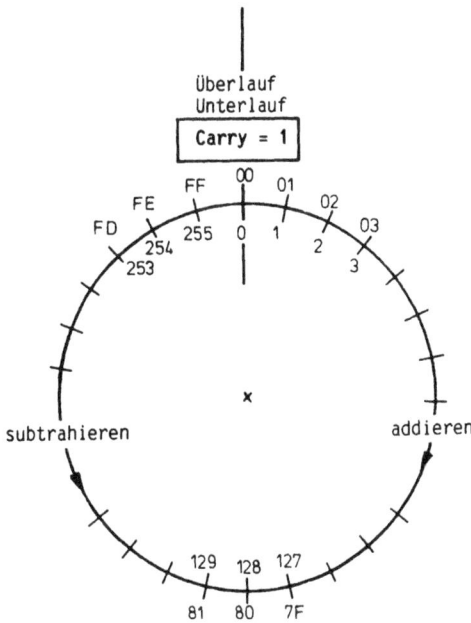

Bild 4-123: Zahlenkreis vorzeichenloser 8-Bit-Dualzahlen

An den Grenzen des 8-Bit-Bereiches geht die Gerade in einen Kreis über. Vernachlässigt man das Carrybit, so gelangt man bei einer Addition über den zulässigen Bereich hinaus (Überlauf) wieder in den Bereich kleiner Zahlen zurück. Bei einem Zahlenunterlauf, der nur bei einer Subtraktion entstehen kann, gelangt man wieder in den Bereich großer Zahlen. In beiden Fällen wird die Bereichsüberschreitung durch Carry gleich 1 angezeigt. **Bild 4-124** faßt die Bedeutung des Carrybits als Fehleranzeige zusammen.

Addition	Carry = 0: Ergebnis zulässig positiv oder Null	Subtraktion Vergleich	Carry = 0: Ergebnis zulässig positiv oder Null
	Carry = 1: Ergebnis zu groß Zahlenüberlauf		Carry = 1: Ergebnis negativ Zahlenunterlauf

Bild 4- 124: Das Carrybit als Fehleranzeige

Sowohl bei einer Addition als auch bei einer Subtraktion bedeutet Carry gleich 0, daß sich das Ergebnis im zulässigen Bereich befindet. Carry gleich 1 zeigt einen Zahlenüberlauf (Addition) oder einen Zahlenunterlauf (Subtraktion) an. Nach jedem arithmetischen Befehl kann der Bereich durch den bedingten Sprung JC (springe bei C=1) kontrolliert werden. Die Zählbefehle (INR und DCR) beeinflussen das Carrybit nicht! Mit Hilfe des Carrybits kann der Zahlenbereich erweitert werden. **Bild 4-125** zeigt als Beispiel die Addition 32stelliger Dualzahlen.

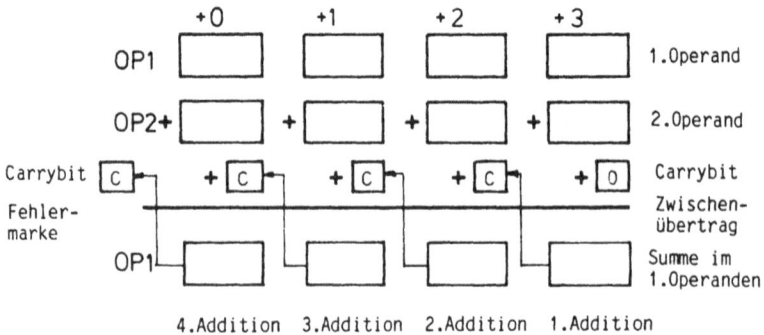

Bild 4-125: Addition 32stelliger Dualzahlen

Die beiden 32stelligen Dualzahlen OP1 und OP2 sind in vier Gruppen zu je acht Bit angeordnet. Die Addition beginnt mit der wertniedrigsten Gruppe. Der im Carrybit entstehende Gruppenübertrag muß durch den Befehl "addiere mit Carry" bei der folgenden Gruppe mit berücksichtigt werden. Bei einer Subtraktion bedeutet das Carrybit ein Borgen (englisch borrow) von der folgenden Stelle.

```
               0001 >; BILD 4-126   ADDITION 32STELLIGER DUALZAHLEN
*8000          0002 >MONI    EQU    0000H    ; MONITOREINSPRUNG
L1000          0003 >        ORG    1000H    ; ADRESSZAEHLER
*1000 21 03 11 0004 >START   LXI    H,OP1+3  ; 1.OPERAND LETZTES BYTE
*1003 11 07 11 0005 >        LXI    D,OP2+3  ; 2.OPERAND LETZTES BYTE
*1006 06 04    0006 >        MVI    B,04H    ; ZAHL DER BYTES
*1008 AF       0007 >        XRA    A        ; CARRYBIT LOESCHEN
*1009 1A       0008 >LOOP    LDAX   D        ; 2. OPERANDEN LADEN
*100A 8E       0009 >        ADC    M        ; 1. OPERANDEN ADDIEREN
*100B 77       000A >        MOV    M,A      ; ERGEBNIS NACH 1.OERANDEN
*100C 2B       000B >        DCX    H        ; ADRESSE - 1
*100D 1B       000C >        DCX    D        ; ADRESSE - 1
*100E 05       000D >        DCR    B        ; BYTEZAEHLER - 1
*100F C2 09 10 000E >        JNZ    LOOP     ; NEUE STELLE ADDIEREN
*1012 3E 00    000F >        MVI    A,00H    ; AKKU LOESCHEN
*1014 17       0010 >        RAL             ; LETZTES CARRY NACH AKKU
*1015 32 08 11 0011 >        STA    FEHL     ; NACH UEBERLAUFBYTE
*1018 C3 00 00 0012 >        JMP    MONI     ; FERTIG: MONITOR
L1100          0013 >        ORG    1100H    ; DATENBEREICH
               0014 >OP1     DB     12H,34H,56H,78H  ; 1.OPERAND UND ERGEBNIS
1100 12 34 56 78
               0015 >OP2     DB     12H,34H,56H,78H  ; 2.OPERAND
1104 12 34 56 78
*1108          0016 >FEHL    DS     1                ; UEBERTRAG FEHLER
E0000          0017 >        END
```

Bild 4-126: Programmbeispiel Addition 32stelliger Dualzahlen

Das in **Bild 4-126** dargestellte Programmbeispiel zur Addition 32stelliger Dualzahlen arbeitet in einer Schleife. Die Registerpaare HL und DE werden mit
den Adressen der wertniedrigsten Bytes geladen. Das B-Register enthält einen
Durchlaufzähler. Vor der Schleife wird das Carrybit mit dem Befehl XRA A
gelöscht, damit die erste Addition mit Carry gleich 0 beginnen kann. Das bei
der letzten Addition entstandene Carrybit wird als Fehlermarke in die Speicherstelle FEHL gebracht. Das Ergebnis des Programmbeispiels kann im Speicher
überprüft werden.

4.8.5 Dualzahlen mit Vorzeichen

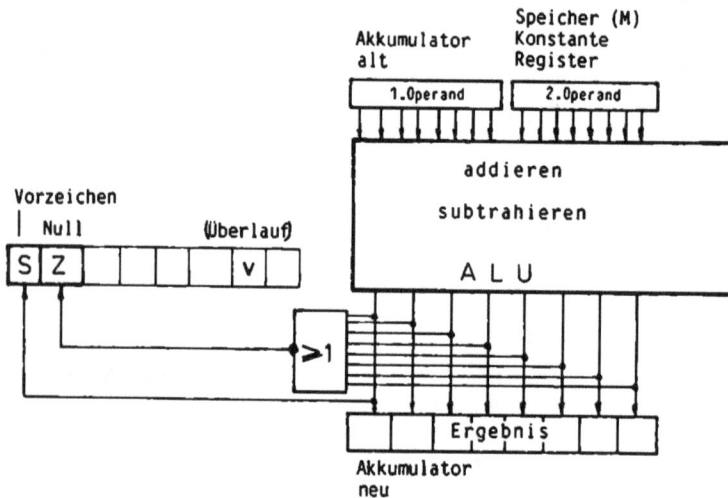

Bild 4-127: Verarbeitung vorzeichenbehafteter 8-Bit-Dualzahlen

Vorzeichenbehaftete Dualzahlen werden mit dem gleichen Rechenwerk und den gleichen Befehlen verarbeitet wie vorzeichenlose Dualzahlen. **Bild 4-127** zeigt, daß in dieser Zahlendarstellung das Nullbit (Z) und das Vorzeichenbit (S) von Bedeutung sind. Das Vorzeichen wird in der ganz links stehenden Bitposition untergebracht; die restlichen sieben Bit bilden die eigentliche Zahl. Bei jedem über die ALU laufendem Ergebnis wird die ganz links stehende Bitposition in das Vorzeichenbit (S gleich sign) kopiert und steht für die bedingten Befehle JP (springe bei positiv) und JM (springe bei minus) zu Verfügung. **Bild 4-128** zeigt die Zahlengerade vorzeichenbehafteter Dualzahlen.

In acht Bit lassen sich 256 verschiedene Zahlen codieren. Verwendet man ein Bit für das Vorzeichen, so bleiben noch sieben Bit für 128 Absolutwerte einschließlich der Null übrig. Die Zahlen im Bereich der positiven Zahlen von 0 bis 127 dezimal sind wie die vorzeichenlosen Dualzahlen aufgebaut; jedoch ist die linkeste Bitposition nicht mehr die werthöchste Stelle, sondern kennzeichnet durch eine 0 das positive Vorzeichen. Zählt man mit dem Rechenwerk des 8085A von 0 um 1 abwärts, so ergibt sich der binäre Wert 11111111 hexadezimal FF und damit die Dezimalzahl -1. Die ganz links stehende 1 ist nun das negative Vorzeichen. Es ergibt sich die Darstellung negativer Zahlen im Zweierkomplement entsprechend **Bild 4-129.**

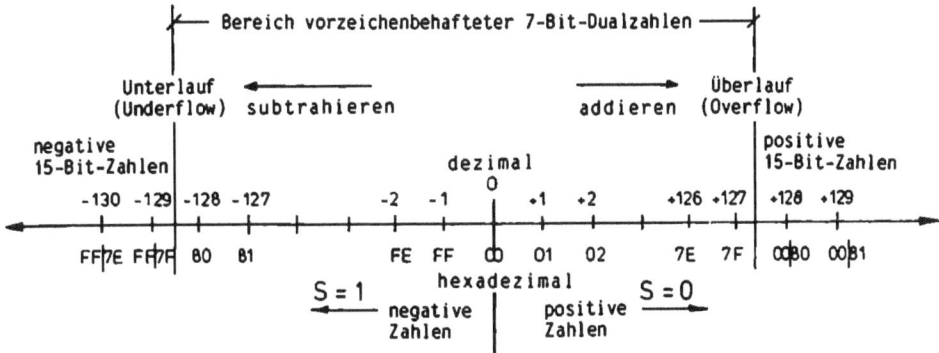

Bild 4-128: Zahlengerade vorzeichenbehafteter Dualzahlen.

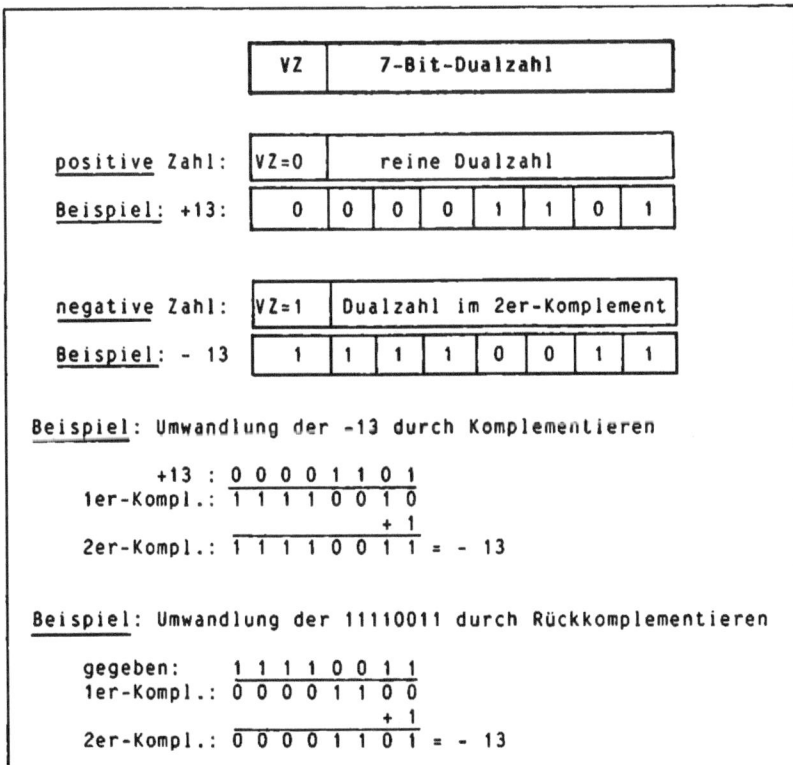

Bild 4-129: Vorzeichenbehaftete Dualzahlen im Zweierkomplement

Positive Dualzahlen werden als Absolutwert in sieben Bit dargestellt; die linkeste Bitposition enthält das Vorzeichen 0. Als Beispiel dient die Zahl +13 entsprechend 00001101. Negative Zahlen werden im Zweierkomplement dargestellt. Das Beispiel zeigt das Verfahren, um eine negative Dezimalzahl in eine negative Dualzahl im Zweierkomplement umzurechnen. Ausgehend von der positiven Dualzahl wird zunächst das Einerkomplement durch komplementieren aller Bitpositionen gebildet (aus 1 mach 0 und aus 0 mach 1). Dann wird eine 1 addiert, und es entsteht das Zweierkomplement mit einer 1 als negativem Vorzeichen. Die +13 als Dualzahl 00001101 ergibt als Einerkomplement 11110010 und als Zweierkomplement 11110011. Will man umgekehrt aus einer negativen Dualzahl im Zweierkomplement den dezimalen Wert berechnen, so ist entsprechend dem Beispiel das gleiche Verfahren nochmals anzuwenden; eine doppelte Verneinung hebt sich zu einem "ja" auf.

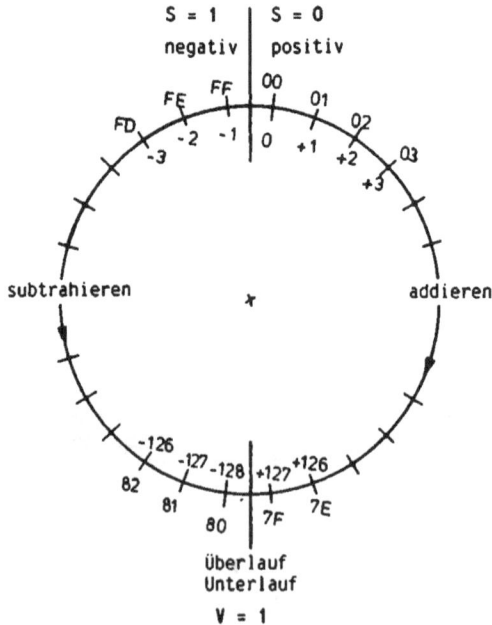

Bild 4-130: Zahlenkreis der 7-Bit-Dualzahlen mit Vorzeichen

An den Grenzen des Zahlenbereiches (Bild 4-128) erfolgt der Übergang zu 16-Bit-Zahlen. Beschränkt man den Zahlenbereich jedoch auf acht Bit, so entsteht der in **Bild 4-130** dargestellte Zahlenkreis. Bei einem Überlauf über +127 hinaus entstehen dabei negative Zahlen; bei einem Unterlauf über -128 hinaus entstehen wieder positive Zahlen. Dieser Überlauf (englisch Overflow) wird bei anderen Mikroprozessoren durch eine Vergleicherschaltung erkannt und in einem

Overflow-Bit (V-Bit) gespeichert, das sich durch bedingte Sprungbefehle auswerten läßt. In den Unterlagen der Hersteller des Prozessors 8085A wird ver-
schwiegen, daß sich das V-Bit bei diesem Prozessor zwischen dem P-Bit und
dem C-Bit befindet. Der Abschnitt 4.11 zeigt, wie das V-Bit ausgewertet werden
kann.

Die Darstellung negativer Zahlen durch ihr Zweierkomplement ergibt sich aus
der Arbeitsweise der ALU im 8085A, die die Subtraktion auf eine Addition
des Zweierkomplementes zurückführt. Dabei wird die abzuziehende Zahl (Subtrahend) negiert (Einerkomplement). Bei der folgenden Addition wird zusätzlich
über den Carryeingang eine 1 addiert (Zweierkomplement).

Die Komplementbildung soll nun am Beispiel vierstelliger Dualzahlen erklärt
werden. Die Dezimalzahl -3 oder -0011 dual wird durch Addition eines Verschiebewertes 1111 in das Einerkomplement 1100 überführt. Also 1111 - 0011 =
1100. Dadurch wurde das negative Vorzeichen beseitigt. Die Addition des Verschiebewertes 1111 entspricht einfach einer Negation (aus 0 mach 1 und aus
1 mach 0). Addiert man beim Zweierkomplement zusätzlich eine 1, so wird aus
dem Verschiebewert 1111 der Verschiebewert 10000. Nach einer Addition muß
das Ergebnis durch Subtraktion des Verschiebewertes wieder korrigiert werden.
In der Zweierkomplementdarstellung wird einfach das Carrybit vernachlässigt.

4.8.6 BCD-codierte Dezimalzahlen

BCD bedeutet Binär Codierte Dezimalziffern. Bei dieser Zahlendarstellung bleibt das Dezimalsystem erhalten; jede Ziffer wird in vier Bit entsprechend **Bild 4-131** codiert (verschlüsselt).

Code	Ziffer	Beispiele: Addition einstelliger BCD-Zahlen
0000	0	
0001	1	0001: "1" 0100: "4"
0010	2	+ 0001: "1" + 0101: "5"
0011	3	= 0010: "2" = 1001: "9"
0100	4	BCD-Ziffer! BCD-Ziffer!
0101	5	
0110	6	
0111	7	
1000	8	0101: "5" 1001: "9"
1001	9	+ 0101: "5" + 1001: "9"
1010		= 1010: Pseudotetrade! = 10010: Carry!
1011		+ 0110: Korrektur + 0110: Korrektur
1100		
1101		= 10000: "10" = 11000: "18"
1110		
1111		

Bild 4-131: Addition BCD-codierter Dezimalzahlen

Von den 16 möglichen Zeichen des BCD-Codes werden nur zehn für die Codierung der Dezimalziffern von 0 bis 9 verwendet; die restlichen sechs Bitkombinationen bezeichnet man als Pseudotetraden, da ihnen keine Dezimalziffer zugeordnet ist. Die Dezimalziffern werden durch die entsprechenden Dualzahlen codiert. Daher kann man unter bestimmten Voraussetzungen die Additionsbefehle für Dualzahlen auch für BCD-codierte Dezimalziffern verwenden. Bei Ergebnissen größer als 9 tritt eine Pseudotetrade oder ein Carry (Übertrag) auf die Zehnerstelle auf. Das Ergebnis ist dann durch Addition von 6 zu korrigieren. **Bild 4-132** zeigt das Rechenwerk des 8085A, das durch den Befehl DAA die Korrekturbedingungen prüft und gegebenenfalls die Korrektur durchführt.

In acht Bit lassen sich zwei BCD-Ziffern speichern und mit einer 8-Bit-ALU addieren. Der Bereich vorzeichenloser zweistelliger BCD-Zahlen erstreckt sich von 00 bis 99 dezimal. Der Zahlenkreis enspricht dem des Bildes 4-123. Für eine Korrektur der wertniederen Ziffer wird der Übertrag dieser Ziffer im Hilfs-Carrybit (englisch AC gleich Auxiliary Carry) gespeichert. Nach einer Korrektur kann das Ergebnis auf Null (Z-Bit) und Übertrag (C-Bit) geprüft werden. **Bild 4-133** zeigt die Befehle der BCD-Arithmetik.

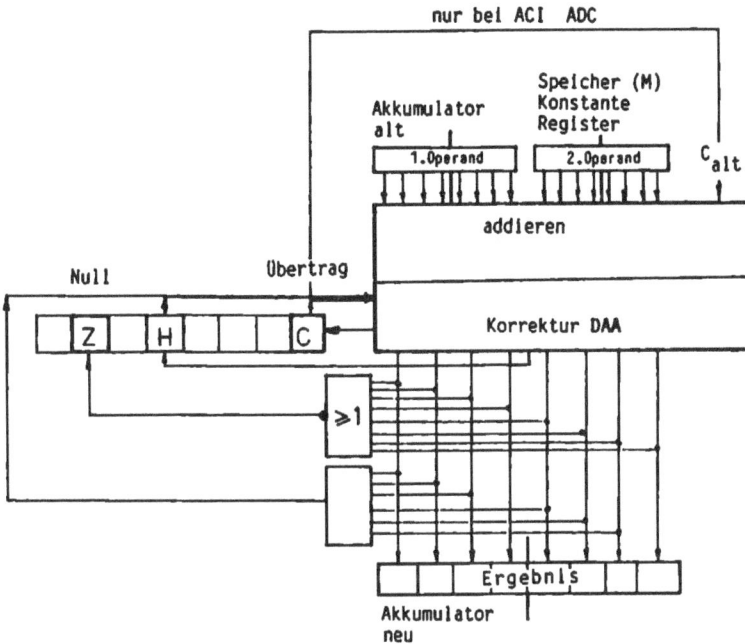

Bild 4-132: Verarbeitung von BCD-Zahlen

Bef.	Operand	Wirkung	OP	B	T	S	Z	x	H	O	P	v	Cy
						Bedingung							
ADI	konst	A <= A + konst	C6	2	7	x	x		x		x		x
ACI	konst	A <= A + kon+Cy	CE	2	7	x	x		x		x		x
ADD	register	A <= A + regist				x	x		x		x		x
ADC	register	A <= A + reg+Cy				x	x		x		x		x
DAA		A <= BCD-Korr.	27	1	4	x	x		x		x		x

Bild 4-133: Befehle der BCD-Arithmetik

Da nur die Additionsbefehle das Hilfs-Carrybit entsprechend den Korrekturbedingungen verändern, können BCD-Zahlen auch nur addiert werden. Auf den
Additionsbefehl muß sofort der Korrekturbefehl DAA folgen. DAA bedeutet
Decimal Adjust Accumulator gleich Dezimalkorrektur des Akkumulators. Der
Befehl prüft die Korrekturbedingungen beider BCD-Stellen und wandelt, falls
erforderlich, das Ergebnis in den BCD-Code um. Man beachte, daß die Zähl-
und Subtraktionsbefehle das Hilfs-Carrybit nicht im Sinne der Korrekturbedingungen setzen. Daher können diese Befehle auch nicht für die BCD-Arithmetik

verwendet werden. **Bild 4-134** zeigt als Beispiel einen BCD-Zähler, der auf den
Leuchtdioden verzögert ausgegeben wird. Dabei erscheinen nur Dezimalzahlen,
Pseudotetraden werden durch den Korrekturbefehl DAA übersprungen. Anstelle
des Zählbefehls "INR A" **muß** der Befehl "ADI 1" zum Erhöhen des Zählers
verwendet werden. Für einen Abwärtszähler wird statt 1 zu subtrahieren eine
-1 im Komplement zur 100 (dezimal) addiert. Das Komplement der -1 zu 99 ist
98, +1 gibt wieder 99. Der Befehl "ADI 99H" subtrahiert also eine 1 im BCD-
Code und läßt den BCD-Zähler abwärts laufen.

```
                0001 >; BILD 4-134  BCD-ZAEHLER
  L1000         0002 >        ORG   1000H    ; ADRESSZAEHLER
*1000 3E 8B     0003 >START   MVI   A,8BH    ; STEUERBYTE A=AUS B=EIN
*1002 D3 03     0004 >        OUT   03H      ; NACH STEUERREGISTER
*1004 3E 00     0005 >        MVI   A,00H    ; ANFANGSWERT LADEN
*1006 D3 00     0006 >LOOP    OUT   00H      ; BITMUSTER AUSGEBEN
*1008 CD 11 10  0007 >        CALL  SEK1     ; UNTERPROGRAMM 1 SEK WARTEN
*100B C6 01     0008 >        ADI   01H      ; FUER -1: ADI   99H
*100D 27        0009 >        DAA            ; DEZIMALKORREKTUR
*100E C3 06 10  000A >        JMP   LOOP     ; ZUR AUSGABE
                000B >; UNTERPROGRAMM
*1011 F5        000C >SEK1    PUSH  PSW      ; AKKU RETTEN
*1012 21 24 F4  000D >        LXI   H,62500  ; ZAEHLER ANFANGSWERT
*1015 00        000E >SEK11   NOP            ;  4 TAKTE
*1016 00        000F >        NOP            ;  4 TAKTE
*1017 2B        0010 >        DCX   H        ;  6 TAKTE
*1018 7C        0011 >        MOV   A,H      ;  4 TAKTE
*1019 B5        0012 >        ORA   L        ;  4 TAKTE
*101A C2 15 10  0013 >        JNZ   SEK11    ; 10 TAKTE
*101D F1        0014 >        POP   PSW      ; AKKU ZURUECK
*101E C9        0015 >        RET            ; RUECKSPRUNG
 E0000          0016 >        END
```

Bild 4-134: Programmbeispiel: BCD-Zähler

Die Subtraktion BCD-codierter Dezimalzahlen wird durch eine Addition des
Zehnerkomplementes ersetzt. **Bild 4-135** zeigt als Beispiel, wie vom Inhalt des
B-Registers der Inhalt des C-Registers abgezogen wird.

Adresse	Inhalt	Name	Befehl	Operand	
			ORG	1000H	
1000	06 24		MVI	B,24H	; 1. Operand
1002	0E 12		MVI	C,12H	; 2. Operand
1004	3E 99		MVI	A,99H	; lade 99
1006	91		SUB	C	; 9er Komplement
1007	37		STC		; 10er Komplement
1008	88		ADC	B	; addiere 1. Op.
1009	27		DAA		; Dezimalkorrektur
100A	3F		CMC		; Carry negiert

Bild 4-135: Beispiel für eine BCD-Subtraktion

Die beiden MVI-Befehle laden die beiden Register mit dem Minuenden
(B-Register) und dem Subtrahenden (C-Register). Zunächst wird mit Hilfe des
Akkumulators der Subtrahend komplementiert. Dies geschieht durch Addition
der 99. Es entsteht das Neunerkomplement. Durch das Setzen des Carrybits
wird bei der folgenden Addition zusätzlich eine 1 addiert (Zehnerkomplement).
Danach korrigiert der Befehl DAA das duale Ergebnis in die BCD-Zahlendar-
stellung. Durch das Komplementieren hat sich die Bedeutung des Carrybits vertauscht; dies wird durch den Befehl CMC korrigiert, der das Carrybit wieder
komplementiert. Das Ergebnis kann anschließend auf Null und Carry geprüft
werden.

Wie bei Dualzahlen ist es auch bei BCD-Zahlen möglich, mit mehr als zwei
Stellen und mit Vorzeichen zu arbeiten. Zusammenfassend zeigt **Bild 4-136** die
verschiedenen Zahlendarstellungen am Beispiel einer 4-Bit-Darstellung.

Bitmuster	hexa	dual ohne VZ	dual mit VZ	BCD
0000	0	0	0	0
0001	1	1	+1	1
0010	2	2	+2	2
0011	3	3	+3	3
0100	4	4	+4	4
0101	5	5	+5	5
0110	6	6	+6	6
0111	7	7	+7	7
1000	8	8	-8	8
1001	9	9	-7	9
1010	A	10	-6	-
1011	B	11	-5	-
1100	C	12	-4	-
1101	D	13	-3	-
1110	E	14	-2	-
1111	F	15	-1	-

Bild 4-136: Zahlendarstellungen in vier Bit

Die arithmetischen Befehle des 8085A verarbeiten ohne Unterschied vorzeichenlose und vorzeichenbehaftete Dualzahlen sowie BCD-Zahlen, die mit dem Befehl
DAA zusätzlich korrigiert werden müssen. Es ist Aufgabe des Programmierers,
den Bitkombinationen Zahlenwerte und Vorzeichen zuzuordnen. Die Bitkombination 1000 kann sein die Hexadezimalzahl 8 oder die vorzeichenlose Dezimalzahl
8 oder die vorzeichenbehaftete Dezimalzahl -8 oder die BCD-Ziffer 8.

4.8.7 Multiplikation und Division

Beide Rechenarten sind im Befehlssatz des Prozessors 8085A nicht enthalten.
Alle Beispiele und Überlegungen gelten nur für vorzeichenlose Dualzahlen. Die
Multiplikation kann im einfachsten Fall auf eine mehrmalige Addition zurück-
geführt werden. Beispiel: 3 x 4 = 3 + 3 + 3 + 3 = 12. **Bild 4-137** zeigt ein
Programmbeispiel zur Multiplikation nach dem Verfahren der fortlaufenden
Addition.

```
                  0001 >; BILD 4-137  MULTIPLIKATIONSSCHLEIFE
 L1000            0002 >          ORG  1000H    ; BEFEHLSZAEHLER
*1000 3E 88       0003 >START     MVI  A,88H    ; STEUERBYTE
*1002 D3 03       0004 >          OUT  03H      ; NACH STEUERREGISTER
*1004 DB 01       0005 >LOOP      IN   01H      ; BEIDE OPERANDEN LESEN
*1006 47          0006 >          MOV  B,A      ; NACH B-REGISTER RETTEN
*1007 E6 0F       0007 >          ANI  0FH      ; MASKE 0000 1111
*1009 CA 1E 10    0008 >          JZ   FERTIG   ; OPERAND NULL: ERGEBNIS NULL
*100C 4F          0009 >          MOV  C,A      ; 1. OPERAND NACH C-REGISTER
*100D 78          000A >          MOV  A,B      ; 2. OPERANDEN TRENNEN
*100E 0F          000B >          RRC           ; NACH RECHTS SCHIEBEN
*100F 0F          000C >          RRC           ; NACH RECHTS SCHIEBEN
*1010 0F          000D >          RRC           ; NACH RECHTS SCHIEBEN
*1011 0F          000E >          RRC           ; NACH RECHTS SCHIEBEN
*1012 E6 0F       000F >          ANI  0FH      ; MASKE 0000 1111
*1014 CA 1E 10    0010 >          JZ   FERTIG   ; OPERAND NULL: ERGEBNIS NULL
*1017 47          0011 >          MOV  B,A      ; 2. OPERAND NACH B-REGISTER
*1018 AF          0012 >          XRA  A        ; ERGEBNISREGISTER LOESCHEN
                  0013 >; MULTIPLIKATIONSSCHLEIFE
*1019 80          0014 >MULT      ADD  B        ; MULTIPLIKANDEN ADDIEREN
*101A 0D          0015 >          DCR  C        ; MULTIPLIKATOR -1
*101B C2 19 10    0016 >          JNZ  MULT     ; UNGLEICH NULL: WEITER
*101E D3 00       0017 >FERTIG    OUT  00H      ; PRODUKT AUSGEBEN
*1020 C3 04 10    0018 >          JMP  LOOP     ; NEUE EINGABE
 E0000            0019 >          END
```

Bild 4-137: Programmbeispiel: Multiplikationsschleife

Das Programm liest von den Kippschaltern zwei 4-Bit-Dualzahlen ein und trennt
sie durch Verschieben und Maskieren. Nach einer Prüfung auf den Wert Null
enthält das B-Register den Multiplikanden und das C-Register den Multiplikator. In einer Schleife wird der Multiplikand so lange aufaddiert, bis der
Multiplikator auf Null herabgezählt ist. Das Produkt erscheint auf den Leuchtdioden.

Das Verfahren der mehrfachen Addition ist für den praktischen Gebrauch oft
zu langsam, da bei einem großen Multiplikator die Schleife sehr oft durchlaufen wird. Schneller ist das bei der Handrechnung gebräuchliche Verfahren, das
Teilprodukte unter Berücksichtigung der Stellenwertigkeit addiert. Dabei kann
man entsprechend **Bild 4-138** sowohl mit dem wertniedrigsten als auch mit
dem werthöchsten Bit des Multiplikators beginnen.

```
0101 * 0101              0101 * 0101
0000                       0101
+0101                     +0000
+0000                     +0101
+0101                     +0000
= 0011001                = 0011001

a. links beginnend       b. rechts beginnend
```

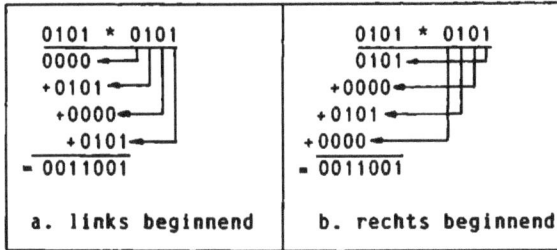

Bild 4-138: Multiplikationsverfahren

Im Gegensatz zur dezimalen Rechnung gibt es im Dualen nur zwei Möglichkeiten: ist die Stelle des Multiplikators Null, so ist auch das Teilprodukt Null, ist die Stelle des Multiplikators Eins, so ist das Teilprodukt gleich dem Multiplikanden. Die Teilprodukte sind vor der Addition jeweils um eine Stelle zu verschieben. Bei der Multiplikation zweier 4-Bit-Dualzahlen kann ein 8-Bit-Produkt entstehen. **Bild 4-139** zeigt den Ablaufplan einer Multiplikation mit einem Zahlenbeispiel.

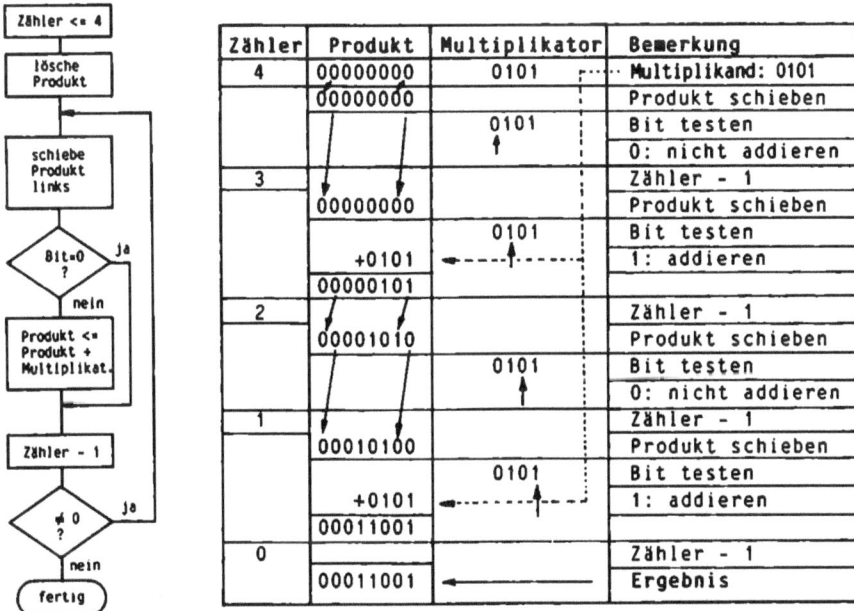

Zähler	Produkt	Multiplikator	Bemerkung
4	00000000	0101	Multiplikand: 0101
	00000000		Produkt schieben
		0101	Bit testen
			0: nicht addieren
3			Zähler - 1
	00000000		Produkt schieben
		0101	Bit testen
	+0101		1: addieren
	00000101		
2			Zähler - 1
	00001010		Produkt schieben
		0101	Bit testen
			0: nicht addieren
1			Zähler - 1
	00010100		Produkt schieben
		0101	Bit testen
	+0101		1: addieren
	00011001		
0			Zähler - 1
	00011001		Ergebnis

Ablaufplan (Flussdiagramm):

```
Zähler <= 4
   |
lösche
Produkt
   |
schiebe
Produkt
links
   |
Bit=0 ? --ja-->
   | nein
Produkt <=
Produkt +
Multiplikat.
   |
Zähler - 1
   |
≠ 0 ? --ja-->
   | nein
fertig
```

Bild 4-139: Ablaufplan und Beispiel einer Multiplikation

Für die Multiplikation vierstelliger Dualzahlen sind vier Schleifendurchläufe erforderlich. Das Produktregister wird vor der Schleife gelöscht und in der

Schleife zunächst um ein Bit nach links geschoben. Dann wird das werthöchste Bit des Multiplikators untersucht. Ist es 1, so wird der Multiplikand zum Produkt addiert, sonst nicht. **Bild 4-140** zeigt ein Programmbeispiel, das nach diesem Verfahren zwei 8-Bit-Dualzahlen zu einem 16-Bit-Ergebnis multipliziert.

```
                    0001 >; BILD 4-140   MULTIPLIKATION 8 BIT X 8 BIT = 16 BIT
  *8000             0002 >MONI   EQU   0000H    ; EINSPRUNG MONITOR
  L1000             0003 >       ORG   1000H    ; ADRESSZAEHLER
  *1000 26 12       0004 >START  MVI   H,12H    ; TESTWERT FAKTOR 1
  *1002 2E 10       0005 >       MVI   L,10H    ; TESTWERT FAKTOR 2
  *1004 CD 0D 10    0006 >       CALL  MUL8     ; 8 X 8 = 16 BIT MULTIPLIKATION
  *1007 22 26 10    0007 >       SHLD  PROD     ; ERGEBNIS PRODUKT ABLEGEN
  *100A C3 00 00    0008 >       JMP   MONI     ; SPRUNG ZUM MONITOR
                    0009 >; UNTERPROGRAMM
  *100D F5          000A >MUL8   PUSH  PSW      ; AKKUMULATOR RETTEN
  *100E D5          000B >       PUSH  D        ; DE RETTEN
  *100F C5          000C >       PUSH  B        ; BC RETTEN
  *1010 7C          000D >       MOV   A,H      ; 1. FAKTOR NACH AKKU
  *1011 5D          000E >       MOV   E,L      ; 2. FAKTOR NACH E
  *1012 21 00 00    000F >       LXI   H,0000H  ; PRODUKT LOESCHEN
  *1015 54          0010 >       MOV   D,H      ; D LOESCHEN
  *1016 06 08       0011 >       MVI   B,8      ; BITZAEHLER
  *1018 29          0012 >MUL81  DAD   H        ; PRODUKT 1 BIT LINKS SCHIEBEN
  *1019 07          0013 >       RLC            ; HOECHSTES BIT NACH CARRY
  *101A D2 1E 10    0014 >       JNC   MUL82    ; NULL: NICHT ADDIEREN
  *101D 19          0015 >       DAD   D        ; NICHT NULL: ADDIEREN
  *101E 05          0016 >MUL82  DCR   B        ; BITZAEHLER - 1
  *101F C2 18 10    0017 >       JNZ   MUL81    ; UNGLEICH NULL: WEITER
  *1022 C1          0018 >       POP   B        ; FERTIG: REGISTER ZURUECK
  *1023 D1          0019 >       POP   D        ;
  *1024 F1          001A >       POP   PSW      ;
  *1025 C9          001B >       RET            ; RUECKSPRUNG
  *1026             001C >PROD   DS    2        ; ERGBENISSPEICHER
  E0000             001D >       END
```

Bild 4-140: Programmbeispiel: Multiplikation 8-Bit x 8-Bit

Das Hauptprogramm lädt das H-Register mit dem Multiplikanden und das L-Register mit dem Multiplikator. Das Ergebnis erscheint als 16-Bit-Zahl im HL-Registerpaar und wird in den Speicher gebracht. Das Unterprogramm MUL8 führt die Multiplikation durch. Es rettet alle benutzten Register. Nach dem Umspeichern der beiden Faktoren in das DE-Registerpaar und in den Akkumulator dient das HL-Registerpaar als Produktregister. Der Befehl DAD H schiebt es um 1 Bit nach links; der Befehl DAD D addiert den Multiplikanden zum Produkt. Mit dem Befehl RLC wird jeweils das höchste Bit des Multiplikators in das Carrybit geschoben und mit dem bedingten Sprung JNC untersucht.

Die <u>Division</u> kann im einfachsten Fall auf eine mehrmalige Subtraktion zurückgeführt werden. Dabei wird der Dividend so lange um den Divisor vermindert, bis sich eine negative Differenz ergibt. Der Quotient gibt an, wie oft der Divisor im Dividenden enthalten ist. Beispiel: 7 : 3 ergibt 7 - 3 = 4 - 3 = 1 - 3 = -2. Der Quotient ist 2; der Rest ist 1. Ein Divisor Null gibt als Sonderfall Unendlich. **Bild 4-141** zeigt ein Programmbeispiel für eine Divisionsschleife.

```
              0001 >; BILD 4-141   DIVISIONSSCHLEIFE
*8000         0002 >MONI   EQU   0000H    ; EINSPRUNG MONITOR
L1000         0003 >       ORG   1000H    ; ADRESSZAEHLER
*1000 26 45   0004 >START  MVI   H,45H    ; TESTWERT DIVIDEND
*1002 2E 10   0005 >       MVI   L,10H    ; TESTWERT DIVISOR
*1004 7D      0006 >       MOV   A,L      ; DIVISOR AUF NULL TESTEN
*1005 B7      0007 >       ORA   A        ;
*1006 CA 1D 10 0008 >      JZ    FEHL     ; DIVISOR NULL: FEHLER
*1009 7C      0009 >       MOV   A,H      ; DIVIDEND LADEN
*100A 06 00   000A >       MVI   B,00H    ; QUOTIENT LOESCHEN
*100C 95      000B >LOOP   SUB   L        ; SUBTRAKTION DES DIVISORS
*100D DA 14 10 000C >      JC    FERT     ; NEGATIV: FERTIG
*1010 04      000D >       INR   B        ; QUOTIENT + 1
*1011 C3 0C 10 000E >      JMP   LOOP     ; WEITER
*1014 85      000F >FERT   ADD   L        ; LETZTE SUBTRAKTION ZURUECK
*1015 67      0010 >       MOV   H,A      ; REST NACH H-REGISTER
*1016 68      0011 >       MOV   L,B      ; QUOTIENT NACH B-REGISTER
*1017 22 23 10 0012 >AUS   SHLD  ERG      ; ERGEBNIS ABSPEICHERN
*101A C3 00 00 0013 >      JMP   MONI     ; SPRUNG NACH MONITOR
*101D 21 FF FF 0014 >FEHL  LXI   H,0FFFFH ; FEHLERMARKE
*1020 C3 17 10 0015 >      JMP   AUS      ; AUSGEBEN
*1023         0016 >ERG    DS    2        ; ERGEBNISSPEICHER
E0000         0017 >       END
```

Bild 4-141: Programmbeispiel: Divisionsschleife

Das Programm lädt die beiden Operanden als Konstanten und prüft den Divisor. Im Fehlerfall wird die Konstante FFFF als Fehlermarke in das Ergebnis gebracht. In der eigentlichen Divisionsschleife enthält das B-Register den Quotienten als Zähler. Der Rest ergibt sich im Akkumulator. Quotient und Rest werden in das HL-Registerpaar umgespeichert.

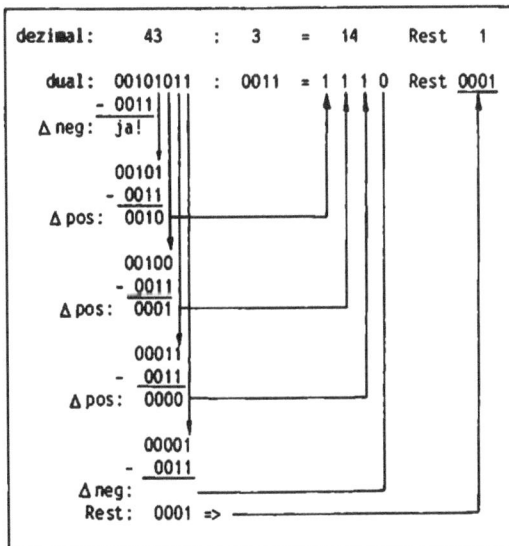

Bild 4-142: Divisionsverfahren

Das Subtraktionverfahren ist für den praktischen Gebrauch zu langsam, da die Subtraktionsschleife bei kleinem Divisor sehr oft durchlaufen werden muß. Schneller ist das bei der Handrechnung gebräuchliche Verfahren entsprechend **Bild 4-142,** das unter Berücksichtigung der Stellenwertigkeit subtrahiert.

Das Beispiel dividiert einen 8-Bit-Dividenden durch einen 4-Bit-Divisor zu einem 4-Bit-Quotienten und zu einem 4-Bit-Rest. Die erste Testsubtraktion der vier höchsten Dividendenstellen minus Divisor entscheidet, ob die Division ausführbar ist. Ist die Differenz Null oder positiv, so ist sie nicht ausführbar, da der Divisor Null oder zu klein ist. Bei allen folgenden Testsubtraktionen wird jeweils ein neues Bit des Dividenden dazugenommen. Ist die Differenz positiv oder Null, so ergibt sich im Quotienten ein Einerbit, sonst ein Nullerbit. Die Division läßt sich rechentechnisch auf Teilsubtraktionen und Schiebebefehle entsprechend **Bild 4-143** zurückführen.

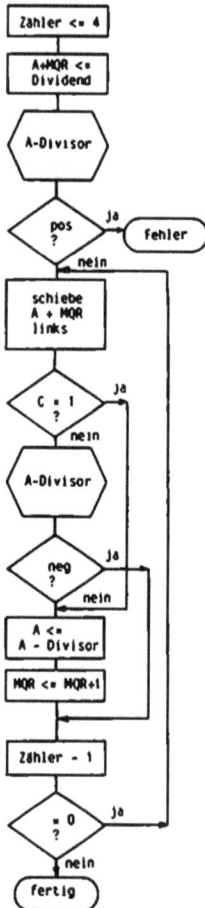

Zähler	C	Dividend		Δ	Bemerkung
		Akku	MQR		
4		0010	1011		Divisor: 0011
				neg	Testsubtraktion
	0	0101	011⌴		Akku+MQR schieben
				pos	Testsubtraktion
		=0010			Divisor subtrahieren
			011[1]		MQR <= MQR + 1
3					Zähler - 1
	0	0100	111⌴		Akku+MQR schieben
				pos	Testsubtraktion
		=0001			Divisor subtrahieren
			111[0]		MQR <= MQR + 1
2					Zähler - 1
	0	0011	111⌴		Akku+MQR schieben
				pos	Testsubtraktion
		=0000			Divisor subtrahieren
			111[1]		MQR <= MQR + 1
1					Zähler - 1
	0	0001	111⌴		Akku+MQR schieben
				neg	Testsubtraktion
					keine Subtraktion
		0001	111[0]		MQR <= MQR + 0
0					Zähler - 1
		0001	1110		Ergebnis
		Rest	Quotient		

Bild 4-143: Ablauf einer Division

Der 8-Bit-Dividend befindet sich in einem Doppelregister, das aus dem 4-Bit-Akkumulator und dem 4-Bit-Multiplikanden-Quotienten-Register MQR gebildet wird. Durch das Linksschieben des Dividenden entsteht rechts eine freie Stelle, die den Quotienten aufnimmt. Im Gegensatz zum Verfahren der fortlaufenden Subtraktion wird das Verfahren des Bildes 4-143 in vier Schritten durchgeführt. Die vor der Schleife liegende Testsubtraktion der vier werthöchsten Bits prüft die Ausführbarkeit. In der Schleife gibt es zwei Kriterien für eine Teilsubtraktion: das links herausgeschobene Bit ist 1 oder die Differenz höherer Teil minus Divisor ist positiv. In beiden Fällen wird subtrahiert, und es entsteht im Quotienten ein Einerbit. Nach dem Ablauf der Schleife enthalten der Akkumulator den Divisionsrest und das MQR den Quotienten. **Bild 4-144** zeigt ein nach diesem Verfahren arbeitendes Programmbeispiel.

```
             0001 >; BILD 4-144  DIVISION 8 BIT / 8 BIT
 *8000       0002 >MONI   EQU   0000H       ; MONITORADRESSE
 L1000       0003 >       ORG   1000H       ; ADRESSZAEHLER
 *1000 26 45 0004 >START  MVI   H,45H       ; TESTWERT DIVIDEND
 *1002 2E 10 0005 >       MVI   L,10H       ; TESTWERT DIVISOR
 *1004 CD 16 10 0006 >    CALL  DIV8        ; UNTERPROGRAMM DIVISION
 *1007 DA 10 10 0007 >    JC    FEHL        ; DIVISION DURCH NULL: FEHLER
 *100A 22 38 10 0008 >AUS SHLD  ERG         ; ERGEBNIS SPEICHERN
 *100D C3 00 00 0009 >    JMP   MONI        ; SPRUNG NACH MONITOR
 *1010 21 FF FF 000A >FEHL LXI  H,0FFFFH    ; FEHLERMARKE
 *1013 C3 0A 10 000B >    JMP   AUS         ; AUSGEBEN
             000C >; UNTERPROGRAMM DIVISION
 *1016 F5    000D >DIV8   PUSH  PSW         ; AKKU RETTEN
 *1017 C5    000E >       PUSH  B           ; BC RETTEN
 *1018 7D    000F >       MOV   A,L         ; DIVISOR AUF NULL
 *1019 B7    0010 >       ORA   A           ; TESTEN
 *101A CA 34 10 0011 >    JZ    DIV8F       ; DIVISOR NULL: FEHLER
 *101D 4D    0012 >       MOV   C,L         ; DIVISOR NACH C-REGISTER
 *101E 6C    0013 >       MOV   L,H         ; DIVIDEND NACH L-REGISTER
 *101F 26 00 0014 >       MVI   H,00H       ; MIT NULLEN AUSDEHNEN
 *1021 06 08 0015 >       MVI   B,8         ; BITZAEHLER
 *1023 29    0016 >DIV81  DAD   H           ; QUOTIENT UND DIVISOR LINKS
 *1024 7C    0017 >       MOV   A,H         ; TESTEN
 *1025 B9    0018 >       CMP   C           ; MIT DIVISOR
 *1026 DA 2C 10 0019 >    JC    DIV82       ; KLEINER
 *1029 91    001A >       SUB   C           ; GROESSER
 *102A 67    001B >       MOV   H,A         ; NACH H ZURUECK
 *102B 2C    001C >       INR   L           ; ZAEHLEN
 *102C 05    001D >DIV82  DCR   B           ; BITZAEHLER - 1
 *102D C2 23 10 001E >    JNZ   DIV81       ; WEITER
 *1030 C1    001F >       POP   B           ; FERTIG: REGISTER ZURUECK
 *1031 F1    0020 >       POP   PSW         ;
 *1032 B7    0021 >       ORA   A           ; CARRY=0: ERGEBNIS GUELTIG
 *1033 C9    0022 >       RET               ; RUECKSPRUNG
 *1034 C1    0023 >DIV8F  POP   B           ; FEHLER: DIVISION DURCH NULL
 *1035 F1    0024 >       POP   PSW         ; REGISTER ZURUECK
 *1036 37    0025 >       STC               ; FEHLERMARKE SETZEN CARRY = 1
 *1037 C9    0026 >       RET               ; RUECKSPRUNG
 *1038       0027 >ERG    DS    2           ; ERGEBNISSPEICHER
 E0000       0028 >       END
```

Bild 4-144: Programmbeispiel: Division 8-Bit/8-Bit

Das Hauptprogramm lädt den Dividenden in das H-Register und den Divisor in das L-Register. Der Quotient erscheint im L-Register, der Rest im H-Register. Bei einer Division durch Null ist das Carrybit 1. Das Unterprogramm DIV8 übernimmt die eigentliche Division. Das HL-Registerpaar enthält den auf 16 Bit ausgedehnten Dividenden, der durch den Befehl DAD H jeweils um 1 Bit nach links geschoben wird. Da der höhere Teil im H-Register durch die Ausdehnung auf 16 Bit Null gesetzt wurde, kann beim Schieben kein Carry auftreten; in diesem Fall entfällt die Abfrage auf Carry nach dem Schieben. Der Akkumulator übernimmt den Vergleich und die Subtraktion des Divisors im C-Register. Das Unterprogramm liefert das Ergebnis wieder in den Registern H und L zurück. Bei einer Division durch Null ist bei der Rückkehr das Carrybit als Fehlermarke gesetzt.

Bild 4-149 zeigt zwei Unterprogramme zur Multiplikation mit dem Faktor 10 und zur Division durch 10. Sie werden für die Umwandlung von Dezimalzahlen in Dualzahlen und umgekehrt verwendet.

4.8.8 Übungen zum Abschnitt Datenverarbeitung

Die Lösungen befinden sich im Anhang!

Befehl	Operand	Code	Codeaufbau	Ausgabe
JMP	adresse	C3	11000011	FF
JNZ	adresse	C2	11000010	FF
J bed	adresse	———►	**11xxx010**	FF
JM	adresse	FA	11111010	FF
JNX	adresse	DD	11011101	FF
JX	adresse	FD	11111101	FF
CALL	adresse	CD	11001101	FF
CNZ	adresse	C4	11000100	FF
C bed	adresse	———►	**11xxx100**	FF
CM	adresse	FC	11111100	FF
SHLD	adresse	22	00100010	0F
LHLD	adresse	2A	00101010	0F
STA	adresse	32	00110010	0F
LDA	adresse	3A	00111010	0F
		———►	**001xx010**	0F
LXI	B,kon	01	00000001	F0
LXI	D,kon	11	00010001	F0
LXI	H,kon	21	00100001	F0
LXI	SP,kon	31	00110001	F0
LXI	rep,kon	———►	**00xx0001**	F0

Bild 4-145: Tabelle der 3-Byte-Befehle

1.Aufgabe:
An den Kippschaltern sind binäre Funktionscodes des Prozessors 8085A einzustellen. Es sind die Codes aller 3-Byte-Befehle **(Bild 4-145)** herauszusuchen und durch folgende hexadezimale Ausgaben auf den Leuchtdioden zu unterscheiden:

a. Alle Sprung- und Unterprogrammbefehle sollen auf den Ausgabe FF erzeugen.

b. Alle Befehle mit Datenspeicheradressen sollen 0F erzeugen.

c. Alle LXI-Befehle sollen F0 erzeugen.

d. Bei allen anderen Befehlen soll auf der Ausgabe 00 erscheinen.

2.Aufgabe:
Auf den Leuchtdioden lasse man einen Zähler von 1 bis 49 (Lottozahlen!) im BCD-Code laufen, der nach dem Erreichen des Endwertes wieder von vorn beginnt. Der Zähler soll mit dem werthöchsten Kippschalter angehalten werden. Steht der Schalter auf LOW (unten), so läuft der Zähler; steht er auf HIGH (oben), so hält er an.

3.Aufgabe:
Die auf den Kippschaltern eingestellte Dualzahl ist mit dem konstanten Faktor 10 zu multiplizieren und auf den Leuchtdioden anzuzeigen. Bei einem Überlauf sollen die Leuchtdioden mit ca. 1 Hz blinken.

4.Aufgabe:
Für den Test von Befehlen entwerfe man ein Programm, das den Inhalt des Bedingungsregisters (Flagregisters) auf den Leuchtdioden anzeigt. Der zu testende Befehl stehe in einer Schleife.

4.9 Unterprogrammtechnik

Unterprogramme sind Hilfsprogramme, die für Sonderaufgaben wie z.B. Multiplikation und Division eingesetzt werden. Sie werden von einem Hauptprogramm oder einem anderen Unterprogramm aufgerufen und kehren an die Stelle des Aufrufs zurück. Sie bieten viele Vorteile.

Unterprogramme unterteilen die Aufgabe in Teilprobleme, die sich einzeln besser programmieren und testen lassen. Bei langen Programmen kann man leicht die Übersicht verlieren. Oft ist es von Vorteil, zuerst die Unterprogramme zu entwerfen und zu testen, bevor mit der Programmierung des Hauptprogramms begonnen wird.

Unterprogramme liegen oft bereits als fertige Lösungen in einer Bibliothek vor oder können der Literatur entnommen werden. Bei der Arbeit mit einem Monitor oder einem Betriebssystem sind bereits fertige Unterprogramme für die Ein/Ausgabe und Zahlenumwandlung verfügbar.

Unterprogramme verkürzen das Hauptprogramm, wenn Programmteile, die mehrmals benötigt werden, nur einmal als Unterprogramm geschrieben werden.

Unterprogramme verlagern beim Programmentwurf Teilprobleme und Sonderfälle, die erst dann programmiert werden, wenn das Hauptprogramm fertig ist.

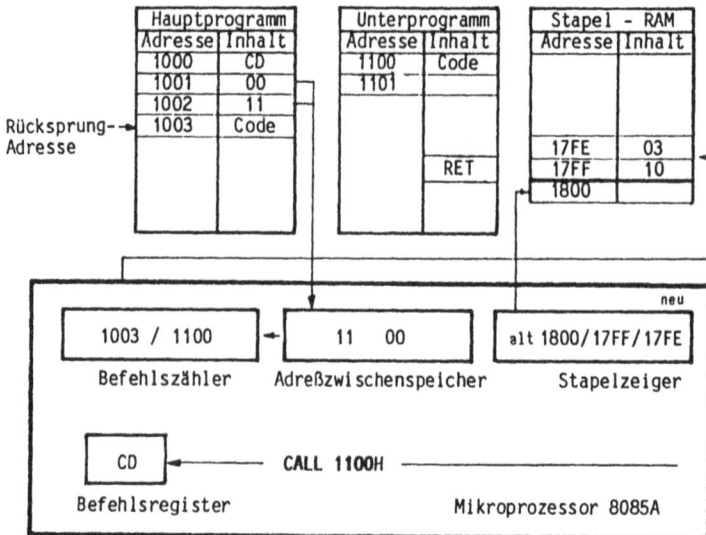

Bild 4-146: Aufruf eines Unterprogramms

Bild 4-146 zeigt, wie beim Aufruf eines Unterprogramms der Befehlszähler, der bereits auf den folgenden Befehl zeigt, durch den CALL-Befehl automatisch in den Stapel gerettet wird. Der Stapelzeiger wird dabei um 2 vermindert. Der Befehl RET des Unterprogramms holt den Befehlszähler wieder aus dem Stapel zurück und setzt damit das Programm an der Stelle des Aufrufs fort. Der Stapelzeiger wird wieder um 2 erhöht. Unterprogramme arbeiten mit dem gleichen Registersatz, der auch im Hauptprogramm verwendet wird. Daher sollte man im Unterprogramm zunächst alle vom Unterprogramm benötigten Register auf den Stapel retten und vor dem Rücksprung wieder zurückladen. Eine Ausnahme sind Register, die Parameter (Ergebnisse) dem Hauptprogramm übergeben. **Bild 4-147** zeigt den Aufruf eines Unterprogramms, das zwei Adressen in DE und HL miteinander vergleicht und dabei nur die Bedingungsbits verändert.

```
              0001 >; BILD 4-147   16-BIT-VERGLEICH
*8000         0002 >MONI     EQU   0000H       ; MONITORADRESSE
L1000         0003 >         ORG   1000H       ; ADRESSZAEHLER
*1000 21 00 11 0004 >START   LXI   H,1100H     ; ANFANGSADRESSE
*1003 11 FF 11 0005 >        LXI   D,11FFH     ; ENDADRESSE
*1006 3E 00   0006 >         MVI   A,00H       ; KONSTANTE
*1008 CD 13 10 0007 >LOOP    CALL  DEVHL       ; UNTERPROGRAMM VERGLEICH DE-HL
*100B DA 00 00 0008 >        JC    MONI        ; DIFF NEGATIV: DE KLEINER HL
*100E 77      0009 >         MOV   M,A         ; DIFF POSITIV: SPEICHERN
*100F 23      000A >         INX   H           ; LAUFENDE ADRESSE + 1
*1010 C3 08 10 000B >        JMP   LOOP        ; SCHLEIFE
              000C >; UNTERPROGRAMM DE - HL VERGLEICHEN BEDINGUNGEN SETZEN
*1013 C5      000D >DEVHL    PUSH  B           ; BC RETTEN
*1014 47      000E >         MOV   B,A         ; AKKU RETTEN
*1015 7A      000F >         MOV   A,D         ; HIGH-BYTES VERGLEICHEN
*1016 BC      0010 >         CMP   H           ;
*1017 CA 1D 10 0011 >        JZ    DEVHL2      ; GLEICH: LOW VERGLEICHEN
*101A 78      0012 >DEVHL1   MOV   A,B         ; AKKU ZURUECK
*101B C1      0013 >         POP   B           ; BC ZURUECK
*101C C9      0014 >         RET               ; RUECKSPRUNG
*101D 7B      0015 >DEVHL2   MOV   A,E         ; LOW-BYTES VERGLEICHEN
*101E BD      0016 >         CMP   L           ;
*101F C3 1A 10 0017 >        JMP   DEVHL1      ;
E0000         0018 >         END
```

Bild 4-147: Programmbeispiel: 16-Bit-Vergleich

Das HL-Registerpaar enthält die Anfangsadresse und wird laufend um 1 erhöht. Das DE-Registerpaar enthält die Endadresse. Das Unterprogramm DEVHL bildet die Differenz der beiden Registerpaare und verändert das Carrybit und das Nullbit, die vom Hauptprogramm ausgewertet werden können. Alle Register bis auf die Sprungbedingungen bleiben dabei unverändert. Da das Unterprogramm relativ langsam ist, kann es günstiger sein, die Differenz der beiden Adressen zu berechnen und dann einen Zähler auf Null herabzuzählen.

Bild 4-148 zeigt ein Programmbeispiel, das an den Kippschaltern eingegebene vorzeichenbehaftete Dualzahlen verändert auf den Leuchtdioden ausgibt. Positive Zahlen werden um die Konstante 1 erhöht; negative Zahlen um die Konstante 1 vermindert. Bei einem Überlauf bzw. Unterlauf soll als Fehlermeldung das Bitmuster 55 erscheinen. Das Überlaufbit der vorzeichenbehafteten Arith-

```
                  0001 >; BILD 4-148  UEBERLAUFBIT (V-BIT) TRENNEN
   L1000          0002 >      ORG    1000H     ; ADRESSZAEHLER
  *1000 3E 8B     0003 >START MVI    A,8BH     ; STEUERBYTE  A=AUS  B=EIN
  *1002 D3 03     0004 >      OUT    03H       ; NACH STEUERREGISTER
  *1004 DB 01     0005 >LOOP  IN     01H       ; ZAHL LESEN
  *1006 B7        0006 >      ORA    A         ; ZAHL TESTEN
  *1007 FA 17 10  0007 >      JM     NEG       ; ZAHL NEGATIV
  *100A C6 01     0008 >      ADI    01H       ; ZAHL POSITIV: +1
  *100C CD 21 10  0009 >POS   CALL   VBIT      ; V-BIT NACH CARRY-BIT
  *100F DA 1C 10  000A >      JC     FEHL      ; V=1: UEBERLAUF
  *1012 D3 00     000B >AUS   OUT    00H       ; ERGEBNIS AUSGEBEN
  *1014 C3 04 10  000C >      JMP    LOOP      ; NEUE ZAHL LESEN
  *1017 D6 01     000D >NEG   SUI    01H       ; ZAHL NEGATIV: -1
  *1019 C3 0C 10  000E >      JMP    POS       ; V-BIT AUSWERTEN
  *101C 3E 55     000F >FEHL  MVI    A,55H     ; FEHLERMARKE
  *101E C3 12 10  0010 >      JMP    AUS       ; AUSGEBEN
                  0011 >; UNTERPROGRAMM V-BIT NACH CARRYBIT SCHIEBEN
  *1021 F5        0012 >VBIT  PUSH   PSW       ; AKKU UND BEDING. NACH STAPEL
  *1022 E3        0013 >      XTHL             ; BEDINGUNGEN NACH L-REGISTER
  *1023 7D        0014 >      MOV    A,L       ; BEDINGUNGEN NACH AKKU
  *1024 1F        0015 >      RAR              ; NACH RECHTS SCHIEBEN
  *1025 0F        0016 >      RRC              ; NACH RECHTS OHNE CARRY
  *1026 17        0017 >      RAL              ; NACH LINKS SCHIEBEN
  *1027 17        0018 >      RAL              ; NACH LINKS SCHIEBEN
  *1028 6F        0019 >      MOV    L,A       ; V-BIT IST NACH CARRY GESCHOBEN
  *1029 E3        001A >      XTHL             ; NEUES BEDINGUNGEN NACH STAPEL
  *102A F1        001B >      POP    PSW       ; AKKU UND BEDING. VOM STAPEL
  *102B C9        001C >      RET              ; RUECKSPRUNG
   E0000          001D >      END
```

Bild 4-148: Programmbeispiel: Überlaufbit (V-Bit)

metik ist im Bedingungsregister zwischen dem P-Bit und dem C-Bit versteckt. Da es keinen bedingten Sprungbefehl zur Auswertung dieses V-Bits gibt, wird es durch das Unterprogramm VBIT in das C-Bit geschoben, das bei vorzeichenbehafteter Arithmetik ohne Bedeutung ist. Damit ist es möglich, auch beim Rechnen mit vorzeichenbehafteten Dualzahlen einen Zahlenüberlauf zu erkennen.

Bild 4-149 zeigt zwei Unterprogramme zur Multiplikation und Division mit der Konstanten 10, die beide bei der Umwandlung von Dezimalzahlen verwendet werden. Das Test-Hauptprogramm lädt die Konstanten in das HL-Registerpaar und bringt die Ergebnisse in den Speicher.

Das Multiplikationsprogramm MUL10 multipliziert den Inhalt des HL-Registerpaares mit der Dezimalzahl 10. Das Ergebnis erscheint wieder im HL-Registerpaar; der Akkumulator enthält den Übertrag. Das Unterprogramm arbeitet nach dem Verfahren der Teiladdition und Verschiebung (Bild 4-139).

Das Divisionsprogramm DIV10 dividiert den Inhalt des HL-Registerpaares durch die Dezimalzahl 10. Der Quotient erscheint wieder im HL-Registerpaar, der Akkumulator enthält den Divisionsrest. Das Unterprogramm arbeitet nach dem Verfahren der mehrmaligen Subtraktion in einer Schleife. Alle Hilfsregister werden gerettet.

```
                   0001 >; BILD 4-149  MULTIPLIKATION UND DIVISION MIT 10
*8000              0002 >MONI   EQU   0000H    ; MONITORADRESSE
L1000              0003 >       ORG   1000H    ; ADRESSZAEHLER
*1000 21 64 00     0004 >START  LXI   H,100    ; DEZIMALZAHL MULTIPLIKAND
*1003 CD 1B 10     0005 >       CALL  MUL10    ; MAL 10 DEZIMAL
*1006 22 44 10     0006 >       SHLD  PROD     ; PRODUKT SPEICHERN
*1009 32 43 10     0007 >       STA   UEB      ; UEBERTRAG SPEICHERN
*100C 21 E9 03     0008 >       LXI   H,1001   ; DIVIDEND DEZIMAL
*100F CD 2A 10     0009 >       CALL  DIV10    ; DURCH 10 DEZIMAL
*1012 22 46 10     000A >       SHLD  QUOT     ; QUOTIENTEN SPEICHERN
*1015 32 48 00     000B >       STA   REST     ; REST SPEICHERN
*1018 C3 00 00     000C >       JMP   MONI     ; NACH MONITOR
                   000D >; UNTERPROGRAMM  (AKKU + HL) <= (HL) x 10 DEZIMAL
*101B D5           000E >MUL10  PUSH  D        ; DE RETTEN
*101C AF           000F >       XRA   A        ; UEBERTRAG LOESCHEN
*101D 54           0010 >       MOV   D,H      ; MULTIPLIKAND NACH DE
*101E 5D           0011 >       MOV   E,L      ;
*101F 29           0012 >       DAD   H        ; MAL 2
*1020 17           0013 >       RAL            ; UEBERTRAG NACH AKKU
*1021 29           0014 >       DAD   H        ; MAL 2 = MAL 4
*1022 17           0015 >       RAL            ; UEBERTRAG NACH AKKU
*1023 19           0016 >       DAD   D        ; + MUL = MAL 5
*1024 CE 00        0017 >       ACI   00       ; UEBERTRAG NACH AKKU
*1026 29           0018 >       DAD   H        ; MAL 2 = MAL 10
*1027 17           0019 >       RAL            ; UEBERTRAG NACH AKKU
*1028 D1           001A >       POP   D        ; DE ZURUECK
*1029 C9           001B >       RET            ;
                   001C >; UNTERPROGRAMM (HL=QUOT) + (AKKU=REST) <= (HL) : 10 DEZ
*102A C5           001D >DIV10  PUSH  B        ; BC RETTEN
*102B D5           001E >       PUSH  D        ; DE RETTEN
*102C 01 F6 FF     001F >       LXI   B,0FFF6H ; -10 DEZIMAL
*102F 11 00 00     0020 >       LXI   D,0000H  ; QUOTIENTEN LOESCHEN
*1032 09           0021 >DIV101 DAD   B        ; 10 SUBTRAHIEREN
*1033 D2 3A 10     0022 >       JNC   DIV102   ; CY = 0: DIFF NEG: FERTIG
*1036 13           0023 >       INX   D        ; QUOTIENT +1
*1037 C3 32 10     0024 >       JMP   DIV101   ; DIFF POS: WEITER
*103A 01 0A 00     0025 >DIV102 LXI   B,0010   ; +10 DEZIMAL WIEDER ADDIEREN
*103D 09           0026 >       DAD   B        ; LETZTE SUBTRAKTION AUFHEBEN
*103E 7D           0027 >       MOV   A,L      ; REST NACH AKKU
*103F EB           0028 >       XCHG           ; HL = QUOTIENT
*1040 D1           0029 >       POP   D        ; DE ZURUECK
*1041 C1           002A >       POP   B        ; BC ZURUECK
*1042 C9           002B >       RET            ;
*1043              002C >UEB    DS    1        ; UEBERTRAG
*1044              002D >PROD   DS    2        ; PRODUKT
*1046              002E >QUOT   DS    2        ; QUOTIENT
*1048              002F >REST   DS    1        ; REST
E0000              0030 >       END
```

Bild 4-149: Programmbeispiel: Multiplikation und Division mit 10

Die zwischen dem Haupt- und dem Unterprogramm zu übertragenden Adressen und Daten werden normalerweise in den Registern übergeben. Reichen diese nicht aus, so können sie entsprechend **Bild 4-150** hinter dem Unterprogrammaufruf abgelegt werden. In dem Beispiel soll das Unterprogramm in die Speicherstelle mit der Adresse 1100H die Konstante 55H bringen. Das Unterprogramm holt sich mit Hilfe der im Stapel liegenden Rücksprungadresse die Datenadresse und die Daten. Bei entsprechender Definition des Unterprogramms könnte die Liste der Adressen und Daten beliebig lang sein.

```
              0001 >; BILD 4-150  ADRESS- UND DATENUEBERGABE
*8000         0002 >MONI    EQU   0000H     ; MONITORADRESSE
L1000         0003 >        ORG   1000H     ; ADRESSZAEHLER
*1000 CD 0C 10 0004 >START  CALL  MOVE      ; UNTERPROGRAMM SPEICHERN
*1003 C3 09 10 0005 >       JMP   NEXT      ; LISTE UEBERSPRINGEN
*1006 00 11   0006 >        DW    1100H     ; ADRESSE ABLEGEN
*1008 55      0007 >        DB    55H       ; DATEN ABLEGEN
*1009 C3 00 00 0008 >NEXT   JMP   MONI      ; ENDE DER LISTE
              0009 >; UNTERPROGRAMM HOLT SICH ADRESSE UND DATEN AUS LISTE
*100C E3      000A >MOVE    XTHL            ; RUECKSPRUNGADRESSE
*100D E5      000B >        PUSH  H          ; NACH STAPEL
*100E D5      000C >        PUSH  D          ; DE RETTEN
*100F F5      000D >        PUSH  PSW        ; AKKU RETTEN
*1010 23      000E >        INX   H          ; JMP-BEFEHL UEBERGEHEN
*1011 23      000F >        INX   H          ;
*1012 23      0010 >        INX   H          ;
*1013 5E      0011 >        MOV   E,M        ; LOW-TEIL DER ADRESSE HOLEN
*1014 23      0012 >        INX   H          ;
*1015 56      0013 >        MOV   D,M        ; HIGH-TEIL DER ADRESSE HOLEN
*1016 23      0014 >        INX   H          ;
*1017 7E      0015 >        MOV   A,M        ; DATEN AUS LISTE HOLEN
*1018 12      0016 >        STAX  D          ; UEBERTRAGUNG AUSFUEHREN
*1019 F1      0017 >        POP   PSW        ; AKKU ZURUECK
*101A D1      0018 >        POP   D          ; DE ZURUECK
*101B E1      0019 >        POP   H          ; RUECKSPRUNGADRESSE ZURUECK
*101C E3      001A >        XTHL            ; NACH STAPEL
*101D C9      001B >        RET             ;
E0000         001C >        END
```

Bild 4-150: Programmbeispiel: Adreß- und Datenübergabe

```
              0001 >; BILD 4-151  BEFEHLSZAEHLER LADEN
*8000         0002 >MONI    EQU   0000H     ; MONITORADRESSE
L1000         0003 >        ORG   1000H     ; ADRESSZAEHLER
*1000 CD 09 10 0004 >START  CALL  PC        ; BEFEHLSZAEHLER LADEN
*1003 22 0C 10 0005 >       SHLD  TEST      ; NACH SPEICHER
*1006 C3 00 00 0006 >       JMP   MONI      ; NACH MONITOR
              0007 >; UNTERPROGRAMM LAEDT PC NACH HL
*1009 E1      0008 >PC      POP   H          ; PC AUS STAPEL
*100A E5      0009 >        PUSH  H          ; HEBT POP H AUF
*100B C9      000A >        RET             ;
*100C         000B >TEST    DS    2          ; SPEICHER FUER PC
E0000         000C >        END
```

Bild 4-151: Programmbeispiel: Befehlszähler laden

Durch das Retten der Rücksprungadresse in den Stapel ist es möglich, den augenblicklichen Stand des Befehlszählers zu erfahren. Im Beispiel 4-150 wurden auf diese Art Werte aus dem Hauptprogramm übernommen. Das Unterprogramm PC des **Bildes 4-151** lädt den Stand des Befehlszählers in das HL-Registerpaar und übergibt ihn an das Hauptprogramm.

Alle Sprungadressen und Unterprogrammadressen des Prozessors 8085A müssen als absolute 16-Bit-Zahlen angegeben werden. Das bedeutet, daß die Programme immer an der Stelle im Speicher liegen müssen, für die sie übersetzt wurden. Andere Mikroprozessoren kennen die relative Adressierung, bei der nur der Abstand zum Sprungziel angegeben wird. Ein Adreßrechenwerk addiert den Abstand zum augenblicklichen Stand des Befehlszählers und bildet so den neuen Befehlszählerstand. Diese Programme können beliebig im Speicher verschoben werden. **Bild 4-152** zeigt, wie mit Hilfe der Unterprogrammtechnik relative Sprünge auch beim 8085A möglich sind.

```
              0001 >; BILD 4-152  RELATIVE SPRUNGADRESSIERUNG
*8000         0002 >MONI   EQU   0000H     ; MONITORADRESSE
L1000         0003 >       ORG   1000H     ; ADRESSZAEHLER
*1000 3E 8B   0004 >START  MVI   A,8BH     ; STEUERBYTE  A=AUS B=EIN
*1002 D3 03   0005 >       OUT   03H       ; NACH STEUERREGISTER
*1004 AF      0006 >       XRA   A         ; ZAEHLER LOESCHEN
*1005 D3 00   0007 >LOOP   OUT   00H       ; ZAEHLER AUSGEBEN
*1007 CD 00 17 0008 >      CALL  WAIT      ; ZAEHLER VERZOEGERN
*100A 3C      0009 >       INR   A         ; ZAEHLER + 1
*100B D5      000A >       PUSH  D         ; DE RETTEN
*100C 11 F3 FF 000B >      LXI   D,0FFF3H  ; LOOP - NEXT = -13
*100F CD 0E 17 000C >      CALL  BRA1      ; ODER BRA2: RELATIVER SPRUNG
              000D >; NUR BEI BEDINGTEM SPRUNG ERFORDERLICH; HIER NICHT !!!
*1012 D1      000E >NEXT   POP   D         ; DE ZURUECK WENN NICHT GESPR.
*1013 C3 00 00 000F >      JMP   MONI      ; WEITER WENN NICHT GESPRUNGEN
              0010 >; UNTERPROGRAMME LIEGEN AUF FESTEN ADRESSEN
L1700         0011 >       ORG   1700H     ; ADRESSZAEHLER FUER UNTERPROGR.
*1700 E5      0012 >WAIT   PUSH  H         ; HL RETTEN
*1701 F5      0013 >       PUSH  PSW       ; AKKU RETTEN
*1702 21 C2 A2 0014 >      LXI   H,41666   ; ZAEHLERANFANGSWERT
*1705 2B      0015 >WAIT1  DCX   H         ; ZAEHLER - 1
*1706 7C      0016 >       MOV   A,H       ; ZAEHLER AUF NULL TESTEN
*1707 B5      0017 >       ORA   L         ; NULL ?
*1708 C2 05 17 0018 >      JNZ   WAIT1     ; NEIN: WEITER ZAEHLEN
*170B F1      0019 >       POP   PSW       ; AKKU ZURUECK
*170C E1      001A >       POP   H         ; HL ZURUECK
*170D C9      001B >       RET
              001C >; 1. VERSION RELATIVER SPRUNG ZERSTOERT HL
*170E E1      001D >BRA1   POP   H         ; LAUFENDE ADRESSE AUS STAPEL
*170F 19      001E >       DAD   D         ; ABSTAND DAZU
*1710 D1      001F >       POP   D         ; DE ZURUECK
*1711 E9      0020 >       PCHL            ; RELATIVER SPRUNG AUS (HL)
              0021 >; 2. VERSION RELATIVER SPRUNG HL BLEIBT ERHALTEN
*1712 E3      0022 >BRA2   XTHL            ; HL GERETTET, ADRESSE NACH HL
*1713 19      0023 >       DAD   D         ; ABSTAND DAZU
*1714 D1      0024 >       POP   D         ; DE ZURUECK
*1715 E3      0025 >       XTHL            ; NEUE ADRESSE NACH STAPEL
*1716 EB      0026 >       XCHG            ; DE UND HL VERTAUSCHT
*1717 C9      0027 >       RET             ; RELATIVER RUECKSPRUNG
E0000         0028 >       END
```

Bild 4-152: Programmbeispiel: relative Sprungadressierung

Das Hauptprogramm besteht aus einer Zählschleife, deren Wert verzögert (Unterprogramm WAIT) auf den Leuchtdioden ausgegeben wird. Einem Unterprogramm BRA, das den relativen Sprung ausführt, wird der Abstand zum Sprungziel als vorzeichenbehaftete Dualzahl im DE-Registerpaar übergeben. Das DE-Registerpaar wird mit einem PUSH-Befehl in den Stapel gerettet und vom Unterprogramm mit einem POP-Befehl wieder zurückgeladen. Für den Fall, daß bedingte Sprünge verwendet werden, muß das Hauptprogramm mit einem POP-Befehl selbst für das Zurückladen des DE-Registerpaares sorgen; bei dem unbedingten Sprung bzw. CALL ist es nicht erforderlich. Das DE-Registerpaar muß die Differenz der Adressen des Sprungziels (LOOP) zum nächsten Befehl (NEXT) enthalten. Vorwärtssprünge ergeben positive 16-Bit-Dualzahlen; Rückwärtssprünge negative Zahlen im Zweierkomplement. Das Hauptprogramm kann beliebig im Speicher verschoben werden; die Unterprogramme WAIT und BRA müssen auf festen Adressen liegen. Das Unterprogramm BRA1 zerstört das HL-Registerpaar; das Unterprogramm BRA2 rettet das HL-Registerpaar, ist aber länger. Die Unterprogramme holen die Adresse des Aufrufs (Rücksprungadresse) aus dem Stapel, addieren dazu den Abstand aus dem DE-Registerpaar, holen das alte DE-Registerpaar aus dem Stapel und springen relativ zum Befehlszählerstand. **Bild 4-153** zeigt, daß auch eine relative Datenadressierung möglich ist.

```
               0001 >; BILD 4-153   RELATIVE DATENADRESSIERUNG
 *8000         0002 >MONI   EQU   0000H    ; MONITORADRESSE
 L1000         0003 >       ORG   1000H    ; ADRESSZAEHLER
 *1000 3E 8B   0004 >START  MVI   A,8BH    ; STEUERBYTE A=AUS B=EIN
 *1002 D3 03   0005 >       OUT   03H      ; NACH STEUERREGISTER
 *1004 DB 01   0006 >       IN    01H      ; DATENBYTE VON KIPPSCHALTERN
 *1006 D5      0007 >       PUSH  D        ; DE RETTEN
 *1007 11 05 00 0008 >      LXI   D,5      ; ABSTAND  DATA - NEXT
 *100A CD 00 17 0009 >      CALL  PCREL    ; LADE HL MIT DATENADRESSE
 *100D D1      000A >NEXT   POP   D        ; DE ZURUECK
 *100E 77      000B >       MOV   M,A      ; DATEN RELATIV SPEICHERN
 *100F C3 00 00 000C >      JMP   MONI     ; SPRUNG NACH MONITOR
 *1012         000D >DATA   DS    1        ; DATENSPEICHERSTELLE
               000E >; UNTERPROGRAMM RELATIVE DATENADRESSE NACH HL
 L1700         000F >       ORG   1700H    ; ADRESSZAEHLER UNTERPROGRAMME
 *1700 E1      0010 >PCREL  POP   H        ; BEFEHLSZAEHLER LADEN
 *1701 E5      0011 >       PUSH  H        ; RUECKSPRUNGADRESSE ZURUECK
 *1702 19      0012 >       DAD   D        ; ABSTAND DAZU ADDIEREN
 *1703 C9      0013 >       RET            ; RUECKSPRUNG
 E0000         0014 >       END
```

Bild 4-153: Programmbeispiel: relative Datenadressierung

Die relative Datenadressierung legt die Adressen der Datenspeicherstellen relativ zum Befehlszähler und damit zur augenblicklichen Lage des Programms an. In dem vorliegenden Beispiel soll die Datenspeicherstelle DATA unmittelbar hinter dem Programm liegen. Dem Unterprogramm PCREL wird wieder im DE-Registerpaar der Abstand der Datenspeicherstelle zur Rücksprungadresse übergeben. Das Unterprogramm PCREL addiert den Abstand zum Befehlszähler und übergibt die absolute Adresse im HL-Registerpaar, das mit indizierter Adressierung die Datenübertragung vornimmt.

Alle Adressen von Peripherieregistern (Ports) müssen bei der Programmierung als Konstanten in den IN- und OUT-Befehlen angegeben werden; eine indizierte Registeradressierung wie für Speicherstellen ist bei Portadressen nicht möglich. **Bild 4-154** zeigt die Möglichkeit, Portadressen mit Hilfe von Unterprogrammen variabel zu machen.

```
                  0001 >; BILD 4-154  VARIABLE PERIPHERIEADRESSIERUNG
L1000             0002 >         ORG   1000H      ; ADRESSZAEHLER HAUPTPROGRAMM
*1000 3E 8B       0003 >START    MVI   A,8BH      ; STEUERBYTE  A=AUS B=EIN
*1002 26 03       0004 >         MVI   H,03H      ; ADRESSE STEUERREGISTER
*1004 CD 00 17    0005 >         CALL  AUS        ; NACH PERIPHERIE
*1007 26 01       0006 >LOOP     MVI   H,01H      ; ADRESSE EINGABEREGISTER
*1009 CD 0F 17    0007 >         CALL  EIN        ; VON PERIPHERIE LESEN
*100C 26 00       0008 >         MVI   H,00H      ; ADRESSE AUSGABEREGISTER
*100E CD 00 17    0009 >         CALL  AUS        ; NACH PERIPHERIE
*1011 C3 07 10    000A >         JMP   LOOP       ; SCHLEIFE
                  000B >; UNTERPROGRAMME
L1700             000C >         ORG   1700H      ; ADRESSZAEHLER UNTERPROGRAMME
*1700 2E D3       000D >AUS      MVI   L,0D3H     ; CODE FUER OUT-BEFEHL
*1702 22 50 17    000E >AUS1     SHLD  RAM        ; NACH RAM-BEREICH
*1705 21 C9 C9    000F >         LXI   H,0C9C9H   ; 2 MAL CODE FUER RET-BEFEHL
*1708 22 52 17    0010 >         SHLD  RAM+2      ; NACH RAM-BEREICH
*170B CD 50 17    0011 >         CALL  RAM        ; GESPEICHERTES UPRO AUFRUFEN
*170E C9          0012 >         RET              ; RUECKSPRUNG
*170F 2E DB       0013 >EIN      MVI   L,0DBH     ; CODE FUER IN-BEFEHL
*1711 C3 02 17    0014 >         JMP   AUS1       ; PROGRAMM AUFBAUEN
                  0015 >; RAM-BEREICH FUER UNTERPROGRAMM
L1750             0016 >         ORG   1750H      ; ADRESSZAEHLER VARIABLES UPRO
*1750             0017 >RAM      DS    4          ; VIER BYTES RESERVIEREN
E0000             0018 >         END
```

Bild 4-154: Programmbeispiel: variable Peripherieadressierung

Das Hauptprogramm übergibt dem Unterprogramm AUS im Akkumulator die
Daten und im H-Register die Peripherieadresse. Das Unterprogramm lädt den
Code des OUT-Befehls in das L-Register und speichert ihn zusammen mit der
Registeradresse in einen RAM-Bereich. Dann folgt der Code für den RET-Befehl.
Der RAM-Bereich, der nun als Unterprogramm RAM aufgerufen wird, enthält
die beiden Befehle OUT mit variabler Registeradresse und den RET-Befehl.

Das Beispiel zeigt auch, daß ein Unterprogramm weitere Unterprogramme aufrufen kann. Die Rücksprungadressen liegen hintereinander im Stapel und werden
in der richtigen Reihenfolge durch die RET-Befehle wieder zurückgeholt.

4.10 Programmunterbrechungen (Interrupt)

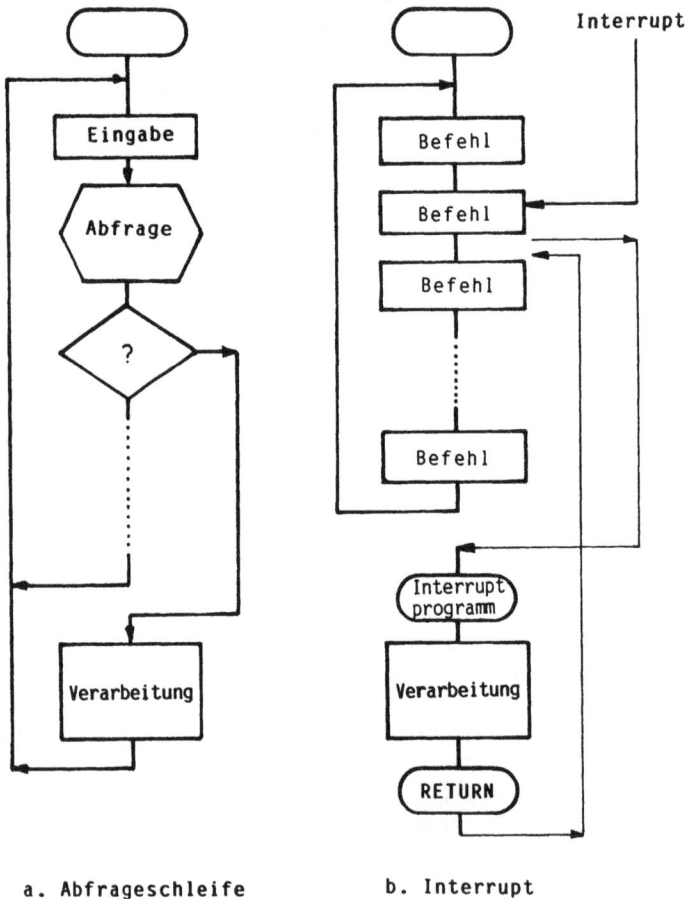

a. Abfrageschleife   b. Interrupt

Bild 4-155: Abfrageschleife und Interrupt

Bei der Eingabe von Steuersignalen in den Mikrorechner unterscheidet man zwei Verfahren:

Die Abfrageschleife entsprechend **Bild 4-155a** liest die Eingabeleitung, prüft den Wert und verzweigt in ein Programmstück, das auf das Signal reagiert. Sind sehr viele Eingaben zu kontrollieren oder Berechnungen vorzunehmen, so kann es vorkommen, daß die Leitung nur in sehr großen Zeitabständen (z.B. Sekunden) überprüft werden kann. Bei sehr wichtigen Signalen wie z.B. Not-Aus ist diese Zeit zu lang.

Bei einer Programmunterbrechung – auch Interrupt genannt – nach **Bild 4-155b** wird das Signal an einen der fünf Interrupteingänge des Prozessors 8085A angeschlossen. Wird das Signal aktiv, spricht also z.B. der Not-Aus-Schalter an, so wird das laufende Programm sofort unterbrochen und es wird ein Interruptprogramm gestartet, das den Fall behandelt. Wie bei einem Unterprogramm ist es möglich, das unterbrochene Programm an der Stelle der Unterbrechung fortzusetzen. Die Programmunterbrechung tritt zu einem beliebigen Zeitpunkt asynchron zum Prozessortakt auf. Da der augenblicklich bearbeitete Befehl noch beendet wird, beträgt die Reaktionszeit zwischen 1 und 20 µs. **Bild 4-156** zeigt die Interruptanschlüsse des Prozessors 8085A.

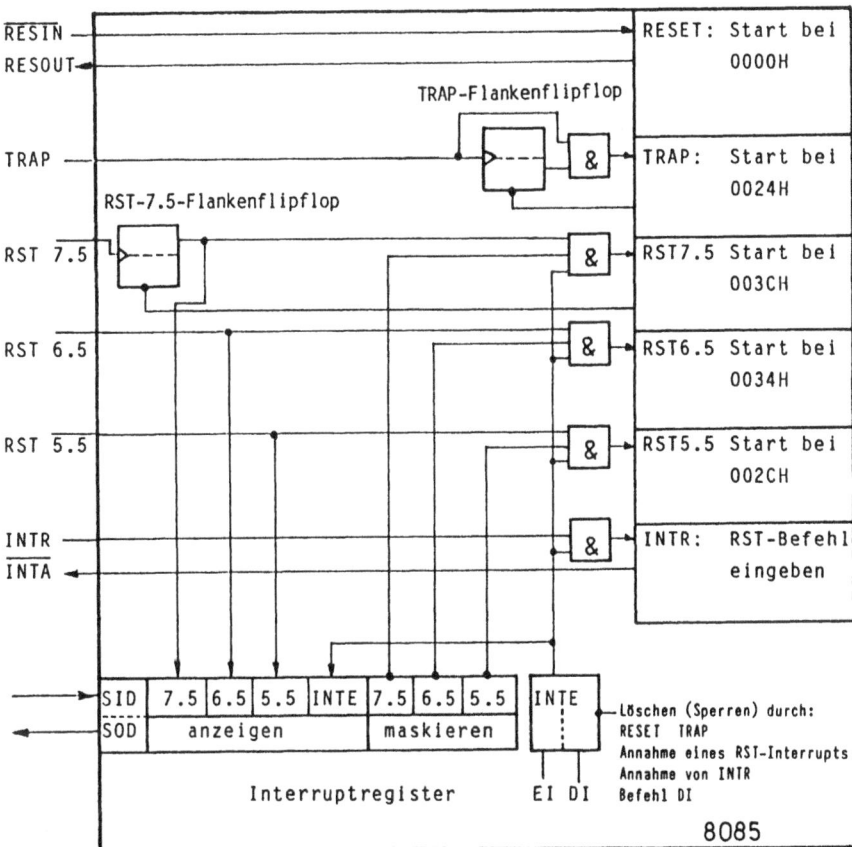

Bild 4-156: Interruptsteuerung des 8085A

Der zeitliche Verlauf der Interruptzustände wurde bereits im Abschnitt 3.3.3 erklärt. Ein Reset (Zurücksetzen) bricht mit einer fallenden Flanke den laufenden Befehl ab. Mit einer steigenden Flanke wird der Befehlszähler mit der Startadresse 0000 geladen. Dort muß sich der erste Befehl des Programms befinden. Ein Reset sperrt (löscht) das INTE-Flipflop und sperrt (setzt) die drei Masken des Interruptregisters. Jeder Interrupt sperrt (löscht) das INTE-Flipflop; die drei Masken des Interruptregisters bleiben jedoch unverändert. Damit sind alle Interrupts mit Ausnahme des TRAP gesperrt.

Der TRAP-Interrupt ist nicht sperrbar. Zum Schutz gegen kurzzeitige Impulse sind zwei Auslösebedingungen erforderlich. Das interne TRAP-Flipflop muß durch eine steigende Flanke gesetzt sein, und zum Zeitpunkt der Abfrage am Ende eines Befehls muß der Eingang auf HIGH liegen. Das bedeutet, daß der Auslöseimpuls mindestens 18 Takte anliegen muß, um im ungünstigsten Fall wirken zu können. Bei einem Reset und bei einer Bedienung des TRAP-Interrupts wird das Flankenflipflop automatisch gelöscht. Ein TRAP-Interrupt rettet den Befehlszähler mit der Adresse des nächsten Befehls in den Stapel und startet ein Programm, das mit der Adresse 0024 beginnen muß. Dort steht in den meisten Fällen ein Sprungbefehl in das eigentliche Interruptprogramm. Jeder TRAP-Interrupt löscht das INTE-Flipflop und sperrt damit alle anderen Interrupts. Es ist Aufgabe des Programms, die Interrupts mit dem Befehl EI wieder frei zu geben. Steht am Ende des Interruptprogramms der Rücksprungbefehl RET, so wird das Programm an der unterbrochenen Stelle fortgesetzt.

Der RST-7.5-Interrupt kann durch das INTE-Flipflop und das Maskenbit M7.5 des Interruptregisters gesperrt werden. Das Flankenflipflop wird durch eine steigende Flanke am Eingang RST-7.5 gesetzt. Es wird durch ein Reset oder das Schreiben einer 1 nach Bit B4 des Interruptregisters gelöscht. Bei Annahme des Interrupts werden der Befehl beendet, die Rücksprungadresse gerettet, das INTE- und Flankenflipflop gelöscht und ein Programm ab Adresse 003C gestartet.

Die RST-6.5- und RST-5.5-Interrupts können durch das INTE-Flipflop und die Maskenbits M6.5 bzw. M5.5 gesperrt werden. Sie sind zustandsgesteuert. Bei der Annahme werden der Befehl beendet, die Rücksprungadresse gerettet, das INTE-Flipflop gelöscht und ein Programm ab Adresse 0034 bzw. 002C gestartet.

Der INTR-Interrupt wird nur durch das INTE-Flipflop gesperrt. Er ist zustandsgesteuert. Bei der Annahme werden der Befehl beendet und das INTE-Flipflop gelöscht. Das $\overline{INTA}$-Signal holt über den Datenbus den Code eines Befehls. Dieser wird ausgeführt. **Bild 4-157** zeigt die RST-Befehle, die die Rücksprungadresse retten und ein Programm von einer festgelegten Adresse starten.

RST bedeutet ReSTart gleich erneuter Programmbeginn bei bestimmten Adressen, die im Bereich von 0000 bis 0040 liegen. Der Befehl EI Enable Interrupt gleich Freigabe der Interrupts setzt das INTE-Flipflop auf 1 und gibt damit eine der Interruptbedingungen frei. Der Befehl wirkt im Gegensatz zu allen anderen Befehlen nicht sofort, sondern erst nach Ablauf des folgenden Befehls. Beendet man ein Interruptprogramm mit der Befehlsfolge EI und RET, so kann ein erneuter Interrupt erst nach dem Rücksprung in das unterbrochene Programm erfolgen. Der Befehl DI Disable Interrupt gleich sperre die Inter-

Bef.	Operand	Wirkung	OP	B	T	Bedingung S Z x H O P v C y
RST	0	Start bei 0000	C7	1	12	
RST	1	Start bei 0008	CF	1	12	
RST	2	Start bei 0010	D7	1	12	
RST	3	Start bei 0018	DF	1	12	
RST	4	Start bei 0020	E7	1	12	
RST	5	Start bei 0028	EF	1	12	
RST	6	Start bei 0030	F7	1	12	
RST	7	Start bei 0038	FF	1	12	
Alle RST-Bef:		PC => Stapel				
EI		Interrupt frei	FB	1	4	
DI		Interrupt gesp.	F3	1	4	
RET		Rückk. aus Int.	C9	1	10	
HLT		Proz. anhalten	76	1	5	
RIM		A <= Int.Reg.	20	1	4	
SIM		A => Int.Reg.	30	1	4	

Bild 4-157: Interruptbefehle des 8085A

rupts löscht das INTE-Flipflop und sperrt damit alle sperrbaren Interrupts. Er dient dazu, wichtige Programmteile wie z.B. Zeitschleifen gegen Unterbrechungen zu schützen. Der RET-Befehl kehrt wie bei einem Unterprogramm in das unterbrochene Programm zurück. Der Befehl HLT gleich HaLT bringt den Prozessor in einen Wartezustand, aus dem er nur durch ein Reset oder einen Interrupt wieder gestartet werden kann. Der Befehlszähler enthält dabei schon die Adresse des folgenden Befehls. Der TRAP-Interrupt beendet immer den Halt-Zustand, die sperrbaren Interrupts nur, wenn sie freigegeben sind. Dabei ist entsprechend Bild 4-160 zu beachten, daß der Interrupt sowohl vor dem HLT-Befehl als auch in dem Interruptprogramm freigegeben werden muß. Der Befehl SIM Store Interrupt Mask gleich speichere die Interruptmaske speichert den Inhalt des Akkumulators in das Interruptregister. Der Befehl RIM Read Interrupt Mask liest den Inhalt des Interruptregisters in den Akkumulator. **Bild 4-158** zeigt den Aufbau des Interruptregisters.

Ein Teil der Bits des Interruptregisters hat beim Lesen (RIM-Befehl) eine andere Bedeutung als beim Schreiben (SIM-Befehl). Für das Schreiben gilt:

Die Bitposition 6 unterscheidet zwischen der seriellen Ausgabe (B6=1) und einer Adressierung des Interruptregisters (B6=0).

Die Bitpositionen 0, 1 und 2 sind die Maskenbits, die mit einer 1 den Interrupt sperren und ihn mit einer 0 freigeben. Nach einem Reset sind sie 1; damit sind alle drei RST-Interrupts gesperrt.

Bit	7	6	5	4	3	2	1	0	
SIM-Befehl	(SOD)	0	x	R7.5	MSE	M7.5	M6.5	M5.5	schreiben

Bit	7	6	5	4	3	2	1	0	
RIM-Befehl	SID	I7.5	I6.5	I5.5	INTE	M7.5	M6.5	M5.5	lesen

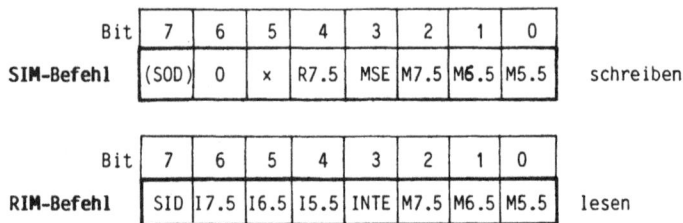

Bild 4-158: Aufbau des Interruptregisters

Die Bitposition 3 muß 1 sein, damit die Bitpositionen 0, 1 und 2 bei einem SIM-Befehl Werte aus dem Akkumulator übernehmen können. Ist die Bitposition 3 gleich 0, so bleiben die Maskenbits unverändert.

Die Bitposition 4 dient zum Löschen des RST-7.5-Flankenflipflops. Eine 1 löscht das Flipflop; eine 0 läßt es unverändert.

Die Bitpositionen 6 und 7 dienen zur seriellen Datenausgabe über den Ausgang SOD des Prozessors. Die Bitposition 6 muß 1 sein, damit das werthöchste Bit des Akkumulators (Bit 7) in die Bitposition 7 übernommen wird.

Für das Lesen mit dem RIM-Befehl haben die Bits des Interruptregisters folgende Bedeutung:

Die Bitpositionen 0, 1 und 2 zeigen den Zustand der Maskenbits an, die mit dem SIM-Befehl eingeschrieben wurden. 1 bedeutet gesperrt; 0 bedeutet freigegeben.

Die Bitposition 3 zeigt den Zustand des INTE-Flipflops an. 0 bedeutet gesperrt, 1 bedeutet freigegeben.

Die Bitpositionen 4, 5 und 6 zeigen an, ob RST-Interrupts anstehen. Dabei zeigt Bit 6 den Zustand des RST-7.5-Flankenflipflops an; die anderen Bitpositionen zeigen den augenblicklichen Zustand der RST-6.5- und RST-5.5-Leitungen.
Die Bitposition 7 dient zur seriellen Dateneingabe über den SID-Anschluß des Prozessors. Zur Auswertung wird das Interruptregister mit einem RIM-Befehl in den Akkumulator gelesen.

Das **Bild 4-159** zeigt ein Programmbeispiel, das das Verhalten des Interruptregisters testet. Die an den Kippschaltern eingestellte Bitkombination wird in das Interruptregister geschrieben. Anstelle der NOP-Befehle kann z.B. ein EI-Befehl eingebaut werden, um seine Wirkung zu testen. Anschließend wird das Interruptregister mit dem Befehl RIM gelesen und zur Kontrolle auf den Leuchtdioden ausgegeben.

```
                    0001 >; BILD 4-159   INTERRUPTREGISTER
L1000               0002 >         ORG    1000H       ; ADRESSZAEHLER
*1000 3E 8B         0003 >START    MVI    A,8BH       ; STEUERBYTE  A=AUS B=EIN
*1002 D3 03         0004 >         OUT    03H         ; NACH STEUERREGISTER
*1004 DB 01         0005 >LOOP     IN     01H         ; BYTE LESEN
*1006 30            0006 >         SIM                ; NACH INTERRUPTREGISTER
*1007 00            0007 >         NOP                ; FREIER PLATZ FUER BEFEHLE
*1008 00            0008 >         NOP                ; FREIER PLATZ FUER BEFEHLE
*1009 20            0009 >         RIM                ; INTERRUPTREGISTER LESEN
*100A D3 00         000A >         OUT    00H         ; NACH LEUCHTDIODEN AUSGEBEN
*100C C3 04 10      000B >         JMP    LOOP        ; NEUE EINGABE
E0000               000C >         END
```

Bild 4-159: Programmbeispiel: Interruptregister

```
                    0001 >; BILD 4-160   HLT-BEFEHL UND RST7.5-INTERRUPT
L003C               0002 >         ORG    003CH       ; EPROM-BEREICH IM MONITOR
*003C C3 3C 08      0003 >RST75    JMP    RST75R      ; SPRUNG NACH RAM-BEREICH
L083C               0004 >         ORG    083CH       ; RAM-BEREICH IM MONITOR-RAM
                    0005 >; RST7.5 INTERRUPTPROGRAMM
*083C 3C            0006 >RST75R   INR    A           ; ZAEHLER + 1
*083D D3 00         0007 >         OUT    00H         ; NACH LEUCHTDIODEN AUSGEBEN
*083F FB            0008 >         EI                 ; INTERRUPT FREIGEBEN
*0840 C9            0009 >         RET                ; ZURUECK NACH PROGRAMM
                    000A >; LAUFENDES HAUPTPROGRAMM
L1000               000B >         ORG    1000H       ; ADRESSZAEHLER
*1000 3E 8B         000C >START    MVI    A,8BH       ; STEUERBYTE  A=AUS B=EIN
*1002 D3 03         000D >         OUT    03H         ; NACH STEUERREGISTER
*1004 3E 1B         000E >         MVI    A,1BH       ; 0001 1011  RST 7.5 FREI
*1006 30            000F >         SIM                ; NACH INTERRUPTREGISTER
*1007 AF            0010 >         XRA    A           ; ZAEHLER LOESCHEN
*1008 D3 00         0011 >         OUT    00H         ; NACH LEUCHTDIODEN
*100A FB            0012 >         EI                 ; INTERRUPTFLIPFLOP FREIGEBEN
                    0013 >; ARBEITSSCHLEIFE WIRD DURCH RST7.5 UNTERBROCHEN
*100B 00            0014 >LOOP     NOP                ; LEERBEFEHL
*100C 76            0015 >         HLT                ; HALTEN UND WARTEN AUF RST7.5
*100D C3 0B 10      0016 >         JMP    LOOP        ; WEITER
E0000               0017 >         END
```

Bild 4-160: Programmbeispiel: HLT-Befehl und RST-7.5-Interrupt

Bei der Arbeit mit Übungssystemen liegt der Speicherbereich ab Adresse 0000 meist in einem Festwertspeicher (EPROM). Befinden sich auf den Einsprungpunkten der Interrupts Sprungbefehle, die in einen Schreib/Lesespeicher (RAM) führen, so kann der Benutzer dort eigene Interruptprogramme ablegen. So könnte auf der EPROM-Adresse 003CH (Einsprung RST-7.5) der Befehl "JMP 083CH" liegen, der zur RAM-Adresse 083CH springt. Das Beispiel **Bild 4-160** legt auf diese Adresse ein Interruptprogramm, das im Falle eines RST-7.5-Interrupts einen Zähler auf den Leuchtdioden um 1 erhöht, das INTE-Flipflop mit EI wieder freigibt und in das Hauptprogramm zurückspringt. Das Hauptprogramm ab Adresse 1000H programmiert die Parallelschnittstelle, gibt die RST-7.5-Maske und das INTE-Flipflop frei und löscht den Ausgabezähler. Die Warteschleife mit dem HLT-Befehl wird nur durch einen RST-7.5-Interrupt kurzzeitig unterbrochen. Die Freigabe des durch den Interrupt gesperrten INTE-Flipflops erfolgt im Interruptprogramm, sonst würde der Halt-Zustand nicht beendet werden.

4.11 Erweiterungen des Befehlssatzes

Bild 4-161 zeigt Erweiterungen des Befehlssatzes, die von den Herstellern nicht dokumentiert sind, aber in der ELEKTRONIK 1978 H.15 S.66 beschrieben wurden. Bitposition 1 des Bedingungsregisters (englisch Flagregister) enthält das Overflowbit der vorzeichenbehafteten Dualarithmetik; Bitpostion 5 ein Carrybit, das nur bei den 16-Bit-Zählbefehlen INX und DCX wirkt. Zu diesem Bit gibt es auch bedingte Sprungbefehle. Da die Hersteller die genannten Bit-positionen und Befehle verschweigen, könnte es möglich sein, daß es Versionen des Prozessors 8085A gibt, die diese Befehle nicht oder mit anderen Funktionen enthalten. Die dem Verfasser verfügbaren Prozessoren vom Typ 8085A verhiel-ten sich jedoch entsprechend Bild 4-161.

Bit	7	6	5	4	3	2	1	0
Bedingungs-register	S	Z	X	H	0	P	V	C

Carry bei INX und DCX Befehlen

Überlauf (oVerflow) bei DualzahIen mit Vorzeichen

Bef.	Operand	Wirkung	OP	B	T	S	Z	X	H	0	P	V	C	y
						Bedingung								
DSUB		HL <= HL - BC	08	1	10	x	x	x	x		x	x	x	
ASRH		HL schie.ar.re.	10	1	7								x	
RLDE		DE schie.zy.li.	18	1	10							x	x	
LDEH	konst.	DE <= HL + kon.	28	2	10									
LDES	konst	DE <= SP + kon.	38	2	10									
RST	V	V=1: Start 40H	CB	1	12									
RST	V	V=0: weiter	CB	1	6									
SHLX		HL => (DE)	D9	1	10									
LHLX		HL <= (DE)	ED	1	10									
JX	adresse	springe bei X=1	FD	3	7/10									
JNX	adresse	springe bei X=0	DD	3	7/10									

Bild 4-161: Erweiterungen des Befehlssatzes

5 Parallele Datenübertragung

Bei der Datenübertragung muß man die eigentlichen Daten auf den Datenleitungen und Steuersignale auf Steuerleitungen unterscheiden, die z.B. anzeigen, daß die Daten gültig sind oder daß sie übernommen wurden. Die Daten- und Steuerleitungen werden über Peripheriebausteine an den Datenbus angeschlossen.

Peripheriebausteine übertragen Daten zwischen dem Mikrorechner und seiner Umwelt. Verwendet man TTL-Bausteine, so liegen die Funktionen dieser Schnittstellen fest. Ein 8-Bit-Bustreiber 74LS244 kann z.B. nur als Eingang dienen oder ein 8-Bit-Speicher 74LS373 wird fest als Ausgaberegister geschaltet. Eine Änderung der Übertragungsrichtung ist nur durch Änderung der Hardware möglich. Wie bereits im Abschnitt 3.5.3 gezeigt gibt es besonders für den Prozessor 8085A zugeschnittene Peripheriebausteine oder Schnittstellen, deren Funktionen programmierbar sind. Das bedeutet, daß die Richtung der Datenübertragung durch ein Steuerbyte bestimmt wird, das durch einen Programmbefehl in ein Kommandoregister geschrieben wird. Dieser Abschnitt beschreibt nur die wichtigsten Programmiermöglichkeiten, die auch in den folgenden Programmbeispielen verwendet werden. Als Ergänzung sollten die Datenbücher der Hersteller (z.B. Siemens oder Intel) herangezogen werden.

5.1 Programmierung des Mehrzweckbausteins 8155

Der Mehrzweckbaustein 8155 enthält einen Schreib/Lesespeicher (RAM) von 256 Bytes, einen 14-Bit-Zähler (Zeitgeber oder Timer) und eine Parallelschnittstelle mit 22 Leitungen, die zur Eingabe oder Ausgabe von Daten dienen. **Bild 5-1** zeigt das Programmiermodell mit den Registern der Parallelschnittstelle und des Timers.

Die Schnittstelle 8155 enthält sechs Register, die unter bestimmten Adressen durch Eingabe- und Ausgabebefehle angesprochen werden können. Diese Peripherieregister werden in der Literatur auch als Ports, Kanäle oder Seiten bezeichnet. Die drei niederwertigen Bits der Adresse werden durch die Adreßleitungen A0 bis A2 bestimmt; die fünf höherwertigen Bits ergeben sich aus dem Anschluß des Freigabeeingangs $\overline{CE}$ an den Adreßdecoder des Systems. **Bild 5-2** zeigt die Registeradressen.

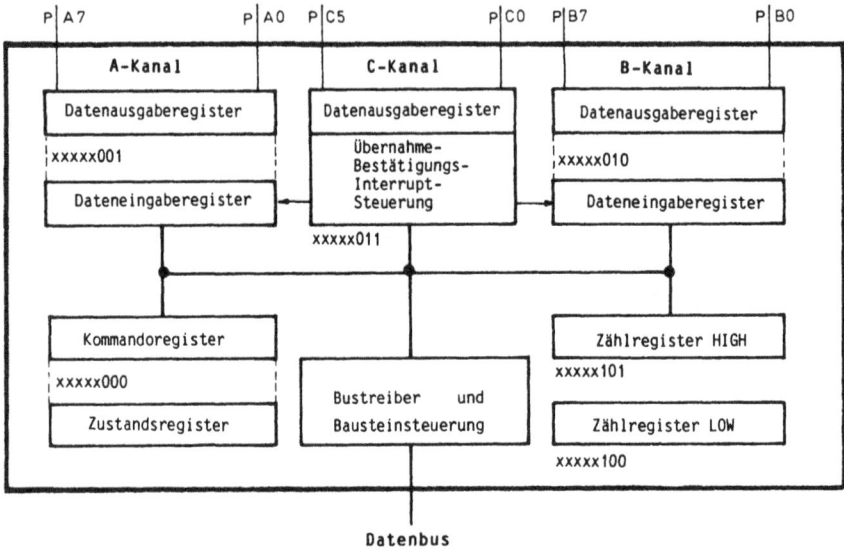

Bild 5-1: Programmiermodell der Parallelschnittstelle 8155

Adresse	Register
xxxxx000	lesen: Zustandsregister
xxxxx000	schreiben: Kommandoregister
xxxxx001	Datenregister A-Port
xxxxx010	Datenregister B-Port
xxxxx011	Datenregister C-Port
xxxxx100	Zählregister LOW-Teil
xxxxx101	Zählregister HIGH-Teil
xxxxx110	nicht verwendet
xxxxx111	nicht verwendet

Bild 5-2: Registeradressen der Parallelschnittstelle 8155

Auf der untersten Adresse liegen zwei voneinander unabhängige Register. Das Zustandsregister kann nur gelesen werden. Es enthält Zustandsinformationen der Ein/Ausgabe und des Timers. Beim Schreiben wird ein Steuerbyte in das Kommandoregister geschrieben, das die Betriebsart der Schnittstelle festlegt. Die hineingeschriebenen Werte können jedoch nicht zurückgelesen werden, da beim Lesen das Zustandsregister angesprochen wird. In der Betriebsart 1 werden über alle drei Kanäle der Schnittstelle Daten übertragen. **Bild 5-3** zeigt die Steuerbytes zur Programmierung der Übertragungsrichtung.

A-Kanal	B-Kanal	C-Kanal	Steuerbyte
AUS	AUS	AUS	0F
AUS	AUS	EIN	03
AUS	EIN	AUS	0D
AUS	EIN	EIN	01
EIN	AUS	AUS	0E
EIN	AUS	EIN	02
EIN	EIN	AUS	0C
EIN	EIN	EIN	00

Bild 5-3: Steuerbytes der Betriebsart 1

Alle acht Bits eines Kanals müssen für eine Übertragungsrichtung programmiert werden; eine Einzelbitprogrammierung wie bei anderen Schnittstellen ist nicht möglich. **Bild 5-4** zeigt ein Beispiel, das den A-Kanal und den B-Kanal als Ausgang und den C-Kanal als Eingang programmiert. Auf dem A-Kanal werden acht Nullen ausgegeben. Das Programm überträgt in einer Schleife die auf dem C-Kanal ankommenden Daten mit einer Maske auf den B-Kanal.

```
                 0001 >; BILD 5-4  8155 - PROGRAMMIERUNG
 L1000            0002 >        ORG   1000H   ; ADRESSZAEHLER
*1000 3E 03       0003 >START   MVI   A,03H   ; A=AUS B=AUS C=EIN
*1002 D3 08       0004 >        OUT   08H     ; NACH STEUERREGISTER
*1004 3E 00       0005 >        MVI   A,00H   ; AUSGABEWERT LOESCHEN
*1006 D3 09       0006 >        OUT   09H     ; NACH A-KANAL
*1008 DB 0B       0007 >LOOP    IN    0BH     ; LESEN C-KANAL
*100A E6 30       0008 >        ANI   30H     ; MASKE 0011 0000
*100C D3 0A       0009 >        OUT   0AH     ; AUSGEBEN B-KANAL
*100E C3 08 10    000A >        JMP   LOOP    ; SCHLEIFE
 E0000            000B >        END
```

Bild 5-4: Programmbeispiel: Programmierung der Parallelschnittstelle 8155

Das Beispiel arbeitet mit den Registeradressen 08 (Kommandoregister) bis 0B (C-Kanal). Sie ergeben sich aus dem Adreßplan des Übungssystems nach Bild 3-82.

Bei der einfachen Ein/Ausgabe der Betriebsart 1 werden die auszugebenden Daten in Ausgabeflipflops gespeichert und stehen bis zu einer Änderung durch das Programm am Ausgang zur Verfügung. Bei der Eingabe wird der augenblickliche Leitungszustand gelesen. Im Gegensatz dazu speichern die Betriebsarten 2 und 3 die Eingabedaten in den Dateneingaberegistern der Kanäle A und B. Die Leitungen der C-Seite dienen dabei als Steuerleitungen. Für die Programmierung dieser beiden Betriebsarten und des Timers sind die Unterlagen der Hersteller heranzuziehen.

Mit einem Reset werden alle Register der Schnittstelle gelöscht. Damit sind alle Peripherieleitungen als Eingang geschaltet und in der Betriebsart 1. Die Ausgangstreiber befinden sich im tristate Zustand und sind hochohmig. Will man sie später als Ausgänge betreiben, so müssen sie auf ein festes Potential gelegt werden. Legt man sie mit Pull-up-Widerständen auf HIGH-Potential, so nehmen sie in dem Augenblick, in dem sie über das Kommandoregister als Ausgang programmiert werden, zunächst LOW-Potential an. Erst nach der Programmierung als Ausgang sind die Datenausgaberegister beschreibbar. Das Umschalten der Ausgänge im Moment der Programmierung läßt sich nur durch Pull-down-Widerstände verhindern, indem man die Ausgangsleitungen über Widerstände auf LOW-Potential legt, das dann auch nach der Programmierung erhalten bleibt. Die Widerstände müssen so dimensioniert werden, daß sich der Ausgang bei der Ausgabe einer 1 auf HIGH-Potential bringen läßt.

5.2 Programmierung der Parallelschnittstelle 8255

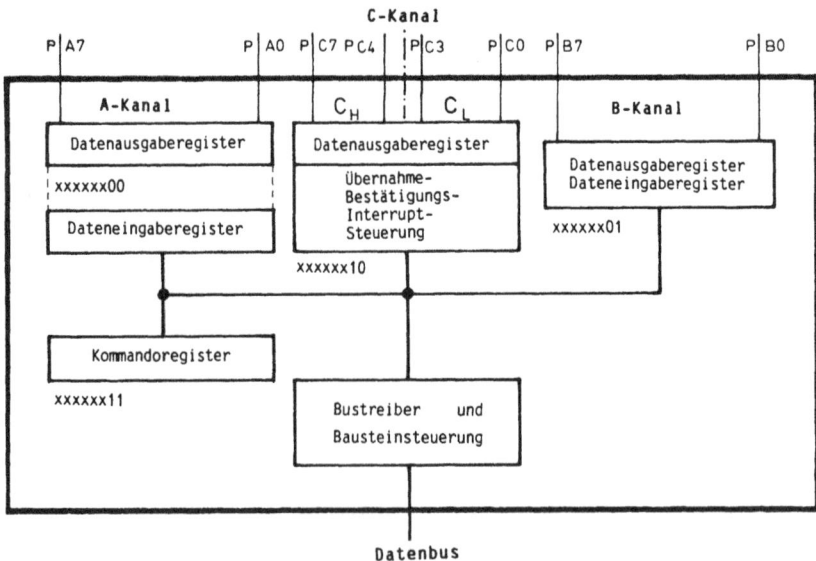

Bild 5-5: Programmiermodell der Parallelschnittstelle 8255

Die Parallelschnittstelle 8255 entsprechend Bild 5-5 enthält 24 Peripherieleitungen verteilt auf die drei Kanäle oder Seiten A, B und C. Die beiden niederwertigen Bits der Registeradressen werden durch die Adreßleitungen A0 und A1 gebildet; die sechs höherwertigen Bits ergeben sich aus dem Anschluß der Auswahlleitung $\overline{CS}$ an den Adreßdecoder des Systems. **Bild 5-6** zeigt die Verteilung der Adressen.

Adresse	Register
xxxxxx00	Datenregister A-Port
xxxxxx01	Datenregister B-Port
xxxxxx10	Datenregister C-Port
xxxxxx11	lesen:
xxxxxx11	schreiben: Kommandoregister

Bild 5-6: Registeradressen der Parallelschnittstelle 8255

Das auf der höchsten Adresse liegende Kommandoregister kann nur mit einem
Steuerbyte beschrieben werden. Es legt die Betriebsart der Schnittstelle fest.
In der Betriebsart 0 dienen alle Kanäle zur Datenübertragung über die Peripherieanschlüsse. Das Steuerbyte legt dabei die Richtung der Datenübertragung
(Eingang oder Ausgang) fest. Nach einem Reset befindet sich der Baustein in
der Betriebsart 0; alle Kanäle sind als Eingänge geschaltet. **Bild 5-7** zeigt
die Steuerbytes des Betriebsart 0, mit denen sich die Kanäle auch als Ausgänge programmieren lassen.

A-Kanal	B-Kanal	C-HIGH	C-LOW	Steuerbyte
AUS	AUS	AUS	AUS	80
AUS	AUS	AUS	EIN	81
AUS	AUS	EIN	AUS	88
AUS	AUS	EIN	EIN	89
AUS	EIN	AUS	AUS	82
AUS	EIN	AUS	EIN	83
AUS	EIN	EIN	AUS	8A
AUS	EIN	EIN	EIN	8B
EIN	AUS	AUS	AUS	90
EIN	AUS	AUS	EIN	91
EIN	AUS	EIN	AUS	98
EIN	AUS	EIN	EIN	99
EIN	EIN	AUS	AUS	92
EIN	EIN	AUS	EIN	93
EIN	EIN	EIN	AUS	9A
EIN	EIN	EIN	EIN	9B

Bild 5-7: Steuerbytes der Betriebsart 0

In der Betriebsart 0 werden die auszugebenden Daten in Flipflops gespeichert
und stehen bis zum nächsten Ausgabebefehl an den Peripherieanschlüssen zur
Verfügung; bei der Dateneingabe wird direkt der Zustand der Peripherieanschlüsse gelesen. **Bild 5-8** zeigt ein einfaches Beispiel für die Programmierung der
Schnittstelle in der Betriebsart 0. In den Betriebsarten 1 und 2 kann die Übernahme der Daten in die Eingabe- bzw. Ausgabespeicher durch die Leitungen der
C-Seite gesteuert werden, die auch Bestätigungs- und Anforderungssignale
für einen Quittungsbetrieb (Handshake) liefern.

```
                    0001 >; BILD 5-8  8255 - PROGRAMMIERUNG
 L 1000             0002 >        ORG   1000H   ; ADRESSZAEHLER
 *1000 3E 8B        0003 >START   MVI   A,8BH   ; A=AUS B=EIN  CH=EIN  CL=EIN
 *1002 D3 03        0004 >        OUT   03H     ; NACH STEUERREGISTER
 *1004 DB 01        0005 >LOOP    IN    01H     ; B-KANAL LESEN
 *1006 D3 00        0006 >        OUT   00H     ; A-KANAL AUSGEBEN
 *1008 C3 04 10     0007 >        JMP   LOOP    ; SCHLEIFE
 E0000              0008 >        END
```

Bild 5-8: Programmbeispiel: Programmierung der Parallelschnittstelle 8255

In dem Beispiel haben die Register die Adressen 00 bis 03. Die Tabelle Bild 5-7 liefert das Steuerbyte 8B für den A-Kanal als Ausgang und den B-Kanal sowie beide Teile des C-Kanals als Eingang. In der Schleife werden die auf der B-Seite anliegenden Daten auf der A-Seite wieder ausgegeben. Nach einem Reset werden alle Register der Schnittstelle gelöscht. Damit befindet sie sich in der Betriebsart 0. Alle Kanäle sind als Eingang geschaltet. Die Peripherie-ausgangstreiber befinden sich im tristate Zustand und müssen durch Widerstände auf ein festes Potential gelegt werden, wenn sie als Ausgang verwendet werden sollen. Darf sich das Potential bei der Programmierung der Schnittstelle nicht verändern, so sind Widerstände gegen Ground vorzusehen, die den Ausgang auf LOW-Potential legen. Bei jeder Neuprogrammierung der Betriebsart werden die Ausgabedatenregister gelöscht, auch wenn die Richtung eines der Kanäle erhalten bleibt.

5.3 Dateneingabe mit Schaltern und Tastern

Schalter und Taster können direkt an die Eingänge von TTL-Bausteinen oder von Parallelschnittstellen angeschlossen werden. Dabei ist jedoch zu beachten, daß unbeschaltete (offene) MOS-Eingänge sehr hochohmig sind und daher durch Einstreuungen leicht beeinflußt werden können. Sie müssen daher entsprechend **Bild 5-9** auf ein festes Potential gelegt werden.

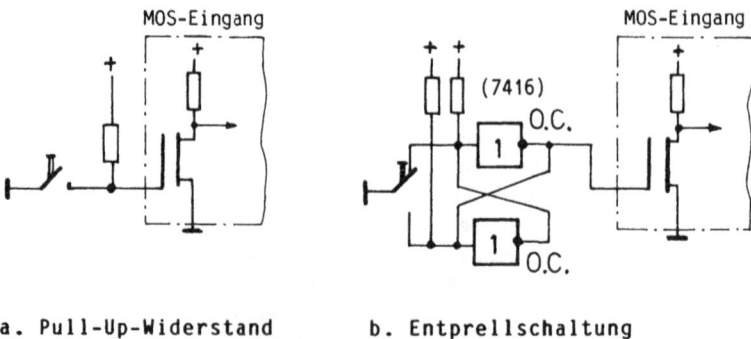

a. Pull-Up-Widerstand   b. Entprellschaltung

Bild 5-9: Eingabeschaltungen

In der Schaltung Bild 5-9a liegt der Eingang mit einem Widerstand auf HIGH-Potential. Er kann mit einem Schalter oder Taster auf LOW gebracht werden. Da mechanische Kontakte prellen können, werden vor allem flankengesteuerte Interrupteingänge mit Schaltungen entsprechend Bild 5-9b entprellt. Zwei Inverter mit offenem Kollektor (z.B. 7416) bilden ein RS-Flipflop, das bereits bei der ersten Berührung des Kontaktes umkippt und stabil bleibt, selbst wenn die Kontaktgabe mehrmals unterbrochen wird. **Bild 5-10** zeigt Prellungen beim Umschalten; die Prellzeiten können zwischen 0,1 und 10 ms liegen.

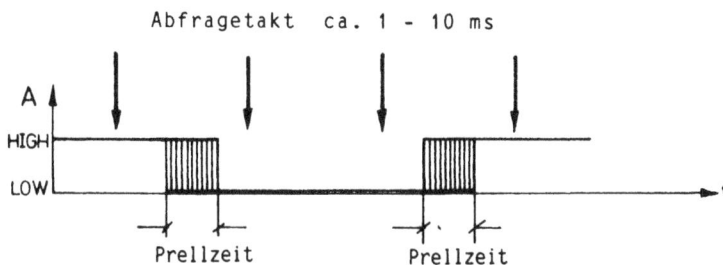

Bild 5-10: Prellen mechanischer Kontakte

Ein Kontakt kann auch softwaremäßig entprellt werden. Dazu wird die Leitung in Zeitabständen abgefragt, die größer sind als die Prellzeit. **Bild 5-11** zeigt ein Programmbeispiel, mit dem Prellzeiten gemessen werden können. In der Schaltung Bild 5-9a wird der zu untersuchende Kontakt an den Eingang PB7 einer Parallelschnittstelle 8255 gelegt.

```
              0001 >; BILD 5-11  MESSUNG VON PRELLZEITEN
*8000         0002 >MONI   EQU   0000H    ; MONITORADRESSE
L1000         0003 >       ORG   1000H    ; ADRESSZAEHLER
*1000 3E 8B   0004 >START  MVI   A,8BH    ; STEUERBYTE  A=AUS B=EIN
*1002 D3 03   0005 >       OUT   03H      ; NACH STEUERREGISTER
*1004 21 00 11 0006 >      LXI   H,1100H  ; ANFANGSADRESSE SPEICHER
*1007 06 FF   0007 >       MVI   B,0FFH   ; ZAHL DER SPEICHERBYTES
*1009 DB 01   0008 >LOOP1  IN    01H      ; 10 TAKTE : LEITUNG LESEN
*100B B7      0009 >       ORA   A        ;  4 TAKTE : WERT TESTEN
*100C FA 09 10 000A >      JM    LOOP1    ; 10 TAKTE : LEITUNG HIGH
              000B >; ERSTE FALLENDE FLANKE ERKANNT: SPEICHERN
*100F 77      000C >LOOP2  MOV   M,A      ;  7 TAKTE : NACH SPEICHER
*1010 23      000D >       INX   H        ;  6 TAKTE : ADRESSE +1
*1011 DB 01   000E >       IN    01H      ; 10 TAKTE : LEITUNG LESEN
*1013 05      000F >       DCR   B        ;  4 TAKTE : ZAEHLER -1
*1014 C2 0F 10 0010 >      JNZ   LOOP2    ; 10 TAKTE : SPEICHERSCHLEIFE
*1017 C3 00 00 0011 >      JMP   MONI     ; FERTIG: SPRUNG NACH MONITOR
E0000         0012 >       END
```

Bild 5-11: Programmbeispiel: Messung von Prellzeiten

Der Eingang liegt zunächst auf HIGH und stellt beim Lesen einen negativen Wert dar. Die erste Schleife tastet den Eingang in einem Zyklus von 24 Takten ab. Bei einem Systemtakt von 2 MHz (Quarz 4 MHz) beträgt die Abfragezeit 12 µs. Wird die erste fallende Flanke erkannt, so beginnt eine zweite Schleife, die den laufenden Leitungszustand in einem Bereich von 255 Bytes fortlaufend abspeichert. Alle 37 Takte oder 18,5 µs wird ein neuer Wert gelesen und gespeichert. Die Speicherzeit beträgt ca. 4,7 ms. Danach springt das Programm in den Monitor, mit dessen Hilfe der Speicherbereich ausgegeben werden kann.

Adresse	0	1	2	3	4	5	6	7	8	9	A	B	C	D	E	F
1100	00	00	00	00	00	00	80	80	80	80	80	80	80	80	80	80
1110	00	00	00	00	00	00	80	80	80	80	80	80	80	00	00	00
1120	00	80	80	80	00	00	00	00	00	00	00	00	00	00	00	00
1130	00	00	00	00	00	00	00	00	00	00	00	00	00	00	00	00

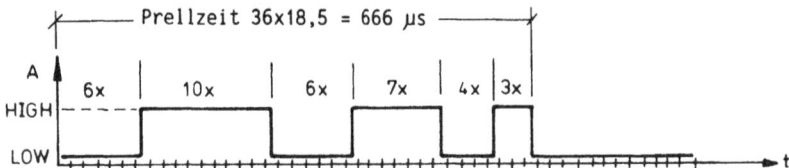

Bild 5-12: Auswertung der Messungen

Bild 5-12 zeigt die Ausgabe des Speicherbereiches und die Auswertung einer Messung. Der Wert 00 zeigt, daß der Eingang auf LOW liegt; der Wert 80 zeigt, daß der Kontakt wieder zurückgeprellt ist und daß die Leitung kurzzeitig wieder auf HIGH liegt. Der Speicherbereich könnte auch durch ein Programm ausgewertet werden, das entweder die Zahl der Prellungen oder die Prellzeit ermittelt.

Bei der Eingabe unterscheidet man aktive und passive Steuersignale. Aktive Signale lösen einen Interrupt aus; passive Signale müssen vom Programm periodisch abgefragt werden. **Bild 5-13** zeigt eine aus 16 Tasten bestehende Tastatur, die mit fünf Leitungen und einem 1-aus-16-Decoder kontrolliert wird.

Läßt man auf den vier Ausgängen PC0 bis PC3 einer Parallelschnittstelle 8255 einen Zähler von 0 bis 15 laufen, so werden die Ausgänge 0 bis 15 des Decoders nacheinander auf LOW gelegt. Auf der anderen Seite sind alle Kontakte über einen Pull-up-Widerstand mit dem Eingang PC7 der Schnittstelle verbunden. Ist keine Taste gedrückt, so bleibt der Eingang auf HIGH; ist eine Taste gedrückt, so geht der Eingang auf LOW. Der Abschnitt 5.5 beschreibt ein Auswertungsprogramm für eine Tastatur, die noch eine weitere Tastenzeile enthält.

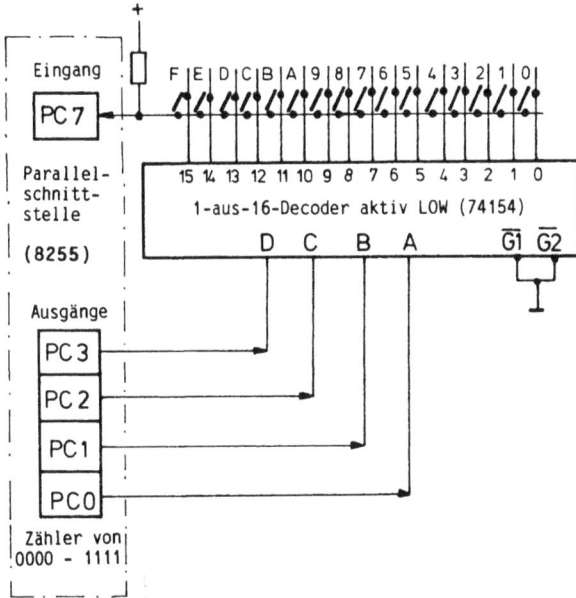

Bild 5-13: Tastatur für den Abfragebetrieb

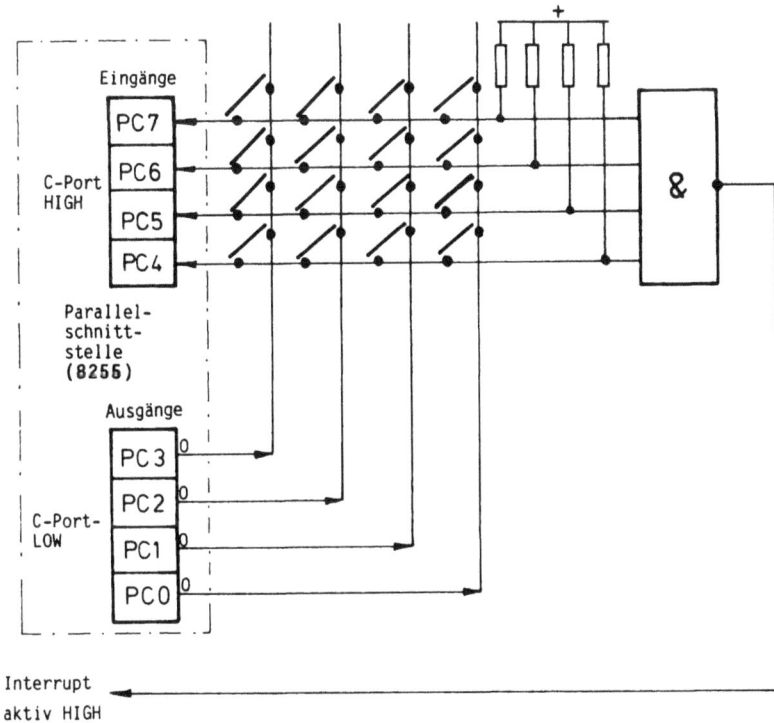

Bild 5-14: Tastatur für Auslösebetrieb

Bild 5-14 zeigt eine Tastatur, die im Auslösebetrieb arbeitet. Eine Matrix von 4 x 4 = 16 Tasten wird von acht Leitungen kontrolliert. Legt man alle vier Ausgänge dauernd auf LOW, so liegen die Zeilen auf HIGH, und der Ausgang der NAND-Schaltung hält den Interrupteingang auf LOW. Wird nun eine Taste gedrückt, so geht ein Eingang des NAND auf LOW. Damit wird der NAND-Ausgang HIGH und löst einen Interrupt aus. Das Interruptprogramm kann durch Lesen der Eingänge sofort die Zeile erkennen. Zur Bestimmung der Spalte werden Eingang und Ausgang vertauscht. Legt man alle Zeilen auf LOW, so kann die Spalte an den Spalteneingängen erkannt werden.

5.4 Datenausgabe mit Leuchtdioden und Siebensegmentanzeigen

Leuchtdioden und Siebensegmentanzeigen dienen zur Ausgabe von Signalen und Zahlen. Für die statische Ansteuerung einer Leuchtdiode bzw. eines Segmentes ist je nach Helligkeit ein Strom zwischen 5 und 20 mA erforderlich. Im Multiplexbetrieb, bei dem jede Diode nur zeitweise im Wechsel mit anderen Leuchtdioden eingeschaltet ist, können bis zu 100 mA fließen.

Schaltet man eine Leuchtdiode direkt an die MOS-Ausgänge einer Parallelschnittstelle, so ergeben sich ausreichende Leuchtdichten. Am Ausgang PA7 einer Parallelschnittstelle 8255A wurde eine Leuchtdiode (5 mm Durchmesser, Typ unbestimmt) kurzzeitig direkt gegen Ground betrieben. Bei HIGH-Potential flossen 15 mA. Im Kurzzeitbetrieb gegen + 5V ohne Vorwiderstand flossen 38 mA; bei 750 Ohm waren es ca 3,8 mA. Die Datenblätter der Hersteller enthalten keine Angaben über zulässige Dauerströme. Zur Ansteuerung von Darlingtontransistoren nimmt eine 8255-Schnittstelle laut Datenblatt max. 4 mA Strom bei einer Spannung von 1,5 Volt auf. Dies scheint auch der Grenzwert für eine Dauerbelastung zu sein. **Bild 5-15** zeigt die übliche Zwischenschaltung von TTL-Treibern.

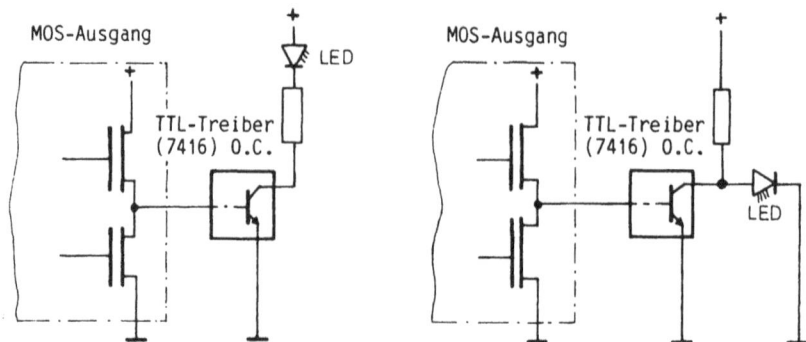

Bild 5-15: Ansteuerung von Leuchtdioden

Die in Frage kommenden TTL-Treiber 7416 und 7417 stellen eine Standard-TTL-Last dar und haben Ausgänge mit offenen Kollektoren, die 40 mA Strom gegen Ground aufnehmen können. Die linke Schaltung des Bildes 5-15 ist aktiv HIGH. Liegt der MOS-Ausgang auf HIGH-Potential, so ist der TTL-Ausgang auf LOW und nimmt den Strom der eingeschalteten Leuchtdiode auf. Ist der MOS-Ausgang LOW, so wird der TTL-Ausgang HIGH. Damit liegen Katode und Anode der Leuchtdiode auf gleichem Potential. Für einen Ausgang aktiv LOW kommt entweder ein nicht invertierender Treiber (7417) oder die Schaltung nach Bild 5-15 rechts in Frage.

Siebensegmentanzeigen bestehen aus sieben Leuchtdioden, die in Form einer Acht angeordnet sind. Eine achte Leuchtdiode bildet den Dezimalpunkt. Bei Anzeigen mit gemeinsamer Katode (CC = Common Cathode) müssen die Anoden-treiber den Segmentstrom liefern. Die Anzeigen mit gemeinsamer Anode (CA = Common Anode) sind einfacher zu beschalten. Der gemeinsame Anoden-anschluß wird fest an die positive Versorgungsspannung gelegt oder über einen Transistor geschaltet. Die einzelnen Katodenanschlüsse liegen an TTL-Bausteinen mit offenem Kollektor, die den Segmentstrom aufnehmen. Zahlen müssen zur Ausgabe aus dem binären Code (z.B. BCD) in den Siebensegmentcode umgewandelt werden. **Bild 5-16** zeigt die beiden häufigsten Verfahren.

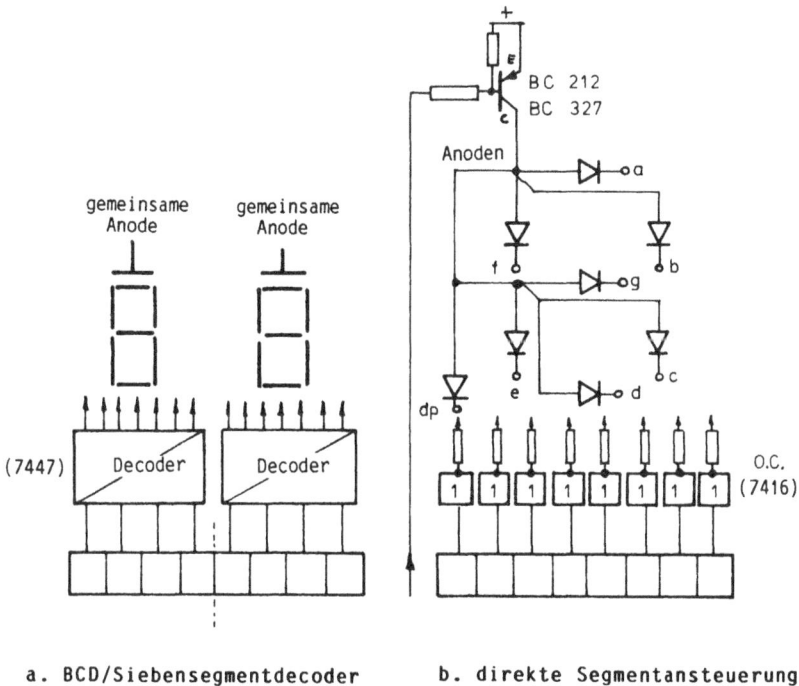

a. BCD/Siebensegmentdecoder   b. direkte Segmentansteuerung

Bild 5-16: Ansteuerung und Umcodierung von Siebensegmentanzeigen

Die handelsüblichen BCD-zu-Siebensegmentdecoder (z.B. 7447) haben offene
Kollektoren und können standardmäßig 40 mA bei einer Versorgungsspannung
von 15 Volt aufnehmen. Sie wandeln den BCD-Code der Ziffern 0 bis 9 über
Logikschaltungen in den Siebensegmentcode um. Sonderausführungen wie z.B.
der Baustein 9370 zeigen die Codes 1010 bis 1111 zusätzlich als Hexadezimalziffern A bis F an. Über Vorwiderstände läßt sich der Strom und damit die
Helligkeit einstellen. Bild 5-16a zeigt eine zweistellige statische Anzeigeeinheit für den Zahlenbereich von 00 bis 99.

Mit sieben Segmenten lassen sich teilweise aber auch Buchstaben (H, P, L) und
Sonderzeichen (-, =) darstellen. Dazu ist eine Schaltung nach Bild 5-16b
erforderlich, die jedes Segment einzeln ansteuert. Ein Schalttransistor
schaltet den gemeinsamen Anodenanschluß an die Versorgungsspannung. Die
Umcodierung der Ziffern und eventuell Buchstaben und Sonderzeichen muß von
einem Programm erfolgen. Mehrstellige Siebensegmentanzeigen werden meist
entsprechend **Bild 5-17** im Multiplexverfahren betrieben.

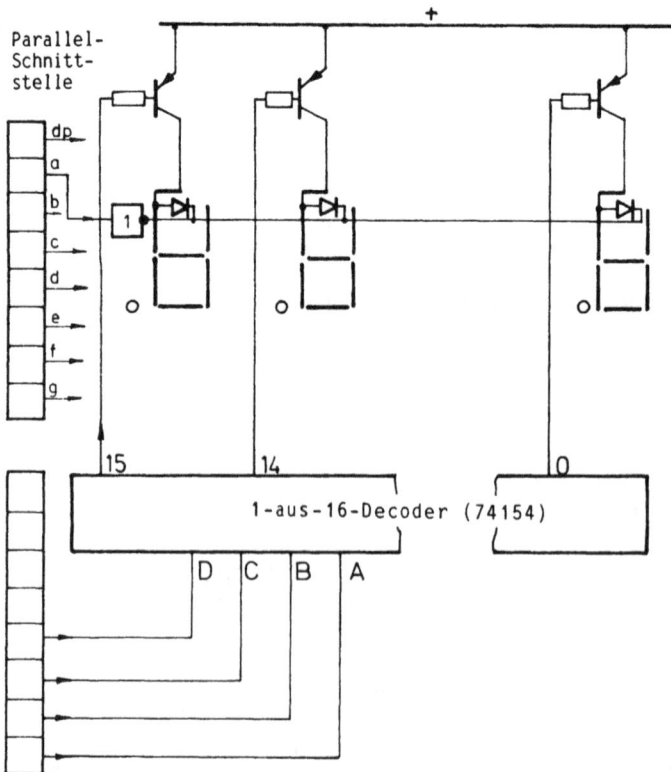

Bild 5-17: Mehrstellige Multiplexanzeige

Ein 1-aus-16-Decoder steuert die Schalttransistoren an, mit denen jede Stelle ein- bzw. ausgeschaltet werden kann. Der Decoder sorgt dafür, daß immer nur eine Stelle angesteuert wird. Die entsprechenden Segmente aller Stellen sind parallel geschaltet. Das Bild zeigt nur die Schaltung der a-Segmente. Bei einem Zähltakt von 1 ms ist jede Stelle nur 1 ms eingeschaltet und 15 ms dunkel. Die dadurch verminderte Helligkeit muß durch einen erhöhten Strom ausgeglichen werden. Die zweistellige Anzeige des Bildes 5-16a arbeitet statisch; die Ausgangsspeicher der Schnittstelle speichern die auszugebende Zahl. Im Gegensatz dazu muß die Multiplexanzeige dauernd durch ein Programm angesteuert werden. Der folgende Abschnitt zeigt den Betrieb einer neunstelligen Multiplexanzeige zusammen mit der Abfrage eines Tastenfeldes.

5.5 Tastatur und neunstellige Multiplexanzeige

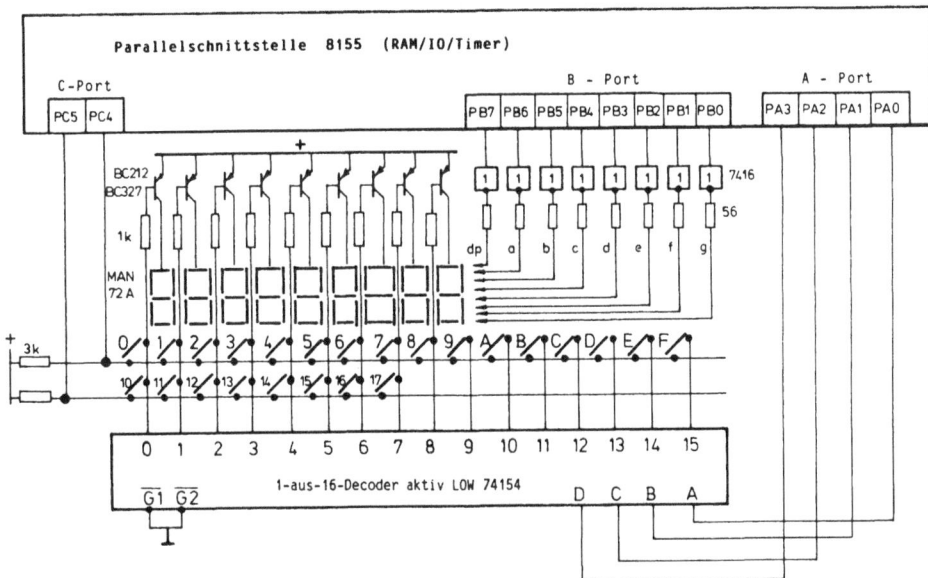

Bild 5-18: Schaltung der Tastatur und Siebensegmentanzeige

Bild 5-18 zeigt den Schaltplan. Er ist ein Teil des im Abschnitt 3.8 entworfenen Übungssystems. Die Parallelschnittstelle 8155 hat die Adressen 08 bis 0FH. An den Ausgängen PA0 bis PA3 (Adresse 09H) liegt ein 1-aus-16-Decoder, der sowohl die neun Anzeigeeinheiten als auch die Tastaturspalten ansteuert. Die sieben Segmente und der Dezimalpunkt liegen über TTL-Treiber mit offenem Kollektor an den Ausgängen PB0 bis PB7 (Adresse 0AH). Der C-Kanal (Adresse 0BH) ist als Eingang geschaltet. PC4 und PC5 liegen über Widerstände auf HIGH-Potential und werden bei Betätigung einer Taste auf LOW gebracht. Das Steuerbyte dieser Betriebsart lautet 03H.

schieben

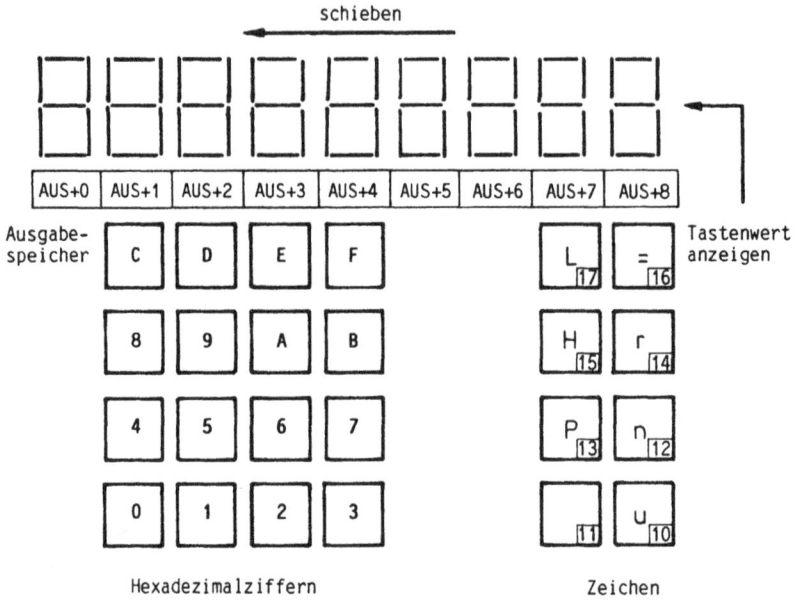

| AUS+0 | AUS+1 | AUS+2 | AUS+3 | AUS+4 | AUS+5 | AUS+6 | AUS+7 | AUS+8 |

Ausgabe-speicher

Tastenwert anzeigen

C	D	E	F		L [17]	= [16]
8	9	A	B		H [15]	r [14]
4	5	6	7		P [13]	n [12]
0	1	2	3		[11]	U [10]

Hexadezimalziffern   Zeichen

Bild 5-19: Anordnung der Tasten und Anzeigen

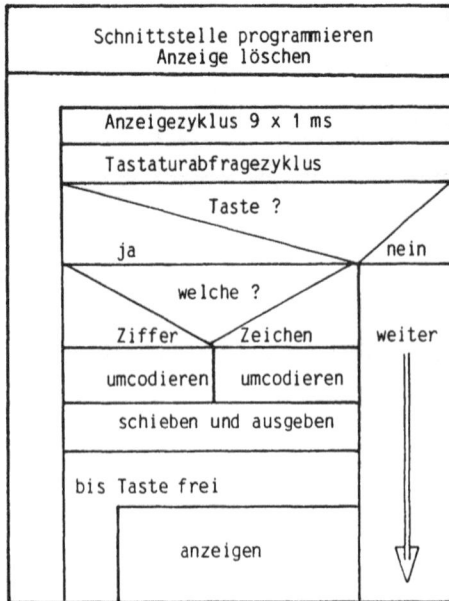

Schnittstelle programmieren
Anzeige löschen

Anzeigezyklus 9 x 1 ms

Tastaturabfragezyklus

Taste ?

ja   nein

welche ?

Ziffer   Zeichen   weiter

umcodieren   umcodieren

schieben und ausgeben

bis Taste frei

anzeigen

Bild 5-20: Blockplan des Programmbeispiels

Bild 5-19 zeigt die Anordnung der Tasten und Anzeigen für ein Testprogramm, mit dem die eingegebenen Tastenwerte auf der Anzeige erscheinen sollen. Die an PC4 liegenden 16 Tasten dienen zur Eingabe der Hexadezimalziffern 0 bis F; mit den acht an PC5 liegenden Tasten sollen Zeichen eingegeben werden. Der zuletzt eingegebene Tastenwert soll rechts auf der Anzeige erscheinen; der Rest der Anzeige rückt eine Stelle nach links. Jeder Stelle der Anzeige ist ein Byte im Arbeitsspeicher (Anfangsadresse AUS) zugeordnet, das die auszugebende Stelle im Siebensegmentcode enthält. **Bild 5-20** zeigt das Struktogramm (Blockplan) des Programmbeispiels.

Nach dem Start programmiert das Programm die Parallelschnittstelle und löscht die Anzeige. Dazu wird der RAM-Ausgabebereich aus neun Bytes mit Nullen gefüllt. Jedes Bytes enthält ein Zeichen der Anzeige im Siebensegmentcode. Das Byte auf der Adresse AUS entspricht der ganz links stehenden Stelle; das Byte mit der Adresse AUS+1 der rechts folgenden. Das eigentliche Tastatur- und Anzeigeprogramm läuft in einer Schleife ohne Abbruchbedingung. Auf einen Anzeigezyklus, in dem jede der neun Stellen 2 ms lang angezeigt wird, folgt ein Tastaturabfragezyklus, der jede Tastaturspalte nacheinander auf LOW legt und die Eingänge PC4 und PC5 prüft. Wurde keine Taste gedrückt, so folgt ein neuer Anzeige- und Abfragezyklus. Wurde eine Taste erstmals als gedrückt erkannt, so wird das ihr zugeordnete Zeichen auf der Anzeige ausgegeben. Das Programm wartet in einer Schleife, bis die Taste wieder freigegeben ist. Das gesamte Programm wird nun zur besseren Übersicht in vier Teilprogrammen erklärt.

```
               0001 >; BILD 5-21   HAUPTPROGRAMM TASTATUR
 *8000         0002 >SREG    EQU   08H        ; STEUEREGISTER
 *8000         0003 >APORT   EQU   09H        ; A-PORT 1-AUS-16-DECODER
 *8000         0004 >BPORT   EQU   0AH        ; B-PORT 7-SEGMENT-CODE
 *8000         0005 >CPORT   EQU   0BH        ; C-PORT TASTENZEILEN
 L1000         0006 >        ORG   1000H      ; ADRESSZAEHLER
 *1000 31 00 18 0007 >START  LXI   SP,STAPEL  ; STAPELZEIGER LADEN
 *1003 21 00 17 0008 >       LXI   H,AUS      ; ANFANGSADRESSE AUSGABE
 *1006 06 09    0009 >       MVI   B,9        ; STELLENZAEHLER
 *1008 36 00    000A >LOOP1  MVI   M,00H      ; AUSGABE LOESCHEN
 *100A 23       000B >       INX   H          ; NAECHSTE STELLE
 *100B 05       000C >       DCR   B          ; ZAEHLER - 1
 *100C C2 08 10 000D >       JNZ   LOOP1      ; SCHLEIFE
 *100F 3E 03    000E >       MVI   A,03H      ; STEUERBYTE A=AUS B=AUS C=EIN
 *1011 D3 08    000F >       OUT   SREG       ; NACH STEUERREGISTER
               0010 >; VERARBEITUNGSSCHLEIFE
 *1013 CD 22 10 0011 >LOOP2  CALL  ANZ        ; ANZEIGEZYKLUS
 *1016 CD 55 10 0012 >       CALL  TEST       ; TASTATUR PRUEFEN
 *1019 D2 13 10 0013 >       JNC   LOOP2      ; C=0: KEINE TASTE
 *101C CD 6B 10 0014 >       CALL  WERT       ; C=1: TASTE AUSWERTEN
 *101F C3 13 10 0015 >       JMP   LOOP2      ; NEUER DURCHLAUF
```

Bild 5-21: Programmbeispiel: Hauptprogramm

Der Vorspann des Hauptprogramms **(Bild 5-21)** lädt den Stapelzeiger, löscht die Ausgabe-RAM-Speicher und programmiert die Parallelschnittstelle. Die Schleife ohne Endebedingung ruft drei Unterprogramme auf, die in den folgenden Bildern erklärt werden. Das Unterprogramm ANZ gibt alle Stellen einmal

aus. Das Unterprogramm TEST untersucht die Tastatur und setzt bei der Rückkehr das Carrybit 1, wenn eine Taste gedrückt ist. Nur in diesem Fall wird das
Unterprogramm WERT aufgerufen, das die eingegebene Taste auswertet.

```
                0016 >; BILD 5-22  ANZEIGEUNTERPROGRAMM
*1022 F5        0017 >ANZ   PUSH  PSW     ; AKKU RETTEN
*1023 C5        0018 >      PUSH  B       ; BC RETTEN
*1024 E5        0019 >      PUSH  H       ; HL RETTEN
*1025 21 00 17  001A >      LXI   H,AUS   ; ANFANGSADRESSE AUSGABEBEREICH
*1028 01 00 09  001B >      LXI   B,0900H ; ZAEHLER UND STELLENADRESSE
*102B 79        001C >ANZ1  MOV   A,C     ; ADRESSE DER STELLE
*102C D3 09     001D >      OUT   APORT   ; NACH 1-AUS-16-DECODER
*102E 7E        001E >      MOV   A,M     ; RAM-BYTE LADEN
*102F D3 0A     001F >      OUT   BPORT   ; NACH SEGMENTANZEIGE
*1031 23        0020 >      INX   H       ; RAM-ADRESSE + 1
*1032 0C        0021 >      INR   C       ; STELLENADRESSE + 1
*1033 3E 02     0022 >      MVI   A,2     ; 2 MS ANZEIGEN
*1035 CD 43 10  0023 >      CALL  MS1     ; UNTERPROGRAMM WARTEN
*1038 AF        0024 >      XRA   A       ; AKKU LOESCHEN
*1039 D3 0A     0025 >      OUT   BPORT   ; ANZEIGE DUNKEL TASTEN
*103B 05        0026 >      DCR   B       ; STELLENZAEHLER - 1
*103C C2 2B 10  0027 >      JNZ   ANZ1    ; UNGLEICH NULL: NEUE STELLE
*103F E1        0028 >      POP   H       ; REGISTER ZURUECK
*1040 C1        0029 >      POP   B       ;
*1041 F1        002A >      POP   PSW     ;
*1042 C9        002B >      RET           ; RUECKSPRUNG
                002C >; UNTERPROGRAMM N X 1MS WARTEN  N IN AKKU UEBERGEBEN
*1043 B7        002D >MS1   ORA   A       ; AKKU TESTEN
*1044 CA 54 10  002E >      JZ    MS12    ; ZAEHLER NULL: FERTIG
*1047 F5        002F >      PUSH  PSW     ; AKKU RETTEN
*1048 3E 8B     0030 >      MVI   A,139   ; ZAEHLERANFANGSWERT
*104A 3D        0031 >MS11  DCR   A       ; ZAEHLER - 1
*104B C2 4A 10  0032 >      JNZ   MS11    ; UNGLEICH NULL: WEITER ZAEHLEN
*104E F1        0033 >      POP   PSW     ; GLEICH NULL: AKKU ZURUECK
*104F 00        0034 >      NOP           ; ZEITABGLEICH
*1050 3D        0035 >      DCR   A       ; N = N - 1
*1051 C3 43 10  0036 >      JMP   MS1     ; AUF NULL PRUEFEN
*1054 C9        0037 >MS12  RET           ; FERTIG
```

Bild 5-22: Programmbeispiel: Anzeigeunterprogramm

Das in **Bild 5-22** dargestellte Anzeigeunterprogramm ANZ hat die Aufgabe,
den Siebensegmentcode des Ausgabespeichers AUS auf die Anzeige zu bringen.
Jede Stelle wird mit Hilfe des Verzögerungsprogramms MS1 ca. 2 ms lang
angezeigt. Ein Anzeigezylus dauert ca. 18 ms. Verlängert man die Verzögerungszeit, so kann man beobachten, wie die Anzeige von Stelle zu Stelle
springt. Während des Umschaltens der Stelle wird die Anzeige gelöscht, um zu
verhindern, daß kurzzeitig auf der neuen Stelle der Code der alten Stelle angezeigt wird. Dem Unterprogramm MS1 muß die Wartezeit in ms im Akkumulator übergeben werden. Es gilt nur für einen Prozessortakt von 2 MHz (Quarz
4 MHz). Auf einen Anzeigezyklus folgt ein Tastaturabfragezyklus durch das in
Bild 5-23 dargestellte Unterprogramm TEST.

Das Tastaturunterprogramm TEST wird nach einem Anzeigezyklus von 18 ms
aufgerufen. Dadurch werden die Tasten entprellt. Das Programm legt durch
einen Zähler und den 1-aus-16-Decoder die Tastaturspalten nacheinander auf

LOW und untersucht dabei den auf Eingang geschalteten C-Kanal. Wurde keine Taste gedrückt, so ist beim Rücksprung das Carrybit gelöscht. Wurde eine Taste gedrückt, so ist das Carrybit gesetzt. Das B-Register enthält beim Rücksprung die Spaltennummer von 0 bis 15; der Akkumulator enthält Angaben über die Tastenzeile. Bei einer Funktionstaste lautet das Muster 00010000 oder 10 hexadezimal, bei einer Hexadezimaltaste 00100000 oder 20 hexadezimal. Das in **Bild 5-24** dargestellte Unterprogramm WERT wertet den Tastencode aus.

```
              0038 >; BILD 5-23   TASTATURUNTERPROGRAMM
*1055 06 0F   0039 >TEST  MVI  B,OFH    ; SPALTENZAEHLER
*1057 78      003A >TEST1 MOV  A,B      ; NACH AKKUMULATOR
*1058 D3 09   003B >      OUT  APORT    ; NACH 1-AUS-16-DECODER
*105A DB 0B   003C >      IN   CPORT    ; ZEILENLEITUNGEN LESEN
*105C E6 30   003D >      ANI  30H      ; MASKE 0011 0000
*105E FE 30   003E >      CPI  30H      ; ZEILENLEITUNG LOW ?
*1060 C2 69 10 003F >     JNZ  TEST2    ; JA: TASTE GEDRUECKT
*1063 05      0040 >      DCR  B        ; NEIN: NAECHSTE SPALTE
*1064 F2 57 10 0041 >     JP   TEST1    ; WEITER
*1067 B7      0042 >      ORA  A        ; CARRY = 0: KEINE TASTE
*1068 C9      0043 >      RET           ; RUECKSPRUNG
*1069 37      0044 >TEST2 STC           ; CARRY = 1: TASTE GEDRUECKT
*106A C9      0045 >      RET           ; RUECKSPRUNG
```

Bild 5-23: Programmbeispiel: Tastaturunterprogramm

```
              0046 >; BILD 5-24   AUSWERTUNGSUNTERPROGRAMM
*106B FE 10   0047 >WERT  CPI  10H      ; ZEILE HEXADEZIMALTASTEN ?
*106D CA 71 10 0048 >     JZ   WERT1    ; JA: UMCODIEREN
*1070 AF      0049 >      XRA  A        ; NEIN: NULL EINSETZEN
*1071 B0      004A >WERT1 ORA  B        ; SPALTENWERT EINBAUEN
*1072 4F      004B >      MOV  C,A      ; SPALTENCODE NACH C-REGISTER
*1073 06 00   004C >      MVI  B,OOH    ; HIGH-BYTE LOESCHEN
*1075 21 00 11 004D >     LXI  H,COTAB  ; ANFANGSADRESSE CODETABELLE
*1078 09      004E >      DAD  B        ; SPALTENCODE DAZUADDIEREN
*1079 46      004F >      MOV  B,M      ; SIEBENSEGMENTCODE NACH B
*107A 21 00 17 0050 >     LXI  H,AUS    ; ANFANGSADRESSE AUSGABEBEREICH
*107D 0E 08   0051 >      MVI  C,8      ; ZAEHLER ANFANGSWERT
*107F 23      0052 >WERT2 INX  H        ; ADRESSE + 1
*1080 7E      0053 >      MOV  A,M      ; WERT NACH AKKU
*1081 2B      0054 >      DCX  H        ; ADRESSE - 1
*1082 77      0055 >      MOV  M,A      ; WERT NACH LINKS VERSCHOBEN
*1083 23      0056 >      INX  H        ; NAECHSTE STELLE
*1084 0D      0057 >      DCR  C        ; ZAEHLER -1
*1085 C2 7F 10 0058 >     JNZ  WERT2    ; NOCH KEIN ENDE: WEITER
*1088 70      0059 >      MOV  M,B      ; NEUES ZEICHEN RECHTS EINBAUEN
*1089 CD 22 10 005A >WERT3 CALL ANZ     ; ANZEIGEZYKLUS
*108C CD 55 10 005B >     CALL TEST     ; TASTATUR ABFRAGEN
*108F DA 89 10 005C >     JC   WERT3    ; NOCH GEDRUECKT
*1092 C9      005D >      RET           ; TASTATUR FREI: RUECKSPRUNG
              005E >; DATENBEREICH
L1100         005F >      ORG  1100H    ; KONSTANTEN
              0060 >COTAB DB   7EH,30H,6DH,79H,33H,5BH,5FH,72H ; CODETABE
1100 7E 30 6D 79 33 5B 72
              0061 >      DB   7FH,7BH,77H,1FH,4EH,3DH,4FH,47H
1108 7F 7B 77 1F 4E 3D 4F 47
              0062 >      DB   1CH,00H,15H,67H,05H,37H,09H,0EH
1110 1C 00 15 67 05 37 09 0E
L1700         0063 >      ORG  1700H    ; VARIABLEN
*1700         0064 >AUS   DS   9        ; 9 STELLEN AUSGABE
*1709         0065 >STAPEL EQU 1800H    ; STAPEL
E0000         0066 >      END
```

Bild 5-24: Programmbeispiel: Auswertungsunterprogramm

Das Auswertungsprogramm hat die Aufgabe, den Tastencode in den Siebensegmentcode umzusetzen, die Anzeige zu verschieben, das neue Zeichen rechts
einzufügen und auf die Freigabe der Taste zu warten. Die Umcodierung
geschieht mit Hilfe der Codetabelle COTAB, die die Siebensegmentcodes der
Tastennummern von 0 bis 17 hexadezimal enthält. Zur Umcodierung wird durch
Mischen der Spaltennummer (B-Register) und des Zeilenmusters (Akkumulator)
die Tastennummer von 0 bis 17 hexadezimal gebildet, die zur Anfangsadresse
der Codetabelle addiert wird. Die Summe ist die Adresse des Siebensegmentcodes. Das Schieben des Anzeige nach links läuft in einer Schleife; in die
rechts frei werdende Stelle schreibt das Programm den Code der neuen Stelle.
Eine Warteschleife ruft das Anzeigeunterprogramm und das Tastaturunterprogramm
auf, bis die Taste freigegeben wird. **Bild 5-25** zeigt die Codetabelle.

Tastencode	Zeichen	Anzeigecode	hexa
00000000	0	01111110	7E
00000001	1	00110000	30
00000010	2	01101101	6D
00000011	3	01111001	79
00000100	4	00110011	33
00000101	5	01011011	5B
00000110	6	01011111	5F
00000111	7	01110010	72
00001000	8	01111111	7F
00001001	9	01111011	7B
00001010	A	01110111	77
00001011	B	00011111	1F
00001100	C	01001110	4E
00001101	D	00111101	3D
00001110	E	01001111	4F
00001111	F	01000111	47
00010000	u	00011100	1C
00010001		00000000	00
00010010	n	00010101	15
00010011	P	01100111	67
00010100	r	00000101	05
00010101	H	00110111	37
00010110	=	00001001	09
00010111	L	00001110	0E

Bild 5-25: Programmbeispiel: Codetabelle

5.6 Entwurf eines Tastenmonitors

Unter einem Monitor versteht man in der Mikrocomputertechnik ein Überwachungsprogramm, mit dem der Entwickler von Mikrocomputern Programme in den Rechner eingeben und diese starten und testen kann. Bei Entwicklungssystemen ist der Monitor Teil des Betriebssystems, das zusätzlich einen Editor, Assembler, Compiler, Binder (Linker), Lader und Programme zur Dateiverwaltung enthält. Für den Betrieb ist ein Datensichtgerät (Terminal) erforderlich. Einfache Übungsgeräte arbeiten mit einer in Bild 5-18 dargestellten hexadezimalen Eingabe und Anzeige. Dieser Abschnitt erklärt nur die beiden Grundfunktionen Programmeingabe und Programmstart. **Bild 5-26** zeigt die Bedeutung der Anzeige und der Eingabetasten.

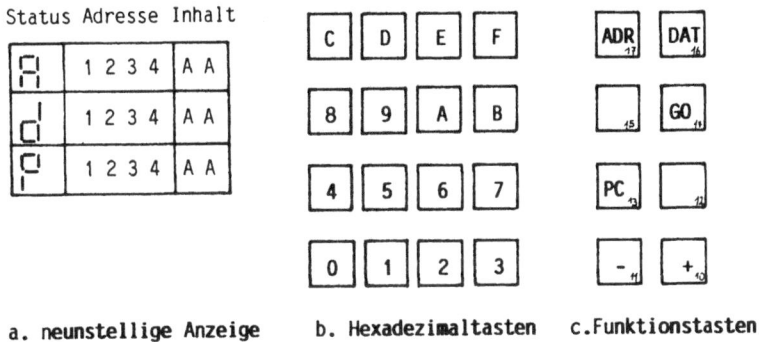

Status Adresse Inhalt

A	1 2 3 4	A A
d	1 2 3 4	A A
P	1 2 3 4	A A

C D E F   ADR DAT

8 9 A B   GO

4 5 6 7   PC

0 1 2 3   -   +

a. neunstellige Anzeige   b. Hexadezimaltasten   c. Funktionstasten

Bild 5-26: Tastenmonitor: Anzeige und Eingabe

Nach dem Start des Monitors wird die Anzeige zunächst gelöscht. Die Hexadezimaltasten 0 bis F dienen entweder zur Eingabe von Datenadressen oder zur Eingabe von Daten oder zur Eingabe einer Startadresse. Mit den Funktionstasten ADR, DAT und PC wird eine der drei Betriebsarten ausgewählt. Auf der links stehenden Anzeigestelle wird der Status der Eingabe (A, D oder P) angezeigt. Dann folgen eine hexadezimale Adresse und rechts der Inhalt des adressierten Bytes. Die Funktionstaste GO startet das Programm bei der eingestellten Befehlszähleradresse. Mit den Tasten + und - wird die laufende Adresse um 1 erhöht oder um 1 vermindert. Zwei Tasten bleiben frei. Das Hauptprogramm und die Unterprogramme ANZ und TEST entsprechen denen der Bilder 5-21 bis 5-23. **Bild 5-27** zeigt den Blockplan des Auswertungsprogramms WERT, das an die Stelle des Auswertungsprogramms Bild 5-24 tritt.

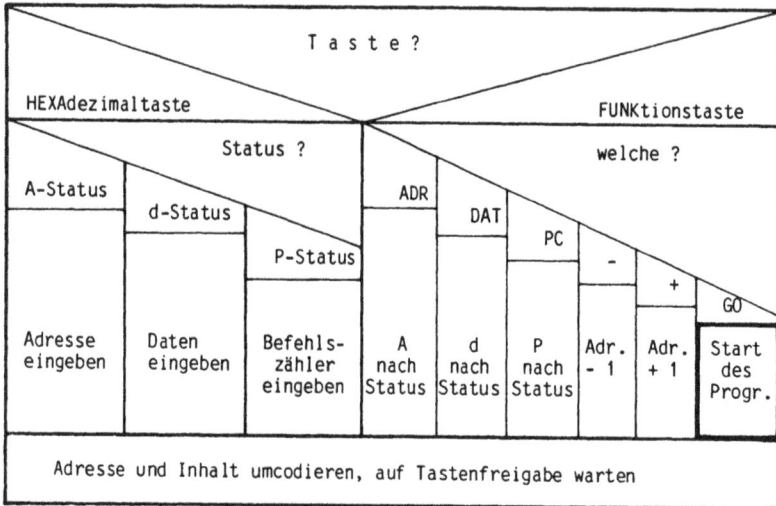

Bild 5-27: Tastenmonitor: Blockplan der Tastenauswertung

```
              0046 >; BILD 5-28  TASTENMONITOR FUNKTIONSTASTEN
*106B FE 10   0047 >WERT    CPI   10H    ; FUNKTIONSTASTE ?
*106D C2 B1 10 0048 >       JNZ   WERTH  ; NEIN: HEXADEZIMALTASTE
              0049 >; FUNKTIONSTASTEN AUSWERTEN CODE IN B
*1070 78      004A >        MOV   A,B    ; CODE NACH AKKU
*1071 FE 07   004B >        CPI   07H    ; A-TASTE ?
*1073 C2 7E 10 004C >       JNZ   WERTF1 ; NEIN:
*1076 3E 77   004D >        MVI   A,77H  ; JA: ZEICHEN A
*1078 32 00 17 004E >       STA   AUS    ; NACH STATUS
*107B C3 D1 10 004F >       JMP   WERAUS ; ADRESSE UND INHALT AUSGEBEN
*107E FE 06   0050 >WERTF1  CPI   06H    ; D-TASTE ?
*1080 C2 8B 10 0051 >       JNZ   WERTF2 ; NEIN:
*1083 3E 3D   0052 >        MVI   A,3DH  ; JA: ZEICHEN D
*1085 32 00 17 0053 >       STA   AUS    ; NACH STATUS
*1088 C3 D1 10 0054 >       JMP   WERAUS ; ADRESSE UND INHALT AUSGEBEN
*108B FE 03   0055 >WERTF2  CPI   03H    ; P-TASTE ?
*108D C2 98 10 0056 >       JNZ   WERTF3 ; NEIN:
*1090 3E 67   0057 >        MVI   A,67H  ; JA: ZEICHEN P
*1092 32 00 17 0058 >       STA   AUS    ; NACH STATUS
*1095 C3 D1 10 0059 >       JMP   WERAUS ; ADRESSE UND INHALT AUSGEBEN
*1098 FE 01   005A >WERTF3  CPI   01H    ; - TASTE ?
*109A C2 A1 10 005B >       JNZ   WERTF4 ; NEIN:
*109D 1B      005C >        DCX   D      ; LAUFENDE ADRESSE - 1
*109E C3 D1 10 005D >       JMP   WERAUS ; ADRESSE UND INHALT AUSGEBEN
*10A1 FE 00   005E >WERTF4  CPI   00H    ; + TASTE ?
*10A3 C2 AA 10 005F >       JNZ   WERTF5 ; NEIN:
*10A6 13      0060 >        INX   D      ; LAUFENDE ADRESSE + 1
*10A7 C3 D1 10 0061 >       JMP   WERAUS ; ADRESSE UND INHALT AUSGEBEN
*10AA FE 04   0062 >WERTF5  CPI   04H    ; G-TASTE ?
*10AC C2 D1 10 0063 >       JNZ   WERAUS ; NEIN: KEINE WIRKUNG
*10AF EB      0064 >        XCHG         ; LAUFENDE ADRESSE NACH HL
*10B0 E9      0065 >        PCHL         ; STARTADRESSE NACH PC UND START
```

Bild 5-28: Tastenmonitor: Auswertung der Funktionstasten

Das Auswertungsprogramm unterscheidet zwischen den Hexadezimal- und den Funktionstasten. Je nach Betriebsart (A, D oder P) wird eine neue Stelle einer Datenadresse, eines Datenbytes oder einer Startadresse eingegeben; der restliche Inhalt wird dabei eine Stelle nach links gerückt. Die Funktionstasten schalten eine neue Betriebsart ein, erhöhen oder vermindern die laufende Adresse oder starten das Programm. Das Auswertungsprogramm wird nun in vier Teilen erklärt. **Bild 5-28** zeigt die Auswertung der Funktionstasten.

Vergleichsbefehle (CPI) unterscheiden die sechs Funktionen. Die laufende Adresse wird während des gesamten Programms im DE-Registerpaar gehalten. Das Programmstück WERAUS (Bild 5-30) gibt die neu eingestellten Werte aus. Für den Programmstart wird der Befehlszähler mit der Startadresse geladen (Befehl PCHL). **Bild 5-29** zeigt die Auswertung der Hexadezimaltasten.

```
                  0066 >; BILD 5-29   HEXADEZIMALTASTEN AUSWERTEN
*10B1 3A 00 17    0067 >WERTH  LDA    AUS        ; STATUS LESEN
*10B4 FE 3D       0068 >       CPI    3DH        ; DATEN-STATUS ?
*10B6 C2 C5 10    0069 >       JNZ    WERTH1     ; NEIN:
                  006A >; JA: INHALT DES VON DE ADRESSIERTEN BYTES AENDERN
*10B9 1A          006B >       LDAX   D          ; BYTE HOLEN
*10BA 07          006C >       RLC               ; 4 BIT LINKS SCHIEBEN
*10BB 07          006D >       RLC               ;
*10BC 07          006E >       RLC               ;
*10BD 07          006F >       RLC               ;
*10BE E6 F0       0070 >       ANI    0F0H       ; MASKE 1111 0000
*10C0 B0          0071 >       ORA    B          ; NEUE BITS DAZU
*10C1 12          0072 >       STAX   D          ; NEUES BYTE SPEICHERN
*10C2 C3 D1 10    0073 >       JMP    WERAUS     ; ADRESSE UND INHALT AUSGEBEN
                  0074 >; ADRESSE IN DE AENDERN
*10C5 EB          0075 >WERTH1 XCHG              ; ADRESSE NACH HL
*10C6 29          0076 >       DAD    H          ; 4 BIT LINKS SCHIEBEN
*10C7 29          0077 >       DAD    H          ;
*10C8 29          0078 >       DAD    H          ;
*10C9 29          0079 >       DAD    H          ;
*10CA 7D          007A >       MOV    A,L        ; LETZTE STELLE NACH AKKU
*10CB B0          007B >       ORA    B          ; NEUE BITS DAZU
*10CC 6F          007C >       MOV    L,A        ; NACH L ZURUECK
*10CD EB          007D >       XCHG              ; NACH DE ZURUECK
*10CE C3 D1 10    007E >       JMP    WERAUS     ; ADRESSE UND INHALT AUSGEBEN
```

Bild 5-29: Tastenmonitor: Auswertung der Hexadezimaltasten

Das Programm unterscheidet zwischen einer Dateneingabe und einer Adreßeingabe. Bei einer Dateneingabe wird das durch das DE-Registerpaar adressierte Datenbyte verändert; bei einer Adreßeingabe die im DE-Registerpaar enthaltene Adresse. In beiden Fällen wird der alte Inhalt um vier Bit nach links geschoben, bevor die eingegebene Stelle rechts eingefügt wird. Das in **Bild 5-30** dargestellte Programmstück WERAUS gibt die neuen Werte aus.

```
                    007F >; BILD 5-30  ADRESSE UND INHALT AUSGEBEN
 *10D1 1A           0080 >WERAUS  LDAX  D         ; INHALT LADEN
 *10D2 CD F0 10     0081 >        CALL  UMCOD     ; NACH SIEBENSEGMENTCODE
 *10D5 22 06 17     0082 >        SHLD  AUS+6     ; ZUR ANZEIGE
 *10D8 7B           0083 >        MOV   A,E       ; LOW-ADRESSE LADEN
 *10D9 CD F0 10     0084 >        CALL  UMCOD     ; NACH SIEBENSEGMENTCODE
 *10DC 22 03 17     0085 >        SHLD  AUS+3     ; ZUR ANZEIGE
 *10DF 7A           0086 >        MOV   A,D       ; HIGH-ADRESSE LADEN
 *10E0 CD F0 10     0087 >        CALL  UMCOD     ; NACH SIEBENSEGMENTCODE
 *10E3 22 01 17     0088 >        SHLD  AUS+1     ; ZUR ANZEIGE
 *10E6 CD 22 10     0089 >WERAU1  CALL  ANZ       ; ANZEIGEZYKLUS
 *10E9 CD 55 10     008A >        CALL  TEST      ; TASTATUR PRUEFEN
 *10EC DA E6 10     008B >        JC    WERAU1    ; NOCH GEDRUECKT
 *10EF C9           008C >        RET             ; TASTE FREI: FERTIG
```

Bild 5-30: Tastenmonitor: Ausgabe von Adresse und Inhalt

Adresse und Inhalt werden mit Hilfe des Unterprogramms UMCOD aus der binären Darstellung in den Siebensegmentcode umgesetzt. Das Unterprogramm übernimmt im Akkumulator die binäre Darstellung und liefert im HL-Registerpaar den Siebensegmentcode zurück. Das L-Register enthält die höherwertige Stelle, das H-Register enthält dabei die niederwertige Stelle. Damit können beide Stellen mit dem Befehl SHLD in der richtigen Reihenfolge in den Speicher geschrieben werden. **Bild 5-31** zeigt das Umcodierprogramm.

Das Unterprogramm UMCOD ruft wieder zwei Unterprogramme UMLI und UMRE auf, die einmal das linke und dann das rechte Halbbyte umwandeln. Die Umcodierung selbst erfolgt mit Hilfe einer Codetabelle. Durch Addition der 4-Bit-Codes zur Anfangsadresse der Tabelle wird der Tabellenplatz mit dem Siebensegmentcode berechnet.

Das vorliegende Beipiel eines Monitors kann lediglich die beiden wichtigsten Grundfunktionen Programmeingabe und Programmstart zeigen. Weitere Funktionen sind Haltepunktvergabe, Registerverwaltung, Einzelschrittbetrieb und Veränderung von Speicherbereichen.

```
                     008D >; BILD 5-31   UMCODIERUNG UND DATENBEREICH
*10F0 F5             008E >UMCOD  PUSH  PSW      ; AKKU RETTEN
*10F1 CD FF 10       008F >       CALL  UMRE     ; RECHTES HALBBYTE UMWANDELN
*10F4 67             0090 >       MOV   H,A      ; NACH H-REGISTER
*10F5 F1             0091 >       POP   PSW      ; AKKU ZURUECK
*10F6 CD FB 10       0092 >       CALL  UMLI     ; LINKES HALBBYTE UMWANDELN
*10F9 6F             0093 >       MOV   L,A      ; NACH L-REGISTER
*10FA C9             0094 >       RET            ; FERTIG
                     0095 >; LINKES HALBBYTE UMWANDELN
*10FB 0F             0096 >UMLI   RRC            ; 4 BIT NACH RECHTS SCHIEBEN
*10FC 0F             0097 >       RRC            ;
*10FD 0F             0098 >       RRC            ;
*10FE 0F             0099 >       RRC            ;
                     009A >; RECHTES HALBBYTE UMWANDELN
*10FF E6 0F          009B >UMRE   ANI   0FH      ; MASKE 0000 1111
*1101 E5             009C >       PUSH  H        ; HL RETTEN
*1102 C5             009D >       PUSH  B        ; BC RETTEN
*1103 21 80 11       009E >       LXI   H,COTAB  ; ADRESSE CODETABELLE
*1106 4F             009F >       MOV   C,A      ; HALBBYTE NACH C-REGISTER
*1107 06 00          00A0 >       MVI   B,0      ; B-REGISTER LOESCHEN
*1109 09             00A1 >       DAD   B        ; TABELLENADRESSE BERECHNEN
*110A 7E             00A2 >       MOV   A,M      ; CODE LADEN
*110B C1             00A3 >       POP   B        ; BC ZURUECK
*110C E1             00A4 >       POP   H        ; HL ZURUECK
*110D C9             00A5 >       RET            ; FERTIG
                     00A6 >; DATENBEREICH
L1180                00A7 >       ORG   1180H    ; KONSTANTEN
                     00A8 >COTAB  DB    7EH,30H,6DH,79H,33H,5BH,5FH,72H ; CODETABE
1180 7E 30 6D 79 33 5B 5F 72
                     00A9 >       DB    7FH,7BH,77H,1FH,4EH,3DH,4FH,47H
1188 7F 7B 77 1F 4E 3D 4F 47
L1700                00AA >       ORG   1700H    ; VARIABLEN
*1700                00AB >AUS    DS    9        ; 9 STELLEN AUSGABE
*1709                00AC >STAPEL EQU   1800H    ; STAPEL
E0000                00AD >       END
```

Bild 5-31: Tastenmonitor: Umcodierung Binär nach Siebensegmentcode

5.7 Parallele Datenübertragung mit Steuersignalen

Bei der Übertragung von Daten zwischen einem Sender und einem Empfänger sind neben den eigentlichen Daten auch Steuersignale erforderlich, die angeben, ob der Empfänger bereit ist oder daß der Sender gültige Daten ausgibt. Die folgenden Programmbeispiele können mit einer Schaltung entsprechend **Bild 5-32** getestet werden.

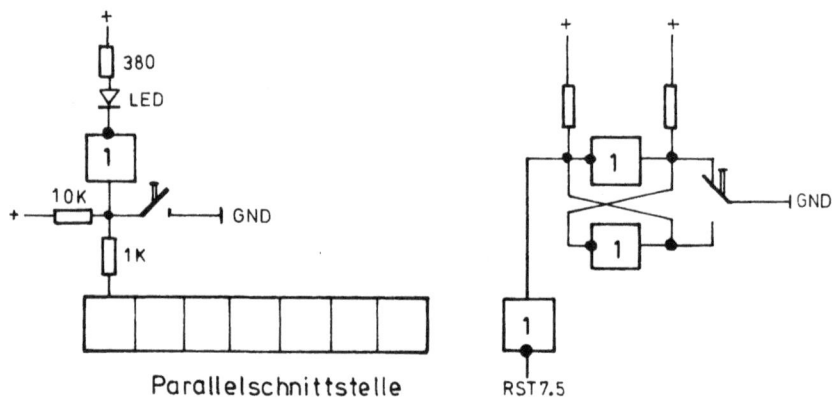

Bild 5-32: Universelle Ein/Ausgabeschnittstelle

Der Port einer Parallelschnittstelle (8155 oder 8255) soll wahlweise als Eingang oder als Ausgang verwendet werden. Da die Schnittstelle selbst programmierbar ist, muß auch die äußere Schaltung für eine Datenübertragung in beiden Richtungen geeignet sein. Der Peripherieanschluß wird über einen Widerstand zunächst auf HIGH gelegt und kann mit einem Schalter auf LOW gebracht werden. Der in der Leitung liegende Widerstand begrenzt den Strom des Ausgangstreibers für den Fall, daß die Schnittstelle versehentlich als Ausgang programmiert ist und ein HIGH-Potential abgibt, während der äußere Schalter die Leitung auf LOW legt. Die Leuchtdiode liegt am Ausgang eines Treibers mit offenem Kollektor (z.B. 7416) und zeigt den Leitungszustand an. Bei der Datenausgabe muß der Schalter offen sein! Mit einem entprellten Taster kann ein RST-7.5-Interrupt ausgelöst werden. **Bild 5-33** zeigt eine Anordnung zur Dateneingabe, bei der die Übernahme der Daten in den Empfänger durch einen Interrupt ausgelöst wird.

An den acht Datenschaltern des B-Ports (Adresse 01H) werden die acht Bits eines Datenbytes eingestellt. Eine steigende Flanke des Signaltasters meldet, daß gültige Daten anliegen. Der Rechner bestätigt die Übernahme, indem er eine Quittungsmeldung auf dem A-Port (Adresse 00H) aussendet. In dem vor-

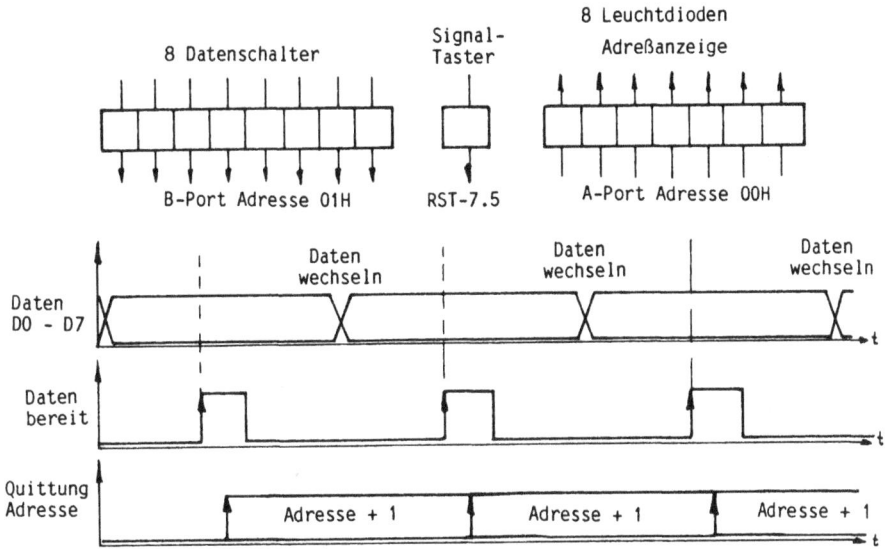

Bild 5-33: Getastete Dateneingabe

```
              0001 >; BILD 5-34  GETASTETE DATENEINGABE
 L1000        0002 >        ORG   1000H      ; ADRESSZAEHLER
*1000 3E 8B   0003 >        MVI   A,8BH      ; A=AUS b=EIN C=EIN
*1002 D3 03   0004 >        OUT   03H        ; NACH STEUERREGISTER
*1004 21 00 11 0005 >       LXI   H,1100H    ; ANFANGSADRESSE
*1007 7D      0006 >        MOV   A,L        ; LOW-TEIL DER ADRESSE
*1008 D3 00   0007 >        OUT   00H        ; ANZEIGEN
*100A 3E 1B   0008 >        MVI   A,1BH      ; 0001 1011 RST-7.5 FREI
*100C 30      0009 >        SIM              ; NACH iNTERRUPTREGISTER
*100D FB      000A >        EI               ; INTERRUPTS FREIGEBEN
*100E 00      000B >LOOP    NOP              ; WARTESCHLEIFE
*100F C3 0E 10 000C >       JMP   LOOP       ;
              000D >; INTERRUPTPROGRAMM
 L003C        000E >        ORG   003CH      ; RST-7.5-INTERRUPT
*003C DB 01   000F >RST75   IN    01H        ; BYTE ABHOLEN
*003E 77      0010 >        MOV   M,A        ; ABSPEICHERN
*003F 23      0011 >        INX   H          ; ADRESSE + 1
*0040 7D      0012 >        MOV   A,L        ; NEUER LOW-TEIL DER ADRESSE
*0041 D3 00   0013 >        OUT   00H        ; ALS QUITTUNG AUSGEBEN
*0043 FB      0014 >        EI               ; INTERRUPT FREIGEBEN
*0044 C9      0015 >        RET              ; NACH HAUPTPROGRAMM
 E0000        0016 >        END
```

Bild 5-34: Programmbeispiel: Getastete Dateneingabe

liegenden Beispiel wird der niederwertige Teil der Adresse ausgesendet, die das nächste Zeichen aufnimmt. Nach dieser Bestätigung können an den Eingabeschaltern neue Daten eingestellt werden. **Bild 5-34** zeigt das Programm.

Nach der Programmierung der Parallelschnittstelle wird das Maskenbit des RST-7.5-Interrupts im Interruptregister gelöscht. Der Befehl EI gibt alle Interrupts frei. Die folgende Schleife wartet auf einen Interrupt.

Das RST-7.5-Interruptprogramm liegt in dem Programmbeispiel auf der Adresse 003CH. In dem vorliegenden Übungssystem liegt in diesem Adreßbereich jedoch ein EPROM, das den RST-7.5-Interrupt auf die RAM-Adresse 083CH umlenkt, so daß das Beispiel auf der RAM-Adresse 083CH getestet wurde.

In dem Beispiel der getasteten Dateneingabe übernimmt der Empfänger die Daten aufgrund eines Eingabesignals und meldet die Übernahme mit einem Bestätigungssignal. Das folgende Beispiel **Bild 5-35** zeigt einen Sender, der einem Empfänger - z.B. einem Drucker - Daten übergibt.

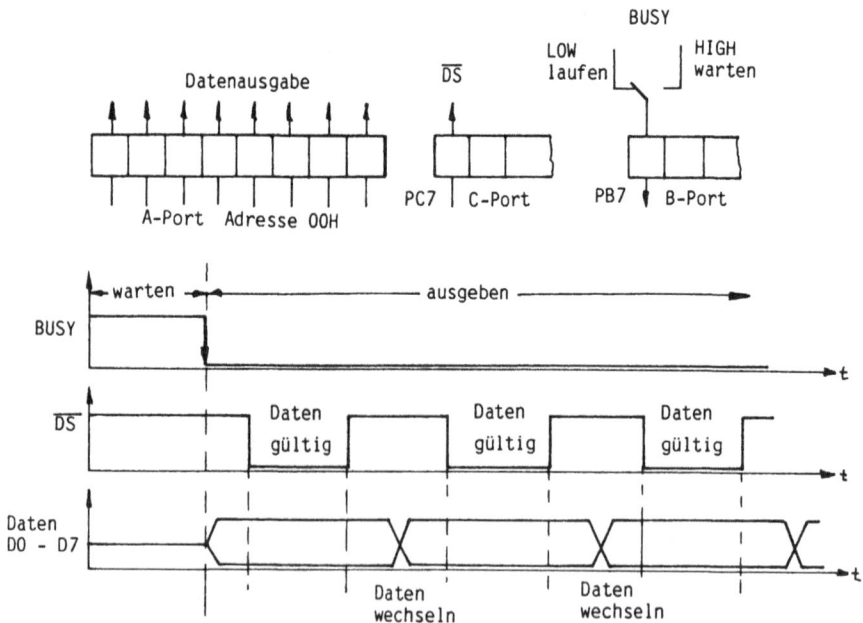

Bild 5-35: Datenausgabe mit Steuersignalen

Mit dem BUSY-Signal meldet der Empfänger, ob er bereit ist, Daten anzunehmen. Busy bedeutet besetzt oder beschäftigt. Ist die Leitung HIGH, so muß der Sender warten, da der Empfänger besetzt ist; für BUSY gleich LOW kann der Empfänger Daten annehmen. Zusammen mit den Daten (A-Port) liefert der Sender das Signal $\overline{DS}$ gleich Data Strobe am Anschluß PC7, der im LOW-Zustand anzeigt, daß die Daten gültig sind. **Bild 5-36** zeigt das Ausgabeprogramm.

```
                  0001 >; BILD 5-36  DATENAUSGABE
 L1000            0002 >         ORG   1000H    ; ADRESSZAEHLER
*1000 3E 82       0003 >         MVI   A,82H    ; A=AUS B=EIN C=AUS
*1002 D3 03       0004 >         OUT   03H      ; NACH STEUERREGISTER
*1004 3E 80       0005 >         MVI   A,80H    ; DS = HIGH
*1006 D3 02       0006 >         OUT   02H      ; NACH C-PORT
*1008 21 00 11    0007 >         LXI   H,1100H  ; ANFANGSADRESSE
*100B 7E          0008 >LOOP     MOV   A,M      ; ZEICHEN LADEN
*100C 23          0009 >         INX   H        ; ADRESSE + 1
*100D CD 13 10    000A >         CALL  AUS      ; AUSGEBEN
*1010 C3 0B 10    000B >         JMP   LOOP     ;
                  000C >; AUSGABE - UNTERPROGRAMM
*1013 F5          000D >AUS      PUSH  PSW      ; ZEICHEN RETTEN
*1014 DB 01       000E >AUS1     IN    01H      ; BUSY-EINGANG LESEN
*1016 B7          000F >         ORA   A        ; TESTEN
*1017 FA 14 10    0010 >         JM    AUS1     ; NICHT BEREIT: WARTEN
*101A F1          0011 >         POP   PSW      ; BEREIT: ZEICHEN ZURUECK
*101B D3 00       0012 >         OUT   00H      ; AUSGEBEN
*101D AF          0013 >         XRA   A        ; B7 = 0
*101E D3 02       0014 >         OUT   02H      ; DS = LOW
*1020 CD 28 10    0015 >         CALL  TIME     ; WARTEN
*1023 3E 80       0016 >         MVI   A,80H    ; B7 = 1
*1025 D3 02       0017 >         OUT   02H      ; DS = HIGH
*1027 C9         .0018 >         RET            ;
                  0019 >; WARTE - UNTERPROGRAMM
*1028 11 00 80    001A >TIME     LXI   D,8000H  ; ZAEHLERANFANGSWERT
*102B 1D          001B >TIME1    DCR   E        ; -1
*102C C2 2B 10    001C >         JNZ   TIME1    ; BIS NULL
*102F 15          001D >         DCR   D        ; - 1
*1030 C2 2B 10    001E >         JNZ   TIME1    ; BIS NULL
*1033 C9          001F >         RET            ; BEIDE REGISTER NULL
 E0000            0020 >         END
```

Bild 5-36: Programmbeispiel: Datenausgabe mit Steuersignalen

Das Ausgabe-Unterprogramm prüft zunächst den BUSY-Eingang, ob der
Empfänger bereit ist. Nach der Ausgabe der Daten wird das Steuersignal DS
auf LOW gelegt. Das Unterprogramm TIME hält diesen Zustand einige Zeit
fest, so daß der Empfänger die Daten übernehmen kann. Die Wartezeit des
Senders muß größer sein als die Übernahmezeit des Empfängers. Vor der Rückkehr in das Hauptprogramm wird die DS-Leitung wieder auf HIGH gebracht.

Bild 5-37 zeigt die Anschlußbelegung einer parallelen Druckerschnittstelle,
die nach einem Hersteller von Druckern auch Centronics-Schnittstelle genannt
wird. **Bild 5-38** zeigt das Zeitdiagramm der Daten- und Steuersignale. Der
Drucker meldet mit BUSY gleich LOW, daß er bereit ist, Zeichen aufzunehmen.
Im Zustand BUSY gleich HIGH ist er belegt. Der Sender gibt über einen TTL-
Treiber (z.B. 7404) die sieben oder acht Bits eines ASCII-Zeichens parallel
aus und legt dabei die Signalleitung DS auf LOW. Diese Signale müssen je nach
Drucker 1 bis 500 µs anliegen. Der Drucker quittiert die Übernahme mit dem
Bestätigungssignal ACK gleich ACKnowledge. Für den Betrieb eines Druckers
sollten die Unterlagen des Herstellers herangezogen werden, die genaue Anweisungen über die Stiftbelegung und den zeitlichen Verlauf der Signale enthalten.

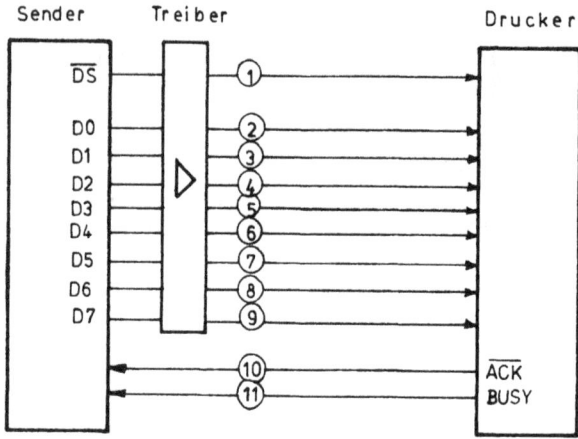

Bild 5-37: Parallele Druckerschnittstelle

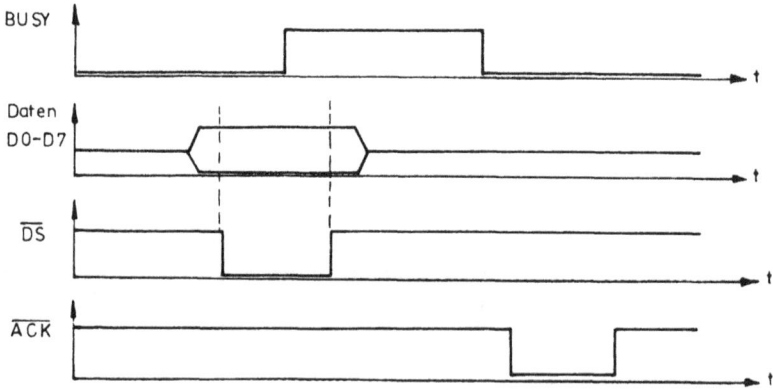

Bild 5-38: Zeitdiagramm einer parallelen Druckerausgabe

6 Serielle Datenübertragung

Bei einer seriellen Datenübertragung werden die acht Bits eines Bytes nacheinander (seriell) über eine Leitung übertragen. **Bild 6-1** zeigt die in der Mikrocomputertechnik vorwiegend verwendete asynchrone Übertragung.

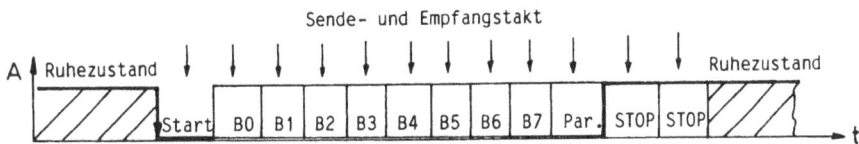

Bild 6-1: Serielle asynchrone Datenübertragung (TTL-Pegel)

Die Leitung befindet sich zunächst im Ruhezustand (HIGH). Die fallende Flanke des Startbits zeigt den Beginn eines Zeichens an. Das Startbit ist immer LOW und synchronisiert Sender und Empfänger. Es folgen je nach Verfahren fünf bis acht Datenbits; das Beispiel zeigt acht Datenbits, die HIGH oder LOW sein können. Zur Datensicherung kann ein Paritätsbit folgen. Ein oder zwei Stopbits, die immer HIGH sind, schließen das Zeichen ab. Sie gehen in den Ruhezustand der Leitung über. Zum Senden sind ein serielles Schieberegister und Zusatzschaltungen erforderlich, die die Steuer- und Kontrollbits (Start, Parität und Stop) hinzufügen. Auf der Empfangsseite muß eine Steuerlogik diese Bits wieder von den Daten trennen, die in einem seriellen Schieberegister aufgenommen und dann parallel weitergereicht werden.

6.1 Die V.24-Schnittstelle

Die Sende- und Empfangsschaltungen arbeiten mit TTL-Pegel, der sich jedoch nicht für die Übertragung über längere Strecken eignet. Dazu verwendet man zwei Verfahren. Die Stromschnittstelle (Current Loop) arbeitet mit einem Steuerstrom von 20 mA für eine Eins und mit einem unterbrochenen Strom für die Null. Die Spannungsschnittstelle (V.24, RS-232-C) stellt eine Eins als Spannung zwischen - 3 V und und negativer Betriebsspannung (z.B. - 12 V) dar; eine Null als Spannung zwischen + 3 V und positiver Betriebsspannung (z.B. + 12 V). Die Schnittstelle nach der V.24-Norm arbeitet mit der in **Bild 6-2** dargestellten Stiftbelegung eines 25poligen Normsteckers.

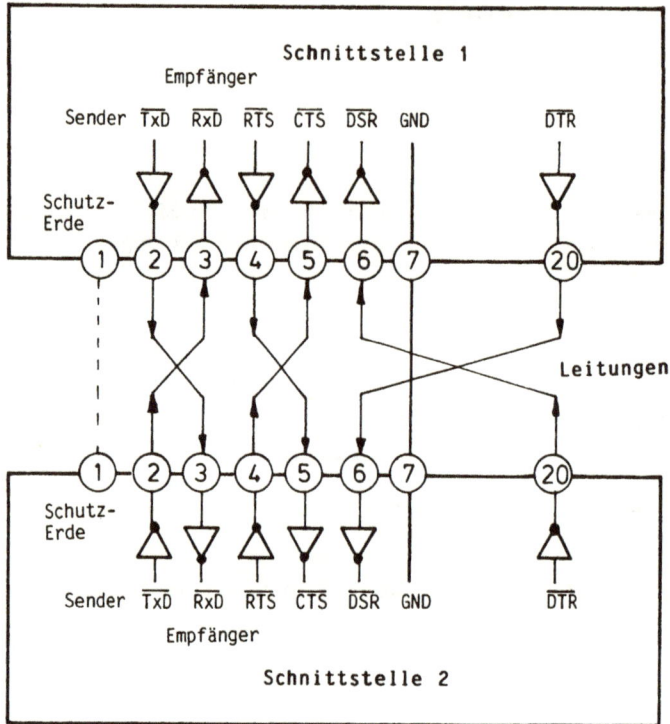

Bild 6-2: Stiftbelegung der V.24-Schnittstelle (RS-232-C)

Der Sender sendet über einen invertierenden Pegelumsetzer über den Stift 2 an den Empfänger, der die Daten an Stift 3 übernimmt und über einen ebenfalls invertiert arbeitenden Pegelumsetzer wieder auf TTL-Pegel umsetzt. Bei einer Übertragung in beiden Richtungen z.B. zwischen einem Mikrocomputer und einem Datensichtgerät sind die Leitungen 2 und 3 zu kreuzen, da beide Geräte als Sender arbeiten. Die Stifte 4 und 5 dienen zum Ein- und Ausschalten des Senders. Mit den Leitungen 6 und 20 können zusätzliche Steuersignale übertragen werden. Am Stift 7 liegt die Betriebserde (Signal Ground). Die Länge der Impulse bestimmt die Übertragungsgeschwindigkeit. Genormt sind die Baudraten (Bitraten) von 50, 75, 110, 300, 600, 1200, 2400, 4800, 9600 und 19200 Baud (Bit/sek). Rechnet man mit durchschnittlich 10 Bit (Startbit, Datenbits, Stopbit) pro Zeichen, so werden bei 4800 Baud etwa 480 Zeichen (Buchstaben, Ziffern, Sonderzeichen) in der Sekunde übertragen.

Bild 6-3 zeigt eine Übertragungsstrecke mit vier Verbindungsleitungen: Sender/Empfänger für beide Richtungen, Ground und Senderfreigabe. Eine Verbindung, die gleichzeitig senden und empfangen kann, arbeitet nach dem Vollduplexverfahren. Beim Halbduplexverfahren müssen Sender und Empfänger umgeschaltet werden.

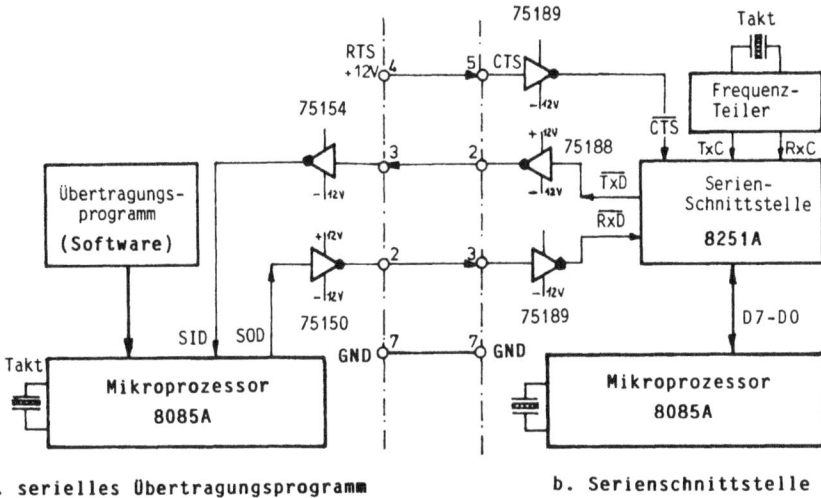

a. serielles Übertragungsprogramm   b. Serienschnittstelle

Bild 6-3: Serielle Datenübertragung nach V.24

Die Schaltung nach Bild 6-3a benutzt die Anschlüsse SID (Serial Input Data) und SOD (Serial Output Data) des Prozessors 8085A. Anstelle der Prozessoranschlüsse könnte man auch zwei Leitungen einer Parallelschnittstelle verwenden. Da die Signale durch ein Übertragungsprogramm erzeugt werden, ist der Mikrocomputer ausschließlich mit der Datenübertragung beschäftigt. Da dies in den meisten Anwendungen zu zeitlichen Engpässen führt, setzt man vorwiegend besondere Serienschnittstellen nach Bild 6-3b ein, die die zu übertragenden Daten parallel mit dem Prozessor austauschen und dann selbständig seriell übertragen.

6.2 Programmierung der Serienschnittstelle 8251A

Bild 6-4 zeigt das Programmiermodell einer Serienschnittstelle 8251A, die gleichzeitig senden und empfangen kann.

Die Sendeseite besteht aus einem Sendeschieberegister (Sender) und einem Sendedatenregister als Zwischenspeicher, in das das auszugebende Byte geschrieben wird. TxD ist der Datenausgang. An den Sendetakt TxC wird ein Taktgeber angeschlossen, der die Übertragungsgeschwindigkeit (Baudrate gleich Bit/sek) bestimmt. Der Sender wird hardwaremäßig durch den Senderfreigabeeingang CTS (Clear To Send) eingeschaltet. Der Dateneingang RxD führt auf das Empfangsschieberegister, das durch den Empfangstakt RxC getaktet wird. Die seriell empfangenen Daten werden in das Empfangsdatenregister übertragen und dort parallel mit einem Lesebefehl abgeholt. Der Buchstabe T bedeutet Transmitter gleich Sender. R bedeutet Receiver gleich Empfänger.

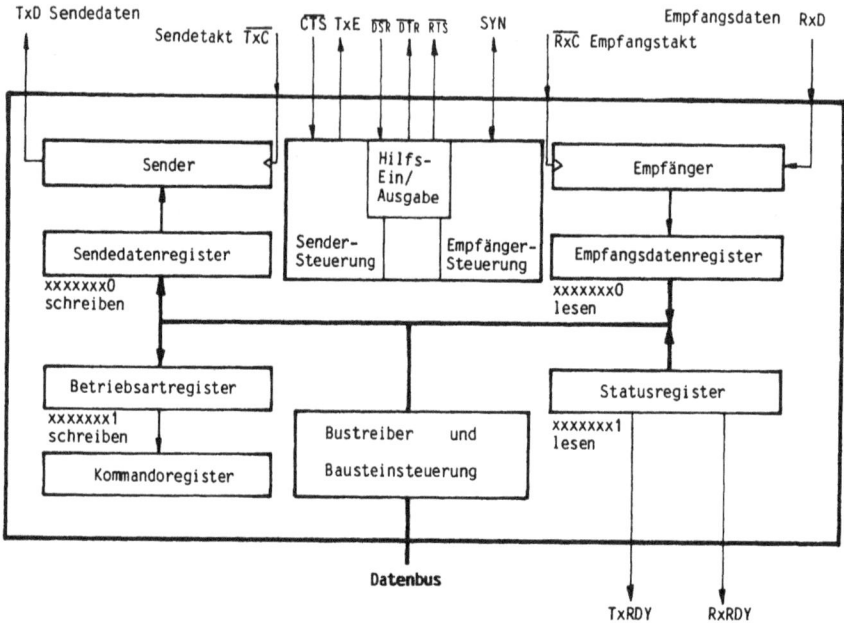

Bild 6-4: Programmiermodell der Serienschnittstelle 8251A

D bedeutet Data gleich Daten und C bedeutet Clock gleich Takt. Die Bedeutung der übrigen Anschlüsse kann den Unterlagen der Hersteller entnommen werden.

Da der Baustein für die wichtigsten seriellen Übertragungsverfahren der Datenverarbeitung geeignet ist, sind seine Funktionen mit dem Betriebsartregister programmierbar. Es legt z.B. die Anzahl der Datenbits fest. Das auf der gleichen Adresse liegende Kommandoregister übernimmt Steuerkommandos wie z.B. Empfänger und Sender freigeben. Das Statusregister kann nur gelesen werden und zeigt z.B. an, ob empfangene Daten abgeholt oder neue Daten gesendet werden können. **Bild 6-5** zeigt die Adressen der Register.

Adresse	$\overline{RD}/\overline{WR}$	Register
xxxxxxx0	lesen	Empfangsdaten
xxxxxxx0	schreiben	Sendedaten
xxxxxxx1	lesen	Status
xxxxxxx1	schreiben	nach RESET: Betriebsart
xxxxxxx1	schreiben	nach Betriebsart: Kommando

Bild 6-5: Registeradressen der Serienschnittstelle 8251A

Da dem Baustein nur die Adreßleitung A0 zur Auswahl der fünf Register zur Verfügung steht, sind die beiden Adressen mehrfach belegt. A0 bestimmt das niederwerte Bit der Adresse, die restlichen sieben Bits ergeben sich aus dem Anschluß des Freigabeeingangs $\overline{CS}$ an den Adreßdecoder des Systems. Das Empfangsdatenregister kann nur gelesen, das Sendedatenregister kann nur beschrieben werden; ein Zurücklesen der eingeschriebenen Daten ist nicht möglich. Das Statusregister kann nur gelesen werden; die beiden anderen auf der gleichen Adresse liegenden Register müssen in einer bestimmten Reihenfolge beschrieben werden. Nach einem Reset ist zunächst das Betriebsartregister eingeschaltet, das mit dem ersten Schreibbefehl (OUT) programmiert wird. Der folgende Schreibbefehl (OUT) adressiert dann das Kommandoregister. Das Bit 6 des Kommandoregisters legt fest, ob der nächste Schreibbefehl das Betriebsartregister oder das Kommandoregister adressieren soll. Betriebsart- und Kommandoregister müssen also in einer bestimmten Reihenfolge angesprochen werden! **Bild 6-6** zeigt die Programmierung der Betriebsart für den überwiegend verwendeten Asynchronbetrieb.

B7	B6	B5	B4	B3	B2	B1	B0
Stopbits		Parität	Parität	Zeichenlänge		Betriebsart	
0 1: 1 Bit 1 0: 1 1/2 1 1: 2 Bit		0: ung. 1: ger.	0:ohne 1:mit	0 0: 5 Bit 0 1: 6 Bit 1 0: 7 Bit 1 1: 8 Bit		0 1: Clock * 1 1 0: Clock * 16 1 1: Clock * 64	

Beispiel:
Clock * 16 :
Länge: 8 Bit:
Ohne Parität:
2 Stopbit:

Steuerbyte   1 1 0 0 1 1 1 0 = CEH

Bild 6-6: Programmierung des Betriebsartregisters

Die Bits 0 und 1 legen einen Teilungsfaktor fest, mit dem der an den Takteingängen TxC und RxC anliegende Übertragungstakt heruntergeteilt wird. Die meisten Baudratengeneratoren liefern den 16fachen Übertragungstakt.

Die Bits 2 und 3 legen die Zahl der Datenbits fest. Obwohl der ASCII-Code standardmäßig ein 7-Bit-Code ist, können in einem achten Bit zusätzliche Informationen wie z.B. eine besondere Schriftart untergebracht werden.

Die Bits 4 und 5 legen die Parität fest. Gerade Parität bedeutet, daß die Anzahl der Einerbits eine gerade Zahl (0, 2, 4, 6 oder 8) ist. Soll ein Datenbyte mit einer ungeraden Zahl von Einerbits übertragen werden, so wird das Paritätsbit 1 gesetzt, damit eine gerade Gesamtzahl entsteht.

Die Bits 6 und 7 legen die Anzahl der Stopbits fest, die den Abschluß des zu übertragenden Zeichens bilden.

Das Betriebsartbyte für 2 Stopbits, kein Paritätsbit, 8 Datenbits und den Teilungsfaktor 16 lautet 11001110 hexadezimal CE.

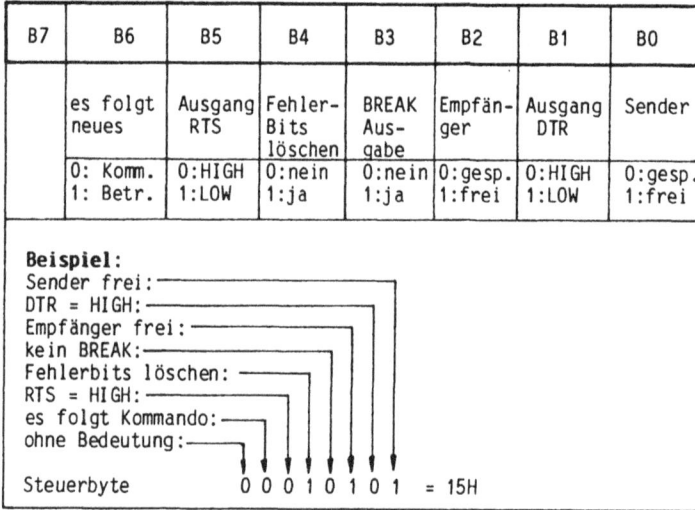

B7	B6	B5	B4	B3	B2	B1	B0
	es folgt neues	Ausgang RTS	Fehler-Bits löschen	BREAK Ausgabe	Empfän-ger	Ausgang DTR	Sender
	0: Komm. 1: Betr.	0:HIGH 1:LOW	0:nein 1:ja	0:nein 1:ja	0:gesp. 1:frei	0:HIGH 1:LOW	0:gesp. 1:frei

Beispiel:
Sender frei:
DTR = HIGH:
Empfänger frei:
kein BREAK:
Fehlerbits löschen:
RTS = HIGH:
es folgt Kommando:
ohne Bedeutung:

Steuerbyte   0 0 0 1 0 1 0 1   = 15H

Bild 6-7: Programmierung des Kommandoregisters

Bild 6-7 zeigt die Programmierung des Kommandoregisters für den Asynchronbetrieb, die nach der Festlegung der Betriebsart vorgenommen werden muß.

Die Bits 0 und 2 schalten den Sender bzw. den Empfänger ein und aus. Der Sender muß zusätzlich durch ein LOW-Potential am Steuereingang $\overline{CTS}$ freigegeben werden. CTS bedeutet Clear To Send gleich freigeben des Senders.

Die Bits 1 und 5 legen die Steuerausgänge DTR (Data Terminal Ready) und RTS (Request To Send) auf LOW oder HIGH. Sie dienen zur Steuerung eines Modems (Modulator/Demodulators) oder der Gegenstation.

Durch das Bit 3 kann die Datenausgangsleitung TxD in den BREAK-Zustand d.h. dauernd auf LOW gebracht werden. Im Betrieb ist der Ruhezustand der Leitung HIGH.

Mit dem Bit 4 können die Fehlerbits des Statusregisters wieder gelöscht werden, wenn z.B. ein Fehler erkannt und entsprechend korrigiert worden ist.

Bit 6 legt fest, ob beim folgenden Schreibbefehl das Betriebsartregister oder das Kommandoregister angesprochen werden soll. In besonderen Fehlerfällen kann es nötig sein, mit der Programmierung der Betriebsart neu zu beginnen, ohne den augenblicklichen Zustand (Betriebsart oder Kommando) zu kennen. Überträgt man nacheinander die Steuerbytes 00 und 40 hexadezimal, so gelangt man in jedem Fall zurück in das Betriebsartregister.

Das Steuerbyte 00010101 oder 15 hexadezimal schaltet z.B. Sender und Empfänger ein, löscht die Fehlerbits, bringt den Datenausgang nicht in den BREAK-Zustand, legt DTR und RTS auf HIGH und sorgt dafür, daß das folgende Steuerbyte wieder in das Kommandoregister gelangt.

B7	B6	B5	B4	B3	B2	B1	B0
Eingang DSR	BREAK Empf.	Fehler STOP- Bits	Fehler Empf. Überl.	Fehler Parit. Bit	Sende- daten Sender	Empfangs daten	Sende- daten
0:HIGH 1:LOW	0:nein 1:ja	0:nein 1:ja	0:nein 1:ja	0:nein 1:ja	0:voll 1:leer	0:leer 1:voll	0:voll 1:leer

Bild 6-8: Aufbau des Statusregisters

Bild 6-8 zeigt den Aufbau des Statusregisters (Zustandsregisters) im Asynchronbetrieb. Es kann nur gelesen werden und zeigt den Zustand der Serienschnittstelle an.

Die Bits 0, 1 und 2 zeigen an, ob das Sendedaten- bzw. Empfangsdatenregister frei ist und ob neue Daten gesendet oder empfangene Daten gelesen werden können. Eine 0 bedeutet in beiden Fällen, daß keine neuen Daten übertragen werden können; eine 1 bedeutet in beiden Fällen, daß neue Daten gesendet bzw. abgeholt werden können.

Die Bits 3, 4 und 5 enthalten Fehlermeldungen des Empfängers für den Fall eines Paritäts-, Überlauf- oder Stopbitfehlers.

Bit 6 meldet den Ruhezustand des Dateneinganges RxD. BREAK bedeutet, daß die Leitung auf LOW liegt und unterbrochen ist.

Bit 7 meldet den Zustand der Steuerleitung DSR für Data Set Ready gleich Betriebsbereitschaft.

Das Programmbeispiel des **Bildes 6-9** zeigt ein Testprogramm, das die Serienschnittstelle mit den bereits erklärten Steuerbytes programmiert und dann in einer unendlichen Schleife Daten empfängt und sofort wieder sendet. Die

```
                  0001 >; BILD 6-9  EMPFANGEN UND SENDEN IM ECHO
L1000             0002 >          ORG   1000H   ; ADRESSZAEHLER
*1000 3E CE       0003 >START     MVI   A,0CEH  ; 1100 1110 BETRIEBSART
*1002 D3 11       0004 >          OUT   11H     ; NACH STEUERREGISTER
*1004 3E 15       0005 >          MVI   A,15H   ; 0001 0101 KOMMANDO
*1006 D3 11       0006 >          OUT   11H     ; NACH STEUERREGISTER
*1008 CD 11 10    0007 >LOOP      CALL  EIN     ; EMPFANGSPROGRAMM
*100B CD 1B 10    0008 >          CALL  AUS     ; SENDEPROGRAMM
*100E C3 08 10    0009 >          JMP   LOOP    ; SCHLEIFE
                  000A >; UEBERTRAGUNGSPROGRAMME
*1011 DB 11       000B >EIN       IN    11H     ; STATUS LESEN
*1013 E6 02       000C >          ANI   02H     ; MASKE 0000 0010
*1015 CA 11 10    000D >          JZ    EIN     ; EMPFANGSREGISTER LEER
*1018 DB 10       000E >          IN    10H     ; ZEICHEN ABHOLEN
*101A C9          000F >          RET           ; RUECKSPRUNG
*101B F5          0010 >AUS       PUSH  PSW     ; BYTE RETTEN
*101C DB 11       0011 >AUS1      IN    11H     ; STATUS LESEN
*101E E6 01       0012 >          ANI   01H     ; MASKE 0000 0001
*1020 CA 1C 10    0013 >          JZ    AUS1    ; SENDEREGISTER VOLL
*1023 F1          0014 >          POP   PSW     ; BYTE ZURUECK
*1024 D3 10       0015 >          OUT   10H     ; ZEICHEN NACH SENDER
*1026 C9          0016 >          RET           ; RUECKSPRUNG
E0000             0017 >          END
```

Bild 6-9: Programmbeispiel: Empfangen und senden im Echo

Steuerregister (Betriebsart, Kommando und Status) haben in dem Beispiel die Adresse 11, die beiden Datenregister (Empfangen und Senden) haben die Adresse 10. Die beiden Unterprogramme zum Empfangen und Senden warten jeweils in einer Schleife, bis das entsprechende Bit des Statusregisters zeigt, daß Sender bzw. Empfänger bereit sind.

Für den Betrieb einer Serienschnittstelle ist ein Übertragungstakt erforderlich, der einer der genormten Bitraten entspricht. In den meisten Anwendungen liefert der Bitratengenerator den 16fachen Übertragungstakt, der durch den Teilungsfaktor 16 der Serienschnittstelle heruntergeteilt wird. **Bild 6-10** zeigt zwei Schaltungsmöglichkeiten, bei denen verschiedene Bitraten über Brücken eingestellt werden können.

Die Schaltung Bild 6-10a verwendet einen Bitratengenerator, an den ein Quarz von 1,8432 MHz angeschlossen wird. An den Ausgängen stehen alle genormten Bitraten zur Verfügung. Über zwei Steuereingänge läßt sich ein Faktor (z.B. x 16) einstellen. Die Schaltung Bild 6-10b erzeugt mit einer Oszillatorschaltung einen Takt von 2,4576 MHz, der durch einen Binärteiler (74LS393) heruntergeteilt wird. Es stehen die häufigsten Bitraten von 9400 bis 600 Baud mit dem Faktor 16 zur Verfügung. Inzwischen gibt es Bitratengeneratoren, die Quarz und Teiler auf einem Baustein vereinen.

2,4576 MHz

68 pF   100 pF   68 pF
(74LS04)

1K   1K

Faktor x 16

1,8432 MHz

+5 GND

B A

Bitratengenerator

(MC 14411)

(74LS393)

16:1

2:1 4:1 8:1 16:1

9600 4800 2400 1200 600 300 150 75 x 16

9600 4800 2400 1200 600 x 16

TxC
RxC

TxC
RxC

a. Bitratengenerator   b. Binärteiler

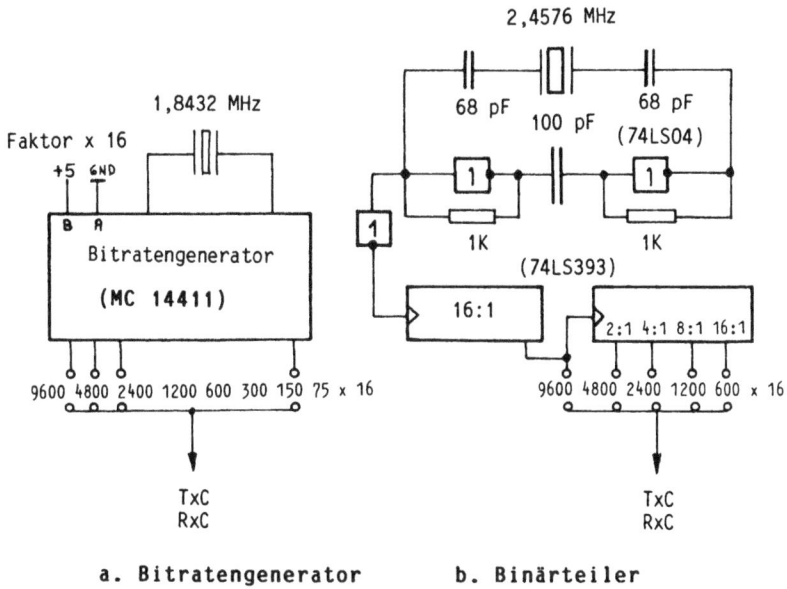

Bild 6-10: Erzeugung des Übertragungstaktes

6.3 Softwaregesteuerte serielle Datenübertragung

Die in Bild 6-1 dargestellten Signale lassen sich auch durch ein Programm erzeugen und entsprechend Bild 6-3a über einen Ausgang des Prozessors (SOD) oder einer Parallelschnittstelle senden. Umgekehrt ist es möglich, serielle an einem Eingang des Prozessors (SID) oder einer Parallelschnittstelle ankommende Signale mit einem Programm zu erkennen und zu einen Datenbyte zusammenzusetzen. Das folgende Programmbeispiel arbeitet mit dem im Abschnitt 3.8 entworfenen Übungssystem; die Prozessorleitungen SID und SOD sind nach Bild 6-3a beschaltet.

```
              0001 >; BILD 6-11  HAUPTPROGRAMM UEBERTRAGUNGSPROGRAMME
L1000         0002 >        ORG    1000H      ; ADRESSZAEHLER
*1000 3E 3F   0003 >START   MVI    A,'?'      ; ? AUSGEBEN
*1002 CD 35 10 0004 >       CALL   SEND       ;
*1005 CD 0E 10 0005 >LOOP   CALL   EMPF       ; ZEICHEN EMPFANGEN
*1008 CD 35 10 0006 >       CALL   SEND       ; ZEICHEN SENDEN
*100B C3 05 10 0007 >       JMP    LOOP       ; SCHLEIFE
```

Bild 6-11: Programmbeispiel: Hauptprogramm

Bild 6-11 zeigt das Hauptprogramm, das zunächst ein Fragezeichen ausgibt und dann in einer Schleife das empfangene Zeichen im Echo wieder aussendet. Die Unterprogramme EMPF und SEND übergeben das empfangene bzw. zu sendende Byte im Akkumulator. **Bild 6-12** zeigt das Empfangsprogramm.

```
              0008 >; BILD 6-12  EMPFANGSUNTERPROGRAMM FUER 4800 BD
*100E C5      0009 >EMPF   PUSH   B          ; BC-REGISTER RETTEN
*100F 06 00   000A >       MVI    B,00H      ; DATENBYTE LOESCHEN
*1011 0E 08   000B >       MVI    C,8        ; BITZAEHLER ANFANGSWERT
*1013 20      000C >EMPF1  RIM               ; 4 TAKTE:  SID LESEN
*1014 B7      000D >       ORA    A          ; 4 TAKTE:  TESTEN
*1015 FA 13 10 000E >      JM     EMPF1      ; 10 TAKTE: WARTEN BIS LOW
              000F >; LEITUNG LOW: FALLENDE FLANKE STARTBIT ERKANNT
*1018 3E 0F   0010 >       MVI    A,15       ; 7 TAKTE: HALBE BITZEIT WARTEN
*101A 3D      0011 >EMPF2  DCR    A          ; 4 TAKTE: ZAEHLER - 1
*101B C2 1A 10 0012 >      JNZ    EMPF2      ; 10 TAKTE: BIS NULL ZAEHLEN
*101E 20      0013 >       RIM               ; 4 TAKTE: STARTBIT ?
*101F B7      0014 >       ORA    A          ; 4 TAKTE: TESTEN
*1020 FA 13 10 0015 >      JM     EMPF1      ; 10 TAKTE: WAR KEIN STARTBIT
              0016 >; SCHLEIFE 52 TAKTE + 364 TAKTE BITZE = 416 TAKTE
*1023 CD 5A 10 0017 >EMPF3 CALL   BITZE      ; 18 TAKTE: 364 TAKTE WARTEN
*1026 20      0018 >       RIM               ; 4 TAKTE: BIT LESEN
*1027 07      0019 >       RLC               ; 4 TAKTE: BIT NACH CARRY
*1028 78      001A >       MOV    A,B        ; 4 TAKTE: BYTE HOLEN
*1029 1F      001B >       RAR               ; 4 TAKTE: NEUES BIT DAZU
*102A 47      001C >       MOV    B,A        ; 4 TAKTE: NEUES BYTE NACH B
*102B 0D      001D >       DCR    C          ; 4 TAKTE: BITZAEHLER -1
*102C C2 23 10 001E >      JNZ    EMPF3      ; 10 TAKTE: NEUES BIT LESEN
              001F >; 8 BITS EMPFANGEN STOP-BITS ABWARTEN
*102F CD 5A 10 0020 >      CALL   BITZE      ; 1. STOP-BIT ABWARTEN
*1032 78      0021 >       MOV    A,B        ; BYTE NACH AKKU
*1033 C1      0022 >       POP    B          ; BC-REGISTER ZURUECK
*1034 C9      0023 >       RET               ; RUECKSPRUNG
```

Bild 6-12: Programmbeispiel: Empfangsprogramm

Das Empfangsprogramm erwartet acht Bit lange Daten mit zwei Stopbits ohne Paritätsbit mit einer festen Bitrate von 4800 Bit/sek. Die Bitrate wird durch einen Softwarefrequenzteiler (Unterprogramm BITZE) aus dem Prozessortakt von 2 MHz (Quarz 4 MHz) abgeleitet. Die Eingabe erfolgt über das werthöchste Bit des Interruptregisters mit dem Befehl RIM. Das Programm wartet in einer Schleife auf die fallende Flanke des Signals und beginnt dann nach einer halben Bitzeit mit dem Abtasten der Leitung.

```
                0024 >; BILD 6-13   SENDEUNTERPROGRAMM FUER 4800 BD
*1035 F5        0025 >SEND   PUSH PSW    ; ZEICHEN RETTEN
*1036 C5        0026 >       PUSH B      ; BC-REGISTER RETTEN
*1037 D5        0027 >       PUSH D      ; DE-REGISTER RETTEN
*1038 47        0028 >       MOV  B,A    ; ZEICHEN NACH B-REGISTER
*1039 OE 40     0029 >       MVI  C,40H  ; 0100 0000 AUSGABE-MASKE
*103B 16 09     002A >       MVI  D,9    ; BITZAEHLER
*103D 79        002B >       MOV  A,C    ; STARTBIT = 0 LADEN
                002C >; SCHLEIFE 52 TAKTE + 364 TAKTE BITZE = 416 TAKTE
*103E 30        002D >SEND1  SIM         ;  4 TAKTE: BIT NACH SOD
*103F CD 5A 10  002E >       CALL BITZE  ; 18 TAKTE: 364 TAKTE WARTEN
*1042 78        002F >       MOV  A,B    ;  4 TAKTE: BYTE NACH AKKU
*1043 OF        0030 >       RRC         ;  4 TAKTE: BIT NACH B7
*1044 47        0031 >       MOV  B,A    ;  4 TAKTE: BYTE NACH B-REGISTER
*1045 B1        0032 >       ORA  C      ;  4 TAKTE: MASKE DAZU B6 = 1
*1046 15        0033 >       DCR  D      ;  4 TAKTE: BITZAEHLER - 1
*1047 C2 3E 10  0034 >       JNZ  SEND1  ; 10 TAKTE: BIT AUSGEBEN
                0035 >; 2 STOP-BITS AUSGEBEN
*104A 3E CO     0036 >       MVI  A,0COH ; 1100 0000 STOP-BIT = 1
*104C 30        0037 >       SIM         ; AUSGEBEN NACH SOD
*104D CD 5A 10  0038 >       CALL BITZE  ; 1. STOP-BIT
*1050 CD 5A 10  0039 >       CALL BITZE  ; 2. STOP-BIT
*1053 CD 5A 10  003A >       CALL BITZE  ; 3. STOP-BIT
*1056 D1        003B >       POP  D      ; DE-REGISTER ZURUECK
*1057 C1        003C >       POP  B      ; BC-REGISTER ZURUECK
*1058 F1        003D >       POP  PSW    ; AKKU ZURUECK
*1059 C9        003E >       RET         ; RUECKSPRUNG
```

Bild 6-13: Programmbeispiel: Sendeprogramm

Das in **Bild 6-13** dargestellte Sendeprogramm sendet acht Datenbits mit zwei Stopbits ohne Paritätsbit mit einer festen Bitrate von 4800 Bit/sek. Die Ausgabe erfolgt über das werthöchste Bit des Interruptregisters mit dem SOD-Anschluß. Für die serielle Ausgabe enthält das werthöchste Bit des Akkumulators (Bit 7) das auszugebende Bit, Bit 6 muß 1 sein; die restlichen Bitpositionen werden 0 gesetzt.

```
                003F >; BILD 6-14 UNTERPROGRAMM BITZEIT 364 TAKTE FUER 4800 BD
*105A F5        0040 >BITZE  PUSH PSW    ; 12 TAKTE: AKKU RETTEN
*105B 3E 17     0041 >       MVI  A,23   ;  7 TAKTE: SCHLEIFENZAEHLER
*105D 3D        0042 >BITZE1 DCR  A      ;  4 TAKTE: ZAEHLER - 1
*105E C2 5D 10  0043 >       JNZ  BITZE1 ; 10 TAKTE: 23 x 14 - 3 = 319
*1061 00        0044 >       NOP         ;  4 TAKTE: AUSGLEICH
*1062 00        0045 >       NOP         ;  4 TAKTE: AUSGLEICH
*1063 F1        0046 >       POP  PSW    ; 10 TAKTE: AKKU ZURUECK
*1064 C9        0047 >       RET         ; 10 TAKTE: RUECKSPRUNG
E0000           0048 >       END
```

Bild 6-14: Programmbeispiel: Warteprogramm Bitzeit

Das in **Bild 6-14** dargestellte Warteprogramm ist für eine Bitrate von 4800 Bit/sek und einen Prozessortakt von 2 MHz (Quarz 4 MHz) programmiert. Bei 4800 Bit/sek (Baud) beträgt die Bitzeit 1/4800 = 208,3 ms. Bei 2 MHz Prozessortakt sind dies gerundet 416 Takte. Die fallende Flanke des Startbits synchronisiert Sender und Empfänger bei jedem Zeichen neu, so daß geringfügige Abweichungen zwischen dem Sende- und dem Empfangstakt zulässig sind.

6.4 Ein Terminalmonitor für das Testsystem

Das in **Bild 6-15** vollständig abgedruckte Monitorprogramm befindet sich ab Adresse 0000H im Festwertspeicher des Testsystems (Abschnitt 3.9). Als Bedienungsterminal diente ein Personal Computer (PC). Der Anhang zeigt ein Pascalprogramm für die Eingabe und Ausgabe von Daten über die Serienschnittstelle 8250 des PC sowie für die Dateiverwaltung und Druckerausgabe. Nach dem Start des Monitorprogramms mit Reset erscheint eine Eingabemarke, hinter der der Benutzer Kommandobuchstaben und Steuergrößen eingibt.

Das Kommando F (Fill, fülle) erwartet die Anfangs- und die Endadresse eines Speicherbereiches sowie ein Byte, das in den Bereich gespeichert wird.

Das Kommando D (Display, Dump) gibt den Inhalt eines Bereiches von einer Anfangsadresse bis zu einer Endadresse aus. Es erscheinen 16 Bytes auf einer Zeile, einmal hexadezimal und dann nochmals als ASCII-Zeichen.

Das Kommando G (Go, gehe) startet ein Programm von einer Startadresse.

Das Kommando S (Substitute, schreibe) dient zum Anzeigen und Ändern von Speicherbytes ab einer Anfangsadresse. Ein Leerzeichen erhöht die Adresse, ein Minuszeichen vermindert sie. Nach der Eingabe eines neuen Bytes wird die Adresse automatisch um 1 erhöht.

Das Kommando P (Port, Peripherie) greift mit IN- und OUT-Befehlen auf die Ports zu und dient zum Lesen und Ausgeben von Peripheriedaten.

Das Kommando L (Load, lade) liest Daten aus einer Datei in einem Hexaformat vom Terminal und legt sie im Speicher ab.

Das Kommando A (Abspeichern) sendet einen Speicherbereich im Hexaformat an das Terminal; dort können die Daten als Datei abgelegt werden.

```
L0000          #001>     ORG   OH        ; STARTADRESSE
L0000          #002>     LOAD  1000H     ; LADEADRESSE
L0000          #003>; BILD 6-15: TERMINALMONITOR FUER PC-SYSTEM 3.9
L0000 00       #004>RST0  NOP            ; TU NIX
L0001 31 00 FF #005>     LXI   SP,0FF00H ; STAPEL ANLEGEN
L0004 C3 40 00 #006>     JMP   START     ; INTERRUPTTABELLE
L0007 FF       #007>     DB    0FFH      ; UEBERSPRINGEN
L0008 C3 08 FF #008>RST1  JMP   0FF08H    ; UMLEITUNG NACH RAM
L000B FF FF .. #009>     DB    0FFH,0FFH,0FFH,0FFH
L0010 C3 10 FF #010>RST2  JMP   0FF10H    ; UMLEITUNG NACH RAM
L0013 FF FF .. #011>     DB    0FFH,0FFH,0FFH,0FFH,0FFH
L0018 C3 18 FF #012>RST3  JMP   0FF18H    ; UMLEITUNG NACH RAM
L001B FF FF .. #013>     DB    0FFH,0FFH,0FFH,0FFH,0FFH
L0020 C3 20 FF #014>RST4  JMP   0FF20H    ; UMLEITUNG NACH RAM
L0023 FF       #015>     DB    0FFH      ;
L0024 C3 24 FF #016>TRAP  JMP   0FF24H    ; UMLEITUNG NACH RAM
L0027 FF       #017>     DB    0FFH      ;
L0028 C3 28 FF #018>RST5  JMP   0FF28H    ; UMLEITUNG NACH RAM
L002B FF       #019>     DB    0FFH      ;
L002C C3 2C FF #020>RST55 JMP   0FF2CH    ; UMLEITUNG NACH RAM
L002F FF       #021>     DB    0FFH      ;
L0030 C3 30 FF #022>RST6  JMP   0FF30H    ; UMLEITUNG NACH RAM
L0033 FF       #023>     DB    0FFH      ;
L0034 C3 34 FF #024>RST65 JMP   0FF34H    ; UMLEITUNG NACH RAM
L0037 FF       #025>     DB    0FFH      ;
L0038 C3 38 FF #026>RST7  JMP   0FF38H    ; UMLEITUNG NACH RAM
L003B FF       #027>     DB    0FFH      ;
L003C C3 3C FF #028>RST75 JMP   0FF3CH    ; UMLEITUNG NACH RAM
L003F FF       #029>     DB    0FFH      ;
L0040 3E 10    #030>START MVI   A,16      ; ZAEHLER 16 INTERRUPTEINSPR.
L0042 21 00 FF #031>     LXI   H,0FF00H  ; ADRESSE UMLEITUNGSBEREICH
L0045 36 00    #032>START1 MVI  M,00H     ; CODE NOP
L0047 23       #033>     INX   H         ;
L0048 36 C3    #034>     MVI   M,0C3H    ; CODE JMP
L004A 23       #035>     INX   H         ;
L004B 36 00    #036>     MVI   M,00H     ; ZIELADRESSE LOW
L004D 23       #037>     INX   H         ;
L004E 36 00    #038>     MVI   M,00H     ; ZIELADRESSE HIGH
L0050 23       #039>     INX   H         ;
L0051 3D       #040>     DCR   A         ; ZAEHLER - 1
L0052 C2 45 00 #041>     JNZ   START1    ;
L0055          #042>; MONITOR - HAUPTSCHLEIFE FUEHRT KOMMANDOS AUS
L0055 CD 6B 03 #043>     CALL  INIT      ; 8250 INITIALISIEREN
L0058 CD 2C 03 #044>LOOP  CALL  NZEI      ; NEUE ZEILE
L005B 3E 3E    #045>     MVI   A,'>'     ; EINGABEMARKE
L005D CD 89 03 #046>     CALL  SEND      ; AUSGEBEN
L0060 CD 95 03 #047>     CALL  EMPFE     ; ZEICHEN LESEN MIT ECHO
L0063 FE 46    #048>     CPI   'F'       ; FUELL-FUNKTION?
L0065 CA 8E 00 #049>     JZ    FFUN      ; JA
L0068 FE 44    #050>     CPI   'D'       ; DUMP-FUNKTION?
L006A CA AC 00 #051>     JZ    DFUN      ; JA
L006D FE 47    #052>     CPI   'G'       ; GO-FUNKTION?
L006F CA 0F 01 #053>     JZ    GFUN      ; JA
L0072 FE 53    #054>     CPI   'S'       ; SPEICHER-FUNKTION?
L0074 CA 17 01 #055>     JZ    SFUN      ; JA
L0077 FE 50    #056>     CPI   'P'       ; PORT-FUNKTION?
L0079 CA 4F 01 #057>     JZ    PFUN      ; JA
L007C FE 4C    #058>     CPI   'L'       ; LADE-FUNKTION?
L007E CA 92 01 #059>     JZ    LFUN      ; JA
L0081 FE 41    #060>     CPI   'A'       ; AUSGABE-FUNKTION?
L0083 CA F6 01 #061>     JZ    AFUN      ;
L0086 3E 3F    #062>ERROR MVI  A,'?'     ; FEHLERMELDUNG
L0088 CD 89 03 #063>     CALL  SEND      ; ? AUSGEBEN
L008B C3 58 00 #064>     JMP   LOOP      ; TESTSCHLEIFE
L008E          #065>; FUELLEN EINES SPEICHERBEREICHES MIT BYTES
L008E CD 0E 03 #066>FFUN  CALL  EBER      ; DE = ENDE HL = ANFANG
L0091 DA 86 00 #067>     JC    ERROR     ; C=1: EINGABEFEHLER
L0094 E5       #068>     PUSH  H         ; HL MIT ADRESSE RETTEN
```

```
L0095 CD AA 02 #069>      CALL  EINH        ; FUELLBYTE
L0098 DA 86 00 #070>      JC    ERROR       ; C=1: EINGABEFEHLER
L009B 7D       #071>      MOV   A,L         ; A = BYTE
L009C E1       #072>      POP   H           ; HL MIT ADRESSE ZURUECK
L009D 77       #073>FFUN1 MOV   M,A         ; BYTE SPEICHERN
L009E BE       #074>      CMP   M           ; GESPEICHERT?
L009F C4 1C 03 #075>      CNZ   RAMER       ; NEIN: SPEICHERFEHLER
L00A2 CD 81 02 #076>FFUN2 CALL  DEVHL       ; ENDWERT - LAUFWERT
L00A5 CA 58 00 #077>      JZ    LOOP        ; GLEICH: FERTIG
L00A8 23       #078>      INX   H           ; UNGLEICH: ADRESSE + 1
L00A9 C3 9D 00 #079>      JMP   FFUN1       ; WEITER
L00AC          #080>; DUMP EINES SPEICHERBEREICHES MIT ANHALTEN
L00AC CD 0E 03 #081>DFUN  CALL  EBER        ; DE = ENDE  HL = ANFANG
L00AF DA 86 00 #082>      JC    ERROR       ; C=1: FEHLER
L00B2 7D       #083>      MOV   A,L         ; LOW-ANFANG BEGRADIGEN
L00B3 E6 F0    #084>      ANI   0F0H        ; MASKE;    1111 0000
L00B5 6F       #085>      MOV   L,A         ; XXXX XXXX XXXX 0000
L00B6 7B       #086>      MOV   A,E         ; LOW-ENDE 1 SETZEN
L00B7 F6 0F    #087>      ORI   0FH         ; KONSTANTE 0000 1111
L00B9 5F       #088>      MOV   E,A         ; XXXX XXXX XXXX 1111
L00BA 06 10    #089>DFUN1 MVI   B,16        ; 16 ZEILEN/SEITE
L00BC CD 4F 03 #090>DFUN2 CALL  NADD        ; NEUE ZEILE UND ADRESSE
L00BF 0E 10    #091>      MVI   C,16        ; 16 BYTES/ZEILE
L00C1 7E       #092>DFUN3 MOV   A,M         ; BYTE LESEN
L00C2 CD 39 03 #093>      CALL  LBYT        ; LZ UND BYTE AUSGEBEN
L00C5 23       #094>      INX   H           ; NAECHSTE ADRESSE
L00C6 0D       #095>      DCR   C           ; ZEICHENZAEHLER - 1
L00C7 C2 C1 00 #096>      JNZ   DFUN3       ; 16 BYTES AUF EINER ZEILE
L00CA 2B       #097>      DCX   H           ; ADRESSE ZURUECK
L00CB 0E 10    #098>      MVI   C,16        ; 16 ZEICHEN/ZEILE HINTER BYTES
L00CD 7D       #099>      MOV   A,L         ; ADRESSE ZURUECK
L00CE E6 F0    #100>      ANI   0F0H        ; MASKE 1111 0000
L00D0 6F       #101>      MOV   L,A         ; ADRESSE XXXX XXXX XXXX 0000
L00D1 3E 20    #102>      MVI   A,' '       ; LEERZEICHEN
L00D3 CD 89 03 #103>      CALL  SEND        ;
L00D6 3E 2D    #104>      MVI   A,'-'       ; TRENNZEICHEN
L00D8 CD 89 03 #105>      CALL  SEND        ;
L00DB 3E 20    #106>      MVI   A,' '       ; LEERZEICHEN
L00DD CD 89 03 #107>      CALL  SEND        ;
L00E0 7E       #108>DFUN4 MOV   A,M         ; BYTE LESEN
L00E1 FE 20    #109>      CPI   ' '         ; STEUERZEICHEN ?
L00E3 D2 E8 00 #110>      JNC   DFUN5       ; NEIN: BLEIBT
L00E6 3E 2E    #111>      MVI   A,'.'       ; JA: DURCH PUNKT ERSETZT
L00E8 CD 89 03 #112>DFUN5 CALL  SEND        ; ALS ZEICHEN AUSGEBEN
L00EB 23       #113>      INX   H           ; NAECHSTE ADRESSE
L00EC 0D       #114>      DCR   C           ; ZEICHENZAEHLER - 1
L00ED C2 E0 00 #115>      JNZ   DFUN4       ; 16 ZEICHEN AUF EINER ZEILE
L00F0 2B       #116>      DCX   H           ; ADRESSE KORRIGIEREN
L00F1 CD 81 02 #117>      CALL  DEVHL       ; ENDADRESSE - LAUFADRESSE
L00F4 CA 58 00 #118>      JZ    LOOP        ; GLEICH: FERTIG
L00F7 23       #119>DFUN6 INX   H           ; ADRESSE + 1
L00F8 05       #120>      DCR   B           ; ZEILENZAEHLER - 1
L00F9 C2 BC 00 #121>      JNZ   DFUN2       ; 16 BYTES AUF EINER SEITE
L00FC CD 2C 03 #122>      CALL  NZEI        ; NEUE ZEILE
L00FF 3E 2D    #123>      MVI   A,'-'       ; EINGABEMARKE
L0101 CD 89 03 #124>      CALL  SEND        ; AUSGEBEN
L0104 CD 7F 03 #125>      CALL  EMPF        ; ANTWORT LESEN
L0107 FE 20    #126>      CPI   ' '         ; LEERZEICHEN ?
L0109 CA BA 00 #127>      JZ    DFUN1       ; JA: WEITER
L010C C3 58 00 #128>      JMP   LOOP        ; NEIN: ABBRUCH
L010F          #129>; GO = PROGRAMM STARTEN OHNE REGISTERVERWALTUNG
L010F CD AA 02 #130>GFUN  CALL  EINH        ; STARTADRESSE LADEN
L0112 DA 86 00 #131>      JC    ERROR       ; EINGABEFEHLER
L0115 E5       #132>      PUSH  H           ; STARTADRESSE AUF STAPEL
L0116 C9       #133>      RET               ; POP PC: PROGRAMM STARTEN
L0117          #134>; SPEICHERBYTES ANZEIGEN UND AENDERN
L0117 CD AA 02 #135>SFUN  CALL  EINH        ; ANFANGSADRESSE LADEN
L011A DA 86 00 #136>      JC    ERROR       ; EINGABEFEHLER
```

```
L011D CD 4F 03 #137>SFUN1  CALL  NADD     ; NEUE ZEILE UND ADRESSE
L0120 7E       #138>       MOV   A,M      ; ALTEN INHALT LADEN
L0121 CD 39 03 #139>       CALL  LBYT     ; LZ UND BYTE AUSGEBEN
L0124 3E 2D    #140>       MVI   A,'-'    ; EINGABEMARKE
L0126 CD 89 03 #141>       CALL  SEND     ; AUSGEBEN
L0129 CD F5 02 #142>       CALL  EBYT     ; ANTWORT LESEN MIT ECHO
L012C D2 46 01 #143>       JNC   SFUN3    ; C=0: WERT GELESEN
L012F FE 0D    #144>       CPI   0DH      ; CR = WAGENRUECKLAUF?
L0131 CA 58 00 #145>       JZ    LOOP     ; JA: ENDE DER FUNKTION
L0134 FE 20    #146>       CPI   ' '      ; LEERZEICHEN ?
L0136 C2 3D 01 #147>       JNZ   SFUN2    ; NEIN: WEITER
L0139 23       #148>       INX   H        ; JA: ADRESSE + 1
L013A C3 1D 01 #149>       JMP   SFUN1    ; WEITER
L013D FE 2D    #150>SFUN2  CPI   '-'      ; MINUSZEICHEN ?
L013F C2 86 00 #151>       JNZ   ERROR    ; NEIN: EINGABEFEHLER
L0142 2B       #152>       DCX   H        ; JA: ADRESSE - 1
L0143 C3 1D 01 #153>       JMP   SFUN1    ; WEITER
L0146 77       #154>SFUN3  MOV   M,A      ; BYTE SPEICHERN
L0147 BE       #155>       CMP   M        ; PRUEFEN
L0148 C4 1C 03 #156>       CNZ   RAMER    ; UNGLEICH: KEIN RAM
L014B 23       #157>       INX   H        ; GLEICH: ADRESSE + 1
L014C C3 1D 01 #158>       JMP   SFUN1    ; WEITER
L014F          #159>; PORTBYTES ANZEIGEN UND AUSGEBEN
L014F CD AA 02 #160>PFUN   CALL  EINH     ; PORTADRESSE NACH L LESEN
L0152 DA 86 00 #161>       JC    ERROR    ; C=1: FEHLER
L0155 CD 2C 03 #162>PFUN1  CALL  NZEI     ; NEUE ZEILE
L0158 7D       #163>       MOV   A,L      ; PORTADRESSE
L0159 CD 40 03 #164>       CALL  BYTE     ; AUSGEBEN
L015C 3E 2D    #165>       MVI   A,'-'    ; EINGABEMARKE
L015E CD 89 03 #166>       CALL  SEND     ; AUSGEBEN
L0161 CD F5 02 #167>       CALL  EBYT     ; ANTWORT LESEN ECHO
L0164 D2 8C 01 #168>       JNC   PFUN4    ; C=0: WERT
L0167 FE 0D    #169>       CPI   0DH      ; CR ?
L0169 CA 58 00 #170>       JZ    LOOP     ; JA: ABBRUCH
L016C FE 2B    #171>       CPI   '+'      ; PLUSZEICHEN ?
L016E C2 75 01 #172>       JNZ   PFUN2    ; NEIN: WEITER
L0171 2C       #173>       INR   L        ; JA: ADRESSE + 1
L0172 C3 55 01 #174>       JMP   PFUN1    ;
L0175 FE 2D    #175>PFUN2  CPI   '-'      ; MINUSZEICHEN ?
L0177 C2 7E 01 #176>       JNZ   PFUN3    ; NEIN: WEITER
L017A 2D       #177>       DCR   L        ; ADRESSE - 1
L017B C3 55 01 #178>       JMP   PFUN1    ;
L017E FE 20    #179>PFUN3  CPI   ' '      ; LEERZEICHEN ?
L0180 C2 86 00 #180>       JNZ   ERROR    ; NEIN: EINGABEFEHLER
L0183 CD 90 02 #181>       CALL  IN       ; JA: PORT LESEN
L0186 CD 39 03 #182>       CALL  LBYT     ; LZ UND INHALT AUSGEBEN
L0189 C3 55 01 #183>       JMP   PFUN1    ; PORTADRESSE BLEIBT
L018C CD 97 02 #184>PFUN4  CALL  OUT      ; AUSGEBEN
L018F C3 55 01 #185>       JMP   PFUN1    ; PORTADDRESSE BLEIBT
L0192          #186>; LADEN EINES SPEICHERBEREICHES VOM TERMINAL
L0192 CD 7F 03 #187>LFUN   CALL  EMPF     ; ZEICHEN LESEN
L0195 FE 3A    #188>       CPI   ':'      ; SATZANFANGSMARKE ?
L0197 C2 92 01 #189>       JNZ   LFUN     ; NEIN: WARTEN
L019A CD 2C 03 #190>       CALL  NZEI     ; NEUE ZEILE
L019D CD 89 03 #191>       CALL  SEND     ; ECHO
L01A0 CD F5 02 #192>       CALL  EBYT     ; ZAHL DER BYTES
L01A3 DA E0 01 #193>       JC    LFUN5    ; EINGABEFEHLER
L01A6 47       #194>       MOV   B,A      ; B = BYTEZAEHLER
L01A7 CD F5 02 #195>       CALL  EBYT     ; HIGH-ADRESSE
L01AA DA E0 01 #196>       JC    LFUN5    ; EINGABEFEHLER
L01AD 67       #197>       MOV   H,A      ;
L01AE CD F5 02 #198>       CALL  EBYT     ; LOW-ADRESSE
L01B1 DA E0 01 #199>       JC    LFUN5    ; EINGABEADRESSE
L01B4 6F       #200>       MOV   L,A      ;
L01B5 CD F5 02 #201>       CALL  EBYT     ; SATZTYP
L01B8 FE 00    #202>       CPI   0OH      ; DATENSATZ?
L01BA C2 DB 01 #203>       JNZ   LFUN4    ; NEIN: WEITER
L01BD 78       #204>LFUN1  MOV   A,B      ; JA: SCHLEIFENKONTROLLE
```

```
L01BE B7         #205>        ORA   A        ;
L01BF CA D2 01   #206>        JZ    LFUN3    ; FERTIG
L01C2 CD F5 02   #207>        CALL  EBYT     ; NEIN: BYTE LESEN
L01C5 DA E0 01   #208>        JC    LFUN5    ; EINGABEFEHLER
L01C8 77         #209>        MOV   M,A      ; SPEICHERN
L01C9 BE         #210>        CMP   M        ; KONTROLLE
L01CA C4 1C 03   #211>        CNZ   RAMER    ; SPEICHERFEHLER
L01CD 23         #212>LFUN2   INX   H        ; ADRESSE + 1
L01CE 05         #213>        DCR   B        ; ZAEHLER - 1
L01CF C3 BD 01   #214>        JMP   LFUN1    ; WEITER
L01D2 CD F5 02   #215>LFUN3   CALL  EBYT     ; PRUEFSUMME NICHT AUSWERTEN
L01D5 DA E0 01   #216>        JC    LFUN5    ; EINGABEFEHLER
L01D8 C3 92 01   #217>        JMP   LFUN     ; NEUER SATZ
L01DB FE 01      #218>LFUN4   CPI   01H      ; ENDESATZ?
L01DD CA E8 01   #219>        JZ    LFUN6    ; JA: PRUEFSUMME LESEN
L01E0 3E 3F      #220>LFUN5   MVI   A,'?'    ; EINGABEFEHLERMARKE
L01E2 CD 89 03   #221>        CALL  SEND     ; AUSGEBEN
L01E5 C3 92 01   #222>        JMP   LFUN     ; NEUEN SATZ
L01E8 CD F5 02   #223>LFUN6   CALL  EBYT     ; LETZTE PRUEFSUMME LESEN
L01EB D2 58 00   #224>        JNC   LOOP     ; EINGABE BEENDET: HAUPTSCHLEIFE
L01EE 3E 3F      #225>        MVI   A,'?'    ; FEHLERMARKE
L01F0 CD 89 03   #226>        CALL  SEND     ;
L01F3 C3 58 00   #227>        JMP   LOOP     ; FERTIG: HAUPTSCHLEIFE
L01F6            #228>; AUSSENDEN EINES SPEICHERBEREICHES ZUM TERMINAL
L01F6 CD 0E 03   #229>AFUN    CALL  EBER     ; DE = ENDE  HL = ANFANG
L01F9 DA 86 00   #230>        JC    ERROR    ; EINGABEFEHLER
L01FC 3E 2D      #231>        MVI   A,'-'    ; EINGABEMARKE
L01FE CD 89 03   #232>        CALL  SEND     ; AUSGEBEN
L0201 CD 7F 03   #233>        CALL  EMPF     ; AUF START MIT CR WARTEN
L0204 FE 0D      #234>        CPI   0DH      ; CR = START
L0206 C2 86 00   #235>        JNZ   ERROR    ; KEIN START: ABBRUCH
L0209 CD 2C 03   #236>        CALL  NZEI     ; NEUE ZEILE
L020C E5         #237>        PUSH  H        ; HL RETTEN
L020D 7C         #238>        MOV   A,H      ; H 1ER KOMPLEMENT
L020E 2F         #239>        CMA            ;
L020F 67         #240>        MOV   H,A      ;
L0210 7D         #241>        MOV   A,L      ; L 1ER KOMPLEMENT
L0211 2F         #242>        CMA            ;
L0212 6F         #243>        MOV   L,A      ;
L0213 23         #244>        INX   H        ; HL = 2ER KOMPLEMENT
L0214 19         #245>        DAD   D        ; -HL + DE => ENDE - ANFANG
L0215 EB         #246>        XCHG           ; DE = ZAHL DER BYTES
L0216 13         #247>        INX   D        ; DIFFERENZ + 1
L0217 E1         #248>        POP   H        ; HL = LAUFENDE BYTEADRESSE
L0218 3E 3A      #249>AFUN1   MVI   A,':'    ; SATZANFANGSMARKE
L021A CD 89 03   #250>        CALL  SEND     ; AUSGEBEN
L021D 7A         #251>        MOV   A,D      ; TEST AUF ENDE
L021E B3         #252>        ORA   E        ; BEI BYTEZAEHLER = 0
L021F CA 5E 02   #253>        JZ    AFUN4    ; ENDESATZ AUSGEBEN
L0222 06 10      #254>        MVI   B,16     ; ZAEHLER FUER SATZ
L0224 0E 00      #255>        MVI   C,0      ; PRUEFSUMME
L0226 7B         #256>        MOV   A,E      ; DE PRUEFEN
L0227 D6 10      #257>        SUI   16       ; UND VERMINDERN
L0229 5F         #258>        MOV   E,A      ;
L022A 7A         #259>        MOV   A,D      ;
L022B DE 00      #260>        SBI   0        ; CARRY ABZIEHEN
L022D 57         #261>        MOV   D,A      ;
L022E D2 38 02   #262>        JNC   AFUN2    ; NICHT LETZTER SATZ
L0231 7B         #263>        MOV   A,E      ; LETZTER SATZ
L0232 C6 10      #264>        ADI   16       ; SATZLAENGE KORRIGIEREN
L0234 47         #265>        MOV   B,A      ; BYTEZAEHLER LETZTER SATZ
L0235 16 00      #266>        MVI   D,0      ; ZAEHLER LOESCHEN
L0237 5A         #267>        MOV   E,D      ; DE = 0
L0238 78         #268>AFUN2   MOV   A,B      ; SATZLAENGE
L0239 CD 79 02   #269>        CALL  AFUN6    ;
L023C 7C         #270>        MOV   A,H      ; HIGH-ADRESSE
L023D CD 79 02   #271>        CALL  AFUN6    ;
L0240 7D         #272>        MOV   A,L      ; LOW-ADRESSE
```

```
L0241 CD 79 02 #273>        CALL  AFUN6     ;
L0244 3E 00    #274>        MVI   A,0       ; DATENSATZTYP
L0246 CD 79 02 #275>        CALL  AFUN6     ;
L0249 7E       #276>AFUN3   MOV   A,M       ; DATENBYTE
L024A CD 79 02 #277>        CALL  AFUN6     ;
L024D 23       #278>        INX   H         ; ADRESSE + 1
L024E 05       #279>        DCR   B         ; BYTEZAEHLER - 1
L024F C2 49 02 #280>        JNZ   AFUN3     ;
L0252 79       #281>        MOV   A,C       ; PRUEFSUMME
L0253 2F       #282>        CMA             ; 1ER KOMPLEMENT
L0254 3C       #283>        INR   A         ; 2ER KOMPLEMENT
L0255 CD 40 03 #284>        CALL  BYTE      ; AUSGEBEN
L0258 CD 2C 03 #285>        CALL  NZEI      ; CR LF ANHAENGEN
L025B C3 18 02 #286>        JMP   AFUN1     ; NAECHSTER SATZ
L025E 16 06    #287>AFUN4   MVI   D,6       ; 6 NULLEN
L0260 3E 30    #288>        MVI   A,'0'     ;
L0262 CD 89 03 #289>AFUN5   CALL  SEND      ; LAENGE 00
L0265 15       #290>        DCR   D         ; ADRESSE 00 00
L0266 C2 62 02 #291>        JNZ   AFUN5     ;
L0269 3E 01    #292>        MVI   A,01H     ; SATZTYP ENDEMARKE
L026B CD 40 03 #293>        CALL  BYTE      ;
L026E 3E FF    #294>        MVI   A,0FFH    ; PRUEFSUMME
L0270 CD 40 03 #295>        CALL  BYTE      ; AUSGEBEN
L0273 CD 2C 03 #296>        CALL  NZEI      ; CR LF
L0276 C3 58 00 #297>        JMP   LOOP      ; FERTIG
L0279 F5       #298>AFUN6   PUSH  PSW       ; BYTE RETTEN
L027A 81       #299>        ADD   C         ; ZUR PRUEFSUMME
L027B 4F       #300>        MOV   C,A       ; PRUEFSUMME ZURUECK
L027C F1       #301>        POP   PSW       ; BYTE ZURUECK
L027D CD 40 03 #302>        CALL  BYTE      ; SENDEN
L0280 C9       #303>        RET             ;
L0281          #304>; VERGLEICH DE - HL: C UND Z VERAENDERT
L0281 C5       #305>DEVHL   PUSH  B         ; BC RETTEN
L0282 47       #306>        MOV   B,A       ; AKKU RETTEN
L0283 7A       #307>        MOV   A,D       ; HIGH-BYTES VERGLEICHEN
L0284 BC       #308>        CMP   H         ; D - H
L0285 CA 8B 02 #309>        JZ    DEVHL2    ; GLEICH: LOW VERGLEICHEN
L0288 78       #310>DEVHL1  MOV   A,B       ; AKKU ZURUECK
L0289 C1       #311>        POP   B         ; BC ZURUECK
L028A C9       #312>        RET             ; C UND Z VERGLEICHEN DE - HL
L028B 7B       #313>DEVHL2  MOV   A,E       ; LOW-BYTES VERGLEICHEN
L028C BD       #314>        CMP   L         ; E - L
L028D C3 88 02 #315>        JMP   DEVHL1    ;
L0290          #316>; IN- UND OUT-BEFEHLE AUSFUEHREN L = PORTADRESSE
L0290 E5       #317>IN      PUSH  H         ; HL RETTEN
L0291 65       #318>        MOV   H,L       ; H = PORTADRESSE
L0292 2E DB    #319>        MVI   L,0DBH    ; L = CODE IN-BEFEHL
L0294 C3 9B 02 #320>        JMP   OUT1      ;
L0297 E5       #321>OUT     PUSH  H         ; HL RETTEN
L0298 65       #322>        MOV   H,L       ; H = PORTADRESSE
L0299 2E D3    #323>        MVI   L,0D3H    ; L = CODE OUT-BEFEHL
L029B E5       #324>OUT1    PUSH  H         ; PORT + CODE
L029C E5       #325>        PUSH  H         ; PORT + CODE
L029D E1       #326>        POP   H         ; SP - 2
L029E 2E E1    #327>        MVI   L,0E1H    ; L = CODE POP H
L02A0 26 C9    #328>        MVI   H,0C9H    ; H = CODE RET
L02A2 E3       #329>        XTHL            ; RET + POP H
L02A3 21 FE FF #330>        LXI   H,-2      ;
L02A6 39       #331>        DAD   SP        ; HL = SP ZEIGT AUF CODE
L02A7 33       #332>        INX   SP        ;
L02A8 33       #333>        INX   SP        ; SP ZEIGT AUF HL IM STAPEL
L02A9 E9       #334>        PCHL            ; START DER 4 BEFEHLE
L02AA          #335>; HEXADEZIMALE EINGABEUNTERPROGRAMME
L02AA 3E 20    #336>EINH    MVI   A,' '     ; HL = HEXAZAHL C=1:FEHLER
L02AC CD 89 03 #337>        CALL  SEND      ; LEERZEICHEN AUSGEBEN
L02AF 3E 2D    #338>        MVI   A,'-'     ; EINGABEMARKE
L02B1 CD 89 03 #339>        CALL  SEND      ; AUSGEBEN
L02B4 3E 3E    #340>        MVI   A,'>'     ; EINGABEMARKE
```

```
L02B6 CD 89 03  #341>          CALL  SEND    ; AUSGEBEN
L02B9 21 00 00  #342>          LXI   H,0     ; HL MIT NULL VORBESETZEN
L02BC CD 7F 03  #343>EINH1     CALL  EMPF    ; ZEICHEN LESEN
L02BF FE 21     #344>          CPI   21H     ; ENDE: LZ ODER STEUERZEICHEN
L02C1 D2 CB 02  #345>          JNC   EINH2   ; NEIN: AUSWERTEN
L02C4 3E 20     #346>          MVI   A,' '   ; JA: LZ ALS ECHO
L02C6 CD 89 03  #347>          CALL  SEND    ; AUSGEBEN
L02C9 B7        #348>          ORA   A       ; C = 0: KEIN FEHLER
L02CA C9        #349>          RET           ;
L02CB CD 89 03  #350>EINH2     CALL  SEND    ; ZEICHEN IM ECHO AUSGEBEN
L02CE CD DB 02  #351>          CALL  DECOD   ; ZEICHEN DECODIEREN
L02D1 D8        #352>          RC            ; C = 1: FEHLERABBRUCH
L02D2 29        #353>          DAD   H       ; ZAHL 4 BIT LINKS SCHIEBEN
L02D3 29        #354>          DAD   H       ;
L02D4 29        #355>          DAD   H       ;
L02D5 29        #356>          DAD   H       ;
L02D6 85        #357>          ADD   L       ; 4 NEUE BITPOSITIONEN LINKS
L02D7 6F        #358>          MOV   L,A     ; EINBAUEN
L02D8 C3 BC 02  #359>          JMP   EINH1   ; NAECHSTES ZEICHEN LESEN
L02DB FE 30     #360>DECOD     CPI   '0'     ; ZEICHEN IM AKKU DECODIEREN
L02DD D8        #361>          RC            ; KLEINER ALS '0': C=1: FEHLER
L02DE FE 3A     #362>          CPI   ':'     ; GROESSER ALS '9'?
L02E0 D2 E6 02  #363>          JNC   DECOD1  ; JA: BUCHSTABEN UNTERSUCHEN
L02E3 D6 30     #364>          SUI   30H     ; ZIFFER DECODIEREN
L02E5 C9        #365>          RET           ; C=0: KEIN FEHLER
L02E6 E6 DF     #366>DECOD1    ANI   0DFH    ; 1101 1111 KLEIN NACH GROSS
L02E8 FE 41     #367>          CPI   'A'     ; KLEINER ALS 'A'?
L02EA D8        #368>          RC            ; JA: C=1: FEHLERAUSGANG
L02EB FE 47     #369>          CPI   'G'     ; GROESSER ALS F?
L02ED D2 F3 02  #370>          JNC   DECOD2  ; JA: EINGABEFEHLER
L02F0 D6 37     #371>          SUI   37H     ; GROSSBUCHSTABE DECODIEREN
L02F2 C9        #372>          RET           ; C=0: KEIN FEHLER
L02F3 37        #373>DECOD2    STC           ; C=1: FEHLERAUSGANG
L02F4 C9        #374>          RET           ;
L02F5 CD 95 03  #375>EBYT      CALL  EMPFE   ; 1. ZEICHEN ECHO
L02F8 CD DB 02  #376>          CALL  DECOD   ; DECODIEREN
L02FB D8        #377>          RC            ; EINGABEFEHLER
L02FC 07        #378>          RLC           ; 4 BIT LINKS
L02FD 07        #379>          RLC           ;
L02FE 07        #380>          RLC           ;
L02FF 07        #381>          RLC           ;
L0300 C5        #382>          PUSH  B       ; BC RETTEN
L0301 47        #383>          MOV   B,A     ;
L0302 CD 95 03  #384>          CALL  EMPFE   ; 2. ZEICHEN ECHO
L0305 CD DB 02  #385>          CALL  DECOD   ; DECODIEREN
L0308 DA 0C 03  #386>          JC    EBYT1   ; EINGABEFEHLER
L030B B0        #387>          ORA   B       ; BYTE ZUSAMMENSETZEN
L030C C1        #388>EBYT1     POP   B       ; BC ZURUECK
L030D C9        #389>          RET           ; FERTIG
L030E CD AA 02  #390>EBER      CALL  EINH    ; HL = ANFANGSADRESSE
L0311 D8        #391>          RC            ; EINGABEFEHLER
L0312 EB        #392>          XCHG          ;
L0313 CD AA 02  #393>          CALL  EINH    ; HL = ENDADRESSE
L0316 D8        #394>          RC            ; EINGABEFEHLER
L0317 EB        #395>          XCHG          ; DE = ENDE HL = ANFANG
L0318 CD 81 02  #396>          CALL  DEVHL   ; ENDE - ANFANG
L031B C9        #397>          RET           ; AUSWERTUNG BEI AUFRUF
L031C CD 4F 03  #398>RAMER     CALL  NADD    ; RAM-FEHLERADRESSE
L031F F5        #399>          PUSH  PSW     ; AKKU RETTEN
L0320 3E 23     #400>          MVI   A,'#'   ; FEHLERMARKE
L0322 CD 89 03  #401>          CALL  SEND    ;
L0325 3E 3F     #402>          MVI   A,'?'   ;
L0327 CD 89 03  #403>          CALL  SEND    ;
L032A F1        #404>          POP   PSW     ; AKKU ZURUECK
L032B C9        #405>          RET           ;
L032C           #406>; AUSGABEUNTERPROGRAMME
L032C F5        #407>NZEI      PUSH  PSW     ; NEUE ZEILE: AKKU RETTEN
L032D 3E 0D     #408>          MVI   A,0DH   ; CR
```

```
L032F CD 89 03 #409>      CALL  SEND      ; AUSGEBEN
L0332 3E 0A    #410>      MVI   A,OAH     ; LF
L0334 CD 89 03 #411>      CALL  SEND      ; AUSGEBEN
L0337 F1       #412>      POP   PSW       ; AKKU ZURUECK
L0338 C9       #413>      RET             ;
L0339 F5       #414>LBYT  PUSH  PSW       ; LEERZEICHEN UND BYTE AUSG.
L033A 3E 20    #415>      MVI   A,' '     ;
L033C CD 89 03 #416>      CALL  SEND      ; AUSGEBEN
L033F F1       #417>      POP   PSW       ;
L0340 F5       #418>BYTE  PUSH  PSW       ; BYTE AUSGEBEN
L0341 CD 5D 03 #419>      CALL  ULI       ; LINKES HALBBYTE CODIEREN
L0344 CD 89 03 #420>      CALL  SEND      ; UND AUSGEBEN
L0347 F1       #421>      POP   PSW       ;
L0348 CD 61 03 #422>      CALL  URE       ; RECHTES HALBBYTE CODIEREN
L034B CD 89 03 #423>      CALL  SEND      ; UND AUSGEBEN
L034E C9       #424>      RET             ;
L034F CD 2C 03 #425>NADD  CALL  NZEI      ; NEUE ZEILE UND ADRESSE HL
L0352 F5       #426>      PUSH  PSW       ; AKKU RETTEN
L0353 7C       #427>      MOV   A,H       ; HIGH-BYTE
L0354 CD 39 03 #428>      CALL  LBYT      ; LEERZEICHEN UND BYTE
L0357 7D       #429>      MOV   A,L       ; LOW-BYTE
L0358 CD 40 03 #430>      CALL  BYTE      ; NUR BYTE AUSGEBEN
L035B F1       #431>      POP   PSW       ; AKKU ZURUECK
L035C C9       #432>      RET             ;
L035D 0F       #433>ULI   RRC             ; LINKES HALBBYTE CODIEREN
L035E 0F       #434>      RRC             ;
L035F 0F       #435>      RRC             ;
L0360 0F       #436>      RRC             ;
L0361 E6 0F    #437>URE   ANI   OFH       ; RECHTES HALBBYTE CODIEREN
L0363 C6 30    #438>      ADI   30H       ; ZIFFER
L0365 FE 3A    #439>      CPI   3AH       ; BEREICH A - F ?
L0367 D8       #440>      RC              ; NEIN: FERTIG
L0368 C6 07    #441>      ADI   07H       ; JA:
L036A C9       #442>      RET             ;
L036B          #443>; 8250 INITIALISIEREN, ZEICHEN EIN/AUSGEBEN
L036B 3E 80    #444>INIT  MVI   A,80H     ; DLAB = 1: TEILERREGISTER
L036D D3 03    #445>      OUT   03H       ; STEUERREGISTER
L036F 21 18 00 #446>      LXI   H,24      ; TEILER 4800 BAUD
L0372 7D       #447>      MOV   A,L       ; LOW-TEIL
L0373 D3 00    #448>      OUT   00H       ;
L0375 7C       #449>      MOV   A,H       ; HIGH-TEIL
L0376 D3 01    #450>      OUT   01H       ;
L0378 3E 07    #451>      MVI   A,07H     ; DLAB = 0  2 STOP 8 DATEN
L037A D3 03    #452>      OUT   03H       ; STEUERREGISTER
L037C DB 00    #453>      IN    00H       ; EMPF. LEEREN
L037E C9       #454>      RET             ;
L037F DB 05    #455>EMPF  IN    05H       ; STATUS LESEN
L0381 E6 01    #456>      ANI   01H       ; 0000 0001 EMPF. VOLL?
L0383 CA 7F 03 #457>      JZ    EMPF      ; NEIN: WARTEN
L0386 DB 00    #458>      IN    00H       ; JA: ZEICHEN ABHOLEN
L0388 C9       #459>      RET             ;
L0389 F5       #460>SEND  PUSH  PSW       ; AKKU RETTEN
L038A DB 05    #461>SEND1 IN    05H       ; STATUS LESEN
L038C E6 20    #462>      ANI   20H       ; 0010 0000 SENDER FREI?
L038E CA 8A 03 #463>      JZ    SEND1     ; NEIN: WARTEN
L0391 F1       #464>      POP   PSW       ; JA: AKKU ZURUECK
L0392 D3 00    #465>      OUT   00H       ; ZEICHEN SENDEN
L0394 C9       #466>      RET             ;
L0395 CD 7F 03 #467>EMPFE CALL  EMPF      ; LESEN
L0398 CD 89 03 #468>      CALL  SEND      ; MIT ECHO
L039B C9       #469>      RET             ;
L039C          #470>      END             ;
```

Bild 6-15: Ein Terminalmonitor für das Testsystem

7 Verarbeitung analoger Daten

Analoge Daten treten in der Meß- und Regelungstechnik als Spannungen oder Ströme bzw. als veränderliche Widerstände auf. Sie müssen zur Verarbeitung im Mikrocomputer aus der analogen in die digitale Darstellung umgesetzt werden. Umgekehrt ist es nötig, digitale Ergebnisse wieder in analoge Größen zu verwandeln. Der folgende Abschnitt zeigt die wichtigsten Umwandlungsverfahren.

7.1 Widerstands-Frequenz-Umsetzung

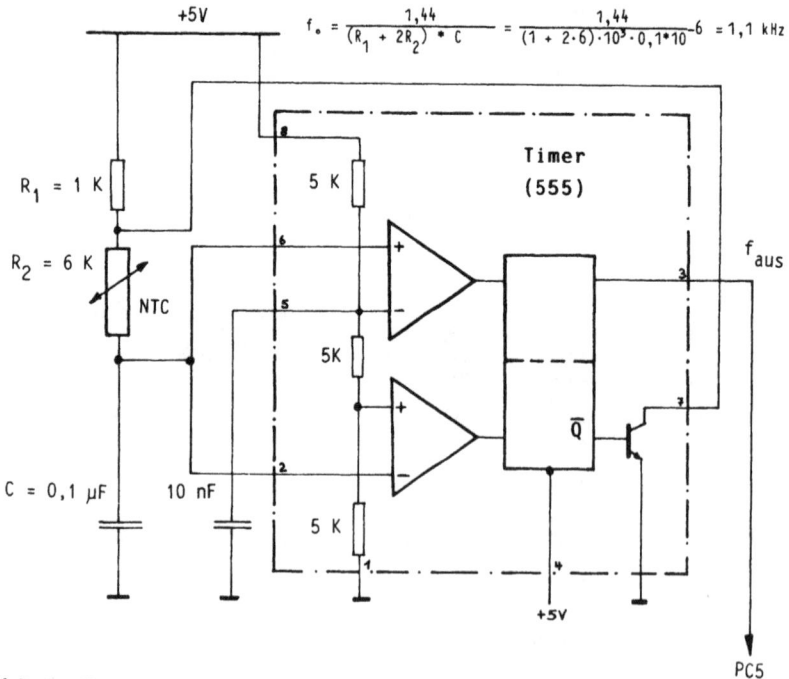

$$f_o = \frac{1,44}{(R_1 + 2R_2) \cdot C} = \frac{1,44}{(1 + 2 \cdot 6) \cdot 10^3 \cdot 0,1 \cdot 10^{-6}} = 1,1 \text{ kHz}$$

Bild 7-1: Temperatur-Frequenz-Umsetzung

Viele Meßaufgaben lassen sich auf Sensoren (Fühler) zurückführen, deren Widerstandswert von der zu messenden Größe (Temperatur, Strahlung, Magnetfeld, Druck) abhängt. Ein Beispiel ist der NTC-Widerstand, dessen Wider-

standswert mit steigender Temperatur abnimmt. Bringt man den Meßwider-
stand als frequenzbestimmende Größe in eine Oszillatorschaltung, so wird die
Temperatur in eine Frequenz umgesetzt, die mit einem Programm gemessen
werden kann. Dieser Abschnitt zeigt als Beispiel die Messung einer Temperatur
mit einem NTC-Widerstand. Als Mikrocomputer dient das im Abschnitt 3.8
entworfene Übungsgerät.

Bild 7-1 zeigt als Meßfühler einen NTC-Widerstand, der die Frequenz am
Ausgang eines Multivibrators bestimmt.

Mit den gewählten Bauteilen liefert der Temperatur-Frequenz-Umsetzer bei
Raumtemperatur eine Rechteckfrequenz von ca. 1 kHz. Dieses TTL-Signal wird
dem Eingang PC5 einer Parallelschnittstelle zugeführt. **Bild 7-2** zeigt den Zusammenhang zwischen der zu messenden Temperatur, dem Widerstand des Meß-
fühlers und der Ausgangsfrequenz.

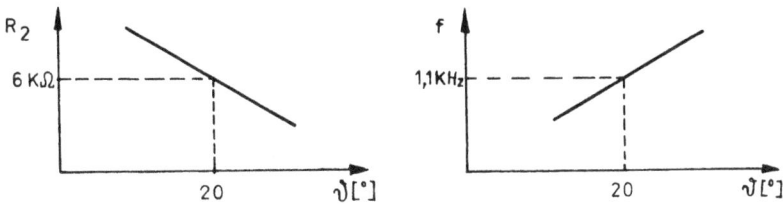

Bild 7-2: Zusammenhang Widerstand-Frequenz-Temperatur

Mit steigender Temperatur nimmt der Widerstand des Fühlers ab und die Frequenz steigt an; Temperatur und Frequenz sind in einem gewissen Bereich proportional. Bei einer genauen Messung des Zusammenhanges zwischen Temperatur und Frequenz zeigen sich besonders an den Grenzen des Meßbereiches
Nichtlinearitäten, die besonders berücksichtigt werden müssen.

Die Frequenz kann mit einem der in Abschnitt 4.6.4 beschriebenen Programme
bestimmt werden. **Bild 7-3** zeigt ein Verfahren, das innerhalb einer vorgegebenen Meßzeit die Flanken des zu messenden Rechtecksignals zählt.

Das Verfahren arbeitet mit zwei Zählern: einem Durchlaufzähler, der die Zahl
der Abtastungen bestimmt und einem Ereigniszähler, der die Zahl der Flanken
des zu messenden Signals zählt. Beide Zähler laufen in 16-Bit-Registerpaaren
mit dem größtmöglichen dezimalen Wert 65 535. Die Programmschleife benötigt 73 Prozessortakte. Dies entspricht bei einem 4-MHz-Quarz und damit
einem Prozessortakt von 2 MHz einer Abtastzeit von 36,5 µs. Innerhalb dieser
Zeit darf höchstens eine Flanke des Signals auftreten. Damit liegt die Grenzfrequenz bei etwa 14 kHz. **Bild 7-4** zeigt den Programmblockplan.

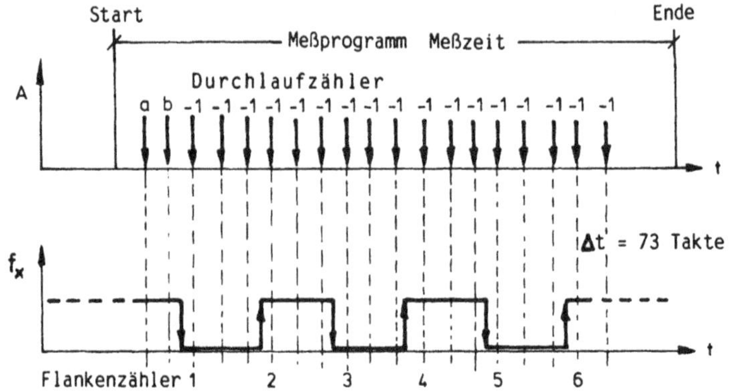

Bild 7-3: Frequenzmessung mit einem Flankenzähler

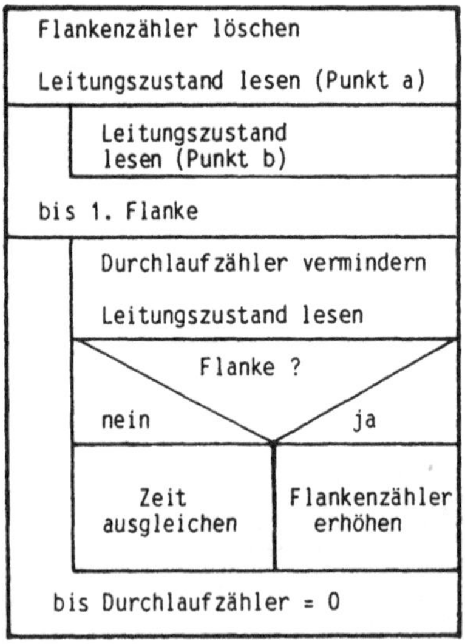

Bild 7-4: Blockplan der Frequenzmessung

Nach dem Löschen des Flankenzählers wird der Leitungszustand gemessen. Das Programm wartet in einer Schleife auf die erste Änderung (Flanke) des Signals und beginnt dann mit der Zählung. In jedem Schleifendurchlauf wird die Leitung geprüft. Bei einer Änderung des Leitungszustandes gegenüber dem vorhergehenden Wert wird der Flankenzähler um 1 erhöht. Wurde keine Flanke erkannt, so findet ein Zeitausgleich statt, um die Meßzeit unabhängig von der Zahl der Flanken zu machen. **Bild 7-5** zeigt das Verfahren als Unterprogramm. Als Hardware dient das in Abschnitt 4.8 entworfene Übungssystem. Das zu messende Signal liegt am Eingang PC5 der Parallelschnittstelle 8255. Der C-Port hat die hexadezimale Adresse 02H.

```
                0012 >; BILD 7-5  UNTERPROGRAMM FLANKEN ZAEHLEN
*101F F5        0013 >MESS    PUSH  PSW      ; AKKU RETTEN
*1020 C5        0014 >        PUSH  B        ; BC-REGISTER RETTEN
*1021 D5        0015 >        PUSH  D        ; DE-REGISTER RETTEN
*1022 EB        0016 >        XCHG           ; DE = DURCHLAUFZAEHLER
*1023 21 01 00  0017 >        LXI   H,0001   ; HL = FLANKENZAEHLER
*1026 DB 02     0018 >        IN    02H      ; ANFANGSZUSTAND LESEN
*1028 E6 20     0019 >        ANI   20H      ; MASKE 0010 0000
*102A 47        001A >        MOV   B,A      ; B= LEITUNGSZUSTAND
*102B DB 02     001B >MESS1   IN    02H      ; WARTEN AUF 1. FLANKE
*102D E6 20     001C >        ANI   20H      ; MASKE 0010 0000
*102F B8        001D >        CMP   B        ; MIT ALTEM ZUSTAND VERGLEICHEN
*1030 CA 2B 10  001E >        JZ    MESS1    ; GLEICH: KEINE FLANKE
                001F >; 1.FLANKE ERKANNT: MESS-SCHLEIFE
*1033 47        0020 >MESS2   MOV   B,A      ;  4 TAKTE: LEITUNGSZUSTAND IN B
*1034 7A        0021 >        MOV   A,D      ;  4 TAKTE: DURCHLAUFZAEHLER
*1035 B3        0022 >        ORA   E        ;  4 TAKTE: AUF NULL TESTEN
*1036 CA 4C 10  0023 >        JZ    MESS4    ;  7 TAKTE: NULL: FERTIG!
*1039 1B        0024 >        DCX   D        ;  6 TAKTE: ZAEHLER -1
*103A DB 02     0025 >        IN    02H      ; 10 TAKTE: LEITUNG LESEN
*103C E6 20     0026 >        ANI   20H      ;  7 TAKTE: MASKE 0010 0000
*103E B8        0027 >        CMP   B        ;  4 TAKTE: MIT ALT VERGLEICHEN
*103F CA 47 10  0028 >        JZ    MESS3    ;  7 TAKTE ODER 10 TAKTE: GLEICH
                0029 >; FLANKE ERKANNT
*1042 23        002A >        INX   H        ;  6 TAKTE: FLANKENZAEHLER + 1
*1043 00        002B >        NOP            ;  4 TAKTE: ZEITAUSGLEICH
*1044 C3 33 10  002C >        JMP   MESS2    ; 10 TAKTE: NEUE MESSUNG
                002D >; KEINE FLANKE
*1047 FE 00     002E >MESS3   CPI   00H      ;  7 TAKTE: ZEITAUSGLEICH
*1049 C3 33 10  002F >        JMP   MESS2    ; 10 TAKTE: NEUE MESSUNG
                0030 >; MESSUNG BEENDET
*104C D1        0031 >MESS4   POP   D        ; DE ZURUECK
*104D C1        0032 >        POP   B        ; BC ZURUECK
*104E F1        0033 >        POP   PSW      ; AKKU ZURUECK
*104F C9        0034 >        RET            ;
E0000           0035 >        END
```

Bild 7-5: Unterprogramm zum Messen der Frequenz

Beim Aufruf muß das Hauptprogramm im HL-Registerpaar den Durchlaufzähler übergeben. Beim Rücksprung enthält das HL-Registerpaar die Zahl der gemessenen Flanken. Die Meßschleife benötigt für einen Durchlauf 73 Takte oder 36,5 µs. Da bei einem Durchlauf höchstens eine Flanke auftreten kann, ist der Flankenzähler immer kleiner oder höchstens gleich dem Durchlaufzähler; ein Überlauf kann nicht auftreten. Der vorgegebene Durchlaufzähler ist proportional der Meßzeit; er bestimmt die Genauigkeit und den Bereich der Messung. Die Umwandlung der gezählten Flanken in einen Anzeigewert kann mit Hilfe einer Tabelle erfolgen.

Bild 7-6 zeigt eine Möglichkeit, ohne Umrechnung einen Zusammenhang zwischen der Zahl der gemessenen Flanken (Frequenz) und der anzuzeigenden Temperatur herzustellen. In dem Beispiel liegt eine Tabelle im Bereich der Adressen 1100H bis 11FFH; sie enthält also 256 Anzeigewerte. Die Zahl der Flanken innerhalb einer vorgegebenen Meßzeit bildet den niederwertigen Teil der Adresse, unter der der auszugebende Anzeigewert zu finden ist. Mit Hilfe dieser Tabelle lassen sich nichtlineare Kennlinien des Meßwiderstandes

Meßwert	Anzeigewert
Adresse	Inhalt
1100	01
1101	01
1102	01
1103	02
1104	02
1105	02
1106	03
1104	03
.	.
.	.
11FF	99

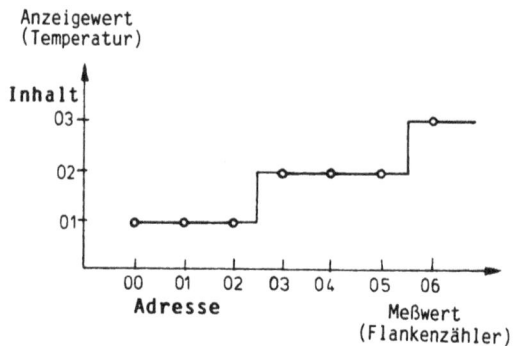

Bild 7-6: Tabelle Meßwert-Anzeigewert

linearisieren. Ebenso entfällt eine Umwandlung des dualen Zählerwertes in eine BCD-Zahl oder gegebenenfalls eine Codeumwandlung. **Bild 7-7** zeigt ein Testprogramm, mit dem der vorzugebende Wert des Durchlaufzählers und damit die Zahl der Abtastungen bestimmt werden kann.

```
                        0001 >; BILD 7-7  ZAEHLER BESTIMMEN
L1000                   0002 >        ORG    1000H     ; ADRESSZAEHLER
*1000 3E 8B             0003 >START   MVI    A,8BH     ; STEUERBYTE  A=AUS B=EIN
*1002 D3 03             0004 >        OUT    03H       ; NACH STEUERREGISTER
*1004 DB 10             0005 >LOOP    IN     10H       ; HIGH-TEIL DES ZAEHLERS LADEN
*1006 67                0006 >        MOV    H,A       ; NACH H-REGISTER
*1007 2E 00             0007 >        MVI    L,00H     ; LOW-TEIL KONSTANT NULL
*1009 CD 1F 10          0008 >        CALL   MESS      ; FLANKEN ZAEHLEN
*100C 7C                0009 >        MOV    A,H       ; HIGH-ZAEHLER UNTERSUCHEN
*100D FE 00             000A >        CPI    00H       ; NULL ?
*100F CA 19 10          000B >        JZ     LOOP1     ; JA: MESSUNG GUELTIG
*1012 3E FF             000C >        MVI    A,0FFH    ; NEIN: FEHLERMARKE UEBERLAUF!
*1014 D3 18             000D >        OUT    18H       ; AUSGEBEN
*1016 C3 04 10          000E >        JMP    LOOP      ; NEUE MESSUNG
*1019 7D                000F >LOOP1   MOV    A,L       ; LOW-ZAEHLER
*101A D3 18             0010 >        OUT    18H       ; AUSGEBEN
*101C C3 04 10          0011 >        JMP    LOOP      ; NEUE MESSUNG
```

Bild 7-7: Testprogramm zum Bestimmen des Durchlaufzählers

Das Programm programmiert die Parallelschnittstelle 8255 und liest dann den höherwertigen Teil des Durchlaufzählers von den Schiebeschaltern der Adresse 10H ein; der niederwertige Teil des Zählers wird konstant Null gesetzt. Mit diesem Durchlaufzähler wird das Meßunterprogramm des Bildes 7-5 aufgerufen, das im HL-Registerpaar die Zahl der Flanken zurückliefert. Da die Tabelle nur 256 Werte enthält, muß die Meßzeit so gewählt werden, daß der höherwertige Teil des Flankenzählers Null ist. Für den Fall, daß diese Bedingung nicht eingehalten wird, wird als Fehlermarke FF ausgegeben. Für einen neuen Durchlauf muß die Meßzeit vermindert werden. Der niederwertige Teil des Flankenzählers wird hexadezimal auf den Siebensegmentanzeigen der Adresse 18H angezeigt. In dem vorliegenden Beispiel ergab sich bei einem Durchlaufzähler von 0400H ein Flankenzähler von 0080H. Mit diesem Durchlaufzähler wurde eine Tabelle mit dem niederwertigen Teil des Flankenzählers als Adresse und der mit einem Thermometer gemessenen Temperatur als Inhalt aufgestellt. **Bild 7-8** zeigt das Auswertungsprogramm.

```
                    0001 >; BILD 7-8  TEMPERATUR MESSEN
L1000               0002 >        ORG   1000H   ; ADRESSZAEHLER
*1000 3E 8B         0003 >START   MVI   A,8BH   ; STEUERBYTE  A=AUS B=EIN
*1002 D3 03         0004 >        OUT   03H     ; NACH STEUERREGISTER
*1004 DB 10         0005 >LOOP    IN    10H     ; HIGH-TEIL DES ZAEHLERS LADEN
*1006 67            0006 >        MOV   H,A     ; NACH H-REGISTER
*1007 2E 00         0007 >        MVI   L,00H   ; LOW-TEIL KONSTANT NULL
*1009 CD 24 10      0008 >        CALL  MESS    ; FLANKEN ZAEHLEN
*100C 7C            0009 >        MOV   A,H     ; HIGH-ZAEHLER UNTERSUCHEN
*100D FE 00         000A >        CPI   00H     ; NULL ?
*100F CA 19 10      000B >        JZ    LOOP1   ; JA: MESSUNG GUELTIG
*1012 3E FF         000C >        MVI   A,0FFH  ; NEIN: FEHLERMARKE UEBERLAUF!
*1014 D3 18         000D >        OUT   18H     ; AUSGEBEN
*1016 C3 04 10      000E >        JMP   LOOP    ; NEUE MESSUNG
*1019 7D            000F >LOOP1   MOV   A,L     ; LOW-ZAEHLER
*101A 01 00 11      0010 >        LXI   B,1100H ; ANFANGSADRESSE TABELLE
*101D 09            0011 >     .   DAD   B       ; ADDIERE MESSWERT
*101E 7E            0012 >        MOV   A,M     ; ANZEIGEWERT LADEN
*101F D3 18         0013 >        OUT   18H     ; AUSGEBEN
*1021 C3 04 10      0014 >        JMP   LOOP    ; NEUE MESSUNG
```

Bild 7-8: Testprogramm zur Messung der Temperatur

Das Auswertungsprogramm programmiert die Parallelschnittstelle 8255 und holt sich dann den höherwertigen Teil des Durchlaufzählers von den Schiebeschaltern der Adresse 10H. Mit Hilfe der Tabelle wird der Flankenzähler in einen Anzeigewert für die Temperatur umgesetzt und ausgegeben. Bei einem Überlauf erscheint als Fehlermarke der Wert FF.

Das vorliegende Beispiel für eine Temperaturmessung mit Hilfe eines NTC-Widerstandes setzt das Ergebnis eines Flankenzählers über eine Tabelle direkt in einen zweistelligen dezimalen Anzeigewert um. Absolute Werte für die Meßzeit, den Widerstandswert und die Frequenz müssen nicht bekannt sein.

7.2 Beispiel eines Analog/Digitalwandlers

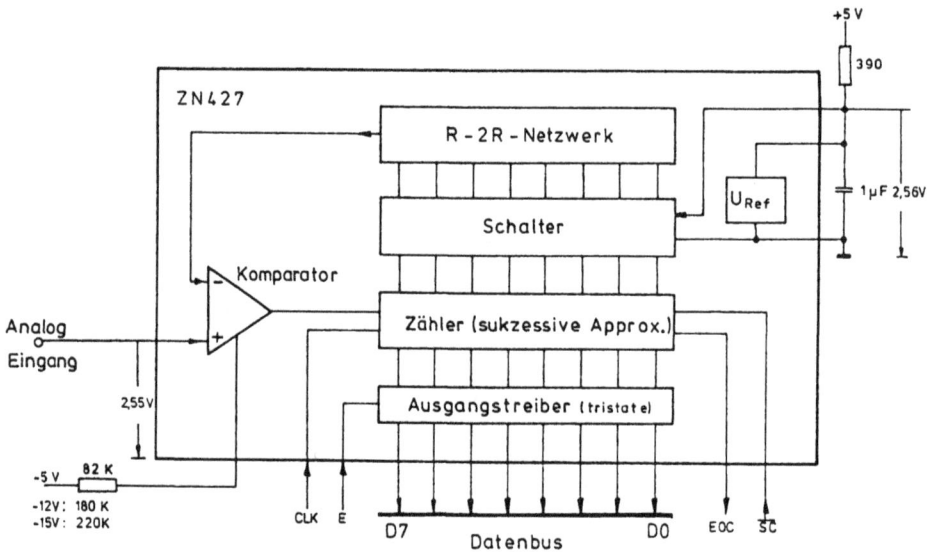

Bild 7-9: Blockschaltplan des A/D-Wandlers ZN 427

Bild 7-9 zeigt als Beispiel für einen Analog/Digitalwandler den Blockschaltplan des A/D-Wandlers ZN 427, dessen Funktionsweise bereits im Abschnitt
3.5.5 besprochen wurde. Er wandelt eine analoge Eingangsspannung im Bereich
von 0 bis 2,55 Volt in einen digitalen 8-Bit-Wert von 00000000 bis 11111111
um. Der Wandler arbeitet nach dem Verfahren der schrittweisen Näherung.
Die Umwandlung beginnt mit einem negativen Impuls am Eingang $\overline{SC}$. SC bedeutet Start of Conversion gleich Beginn der Umwandlung. Die von außen anzu-
legenden Taktsignale (CLK gleich Clock) wandeln mit ihrer fallenden Flanke
jeweils ein Bit um; nach neun Takten ist die Umwandlung beendet. Die Frequenz des Umwandlungstaktes muß unter 1 MHz liegen. **Bild 7-10** zeigt die
Startbedingungen.

Die steigende Flanke des Startimpulses leitet die Umwandlung ein; die fallende
Flanke des Taktsignals muß mindestens 200 ns vor und hinter dieser Flanke
liegen. **Bild 7-11** zeigt das Impulsdiagramm für den Betrieb des Wandlers mit
dem Mikroprozessor 8085A.

Wandlertakt

CLK f_{max} = 1 MHz

>200ns   >200ns

t

$\overline{SC}$
(WE)

>1,5µs

Startimpuls

t

>250ns

① ②

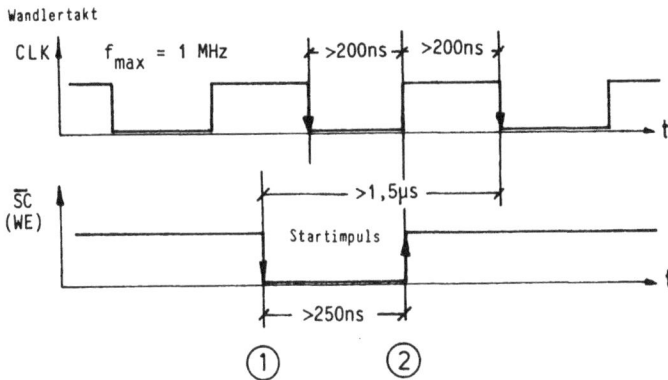

Bild 7-10: Startbedingungen des A/D-Wandlers ZN 427

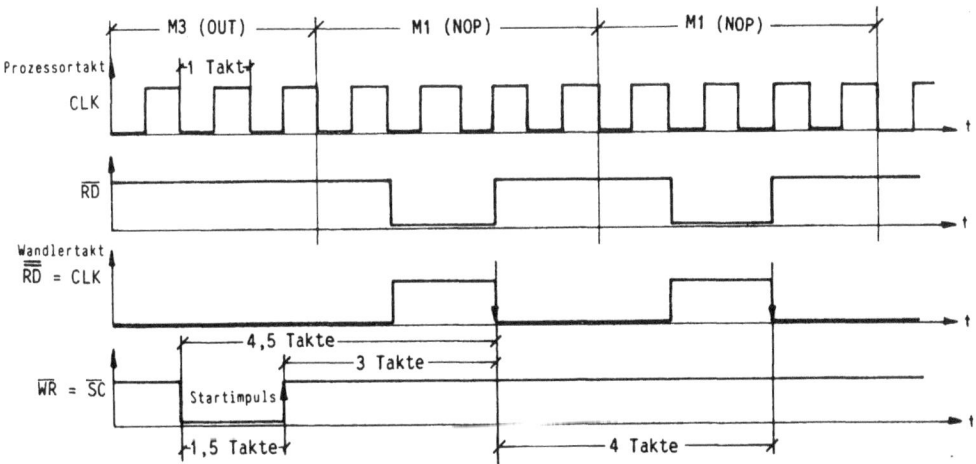

M3 (OUT)   M1 (NOP)   M1 (NOP)

Prozessortakt   1 Takt

CLK

t

$\overline{RD}$

t

Wandlertakt
$\overline{\overline{RD}}$ = CLK

t

4,5 Takte

3 Takte

$\overline{WR}$ = $\overline{SC}$ Startimpuls

t

1,5 Takte   4 Takte

Bild 7-11: Betrieb des A/D-Wandlers ZN 427 mit dem Prozessor 8085A

Der Umwandlungstakt CLK des Wandlers wird abgeleitet vom negierten Lesesignal RD. Ein OUT-Befehl, der jedoch keine Daten ausgibt, bildet den Startimpuls mit dem SC-Signal. Es folgen mindestens sieben NOP-Befehle, die je
einen Umwandlungstakt erzeugen. Mit einem IN-Befehl, der einen positiven
Leseimpuls am Freigabeeingang E erzeugt, werden die umgewandelten digitalen Daten abgeholt.

+5V

390 1µF

1M

680K

R_1 8K

+5V

R_2 8K   2,55 V

Vref$_{in}$ Vref$_{out}$

ZN 427

A/D-Wandler

4 K

+5V

390 1µF

R_1 16K R_3 8K

±5V

R_2 16K 2,55V

Vref$_{in}$ Vref$_{out}$

ZN 427

A/D-Wandler

4 K

a. ZN 427 unipolarer Betrieb   b. ZN 427 bipolarer Betrieb

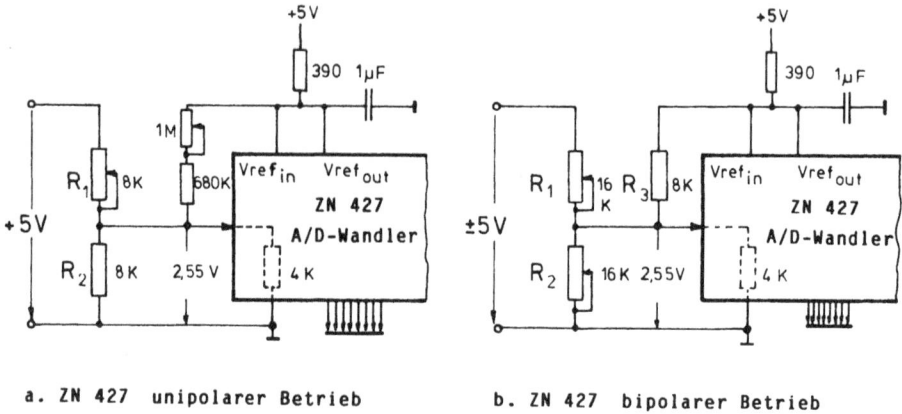

Bild 7-12: Analogteil des A/D-Wandlers ZN 427

Der in **Bild 7-12** dargestellte Analogteil des Wandlers hat einen Ersatz-Innen-widerstand von 4 KOhm; der Ersatz-Außenwiderstand soll ebenfalls 4 KOhm betragen. Im unipolaren Betrieb nach Bild 7-12a liegt am Eingang ein Span-nungsteiler, der die Eingangsspannung auf 2,55 Volt herunterteilt; dies ent-spricht der auf dem Baustein erzeugten Vergleichsspannung. Die Schaltung nach Bild 7-12b ist für bipolaren Betrieb bestimmt.

Besonderer Hinweis zu **Bild 7-9:**
Der Eingangskomparator des Analogeingangs benötigt eine negative Vorspannung mit Vorwiderstand am Eingang Rext (Stift 5). Nach Angaben des Herstellers sind folgende Widerstände erforderlich:
Vorspannung: - 5V Widerstand 82 KOhm
Vorspannung: -12V Widerstand 180 KOhm
Vorspannung: -15V Widerstand 220 KOhm

7.3 Beispiel eines Digital/Analogwandlers

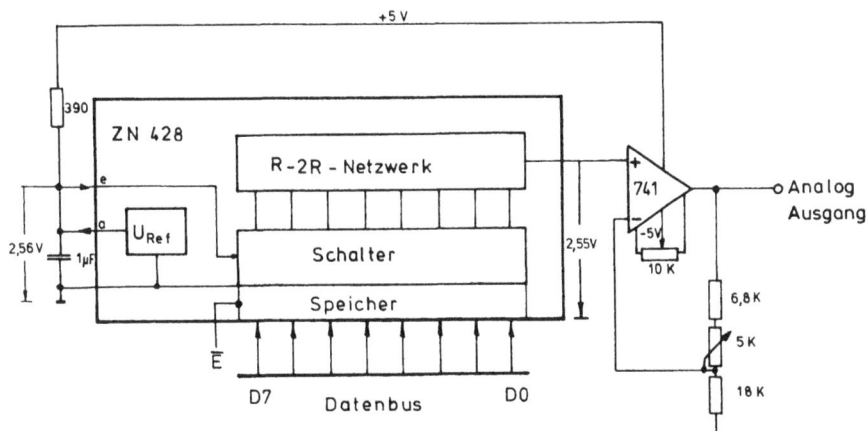

Bild 7-13: Blockschaltplan des D/A-Wandlers ZN 428

Bild 7-13 zeigt als Beispiel eines Digital/Analogwandlers den Blockschaltplan des Bausteins ZN 428, dessen Funktionsweise bereits im Abschnitt 3.5.5 besprochen wurde. Er wandelt einen digitalen 8-Bit-Eingangswert von 00000000 bis 11111111 in eine analoge Ausgangsspannung von 0 bis 2,55 Volt um. Der Baustein enthält einen Eingangsspeicher, der die digitalen Daten bis zum Einschreiben neuer Werte festhält. Bei einer intern erzeugten Vergleichsspannung von 2,55 Volt liegt die Ausgangsspannung ebenfalls bei maximal 2,55 Volt. Der Analogteil des Wandlers hat einen Ersatz-Innenwiderstand von 4 KOhm. **Bild 7-14** zeigt zwei Ausgangsschaltungen für bipolaren und unipolaren Betrieb unter Verwendung eines Operationsverstärkers.

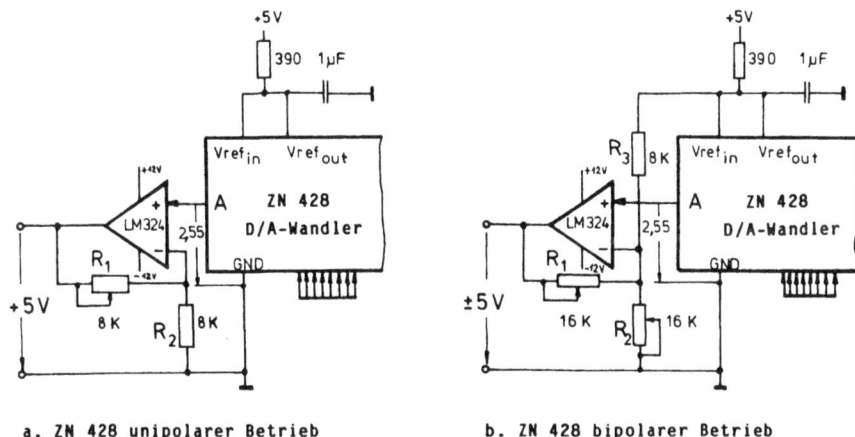

a. ZN 428 unipolarer Betrieb   b. ZN 428 bipolarer Betrieb

Bild 7-14: Analogteil des D/A-Wandlers ZN 428

7.4 Beispiel einer Analogperipherie

Für das im Abschnitt 3.8 beschriebene Übungssystem wurde eine Analogperipheriekarte mit je einem A/D- und einem D/A-Wandler entwickelt. **Bild 7-15** zeigt den Adreßplan.

Baustein	Adresse	IO/$\overline{M}$	A7	A6	A5	A4	A3	A2	A1	A0
ZN428	80H	1	1	x=0	x=0	x=0	x=0	x=0	x=0	0
ZN427	81H	1	1	x=0	x=0	x=0	x=0	x=0	x=0	1

Bild 7-15: Adreßplan der Analogperipherie

Da das Übungssystem bereits volldecodiert ist, genügt eine Teildecodierung mit der Adreßleitung A7=1; die Adreßleitung A0 wählt die beiden Wandlerbausteine aus. **Bild 7-16** zeigt den Schaltplan.

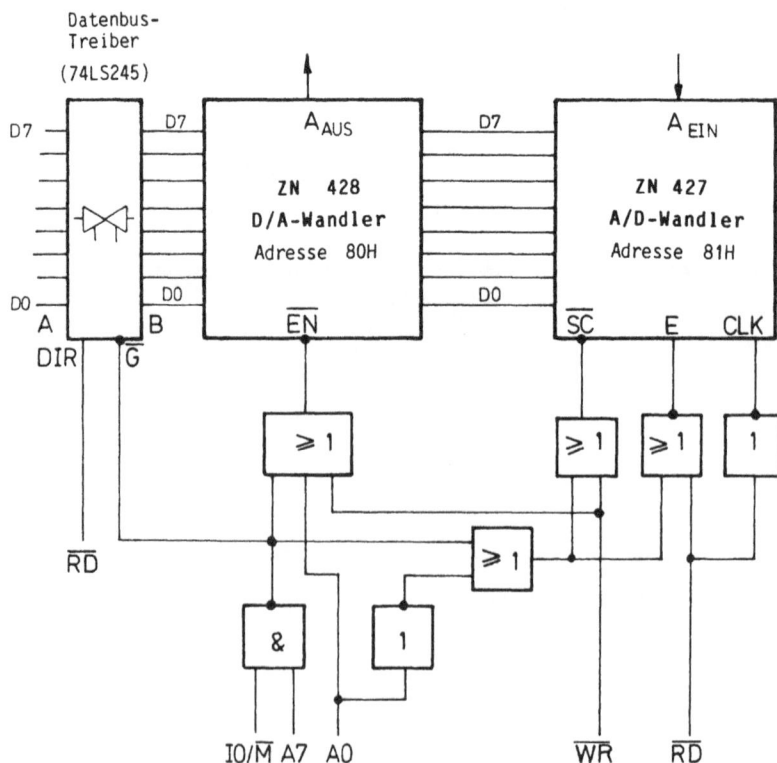

Bild 7-16: Schaltplan der Analogperipherie

Der bidirektionale Datenbustreiber 74LS245 verbindet den Datenbus des Übungssystems mit dem Datenbus der Erweiterungskarte. Der Treiber wird nur freigegeben, wenn die Erweiterung angesprochen wird.

Der D/A-Wandler ZN 428 liegt auf der Peripherieadresse 80H. Der Befehl OUT 80H schreibt den Inhalt des Akkumulators in die Speicher des Bausteins; am Ausgang erscheint der umgewandelte analoge Wert mit einer Ausgangsspannung von maximal 2,55 Volt. Eine Treiberschaltung entsprechend Bild 7-14 setzt diese Spannung um in eine unipolare oder bipolare Ausgangsspannung.

Der A/D-Wandler ZN 427 liegt auf der Peripherieadresse 81H. Beim Schreiben mit dem Befehl OUT 81H wird die Umwandlung gestartet; beim Lesen mit dem Befehl IN 81H wird der umgewandelte digitale Wert in den Akkumulator geladen. Zwischen den beiden Befehlen müssen mindestens 9 Takte für die Umwandlung liegen. Der Umwandlungstakt wird vom Lesesignal abgeleitet. Jeder NOP-Befehl benötigt einen Lesetakt. Am Analogeingang des Wandlers liegt ein Eingangsspannungsteiler entsprechend Bild 7-12, der die Eingangsspannung auf maximal 2,55 Volt herunterteilt.

```
              0001 >; BILD 7-17  ABGLEICH DES D/A-WANDLERS
L1000         0002 >       ORG   1000H      ; ADRESSZAEHLER
*1000 DB 10   0003 >START  IN    10H        ; DIGITALWERT LESEN
*1002 D3 80   0004 >       OUT   80H        ; ANALOG AUSGEBEN
*1004 D3 18   0005 >       OUT   18H        ; DIGITAL AUSGEBEN
*1006 C3 00 10 0006 >      JMP   START      ; SCHLEIFE
E0000         0007 >       END
```

Bild 7-17: Programmbeispiel: Abgleich des D/A-Wandlers

Bild 7-17 zeigt ein Programmbeispiel zum Abgleich des Digital/Analogwandlers. Der an den Schiebeschaltern eingestellte digitale Wert wird analog am Wandlerausgang ausgegeben. Die hexadezimale Ausgabe auf der Siebensegmentanzeige der Adresse 18H dient zur Kontrolle. Mit diesem Programm können Nullpunkt und Verstärkung der Ausgangsschaltung eingestellt werden.

```
              0001 >; BILD 7-18  AUSGABE SAEGEZAHN
L1000         0002 >       ORG   1000H      ; ADRESSZAEHLER
*1000 3E 00   0003 >START  MVI   A,00H      ; ANFANGSWERT
*1002 D3 80   0004 >LOOP   OUT   80H        ; ANALOGE AUSGABE
*1004 D3 18   0005 >       OUT   18H        ; DIGITALE AUSGABE
*1006 3C      0006 >       INR   A          ; ZAEHLER + 1
*1007 C3 02 10 0007 >      JMP   LOOP       ; SCHLEIFE
E0000         0008 >       END
```

Bild 7-18: Programmbeispiel: Ausgabe einer Sägezahnkurve

Mit dem Programmbeispiel **Bild 7-18** kann die Linearität der Ausgangsspannung mit einem Oszilloskop kontrolliert werden. Es muß eine sägezahnförmige Ausgangsspannung erscheinen.

```
                    0001 >; BILD 7-19  ABGLEICH DES A/D-WANDLERS
        L1000       0002 >        ORG  1000H   ; ADRESSZAEHLER
       *1000 D3 81  0003 >START   OUT  81H     ; START DER UMWANDLUNG
       *1002 00     0004 >        NOP          ; 1. SCHRITT
       *1003 00     0005 >        NOP          ; 2. SCHRITT
       *1004 00     0006 >        NOP          ; 3. SCHRITT
       *1005 00     0007 >        NOP          ; 4. SCHRITT
       *1006 00     0008 >        NOP          ; 5. SCHRITT
       *1007 00     0009 >        NOP          ; 6. SCHRITT
       *1008 00     000A >        NOP          ; 7. SCHRITT
       *1009 DB 81  000B >        IN   81H     ; 8. UND 9. SCHRITT UND LESEN
       *100B D3 80  000C >        OUT  80H     ; ANALOGE AUSGABE
       *100D D3 18  000D >        OUT  18H     ; DIGITALE AUSGABE
       *100F C3 00 10  000E >     JMP  START   ; SCHLEIFE
        E0000       000F >        END
```

Bild 7-19: Programmbeispiel: Abgleich des A/D-Wandlers

Mit dem in **Bild 7-19** dargestellten Testprogramm läßt sich die Eingangsschaltung des Analog/Digitalwandlers abgleichen. Die am Eingang anliegende analoge Spannung wird hexadezimal auf den Siebensegmentanzeigen der Adresse 18H ausgegeben. Die analoge Ausgabe auf dem Digital/Analogwandler dient der Kontrolle. Legt man an den Eingang des A/D-Wandlers eine zeitlich veränderliche Spannung, z.B. die sinusförmige Spannung eines Funktionsgenerators, so kann am Ausgang des D/A-Wandlers der zurückgewandelte analoge Wert mit einem Oszilloskop beobachtet werden.

Das in Abschnitt 3.9 beschriebene Testsystem mit PC-Bausteinen wurde um eine Analogperipherie erweitert. **Bild 7-20** zeigt die Schaltung und ein Testprogramm, das in einer Schleife Daten vom Analog/Digitalwandler liest und auf dem Digital/Analogwandler wieder ausgibt.

Der Ausgang $\overline{Y7}$ der Peripherieauswahlschaltung des Testsystems (Bild 3-84) dient zur Adressierung der beiden Wandler. Zusammen mit dem Schreibsignal $\overline{IOWR}$ wird ein Byte in den Digital/Analogwandler ZN 428 geschrieben und analog ausgegeben. Es bleibt bis zum Schreiben eines neuen Wertes gespeichert. Der Analog/Digitalwandler ZN 427 wird mit dem Auswahlsignal $\overline{Y7}$ und dem Lesesignal $\overline{IORD}$ ausgelesen. Man beachte, daß der Freigabeeingang E des Bausteins aktiv High ist!

Der Befehl OUT 70H gibt ein Byte auf dem D/A-Wandler 428 aus, der Befehl IN 70H liest ein Byte vom A/D-Wandler ZN 427. Beide Werte sind nur dann gleich, wenn der analoge Ausgang mit dem analogen Eingang verbunden ist und wenn beide Wandler auf ihrer Analogseite genau abgeglichen sind. In den meisten Fällen zeigen sich durch Einstreuungen und Instabilitäten Abweichungen in den letzten beiden Stellen. Bei einem (fehlerfreien) RAM-Speicher dagegen werden die hineingeschriebenen Werte auch wieder zurückgelesen. Der Analog/Digitalwandler wird dem Startimpuls $\overline{SC}$ gestartet, der aus dem Auswahlsignal $\overline{Y6}$ und dem Lesesignal $\overline{IORD}$ gebildet wird. Man beachte, daß die gleiche Auswahlleitung $\overline{Y6}$ zusammen mit $\overline{IOWR}$ in Bild 3-85 dazu verwendet wird, den Ausgabeport 74374 freizugeben. Der Befehl IN 60H startet den A/D-Wandler, der Befehl OUT 60H gibt den Inhalt des Akkumulators auf dem TTL-Peripheriebaustein 74374 aus. Die Portadresse 60H adressiert auch hier ganz verschiedene Bausteine!

Als Umwandlungstakt für den Analog/Digitalwandler dient der Prozessortakt, der mit einem Flipflop 7474 auf 1 MHz heruntergeteilt wird. Ein zweites Flipflop synchronisiert den Startimpuls $\overline{SC}$ (Start of Convertion) mit dem Wandlertakt, so daß die in Bild 7-10 dargestellten Startbedingungen des A/D-Wandlers eingehalten werden.

Der PC hat keine Analoperipherie. Das im Kapitel 9 erwähnte Buch "Pascal-Kurs technisch orientiert Band 2: Anwendungen" zeigt die Möglichkeit, A/D- und D/A-Wandler an den Druckerport (!) anzuschließen.

```
1 0000              ; Bild 7-20: Test analog ein nach analog aus
2 1000         ORG    1000H    ; Lade- und Startadresse
3 1000 21 03 10 START LXI   H,LOOP  ; HL = Sprungadresse für PCHL
4 1003 DB 60   LOOP  IN    60H     ;  10 Takte: SC = Start A/D
5 1005 DB 70         IN    70H     ;  10 Takte: Wert lesen
6 1007 D3 70         OUT   70H     ;  10 Takte: Wert ausgeben
7 1009 E9            PCHL          ;   6 Takte: schneller als JMP
8 100A         END                 ;  36 Takte * 0.5 = 18 us
```

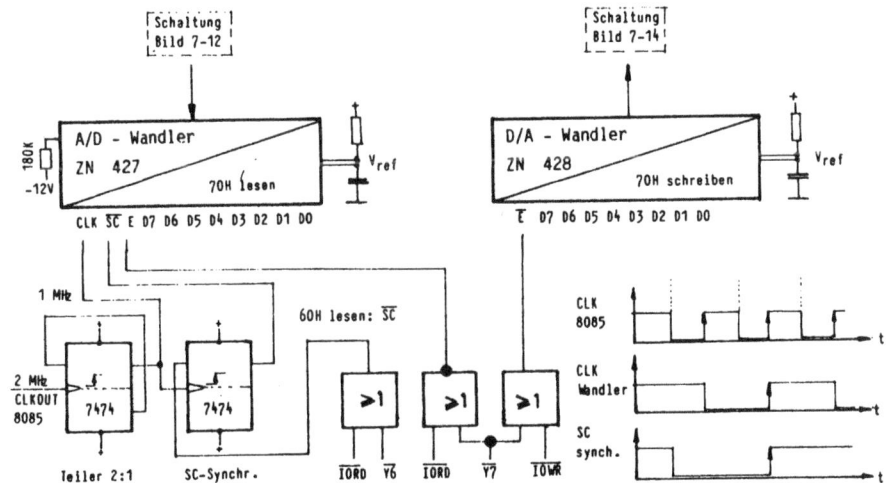

Bild 7-20: Die Analogperipherie des Testsystems

8 Lösungen der Übungsaufgaben

Abschnitt 2.8 Grundlagen

1. Aufgabe:
dual: 01100100
hexadezimal: 64
BCD: 0001 0000 0000

2. Aufgabe:
dual: 10011100
hexadezimal: 9C

3. Aufgabe:
hexadezimal: 58
ASCII-Zeichen: X
als Dualzahl: 88
als BCD-Zahl: 58

4. Aufgabe:
DU AFFE!

5. Aufgabe:

X	Y	Z	U	S
0	0	0	0	0
0	0	1	0	1
0	1	0	0	1
0	1	1	1	0
1	0	0	0	1
1	0	1	1	0
1	1	0	1	0
1	1	1	1	1

6.Aufgabe:
Summe: 01001011
Differenz: 11010011
UND: 00001100
ODER: 00111111
EODER: 00110011

7.Aufgabe:
Es wird der Ausgang Y5 ausgewählt.

C	B	A	$\overline{Y0}$	$\overline{Y1}$	$\overline{Y2}$	$\overline{Y3}$	$\overline{Y4}$	$\overline{Y5}$	$\overline{Y6}$	$\overline{Y7}$
0	0	0	0	1	1	1	1	1	1	1
0	0	1	1	0	1	1	1	1	1	1
0	1	0	1	1	0	1	1	1	1	1
0	1	1	1	1	1	0	1	1	1	1
1	0	0	1	1	1	1	0	1	1	1
1	0	1	1	1	1	1	1	0	1	1
1	1	0	1	1	1	1	1	1	0	1
1	1	1	1	1	1	1	1	1	1	0

8.Aufgabe:

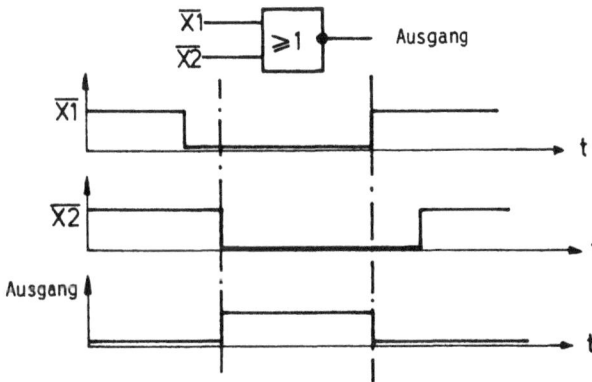

Abschnitt 4.3.6 Datenübertragung

1.Aufgabe:

```
                      0001 >; UEBUNGEN 4.3.6  AUFGABE 1
L1000                 0002 >          ORG   1000H     ; ADRESSZAEHLER
*1000 3E 8B           0003 >START     MVI   A,8BH     ; STEUERBYTE  A=AUS B=EIN
*1002 D3 03           0004 >          OUT   03H       ; NACH STEUERREGISTER
*1004 3A 00 11        0005 >          LDA   KONST     ; KONSTANTE AUS SPEICHER
*1007 D3 00           0006 >          OUT   00H       ; AUSGEBEN
*1009 C3 09 10        0007 >LOOP      JMP   LOOP      ; WARTESCHLEIFE
L1100                 0008 >          ORG   1100H     ; KONSTANTENBEREICH
*1100 55              0009 >KONST     DB    55H       ; 0101 0101 BINAER
E0000                 000A >          END
```

2.Aufgabe:

```
                      0001 >; UEBUNGEN 4.3.6  AUFGABE 2
L1000                 0002 >          ORG   1000H     ; ADRESSZAEHLER
*1000 3E 8B           0003 >START     MVI   A,8BH     ; STEUERBYTE  A=AUS B=EIN
*1002 D3 03           0004 >          OUT   03H       ; NACH STEUERREGISTER
*1004 3E 00           0005 >          MVI   A,00H     ; LAUTER NULLEN 0000 0000
*1006 D3 00           0006 >          OUT   00H       ; AUSGEBEN
*1008 DB 01           0007 >LOOP      IN    01H       ; SCHALTER LESEN
*100A 32 00 12        0008 >          STA   DATEN     ; SPEICHERN
*100D C3 08 10        0009 >          JMP   LOOP      ; SCHLEIFE
L1200                 000A >          ORG   1200H     ; VARIABLENBEREICH
*1200                 000B >DATEN     DS    1         ; 1 BYTE FUER DATEN BEREIT
E0000                 000C >          END
```

3.Aufgabe:

```
                      0001 >; UEBUNGEN 4.3.6  3.AUFGABE
L1000                 0002 >          ORG   1000H     ; ADRESSZAEHLER
*1000 3A 00 11        0003 >START     LDA   DAT1      ; ERSTE KONSTANTE LADEN
*1003 32 00 12        0004 >          STA   SPEI      ; NACH SPEICHER
*1006 3A 01 11        0005 >          LDA   DAT2      ; ZWEITE KONSTANTE LADEN
*1009 32 01 12        0006 >          STA   SPEI+1    ; NACH SPEICHER  ADRESSE + 1
*100C 3A 02 11        0007 >          LDA   DAT3      ; DRITTE KONSTANTE LADEN
*100F 32 02 12        0008 >          STA   SPEI+2    ; NACH SPEICHER  ADRESSE + 2
*1012 C3 12 10        0009 >LOOP      JMP   LOOP      ; WARTESCHLEIFE
L1100                 000A >          ORG   1100H     ; KONSTANTENBEREICH
*1100 64              000B >DAT1      DB    100       ; DEZIMALZAHL
*1101 8B              000C >DAT2      DB    8BH       ; HEXADEZIMAL
*1102 58              000D >DAT3      DB    'X'       ; BUCHSTABE  X
L1200                 000E >          ORG   1200H     ; VARIABLENBEREICH
*1200                 000F >SPEI      DS    3         ; 3 BYTES RESERVIERT
E0000                 0010 >          END
```

Abschnitt 4.4.5 Bedingte Sprünge

1.Aufgabe:

```
                    0001>; UEBUNG  4.4.5  AUFGABE 1
L0000               0002>        ORG    0000H      ; ADRESSZAEHLER
*0000 C3 00 00      0003>LOOP    JMP    LOOP       ; UNENDLICHE SCHLEIFE
E0000               0004>        END
```

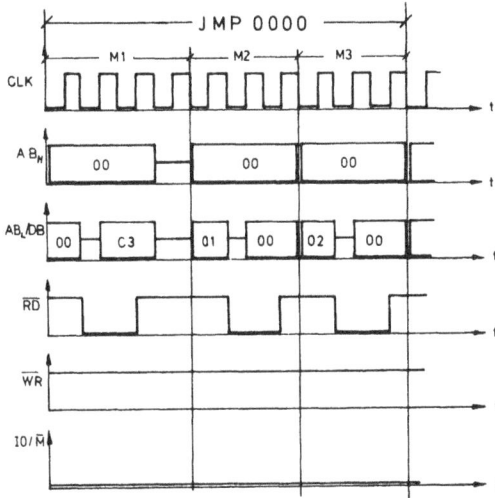

2.Aufgabe:

```
                    0001 >; UEBUNG 4.4.5  AUFGABE 2
L1000               0002 >       ORG    1000H      ; ADRESSZAEHLER
*1000 3E 8B         0003 >START  MVI    A,8BH      ; STEUERBYTE  A=AUS B=EIN
*1002 D3 03         0004 >       OUT    03H        ; NACH STEUERREGISTER
*1004 DB 01         0005 >LOOP   IN     01H        ; EINGABE
*1006 C3 04 10      0006 >       JMP    LOOP       ; SCHLEIFE
E0000               0007 >       END
```

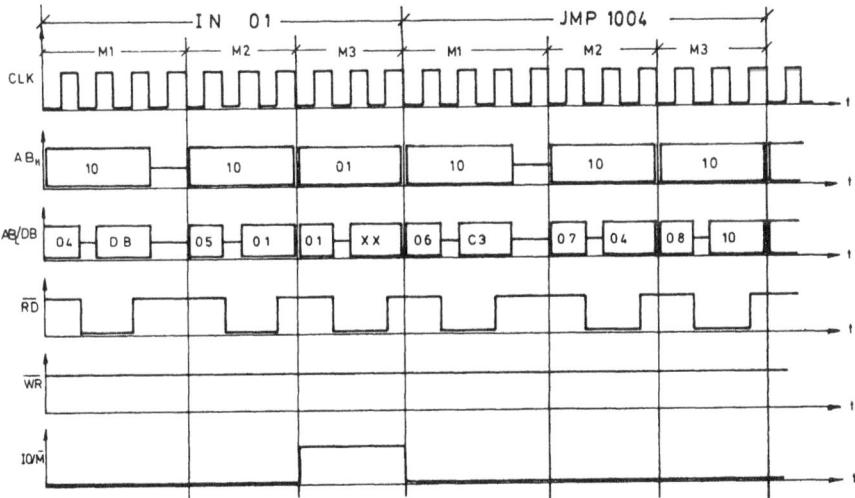

3. Aufgabe:

```
                    0001 >; UEBUNG 4.4.5  AUFGABE 3
L1000               0002 >         ORG   1000H    ; ADRESSZAEHLER
*1000 3E 55         0003 >START    MVI   A,55H    ; TESTWERT 0101 0101
*1002 32 00 11      0004 >LOOP     STA   1100H    ; ADRESSE DES RAM-BAUSTEINS
*1005 C3 02 10      0005 >         JMP   LOOP     ; SCHLEIFE
E0000               0006 >         END
```

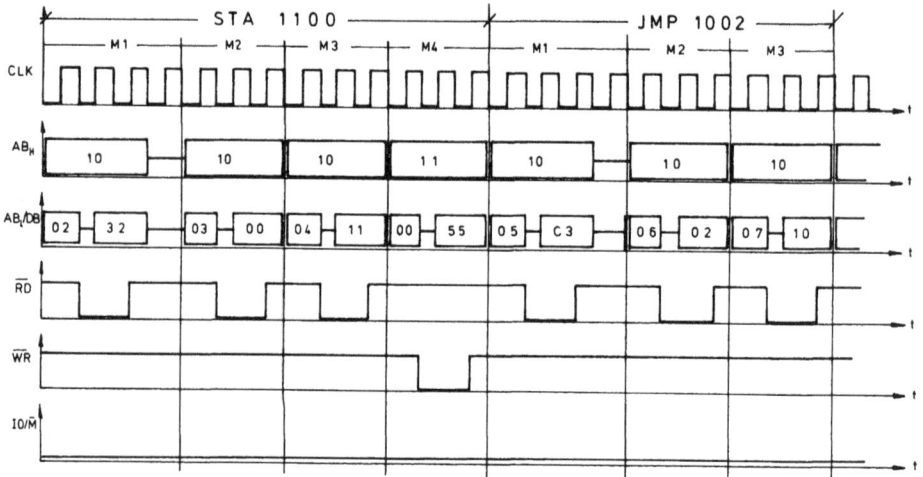

Abschnitt 4.5.4 Programmverzweigungen

1. Aufgabe:

```
                    0001 >; UEBUNG 4.5.4  AUFGABE 1
L1000               0002 >         ORG   1000H    ; ADRESSZAEHLER
*1000 3E 8B         0003 >START    MVI   A,8BH    ; STEUERBYTE  A=AUS B=EIN
*1002 D3 03         0004 >         OUT   03H      ; NACH STEUERREGISTER
*1004 DB 01         0005 >LOOP     IN    01H      ; SCHALTER LESEN
*1006 B7            0006 >         ORA   A        ; WERT TESTEN
*1007 CA 1B 10      0007 >         JZ    NULL     ; NULL: SPRUNG NACH NULL
*100A FA 14 10      0008 >         JM    MIN      ; HIGH=MINUS: SPRUNG NACH MIN
                    0009 >; B7=LOW:
*100D 3E 0F         000A >         MVI   A,0FH    ; BITMUSTER 0000 1111
*100F D3 00         000B >         OUT   00H      ; AUSGEBEN
*1011 C3 04 10      000C >         JMP   LOOP     ; NEUE EINGABE
                    000D >; B7=HIGH
*1014 3E F0         000E >MIN      MVI   A,0F0H   ; BITMUSTER 1111 0000
*1016 D3 00         000F >         OUT   00H      ; AUSGEBEN
*1018 C3 04 10      0010 >         JMP   LOOP     ; NEUE EINGABE
                    0011 >; ALLE SCHALTER LOW
*101B 3E 00         0012 >NULL     MVI   A,00H    ; BITMUSTER 0000 0000
*101D D3 00         0013 >         OUT   00H      ; AUSGEBEN
*101F C3 04 10      0014 >         JMP   LOOP     ; NEUE EINGABE
E0000               0015 >         END
```

2.Aufgabe:

```
                  0001 >; UEBUNGEN 4.5.4  AUFGABE 2
 *8000            0002 >MONI   EQU   0000H   ; MONITORADRESSE
 L1000            0003 >       ORG   1000H   ; ADRESSZAEHLER
 *1000 3E 8B      0004 >START  MVI   A,8BH   ; STEUERBYTE  A=AUS B=EIN
 *1002 D3 03      0005 >       OUT   03H     ; NACH STEUERREGISTER
 *1004 DB 01      0006 >LOOP   IN    01H     ; KIPPSCHALTER LESEN
 *1006 FE 55      0007 >       CPI   55H     ; BITMUSTER 0101 0101 ?
 *1008 CA 00 00   0008 >       JZ    MONI    ; JA: SPRUNG NACH MONITOR
 *100B FE 0F      0009 >       CPI   0FH     ; BITMUSTER 0000 1111 ?
 *100D C2 17 10   000A >       JNZ   LOOP1   ; NEIN: WEITER
 *1010 3E F0      000B >       MVI   A,0F0H  ; JA: MUSTER 1111 0000 LADEN
 *1012 D3 00      000C >       OUT   00H     ; AUSGEBEN
 *1014 C3 04 10   000D >       JMP   LOOP    ; NEUE EINGABE
 *1017 FE F0      000E >LOOP1  CPI   0F0H    ; BITMUSTER 1111 0000 ?
 *1019 C2 23 10   000F >       JNZ   LOOP2   ; NEIN: WEITER
 *101C 3E 0F      0010 >       MVI   A,0FH   ; JA: MUSTER 0000 1111 LADEN
 *101E D3 00      0011 >       OUT   00H     ; AUSGEBEN
 *1020 C3 04 10   0012 >       JMP   LOOP    ; NEUE EINGABE
 *1023 FE 00      0013 >LOOP2  CPI   00H     ; BITMUSTER 0000 0000 ?
 *1025 C2 2D 10   0014 >       JNZ   LOOP3   ; NEIN: FEHLER
 *1028 D3 00      0015 >       OUT   00H     ; MUSTER AUSGEBEN
 *102A C3 04 10   0016 >       JMP   LOOP    ; NEUE EINGABE
 *102D 3E FF      0017 >LOOP3  MVI   A,0FFH  ; FEHLER: MUSTER 1111 1111
 *102F D3 00      0018 >       OUT   00H     ; AUSGEBEN
 *1031 C3 04 10   0019 >       JMP   LOOP    ; NEUE EINGABE
 E0000            001A >       END
```

3.Aufgabe:

```
                  0001 >; UEBUNG 4.5.4  AUFGABE 3
 L1000            0002 >       ORG   1000H   ; ADRESSZAEHLER
 *1000 3E 8B      0003 >START  MVI   A,8BH   ; STEUERBYTE  A=AUS B=EIN
 *1002 D3 03      0004 >       OUT   03H     ; NACH STEUERREGISTER
 *1004 DB 01      0005 >LOOP   IN    01H     ; KIPPSCHALTER LESEN
 *1006 17         0006 >       RAL           ; B7 NACH CARRY
 *1007 D2 11 10   0007 >       JNC   LOOP1   ; B7=0: WEITER
 *100A 3E C0      0008 >       MVI   A,0C0H  ; MUSTER 1100 0000 LADEN
 *100C D3 00      0009 >       OUT   00H     ; AUSGEBEN
 *100E C3 04 10   000A >       JMP   LOOP    ; NEUE EINGABE
 *1011 17         000B >LOOP1  RAL           ; B6 NACH CARRY
 *1012 D2 1C 10   000C >       JNC   LOOP2   ; B6=0: WEITER
 *1015 3E F0      000D >       MVI   A,0F0H  ; MUSTER 1111 0000 LADEN
 *1017 D3 00      000E >       OUT   00H     ; AUSGEBEN
 *1019 C3 04 10   000F >       JMP   LOOP    ; NEUE EINGABE
 *101C 17         0010 >LOOP2  RAL           ; B5 NACH CARRY
 *101D D2 27 10   0011 >       JNC   LOOP3   ; B5=0: WEITER
 *1020 3E FC      0012 >       MVI   A,0FCH  ; MUSTER 1111 1100 LADEN
 *1022 D3 00      0013 >       OUT   00H     ; AUSGEBEN
 *1024 C3 04 10   0014 >       JMP   LOOP    ; NEUE EINGABE
 *1027 17         0015 >LOOP3  RAL           ; B4 NACH CARRY
 *1028 D2 32 10   0016 >       JNC   LOOP4   ; B4=0: FEHLER
 *102B 3E FF      0017 >       MVI   A,0FFH  ; MUSTER 1111 1111 LADEN
 *102D D3 00      0018 >       OUT   00H     ; AUSGEBEN
 *102F C3 04 10   0019 >       JMP   LOOP    ; NEUE EINGABE
 *1032 3E 00      001A >LOOP4  MVI   A,00H   ; FEHLER: MUSTER 0000 0000 LADEN
 *1034 D3 00      001B >       OUT   00H     ; AUSGEBEN
 *1036 C3 04 10   001C >       JMP   LOOP    ; NEUE EINGABE
 E0000            001D >       END
```

Abschnitt 4.6.5 Programmschleifen

1.Aufgabe:

```
                      0001 >; UEBUNGEN 4.6.5  AUFGABE 1
 L1000                0002 >        ORG   1000H      ; ADRESSZAEHLER
*1000 3E 8B           0003 >START   MVI   A,8BH      ; STEUERBYTE  A=AUS B=EIN
*1002 D3 03           0004 >        OUT   03H        ; NACH STEUERREGISTER
*1004 06 00           0005 >        MVI   B,00H      ; ZAEHLER ANFANGSWERT
*1006 78              0006 >LOOP    MOV   A,B        ; ZAEHLER NACH AKKU
*1007 D3 00           0007 >        OUT   00H        ; ZAEHLER AUSGEBEN
*1009 CD 10 10        0008 >        CALL  WARTE      ; 100 MS WARTEN
*100C 04              0009 >        INR   B          ; ZAEHLER + 1
*100D C3 06 10        000A >        JMP   LOOP       ; SCHLEIFE
                      000B >; UNTERPROGRAMM 100 MS ODER 200 000 TAKTE BEI 2 MHZ
*1010 21 8C 20        000C >WARTE   LXI   H,8332     ; 10 TAKTE: ANFANGSWERT
*1013 2B              000D >WARTE1  DCX   H          ;  6 TAKTE: ZAEHLER - 1
*1014 7C              000E >        MOV   A,H        ;  4 TAKTE: AUF NULL TESTEN
*1015 B5              000F >        ORA   L          ;  4 TAKTE:
*1016 C2 13 10        0010 >        JNZ   WARTE1     ; 10 TAKTE: BEI UNGLEICH WEITER
*1019 C9              0011 >        RET              ; 10 TAKTE: RUECKSPRUNG
 E0000                0012 >        END
```

2.Aufgabe:

```
                      0001 >; UEBUNG 4.6.5  AUFGABE 2
 L1000                0002 >        ORG   1000H      ; ADRESSZAEHLER
*1000 3E 8B           0003 >START   MVI   A,8BH      ; STEUERBYTE  A=AUS B=EIN
*1002 D3 03           0004 >        OUT   03H        ; NACH STEUERREGISTER
*1004 3E 01           0005 >LOOP    MVI   A,01H      ; ANFANGSWERT
*1006 D3 00           0006 >LOOP1   OUT   00H        ; AUSGEBEN
*1008 47              0007 >        MOV   B,A        ; ZAEHLER RETTEN
*1009 DB 01           0008 >LOOP2   IN    01H        ; SCHALTER LESEN
*100B B7              0009 >        ORA   A          ; TESTEN
*100C FA 09 10        000A >        JM    LOOP2      ; HIGH: WARTEN
*100F 78              000B >        MOV   A,B        ; ZAEHLER ZURUECK
*1010 FE 06           000C >        CPI   06H        ; ENDWERT 6 ?
*1012 CA 04 10        000D >        JZ    LOOP       ; JA: MIT 1 WIEDER BEGINNEN
*1015 3C              000E >        INR   A          ; NEIN: ZAEHLER ERHOEHEN + 1
*1016 C3 06 10        000F >        JMP   LOOP1      ; ZAEHLER AUSGEBEN
 E0000                0010 >        END
```

3.Aufgabe:

```
                     0001 >; UEBUNG 4.6.5  AUFGABE 3
L1000                0002 >        ORG   1000H     ; ADRESSZAEHLER
*1000 3E 8B          0003 >START   MVI   A,8BH     ; STEUERBYTE  A=AUS B=EIN
*1002 D3 03          0004 >        OUT   03H       ; NACH STEUERREGISTER
                     0005 >; ANFANGSWERTE LADEN
*1004 OE 00          0006 >        MVI   C,0       ; ANFANGSWERT ZAEHLER
*1006 79             0007 >        MOV   A,C       ; NACH AKKU
*1007 D3 00          0008 >        OUT   OOH       ; AUSGEBEN
*1009 DB 01          0009 >        IN    01H       ; KIPPSCHALTER LESEN
*100B E6 01          000A >        ANI   01H       ; MASKE 0000 0001
*100D 47             000B >        MOV   B,A       ; ZUSTAND NACH B-REGISTER
                     000C >; ZAEHLSCHLEIFE
*100E DB 01          000D >LOOP    IN    01H       ; KIPPSCHALTER LESEN
*1010 E6 01          000E >        ANI   01H       ; MASKE 0000 0001
*1012 B8             000F >        CMP   B         ; MIT ALTEM ZUSTAND VERGLEICHEN
*1013 CA OE 10       0010 >        JZ    LOOP      ; KEINE AENDERUNG
*1016 47             0011 >        MOV   B,A       ; NEUER ZUSTAND NACH B-REGISTER
*1017 0C             0012 >        INR   C         ; ZAEHLER + 1
*1018 79             0013 >        MOV   A,C       ; NACH AKKU
*1019 D3 00          0014 >        OUT   OOH       ; AUSGEBEN
*101B C3 OE 10       0015 >        JMP   LOOP      ; SCHALTER NEU LESEN
E0000                0016 >        END
```

Abschnitt 4.7.5 Bereichsadressierung

1.Aufgabe:

```
                     0001 >; UEBUNG 4.7.5  AUFGABE 1
*8000                0002 >MONI    EQU   0000H     ; MONITORADRESSE
L1000                0003 >        ORG   1000H     ; ADRESSZAEHLER
*1000 3E 8B          0004 >START   MVI   A,8BH     ; STEUERBYTE  A=AUS B=EIN
*1002 D3 03          0005 >        OUT   03H       ; NACH STEUERREGISTER
*1004 21 00 12       0006 >        LXI   H,1200H   ; ANFANGSADRESSE
*1007 11 FF 17       0007 >        LXI   D,17FFH   ; ENDADRESSE
*100A DB 01          0008 >        IN    01H       ; MUSTER LESEN
*100C 47             0009 >        MOV   B,A       ; NACH B-REGISTER
*100D 70             000A >LOOP    MOV   M,B       ; MUSTER NACH SPEICHER
*100E 7C             000B >        MOV   A,H       ; HIGH-ENDADRESSE TESTEN
*100F BA             000C >        CMP   D         ;
*1010 C2 18 10       000D >        JNZ   LOOP1     ; UNGLEICH:
*1013 7D             000E >        MOV   A,L       ; LOW-ENDADRESSE TESTEN
*1014 BB             000F >        CMP   E         ;
*1015 CA 1C 10       0010 >        JZ    LOOP2     ; BEIDE ADRESSEN GLEICH: FERTIG
*1018 23             0011 >LOOP1   INX   H         ; ADRESSE + 1
*1019 C3 0D 10       0012 >        JMP   LOOP      ; SCHLEIFE
*101C C3 00 00       0013 >LOOP2   JMP   MONI      ; FERTIG: NACH MONITOR
E0000                0014 >        END
```

2.Aufgabe:

```
                0001 >; UEBUNG 4.7.5  AUFGABE 2
*8000           0002 >MONI    EQU   0000H     ; MONITORADRESSE
L1000           0003 >        ORG   1000H     ; ADRESSZAEHLER
*1000 3E 8B     0004 >START   MVI   A,8BH     ; STEUERBYTE  A=AUS B=EIN
*1002 D3 03     0005 >        OUT   03H       ; NACH STEUERREGISTER
*1004 06 00     0006 >        MVI   B,00H     ; ANFANGS - TESTWERT
*1006 21 00 12  0007 >NEU     LXI   H,1200H   ; ANFANGSADRESSE
*1009 11 FF 17  0008 >        LXI   D,17FFH   ; ENDADRESSE
*100C 70        0009 >LOOP    MOV   M,B       ; MUSTER NACH SPEICHER
*100D 78        000A >        MOV   A,B       ; MUSTER NACH AKKU
*100E BE        000B >        CMP   M         ; MIT SPEICHER VERGLEICHEN
*100F C2 24 10  000C >        JNZ   FEHL      ; UNGLEICH: FEHLER
*1012 7C        000D >        MOV   A,H       ; HIGH-ENDADRESSE TESTEN
*1013 BA        000E >        CMP   D         ;
*1014 C2 1C 10  000F >        JNZ   LOOP1     ; UNGLEICH:
*1017 7D        0010 >        MOV   A,L       ; LOW-ENDADRESSE TESTEN
*1018 BB        0011 >        CMP   E         ;
*1019 CA 20 10  0012 >        JZ    LOOP2     ; BEIDE ADRESSEN GLEICH: FERTIG
*101C 23        0013 >LOOP1   INX   H         ; ADRESSE + 1
*101D C3 0C 10  0014 >        JMP   LOOP      ; SCHLEIFE
*1020 04        0015 >LOOP2   INR   B         ; TESTWERT ERHOEHEN
*1021 C3 06 10  0016 >        JMP   NEU       ; NEUER DURCHLAUF
*1024 22 3E 10  0017 >FEHL    SHLD  ADDR      ; FEHLER: ADRESSE NACH ADDR
*1027 3E 00     0018 >        MVI   A,00      ; AUSGABEMUSTER 0000 0000
*1029 D3 00     0019 >FEHL1   OUT   00H       ; AUSGEBEN
*102B CD 32 10  001A >        CALL  WARTE     ; WARTEN
*102E 2F        001B >        CMA             ; AUSGABE UMSCHALTEN
*102F C3 29 10  001C >        JMP   FEHL1     ;
*1032 21 00 00  001D >WARTE   LXI   H,0000H   ; ANFANGSWERT
*1035 25        001E >WARTE1  DCR   H         ; H - 1
*1036 C2 35 10  001F >        JNZ   WARTE1    ; BIS H = NULL
*1039 2D        0020 >        DCR   L         ; L - 1
*103A C2 35 10  0021 >        JNZ   WARTE1    ; BIS L = NULL
*103D C9        0022 >        RET
*103E           0023 >ADDR    DS    2         ; FEHLERADRESSE
E0000           0024 >        END
```

3.Aufgabe:

```
                0001 >; UEBUNG 4.7.5  AUFGABE 3
L1000           0002 >        ORG   1000H     ; ADRESSZAEHELER
*1000 3E 8B     0003 >START   MVI   A,8BH     ; STEUERBYTE  A=AUS B=EIN
*1002 D3 03     0004 >        OUT   03H       ; NACH STEUERREGISTER
*1004 26 00     0005 >        MVI   H,00H     ; HIGH-ADRESSE KONSTANT 00
*1006 DB 01     0006 >LOOP    IN    01H       ; LOW-ADRESSE LESEN
*1008 6F        0007 >        MOV   L,A       ; NACH L-REGISTER
*1009 7E        0008 >        MOV   A,M       ; SPEICHER NACH AKKU
*100A D3 00     0009 >        OUT   00H       ; AUSGEBEN
*100C C3 06 10  000A >        JMP   LOOP      ; SCHLEIFE
E0000           000B >        END
```

Abschnitt 4.8.8 Datenverarbeitung

1.Aufgabe:

```
                0001 >; UEBUNGEN 4.8.8  AUFGABE 1
 L1000          0002 >        ORG    1000H   ; ADRESSZAEHLER
*1000 3E 8B     0003 >START   MVI    A,8BH   ; STEUERBYTE   A=AUS B=EIN
*1002 D3 03     0004 >        OUT    03H     ; NACH STEUERREGISTER
*1004 DB 01     0005 >LOOP    IN     01H     ; CODE LESEN
*1006 47        0006 >        MOV    B,A     ; NACH B-REGISTER RETTEN
*1007 FE C3     0007 >        CPI    0C3H    ; CODE C3 FUER JMP ?
*1009 CA 3E 10  0008 >        JZ     SPRG    ; JA: SPRUNGBEFEHLE
*100C FE CD     0009 >        CPI    0CDH    ; CODE CD FUER CALL ?
*100E CA 3E 10  000A >        JZ     SPRG    ; JA: SPRUNGBEFEHLE
*1011 FE DD     000B >        CPI    0DDH    ; CODE DD FUER JNX ?
*1013 CA 3E 10  000C >        JZ     SPRG    ; JA: SPRUNGBEFEHLE
*1016 FE FD     000D >        CPI    0FDH    ; CODE FD FUER JX ?
*1018 CA 3E 10  000E >        JZ     SPRG    ; JA: SPRUNGBEFEHLE
*101B E6 C7     000F >        ANI    0C7H    ; MASKE 1100 0111
*101D FE C2     0010 >        CPI    0C2H    ; MUSTER 11XXX010 J BED ?
*101F CA 3E 10  0011 >        JZ     SPRG    ; JA: BEDINGTER SPRUNG
*1022 FE C4     0012 >        CPI    0C4H    ; MUSTER 11XXX100 C BED ?
*1024 CA 3E 10  0013 >        JZ     SPRG    ; JA: BEDINGTER UNTERPROGR.AUFR.
*1027 78        0014 >        MOV    A,B     ; CODE NEU NACH AKKU
*1028 E6 E7     0015 >        ANI    0E7H    ; MASKE 1110 0111
*102A FE 22     0016 >        CPI    22H     ; MUSTER 001X X010 DATENSP.
*102C CA 45 10  0017 >        JZ     DATA    ; JA: DIREKTE DATENADRESSIERUNG
*102F 78        0018 >        MOV    A,B     ; CODE NEU NACH AKKU
*1030 E6 CF     0019 >        ANI    0CFH    ; MASKE 1100 1111   LXI
*1032 FE 01     001A >        CPI    01H     ; MUSTER 00XX 0001  LXI ?
*1034 CA 4C 10  001B >        JZ     LXIB    ; JA: LXI-BEFEHL
                001C >; KEIN 3-BYTE-BEFEHL
*1037 3E 00     001D >        MVI    A,00H   ; 0000 0000 LADEN UND
*1039 D3 00     001E >        OUT    00H     ; AUSGEBEN
*103B C3 04 10  001F >        JMP    LOOP    ; NEUEN CODE LESEN
                0020 >; SPRUNG- UND UNTERPROGRAMMBEFEHLE
*103E 3E FF     0021 >SPRG    MVI    A,0FFH  ; 1111 1111 LADEN UND
*1040 D3 00     0022 >        OUT    00H     ; AUSGEBEN
*1042 C3 04 10  0023 >        JMP    LOOP    ; NEUEN CODE LESEN
                0024 >; DIREKTE DATENADRESSIERUNG LDA STA LHLD SHLD
*1045 3E 0F     0025 >DATA    MVI    A,0FH   ; 0000 1111 LADEN UND
*1047 D3 00     0026 >        OUT    00H     ; AUSGEBEN
*1049 C3 04 10  0027 >        JMP    LOOP    ; NEUEN CODE LESEN
                0028 >; LXI-BEFEHLE  LXI  B  D  H  SP
*104C 3E F0     0029 >LXIB    MVI    A,0F0H  ; 1111 0000 LADEN UND
*104E D3 00     002A >        OUT    00H     ; AUSGEBEN
*1050 C3 04 10  002B >        JMP    LOOP    ; NEUEN CODE LESEN
 E0000          002C >        END
```

2.Aufgabe:

```
                    0001 >; UEBUNG 4.8.8  AUFGABE 2
 L1000              0002 >        ORG   1000H     ; ADRESSZAEHLER
*1000 3E 8B         0003 >START   MVI   A,8BH     ; STEUERBYTE  A=AUS B=EIN
*1002 D3 03         0004 >        OUT   03H       ; NACH STEUERREGISTER
*1004 3E 01         0005 >LOOP    MVI   A,01H     ; ANFANGSWERT
*1006 D3 00         0006 >LOOP1   OUT   00H       ; AUSGEBEN
*1008 47            0007 >        MOV   B,A       ; ZAEHLER RETTEN
*1009 DB 01         0008 >LOOP2   IN    01H       ; SCHALTER LESEN
*100B B7            0009 >        ORA   A         ; TESTEN
*100C FA 09 10      000A >        JM    LOOP2     ; HIGH: WARTEN
*100F 78            000B >        MOV   A,B       ; ZAEHLER ZURUECK
*1010 FE 49         000C >        CPI   49H       ; ENDWERT 49 ?
*1012 CA 04 10      000D >        JZ    LOOP      ; JA: MIT 1 WIEDER BEGINNEN
*1015 C6 01         000E >        ADI   01H       ; NEIN: 1 ADDIEREN
*1017 27            000F >        DAA             ; DEZIMALKORREKTUR
*1018 C3 06 10      0010 >        JMP   LOOP1     ; ZAEHLER AUSGEBEN
 E0000              0011 >        END
```

3.Aufgabe:

```
                    0001 >; UEBUNG 4.8.8  AUFGABE 3
 L1000              0002 >        ORG   1000H     ; ADRESSZAEHLER
*1000 3E 8B         0003 >START   MVI   A,8BH     ; STEUERBYTE  A=AUS B=EIN
*1002 D3 03         0004 >        OUT   03H       ; NACH STEUERREGISTER
*1004 DB 01         0005 >LOOP    IN    01H       ; ZAHL LESEN
*1006 47            0006 >        MOV   B,A       ; ZAHL NACH B-REGISTER
*1007 87            0007 >        ADD   A         ; MAL 2
*1008 DA 1C 10      0008 >        JC    FEHL      ; CARRY = 1: UEBERLAUF
*100B 87            0009 >        ADD   A         ; MAL 2
*100C DA 1C 10      000A >        JC    FEHL      ; CARRY = 1: UEBERLAUF
*100F 80            000B >        ADD   B         ; + ZAHL = MAL 5
*1010 DA 1C 10      000C >        JC    FEHL      ; CARRY = 1: UEBERLAUF
*1013 87            000D >        ADD   A         ; MAL 2 = MAL 10
*1014 DA 1C 10      000E >        JC    FEHL      ; CARRY = 1: UEBERLAUF
*1017 D3 00         000F >        OUT   00H       ; PRODUKT AUSGEBEN
*1019 C3 04 10      0010 >        JMP   LOOP      ; NEUE EINGABE
*101C 0E 0A         0011 >FEHL    MVI   C,10      ; BLINKZAEHLER
*101E AF            0012 >        XRA   A         ; AKKU LOESCHEN
*101F D3 00         0013 >FEHL1   OUT   00H       ; AUSGEBEN
*1021 21 00 00      0014 >        LXI   H,0000    ; WARTEZAEHLER
*1024 25            0015 >FEHL2   DCR   H         ; HIGH-TEIL - 1
*1025 C2 24 10      0016 >        JNZ   FEHL2 ·   ; BIS NULL ZAEHLEN
*1028 2D            0017 >        DCR   L         ; LOW-TEIL - 1
*1029 C2 24 10      0018 >        JNZ   FEHL2     ; BIS NULL ZAEHLEN
*102C 2F            0019 >        CMA             ; AKKU KOMPLEMENTIEREN
*102D 0D            001A >        DCR   C         ; BLINKZAEHLER - 1
*102E C2 1F 10      001B >        JNZ   FEHL1     ; UNGLEICH NULL: WEITER
*1031 C3 04 10      001C >        JMP   LOOP      ; GENUG GEBLINKT: WEITER
 E0000              001D >        END
```

4.Aufgabe:

```
                    0001 >; UEBUNG 4.8.8  AUFGABE 4
 L1000              0002 >        ORG   1000H     ; ADRESSZAEHLER
*1000 3E 8B         0003 >START   MVI   A,8BH     ; STEUERBYTE  A=AUS B=EIN
*1002 D3 03         0004 >        OUT   03H       ; NACH STEUERREGISTER
*1004 DB 01         0005 >LOOP    IN    01H       ; VARIABLE LESEN
*1006 C6 80         0006 >        ADI   80H       ; KONSTANTE ADDIEREN
*1008 F5            0007 >        PUSH  PSW       ; BEDINGUNGSREGISTER NACH STAPEL
*1009 E1            0008 >        POP   H         ; IM L-REGISTER ZURUECK
*100A 7D            0009 >        MOV   A,L       ; NACH AKKU
*100B D3 00         000A >        OUT   00H       ; AUSGEBEN
*100D C3 04 10      000B >        JMP   LOOP      ; NEUE VARIABLE LESEN
 E0000              000C >        END
```

9 Ergänzende und weiterführende Literatur

Siemens
Datenbücher Mikrocomputer Bausteine
Mikroprozessor-System SAB 8085 Datenbuch
Mikroprozessor-System SAB 8080 Band 3: Peripheriebausteine
Firmenschriften Siemens AG

Intel
Microprocessor and Peripheral Handbook
Volume I - Microprocessor
Volume II - Peripheral
Firmenschriften Intel

National Semiconductor Corporation
Series 32000 Databook
S.255: NS16450 / INS 8250A ACE
Firmenschrift National Semiconductor

H.J. Blank, H. Bernstein
PC-Schaltungstechnik in der Praxis
Markt & Technik Verlag AG Haar bei München 1989

G. Schmitt
Pascal-Kurs, technisch orientiert
Band 2: Anwendungen
Oldenbourg Verlag München 1991

c't Magazin für Computertechnik
Hefte 1 bis 12 des Jahrgangs 1988
Aufsatzreihe PC - Bausteine
Verlag H. Heise Hannover

10 Anhang   Zahlentabellen

	0	1	2	3	4	5	6	7	8	9	A	B	C	D	E	F
00_	0000	0001	0002	0003	0004	0005	0006	0007	0008	0009	0010	0011	0012	0013	0014	0015
01_	0016	0017	0018	0019	0020	0021	0022	0023	0024	0025	0026	0027	0028	0029	0030	0031
02_	0032	0033	0034	0035	0036	0037	0038	0039	0040	0041	0042	0043	0044	0045	0046	0047
03_	0048	0049	0050	0051	0052	0053	0054	0055	0056	0057	0058	0059	0060	0061	0062	0063
04_	0064	0065	0066	0067	0068	0069	0070	0071	0072	0073	0074	0075	0076	0077	0078	0079
05_	0080	0081	0082	0083	0084	0085	0086	0087	0088	0089	0090	0091	0092	0093	0094	0095
06_	0096	0097	0098	0099	0100	0101	0102	0103	0104	0105	0106	0107	0108	0109	0110	0111
07_	0112	0113	0114	0115	0116	0117	0118	0119	0120	0121	0122	0123	0124	0125	0126	0127
08_	0128	0129	0130	0131	0132	0133	0134	0135	0136	0137	0138	0139	0140	0141	0142	0143
09_	0144	0145	0146	0147	0148	0149	0150	0151	0152	0153	0154	0155	0156	0157	0158	0159
0A_	0160	0161	0162	0163	0164	0165	0166	0167	0168	0169	0170	0171	0172	0173	0174	0175
0B_	0176	0177	0178	0179	0180	0181	0182	0183	0184	0185	0186	0187	0188	0189	0190	0191
0C_	0192	0193	0194	0195	0196	0197	0198	0199	0200	0201	0202	0203	0204	0205	0206	0207
0D_	0208	0209	0210	0211	0212	0213	0214	0215	0216	0217	0218	0219	0220	0221	0222	0223
0E_	0224	0225	0226	0227	0228	0229	0230	0231	0232	0233	0234	0235	0236	0237	0238	0239
0F_	0240	0241	0242	0243	0244	0245	0246	0247	0248	0249	0250	0251	0252	0253	0254	0255
10_	0256	0257	0258	0259	0260	0261	0262	0263	0264	0265	0266	0267	0268	0269	0270	0271
11_	0272	0273	0274	0275	0276	0277	0278	0279	0280	0281	0282	0283	0284	0285	0286	0287
12_	0288	0289	0290	0291	0292	0293	0294	0295	0296	0297	0298	0299	0300	0301	0302	0303
13_	0304	0305	0306	0307	0308	0309	0310	0311	0312	0313	0314	0315	0316	0317	0318	0319
14_	0320	0321	0322	0323	0324	0325	0326	0327	0328	0329	0330	0331	0332	0333	0334	0335
15_	0336	0337	0338	0339	0340	0341	0342	0343	0344	0345	0346	0347	0348	0349	0350	0351
16_	0352	0353	0354	0355	0356	0357	0358	0359	0360	0361	0362	0363	0364	0365	0366	0367
17_	0368	0369	0370	0371	0372	0373	0374	0375	0376	0377	0378	0379	0380	0381	0382	0383
18_	0384	0385	0386	0387	0388	0389	0390	0391	0392	0393	0394	0395	0396	0397	0398	0399
19_	0400	0401	0402	0403	0404	0405	0406	0407	0408	0409	0410	0411	0412	0413	0414	0415
1A_	0416	0417	0418	0419	0420	0421	0422	0423	0424	0425	0426	0427	0428	0429	0430	0431
1B_	0432	0433	0434	0435	0436	0437	0438	0439	0440	0441	0442	0443	0444	0445	0446	0447
1C_	0448	0449	0450	0451	0452	0453	0454	0455	0456	0457	0458	0459	0460	0461	0462	0463
1D_	0464	0465	0466	0467	0468	0469	0470	0471	0472	0473	0474	0475	0476	0477	0478	0479
1E_	0480	0481	0482	0483	0484	0485	0486	0487	0488	0489	0490	0491	0492	0493	0494	0495
1F_	0496	0497	0498	0499	0500	0501	0502	0503	0504	0505	0506	0507	0508	0509	0510	0511

	0	1	2	3	4	5	6	7	8	9	A	B	C	D	E	F
20_	0512	0513	0514	0515	0516	0517	0518	0519	0520	0521	0522	0523	0524	0525	0526	0527
21_	0528	0529	0530	0531	0532	0533	0534	0535	0536	0537	0538	0539	0540	0541	0542	0543
22_	0544	0545	0546	0547	0548	0549	0550	0551	0552	0553	0554	0555	0556	0557	0558	0559
23_	0560	0561	0562	0563	0564	0565	0566	0567	0568	0569	0570	0571	0572	0573	0574	0575
24_	0576	0577	0578	0579	0580	0581	0582	0583	0584	0585	0586	0587	0588	0589	0590	0591
25_	0592	0593	0594	0595	0596	0597	0598	0599	0600	0601	0602	0603	0604	0605	0606	0607
26_	0608	0609	0610	0611	0612	0613	0614	0615	0616	0617	0618	0619	0620	0621	0622	0623
27_	0624	0625	0626	0627	0628	0629	0630	0631	0632	0633	0634	0635	0636	0637	0638	0639
28_	0640	0641	0642	0643	0644	0645	0646	0647	0648	0649	0650	0651	0652	0653	0654	0655
29_	0656	0657	0658	0659	0660	0661	0662	0663	0664	0665	0666	0667	0668	0669	0670	0671
2A_	0672	0673	0674	0675	0676	0677	0678	0679	0680	0681	0682	0683	0684	0685	0686	0687
2B_	0688	0689	0690	0691	0692	0693	0694	0695	0696	0697	0698	0699	0700	0701	0702	0703
2C_	0704	0705	0706	0707	0708	0709	0710	0711	0712	0713	0714	0715	0716	0717	0718	0719
2D_	0720	0721	0722	0723	0724	0725	0726	0727	0728	0729	0730	0731	0732	0733	0734	0735
2E_	0736	0737	0738	0739	0740	0741	0742	0743	0744	0745	0746	0747	0748	0749	0750	0751
2F_	0752	0753	0754	0755	0756	0757	0758	0759	0760	0761	0762	0763	0764	0765	0766	0767
30_	0768	0769	0770	0771	0772	0773	0774	0775	0776	0777	0778	0779	0780	0781	0782	0783
31_	0784	0785	0786	0787	0788	0789	0790	0791	0792	0793	0794	0795	0796	0797	0798	0799
32_	0800	0801	0802	0803	0804	0805	0806	0807	0808	0809	0810	0811	0812	0813	0814	0815
33_	0816	0817	0818	0819	0820	0821	0822	0823	0824	0825	0826	0827	0828	0829	0830	0831
34_	0832	0833	0834	0835	0836	0837	0838	0839	0840	0841	0842	0843	0844	0845	0846	0847
35_	0848	0849	0850	0851	0852	0853	0854	0855	0856	0857	0858	0859	0860	0861	0862	0863
36_	0864	0865	0866	0867	0868	0869	0870	0871	0872	0873	0874	0875	0876	0877	0878	0879
37_	0880	0881	0882	0883	0884	0885	0886	0887	0888	0889	0890	0891	0892	0893	0894	0895
38_	0896	0897	0898	0899	0900	0901	0902	0903	0904	0905	0906	0907	0908	0909	0910	0911
39_	0912	0913	0914	0915	0915	0917	0918	0919	0920	0921	0922	0923	0924	0925	0926	0927
3A_	0928	0929	0930	0931	0932	0933	0934	0935	0936	0937	0938	0939	0940	0941	0942	0943
3B_	0944	0945	0946	0947	0948	0949	0950	0951	0952	0953	0954	0955	0956	0957	0958	0959
3C_	0960	0961	0962	0963	0964	0965	0966	0967	0968	0969	0970	0971	0972	0973	0974	0975
3D_	0976	0977	0978	0979	0980	0981	0982	0983	0984	0985	0986	0987	0988	0989	0990	0991
3E_	0992	0993	0994	0995	0996	0997	0998	0999	1000	1001	1002	1003	1004	1005	1006	1007
3F_	1008	1009	1010	1011	1012	1013	1014	1015	1016	1017	1018	1019	1020	1021	1022	1023

HEX	ASCII	HEX	ASCII	HEX	ASCII	HEX	ASCII	HEX	ASCII	HEX	ASCII	HEX	ASCII	HEX	ASCII
00	NUL	10	DLE	20		30	0	40	@ $	50	P	60	\ `	70	p
01	SOH	11	DC1	21	!	31	1	41	A	51	Q	61	a	71	q
02	STX	12	DC2	22	"	32	2	42	B	52	R	62	b	72	r
03	ETX	13	DC3	23	#	33	3	43	C	53	S	63	c	73	s
04	EOT	14	DC4	24	$	34	4	44	D	54	T	64	d	74	t
05	ENQ	15	NAK	25	%	35	5	45	E	55	U	65	e	75	u
06	ACK	16	SYN	26	&	36	6	46	F	56	V	66	f	76	v
07	BEL	17	ETB	27	'	37	7	47	G	57	W	67	g	77	w
08	BS	18	CAN	28	(	38	8	48	H	58	X	68	h	78	x
09	HT	19	EM	29	)	39	9	49	I	59	Y	69	i	79	y
0A	LF	1A	SUB	2A	*	3A	:	4A	J	5A	Z	6A	j	7A	z
0B	VT	1B	ESC	2B	+	3B	;	4B	K	5B	[Ä	6B	k	7B	{ ä
0C	FF	1C	FS	2C	,	3C	<	4C	L	5C	\ Ö	6C	l	7C	| ö
0D	CR	1D	GS	2D	-	3D	=	4D	M	5D	] Ü	6D	m	7D	} ü
0E	SO	1E	RS	2E	.	3E	>	4E	N	5E	^ '	6E	n	7E	~ ß
0F	SI	1F	US	2F	/	3F	?	4F	O	5F	_	6F	o	7F	DEL

ASCII-Zeichen-Tabelle

DEZ	HEX	KPL	DEZ	HEX	KPL	DEZ	HEX	KPL	DEZ	HEX	KPL
00	00	00	32	20	E0	64	40	C0	96	60	A0
01	01	FF	33	21	DF	65	41	BF	97	61	9F
02	02	FE	34	22	DE	66	42	BE	98	62	9E
03	03	FD	35	23	DD	67	43	BD	99	63	9D
04	04	FC	36	24	DC	68	44	BC	100	64	9C
05	05	FB	37	25	DB	69	45	BB	101	65	9B
06	06	FA	38	26	DA	70	46	BA	102	66	9A
07	07	F9	39	27	D9	71	47	B9	103	67	99
08	08	F8	40	28	D8	72	48	B8	104	68	98
09	09	F7	41	29	D7	73	49	B7	105	69	97
10	0A	F6	42	2A	D6	74	4A	B6	106	6A	96
11	0B	F5	43	2B	D5	75	4B	B5	107	6B	95
12	0C	F4	44	2C	D4	76	4C	B4	108	6C	94
13	0D	F3	45	2D	D3	77	4D	B3	109	6D	93
14	0E	F2	46	2E	D2	78	4E	B2	110	6E	92
15	0F	F1	47	2F	D1	79	4F	B1	111	6F	91
16	10	F0	48	30	D0	80	50	B0	112	70	90
17	11	EF	49	31	CF	81	51	AF	113	71	8F
18	12	EE	50	32	CE	82	52	AE	114	72	8E
19	13	ED	51	33	CD	83	53	AD	115	73	8D
20	14	EC	52	34	CC	84	54	AC	116	74	8C
21	15	EB	53	35	CB	85	55	AB	117	75	8B
22	16	EA	54	36	CA	86	56	AA	118	76	8A
23	17	E9	55	37	C9	87	57	A9	119	77	89
24	18	E8	56	38	C8	88	58	A8	120	78	88
25	19	E7	57	39	C7	89	59	A7	121	79	87
26	1A	E6	58	3A	C6	90	5A	A6	122	7A	86
27	1B	E5	59	3B	C5	91	5B	A5	123	7B	85
28	1C	E4	60	3C	C4	92	5C	A4	124	7C	84
29	1D	E3	61	3D	C3	93	5D	A3	125	7D	83
30	1E	E2	62	3E	C2	94	5E	A2	126	7E	82
31	1F	E1	63	3F	C1	95	5F	A1	127	7F	81
									128		80

Sinnbilder für Ablaufpläne und Struktogramme

⬭ Anfang oder Ende des Programms	⬡ Vorbereitung einer Verzweigung
▭ allgemeine Operation	◇ ja / nein Verzweigung
▱ Eingabe oder Ausgabe	A B C Verzweigung mit mehreren Ausgängen (nicht genormt)
▯ Unterprogramm aufrufen	Zusammenführungen

Folge	Verzweigung	Fallunterscheidung
Block A Block B Block C	Bedingung ? ja nein — Block A Block B	Fall ? Fall a Fall b Fall c Fehler-Fall — Block A Block B Block C Block D

Schleife für Anfang	Schleife bis Ende	Schleife mit Abbruch
Anfangsbedingung Block A	Block A Endebedingung	Block A Abbruchbedingung Block B

Befehlstabellen des 8085A

Befehl	Operand	Wirkung
ACI	konstante	addiere zum Akku die Konstante und das Carrybit
ADC	register	addiere zum Akku ein Register und das Carrybit
ADD	register	addiere zum Akku ein Register
ADI	konstante	addiere zum Akku die Konstante
ANA	register	bilde das logische UND des Akkus mit einem Register
ANI	konstante	bilde das logische UND des Akkus mit der Konstanten
CALL	adresse	rufe ein Unterprogramm unbedingt
CC	adresse	rufe Unterprogramm nur, wenn das Carrybit 1 ist
CM	adresse	rufe Unterprogramm nur, wenn das Vorzeichenbit(S) 1 ist
CMA		komplementiere den Akku (Einerkomplement)
CMC		komplementiere das Carrybit
CMP	register	vergleiche den Akku mit dem Register (Testsubtraktion)
CNC	adresse	rufe Unterprogramm nur, wenn das Carrybit 0 ist
CNZ	adresse	rufe Unterprogramm nur, wenn **Ergebnis** ungleich Null ist
CP	adresse	rufe Unterprogramm nur, wenn Vorzeichenbit (S) 0 ist
CPE	adresse	rufe Unterprogramm nur, wenn Paritätsbit 1 ist
CPI	konstante	vergleiche Akku mit der Konstanten (Testsubtraktion)
CPO	adresse	rufe Unterprogramm nur, wenn Paritätsbit 0 ist
CZ	adresse	rufe Unterprogramm nur, wenn **Ergebnis** gleich Null ist
DAA		korrigiere den Akku im BCD-Code
DAD	reg.-paar	addiere Registerpaar zum HL-Registerpaar (16 Bit)
DCR	register	vermindere Register um 1
DCX	reg.-paar	vermindere Registerpaar um 1 (16 Bit)
DI		sperre alle Interrupts (Interrupt-Flipflop = 0)
EI		gib alle Interrupts frei (Interrupt-Flipflop = 1)
HLT		anhalten und auf Interrupt warten
IN	port	lade den Akku mit einem Eingabeport
INR	register	erhöhe Register um 1
INX	reg.-paar	erhöhe Registerpaar um 1 (16 Bit)
JC	adresse	springe nur, wenn das Carrybit 1 ist
JM	adresse	springe nur, wenn das Vorzeichenbit (S-Bit) 1 ist
JMP	adresse	springe immer
JNC	adresse	springe nur, wenn das Carrybit 0 ist
JNZ	adresse	springe nur, wenn das **Ergebnis** ungleich Null ist (Z=0)
JP	adresse	springe nur, wenn das Vorzeichenbit (S-Bit) 0 ist
JPE	adresse	springe nur, wenn das Paritätsbit 1 ist
JPO	adresse	springe nur, wenn das Paritätsbit 0 ist
JZ	adresse	springe nur, wenn das **Ergebnis** gleich Null ist (Z=1)
LDA	adresse	lade den Akku mit dem Inhalt eines Speicherbytes
LDAX	B oder D	lade den Akku mit Speicherbyte (Adresse in BC oder DE)

Befehl	Operand	Wirkung
LHLD	adresse	lade L mit adressiertem Byte, H mit folgendem Byte
LXI	rp,konst	lade Registerpaar mit einer 16-Bit-Konstanten
MOV	reg1,reg2	lade Register reg1 mit Register reg2
MVI	reg,konst	lade Register mit der Konstanten
NOP		tu nichts (Zeitverzögerung oder Platzhalter)
ORA	register	bilde das logische ODER des Akkus mit einem Register
ORI	konstante	bilde das logische ODER des Akkus mit der Konstanten
OUT	port	speichere den Akku in den Ausgabeport
PCHL		lade den Befehlszähler mit dem HL-Registerpaar (Sprung)
POP	reg.-paar	hole das Registerpaar aus dem Stapel , Stapelzeiger + 2
PUSH	reg.-paar	bringe das Registerpaar in den Stapel , Stapelzeiger -2
RAL		schiebe den Akku **mit** dem Carrybit zyklisch links
RAR		schiebe den Akku **mit** dem Carrybit zyklisch rechts
RC		Rücksprung nur, wenn das Carrybit 1 ist
RET		springe immer aus dem Unterprogramm zurück
RIM		lade den Akku mit dem Interruptregister
RLC		schiebe den Akku **ohne** das Carrybit zyklisch links
RM		Rücksprung nur, wenn Vorzeichenbit (S) 1 ist
RNC		Rücksprung nur, wenn Carrybit 0 ist
RNZ		Rücksprung nur, wenn **Ergebnis** ungleich Null ist (Z=0)
RP		Rücksprung nur, wenn Vorzeichenbit (S) 0 ist
RPE		Rücksprung nur, wenn Paritätsbit 1 ist
RPO		Rücksprung nur, wenn Paritätsbit 0 ist
RRC		schiebe den Akku **ohne** Carrybit zyklisch rechts
RST	0 - 7	starte Interruptprogramm , Befehlszähler nach Stapel
RZ		Rücksprung nur, wenn **Ergebnis** gleich Null (Z=1)
SBB	register	subtrahiere Register und Carrybit vom Akku
SBI	konstante	subtrahiere Konstante und Carrybit vom Akku
SHLD	adresse	speichere L nach adressiertem Byte, H nach folgendem
SIM		speichere den Akku in das Interruptregister
SPHL		lade den Stapelzeiger mit dem HL-Registerpaar
STA	adresse	speichere den Akku in das adressierte Byte
STAX	B oder D	speichere Akku nach Speicherbyte (Adresse in BC oder DE)
STC		setze das Carrybit 1
SUB	register	subtrahiere Register vom Akku
SUI	konstante	subtrahiere Konstante vom Akku
XCHG		vertausche HL-Registerpaar mit dem DE-Registerpaar
XRA	register	bilde das logische EODER des Akkus mit einem Register
XRI	konstante	bilde das logische EODER des Akkus mit der Konstanten
XTHL		vertausche HL-Registerpaar mit den beiden Stapelbytes

	0	1	2	3	4	5	6	7	8	9	A	B	C	D	E	F
0	NOP	LXI B,	STAX B	INX B	INR B	DCR B	MVI B,	RLC	DSUB*	DAD B	LDAX B	DCX B	INR C	DCR C	MVI C,	RRC
1	ASRH*	LXI D,	STAX D	INX D	INR D	DCR D	MVI D,	RAL	RLDE*	DAD D	LDAX D	DCX D	INR E	DCR E	MVI E,	RAR
2	RIM	LXI H,	SHLD	INX H	INR H	DCR H	MVI H,	DAA	LDEH*	DAD H	LHLD	DCX H	INR L	DCR L	MVI L,	CMA
3	SIM	LXI S,	STA	INX S	INR M	DCR M	MVI M,	STC	LDES*	DAD SP	LDA	DCX SP	INR A	DCR A	MVI A,	CMC
4	MOV B,B	MOV B,C	MOV B,D	MOV B,E	MOV B,H	MOV B,L	MOV B,M	MOV B,A	MOV C,B	MOV C,C	MOV C,D	MOV C,E	MOV C,H	MOV C,L	MOV C,M	MOV C,A
5	MOV D,B	MOV D,C	MOV D,D	MOV D,E	MOV D,H	MOV D,L	MOV D,M	MOV D,A	MOV E,B	MOV E,C	MOV E,D	MOV E,E	MOV E,H	MOV E,L	MOV E,M	MOV E,A
6	MOV H,B	MOV H,C	MOV H,D	MOV H,E	MOV H,H	MOV H,L	MOV H,M	MOV H,A	MOV L,B	MOV L,C	MOV L,D	MOV L,E	MOV L,H	MOV L,L	MOV L,M	MOV L,A
7	MOV M,B	MOV M,C	MOV M,D	MOV M,E	MOV M,H	MOV M,L	HLT	MOV M,A	MOV A,B	MOV A,C	MOV A,D	MOV A,E	MOV A,H	MOV A,L	MOV A,M	MOV A,A
8	ADD B	ADD C	ADD D	ADD E	ADD H	ADD L	ADD M	ADD A	ADC B	ADC C	ADC D	ADC E	ADC H	ADC L	ADC M	ADC A
9	SUB B	SUB C	SUB D	SUB E	SUB H	SUB L	SUB M	SUB A	SBB B	SBB C	SBB D	SBB E	SBB H	SBB L	SBB M	SBB A
A	ANA B	ANA C	ANA D	ANA E	ANA H	ANA L	ANA M	ANA A	XRA B	XRA C	XRA D	XRA E	XRA H	XRA L	XRA M	XRA A
B	ORA B	ORA C	ORA D	ORA E	ORA H	ORA L	ORA M	ORA A	CMP B	CMP C	CMP D	CMP E	CMP H	CMP L	CMP M	CMP A
C	RNZ	POP B	JNZ	JMP	CNZ	PUSH B	ADI	RST 0	RZ	RET	JZ	RSTV*	CZ	CALL	ACI	RST 1
D	RNC	POP D	JNC	OUT	CNC	PUSH D	SUI	RST 2	RC	SHLX*	JC	IN	CC	JNX*	SBI	RST 3
E	RPO	POP H	JPO	XTHL	CPO	PUSH H	ANI	RST 4	RPE	PCHL	JPE	XCHG	CPE	LHLX*	XRI	RST 5
F	RP	POP PSW	JP	DI	CP	PUSH PS	ORI	RST 6	RM	SPHL	JM	EI	CM	JX*	CPI	RST 7

Alle mit einem * versehenen Befehle fehlen in den Listen der Hersteller !

Befehle mit Akkumulator / Speicher

Bef.	Operand	Wirkung	OP	B	T	Bedingung (S Z x H O P w Cy)
LDA	adresse	A <= Speicher	3A	3	13	
STA	adresse	A => Speicher	32	3	13	
IN	port	A <= Periph.	DB	2	10	
OUT	port	A => Periph.	D3	2	10	
ORA	A	teste Akku	B7	1	4	x x . 0 . x . 0
XRA	A	lösche Akku	AF	1	4	0 1 . 0 . 1 . 0
LDAX	B	A <= (BC)	0A	1	7	
LDAX	D	A <= (DE)	1A	1	7	
STAX	B	A => (BC)	02	1	7	
STAX	D	A => (DE)	12	1	7	
RLC		A rotieren links	07	1	4	 x
RRC		A rotieren rechts	0F	1	4	 x
RAL		A rotieren links über Carry	17	1	4	 x
RAR		A rotieren rechts über Carry	1F	1	4	 x

Befehle mit Konstante / Akkumulator

Bef.	Operand	Wirkung	OP	B	T	Bedingung (S Z x H O P w Cy)
MVI	A,kon	A <= konstante	3E	2	7	
CPI	konst	A - konstante	FE	2	7	x x . x . x . x
ADI	konst	A <= A + konst	C6	2	7	x x . x . x . x
ACI	konst	A <= A + kon+Cy	CE	2	7	x x . x . x . x
SUI	konst	A <= A - konst	D6	2	7	x x . x . x . x
SBI	konst	A <= A - kon-Cy	DE	2	7	x x . x . x . x
ANI	konst	A <= A UND kon	E6	2	7	x x . 1 . x . 0
ORI	konst	A <= A ODR kon	F6	2	7	x x . 0 . x . 0
XRI	konst	A <= A XOR kon	EE	2	7	x x . 0 . x . 0
CMA		A <= NICHT A	2F	1	4	
DAA		A <= BCD-Korr.	27	1	4	x x . x . x . x
STC		Carry <= 1	37	1	4	 1
CMC		Carry <= Carry	3F	1	4	 x
ORA	A	Carry <= 0	B7	1	4	x x . 0 . x . 0

Register-Befehle

Bef.	Operand	Wirkung	A OP	A B	A T	B OP	B B	B T	C OP	C B	C T	D OP	D B	D T	E OP	E B	E T	H OP	H B	H T	L OP	L B	L T	M OP	M B	M T	Bedingung (S Z x H O P w Cy)
MVI	reg.kon	reg <= konst	3E	2	7	06	2	7	0E	2	7	16	2	7	1E	2	7	26	2	7	2E	2	7	36	2	10	
MOV	A,reg	A <= register	7F	1	4	78	1	4	79	1	4	7A	1	4	7B	1	4	7C	1	4	7D	1	4	7E	1	7	
MOV	B,reg	B <= register	47	1	4	40	1	4	41	1	4	42	1	4	43	1	4	44	1	4	45	1	4	46	1	7	
MOV	C,reg	C <= register	4F	1	4	48	1	4	49	1	4	4A	1	4	4B	1	4	4C	1	4	4D	1	4	4E	1	7	
MOV	D,reg	D <= register	57	1	4	50	1	4	51	1	4	52	1	4	53	1	4	54	1	4	55	1	4	56	1	7	
MOV	E,reg	E <= register	5F	1	4	58	1	4	59	1	4	5A	1	4	5B	1	4	5C	1	4	5D	1	4	5E	1	7	
MOV	H,reg	H <= register	67	1	4	60	1	4	61	1	4	62	1	4	63	1	4	64	1	4	65	1	4	66	1	7	
MOV	L,reg	L <= register	6F	1	4	68	1	4	69	1	4	6A	1	4	6B	1	4	6C	1	4	6D	1	4	6E	1	7	
MOV	M,reg	M <= register	77	1	7	70	1	7	71	1	7	72	1	7	73	1	7	74	1	7	75	1	7				
INR	reg	reg <= reg + 1	3C	1	4	04	1	4	0C	1	4	14	1	4	1C	1	4	24	1	4	2C	1	4	34	1	10	x x . x . x . .
DCR	reg	reg <= reg - 1	3D	1	4	05	1	4	0D	1	4	15	1	4	1D	1	4	25	1	4	2D	1	4	35	1	10	x x . x . x . .
CMP	reg	A - register	BF	1	4	B8	1	4	B9	1	4	BA	1	4	BB	1	4	BC	1	4	BD	1	4	BE	1	7	x x . x . x . x
ADD	reg	A<= A + reg	87	1	4	80	1	4	81	1	4	82	1	4	83	1	4	84	1	4	85	1	4	86	1	7	x x . x . x . x
ADC	reg	A<= A + reg+Cy	8F	1	4	88	1	4	89	1	4	8A	1	4	8B	1	4	8C	1	4	8D	1	4	8E	1	7	x x . x . x . x
SUB	reg	A<= A - reg	97	1	4	90	1	4	91	1	4	92	1	4	93	1	4	94	1	4	95	1	4	96	1	7	x x . x . x . x
SBB	reg	A<= A - reg-Cy	9F	1	4	98	1	4	99	1	4	9A	1	4	9B	1	4	9C	1	4	9D	1	4	9E	1	7	x x . x . x . x
ANA	reg	A<= A UND reg	A7	1	4	A0	1	4	A1	1	4	A2	1	4	A3	1	4	A4	1	4	A5	1	4	A6	1	7	x x . 1 . x . 0
ORA	reg	A<= A ODER reg	B7	1	4	B0	1	4	B1	1	4	B2	1	4	B3	1	4	B4	1	4	B5	1	4	B6	1	7	x x . 0 . x . 0
XRA	reg	A<= A XOR reg	AF	1	4	A8	1	4	A9	1	4	AA	1	4	AB	1	4	AC	1	4	AD	1	4	AE	1	7	x x . 0 . x . 0

Interruptregister RIM:

7	6	5	4	3	2	1	0
SID	7.5	6.5	5.5	INTE	7.5	6.5	5.5
	Anzeigen FF					Masken	

Interruptregister SIM:

7	6	5	4	3	2	1	0
SOD	1	x	7.5	6.5	5.5		Masken
S00	1	x	7.5	1	7.5	6.5	5.5
	0		FF.0			Masken	

Bef.	Operand	Wirkung	B (OP B T)	D (OP B T)	H (OP B T)	SP (OP B T)	PSW(A,F) (OP B T)	Bedingung SZxHOPvCy
LXI	reg,kon	rp <= 16-Bit	01 3 10	11 3 10	21 3 10	31 3 10		
INX	register	rp <= rp+1	03 1 6	13 1 6	23 1 6	33 1 6		
DCX	register	rp <= rp-1	0B 1 6	1B 1 6	2B 1 6	3B 1 6		
DAD	register	HL <= HL+rp	09 1 10	19 1 10	29 1 10	39 1 10		Cy
PUSH	register	rp => Stapel	C5 1 12	D5 1 12	E5 1 12		F5 1 12	
POP	register	rp <= Stapel	C1 1 10	D1 1 10	E1 1 10		F1 1 10	X

Bef.	Operand	Wirkung	OP B T	Bedingung SZxHOPvCy
LHLD	adresse	L<=adr H<=adr+1	2A 3 16	
SHLD	adresse	L=>adr H=>adr+1	22 3 16	
XCHG		HL <=> DE	EB 1 4	
XTHL		HL <=> Stapel	E3 1 16	
PCHL		PC <= HL	E9 1 6	
SPHL		SP <= HL	F9 1 6	

Bef.	Operand	Wirkung	OP B T	Bedingung SZxHOPvCy
NOP		keine	00 1 4	
RIM		A <= Int.Reg.	20 1 4	
SIM		A => Int.Reg.	30 1 4	
EI		Interrupt frei	FB 1 4	
DI		Interrupt gesp	F3 1 4	
HLT		Proz. anhalten	76 1 5	

Bef.	Operand	Wirkung	OP B T
RST	0	Start bei 0000	C7 1 12
RST	1	Start bei 0008	CF 1 12
RST	2	Start bei 0010	D7 1 12
RST	3	Start bei 0018	DF 1 12
RST	4	Start bei 0020	E7 1 12
RST	5	Start bei 0028	EF 1 12
RST	6	Start bei 0030	F7 1 12
RST	7	Start bei 0038	FF 1 12
Alle RST-Bef.:		PC => Stapel	

Bef.	Operand	Wirkung	OP B T	Bedingung SZxHOPvCy
JMP	adresse	springe immer	C3 3 10	
JZ	adresse	sprg. bei = 0	CA 3 7/10	
JNZ	adresse	sprg. bei ≠ 0	C2 3 7/10	
JC	adresse	sprg. bei Cy=1	DA 3 7/10	
JNC	adresse	sprg. bei Cy=0	D2 3 7/10	
JM	adresse	sprg. bei S =1	FA 3 7/10	
JP	adresse	sprg. bei S =0	F2 3 7/10	
JPE	adresse	sprg. bei P =1	EA 3 7/10	
JPO	adresse	sprg. bei P =0	E2 3 7/10	

Bef.	Operand	Wirkung	OP B T	Bedingung SZxHOPvCy
CALL	adresse	rufe Unterprg.	CD 3 18	
CZ	adresse	rufe bei = 0	CC 3 9/18	
CNZ	adresse	rufe bei ≠ 0	C4 3 9/18	
CC	adresse	rufe bei Cy=1	DC 3 9/18	
CNC	adresse	rufe bei Cy=0	D4 3 9/18	
CM	adresse	rufe bei S =1	FC 3 9/18	
CP	adresse	rufe bei S =0	F4 3 9/18	
CPE	adresse	rufe bei P =1	EC 3 9/18	
CPO	adresse	rufe bei P =0	E4 3 9/18	

Bef.	Operand	Wirkung	OP B T	Bedingung SZxHOPvCy
RET		immer zurück	C9 1 10	
RZ		zur. bei = 0	C8 1 6/12	
RNZ		zur. bei ≠ 0	C0 1 6/12	
RC		zur. bei Cy=1	D8 1 6/12	
RNC		zur. bei Cy=0	D0 1 6/12	
RM		zur. bei S = 1	F8 1 6/12	
RP		zur. bei S = 0	F0 1 6/12	
RPE		zur. bei P = 1	E8 1 6/12	
RPO		zur. bei P = 0	E0 1 6/12	

Stiftbelegung der wichtigsten Bausteine

```
  -> X1   [ 1] 8085A [40]  +5V
  -> X2   [ 2]       [39]  HOLD <-
<- RESOUT [ 3]       [38]  HLDA ->
  <- SOD  [ 4]       [37]  CLK ->
  -> SID  [ 5]       [36]  RESIN <-
  -> TRAP [ 6]       [35]  READY <-
-> RST7.5 [ 7]       [34]  IO/M ->
-> RST6.5 [ 8]       [33]  S1 ->
-> RST5.5 [ 9]       [32]  RD ->
  -> INTR [10]       [31]  WR ->
  <- INTA [11]       [30]  ALE ->
  <-> AD0 [12]       [29]  S0 ->
  <-> AD1 [13]       [28]  A15 ->
  <-> AD2 [14]       [27]  A14 ->
  <-> AD3 [15]       [26]  A13 ->
  <-> AD4 [16]       [25]  A12 ->
  <-> AD5 [17]       [24]  A11 ->
  <-> AD6 [18]       [23]  A10 ->
  <-> AD7 [19]       [22]  A9 ->
     GND  [20]       [21]  A8 ->
```

```
    PA3  [ 1] 8155 [40]  +5V
    PC4  [ 2]      [39]  PC2
 -> TIN  [ 3]      [38]  PC1
 -> RES  [ 4]      [37]  PC0
    PC5  [ 5]      [36]  PB7
<- TOUT  [ 6]      [35]  PB6
 -> IO/M [ 7]      [34]  PB5
 -> CE   [ 8]      [33]  PB4
 -> RD   [ 9]      [32]  PB3
 -> WR   [10]      [31]  PB2
 -> ALE  [11]      [30]  PB1
<-> AD0  [12]      [29]  PB0
<-> AD1  [13]      [28]  PA7
<-> AD2  [14]      [27]  PA6
<-> AD3  [15]      [26]  PA5
<-> AD4  [16]      [25]  PA4
<-> AD5  [17]      [24]  PA3
<-> AD6  [18]      [23]  PA2
<-> AD7  [19]      [22]  PA1
    GND  [20]      [21]  PA0
```
(PC3 pin 1 of 8155)

```
  PA3  [ 1] 8255A [40]  PA4
  PA2  [ 2]       [39]  PA5
  PA1  [ 3]       [38]  PA6
  PA0  [ 4]       [37]  PA7
-> RD  [ 5]       [36]  WR <-
-> CS  [ 6]       [35]  RESET <-
  GND  [ 7]       [34]  D0 <->
-> A1  [ 8]       [33]  D1 <->
-> A0  [ 9]       [32]  D2 <->
  PC7  [10]       [31]  D3 <->
  PC6  [11]       [30]  D4 <->
  PC5  [12]       [29]  D5 <->
  PC4  [13]       [28]  D6 <->
  PC0  [14]       [27]  D7 <->
  PC1  [15]       [26]  +5V
  PC2  [16]       [25]  PB7
  PC3  [17]       [24]  PB6
  PB0  [18]       [23]  PB5
  PB1  [19]       [22]  PB4
  PB2  [20]       [21]  PB3
```

```
<-> I/OR  [ 1] 8257 [40]  A7 ->
<-> I/OW  [ 2]  DMA [39]  A6 ->
<- MEMR   [ 3]      [38]  A5 ->
<- MEMW   [ 4]      [37]  A4 ->
<- MARK   [ 5]      [36]  TC ->
-> READY  [ 6]      [35]  A3 <->
-> HLDA   [ 7]      [34]  A2 <->
<- ADSTB  [ 8]      [33]  A1 <->
<- AEN    [ 9]      [32]  A0 <->
<- HRQ    [10]      [31]  +5V
-> CS     [11]      [30]  D0 <->
-> CLK    [12]      [29]  D1 <->
-> RESET  [13]      [28]  D2 <->
<- DACK2  [14]      [27]  D3 <->
<- DACK3  [15]      [26]  D4 <->
-> DRQ3   [16]      [25]  DACK0 ->
-> DRQ2   [17]      [24]  DACK1 ->
-> DRQ1   [18]      [23]  D5 <->
-> DRQ0   [19]      [22]  D6 <->
   GND    [20]      [21]  D7 <->
```

```
<- EOC   [ 1] ZN427 [18]  D0 ->
  -> E   [ 2]  A/D  [17]  D1 ->
 -> CLK  [ 3]       [16]  D2 ->
 -> SC   [ 4]       [15]  D3 ->
  Rext   [ 5]       [14]  D4 ->
-> Ain   [ 6]       [13]  D5 ->
-> Vrin  [ 7]       [12]  D6 ->
<- Vrout [ 8]       [11]  D7 ->
   GND   [ 9]       [10]  +5V
```

```
  -> D1   [ 1] ZN428 [16]  D2 <-
  -> D0   [ 2]  D/A  [15]  D3 <-
   frei   [ 3]       [14]  D4 <-
  -> EN   [ 4]       [13]  D5 <-
 <- Aout  [ 5]       [12]  D6 <-
 -> Vrin  [ 6]       [11]  D7 <-
 <- Vrout [ 7]       [10]  +5V
 Anal GND [ 8]       [ 9]  Digi GND
```

8250 / 16450 ACE

Left	#	#	Right
<-> D0	1	40	+5V
<-> D1	2	39	$\overline{RI}$ <-
<-> D2	3	38	$\overline{DCD}$ <-
<-> D3	4	37	$\overline{DSR}$ <-
<-> D4	5	36	$\overline{CTS}$ <-
<-> D5	6	35	MR <-
<-> D6	7	34	$\overline{OUT1}$ ->
<-> D7	8	33	$\overline{DTR}$ ->
-> RCLK	9	32	$\overline{RTS}$ ->
--> SIN	10	31	$\overline{OUT2}$ ->
<- SOUT	11	30	INTRP ->
-> CS0	12	29	frei
-> CS1	13	28	A0 <-
-> $\overline{CS2}$	14	27	A1 <-
<- $\overline{BDOUT}$	15	26	A2 <-
-> XTAL1	16	25	$\overline{ADS}$ <-
<- XTAL2	17	24	CSOUT ->
-> $\overline{DOSTR}$	18	23	DDIS ->
-> DOSTR	19	22	DISTR <-
GND	20	21	$\overline{DISTR}$ <-

82C11 PAI

Left	#	#	Right
-> X1	1	40	+5V
-> X2	2	39	A1 <-
<- CLK	3	38	A0 <-
<- DCLK	4	37	P0 <->
-> RST	5	36	P1 <->
-> $\overline{IOW}$	6	35	P2 <->
-> $\overline{IOR}$	7	34	P3 <->
<- DIR	8	33	P4 <->
<-> D0	9	32	P5 <->
<-> D1	10	31	P6 <->
<-> D2	11	30	P7 <->
<-> D3	12	29	$\overline{ERROR}$ <-
<-> D4	13	28	SLCT <-
<-> D5	14	27	PE <-
<-> D6	15	26	$\overline{ACK}$ <-
<-> D7	16	25	BUSY <-
<- IRQ	17	24	$\overline{STROB}$ <->
-> $\overline{CS}$	18	23	$\overline{AUTO}$ <->
-> $\overline{POE}$	19	22	$\overline{INIT}$ <->
GND	20	21	$\overline{SLCT}$ <->

8259 PIC

Left	#	#	Right
-> $\overline{CS}$	1	28	+5V
-> $\overline{WR}$	2	27	A0 <-
-> $\overline{RD}$	3	26	$\overline{INTA}$ <-
<-> D7	4	25	IR7 <-
<-> D6	5	24	IR6 <-
<-> D5	6	23	IR5 <-
<-> D4	7	22	IR4 <-
<-> D3	8	21	IR3 <-
<-> D2	9	20	IR2 <-
<-> D1	10	19	IR1 <-
<-> D0	11	18	IR0 <-
<-> CAS0	12	17	INT ->
<-> CAS1	13	16	$\overline{SP}/\overline{EN}$ <->
GND	14	15	CAS2 <->

8253 Timer

Left	#	#	Right
<-> D7	1	24	+5V
<-> D6	2	23	$\overline{WR}$ <-
<-> D5	3	22	$\overline{RD}$ <-
<-> D4	4	21	$\overline{CS}$ <-
<-> D3	5	20	A1 <-
<-> D2	6	19	A0 <-
<-> D1	7	18	CLK2 <-
<-> D0	8	17	OUT2 ->
-> CLK0	9	16	GATE2 <-
<- OUT0	10	15	CLK1 <-
-> GATE0	11	14	GATE1 <-
GND	12	13	OUT1 ->

EPROM / RAM Stiftbelegung

RAM xx256 (32 KByte)	EPROM 27256 (32 KByte)	EPROM 27128 (16 KByte)	RAM 6264 (8 KByte)	EPROM 2764 (8 KByte)	EPROM 2732 (4 KByte)	RAM 6116 (2 KByte)	EPROM 2716 (2 KByte)	Pin	Pin	EPROM 2716 (2 KByte)	RAM 6116 (2 KByte)	EPROM 2732 (4 KByte)	EPROM 2764 (8 KByte)	RAM 6264 (8 KByte)	EPROM 27128 (16 KByte)	EPROM 27256 (32 KByte)	RAM xx256 (32 KByte)
A14	Vpp	Vpp		Vpp				1	28				Vcc	Vcc	Vcc	Vcc	Vcc
A12	A12	A12	A12	A12				2	27				$\overline{PGM}$	$\overline{WE}$	$\overline{PGM}$	A14	$\overline{WE}$
A7	A7	A7	A7	A7	A7	A7	A7	3 (1)	(24) 26	Vcc	Vcc	Vcc		$\overline{CE2}$	A13	A13	A13
A6	A6	A6	A6	A6	A6	A6	A6	4 (2)	(23) 25	A8	A8	A8	A8	A8	A8	A8	A8
A5	A5	A5	A5	A5	A5	A5	A5	5 (3)	(22) 24	A9	A9	A9	A9	A9	A9	A9	A9
A4	A4	A4	A4	A4	A4	A4	A4	6 (4)	(21) 23	Vpp	$\overline{WE}$	A11	A11	A11	A11	A11	A11
A3	A3	A3	A3	A3	A3	A3	A3	7 (5)	(20) 22	$\overline{OE}$	$\overline{OE}$	$\overline{OE}$/Vpp	$\overline{OE}$	$\overline{OE}$	$\overline{OE}$	$\overline{OE}$	$\overline{OE}$
A2	A2	A2	A2	A2	A2	A2	A2	8 (6)	(19) 21	A10	A10	A10	A10	A10	A10	A10	A10
A1	A1	A1	A1	A1	A1	A1	A1	9 (7)	(18) 20	$\overline{CE}$	$\overline{CE}$	$\overline{CE}$	$\overline{CE}$	$\overline{CE}$	$\overline{CE}$	$\overline{CE}$	$\overline{CE}$
A0	A0	A0	A0	A0	A0	A0	A0	10 (8)	(17) 19	D7	D7	D7	D7	D7	D7	D7	D7
D0	D0	D0	D0	D0	D0	D0	D0	11 (9)	(16) 18	D6	D6	D6	D6	D6	D6	D6	D6
D1	D1	D1	D1	D1	D1	D1	D1	12 (10)	(15) 17	D5	D5	D5	D5	D5	D5	D5	D5
D2	D2	D2	D2	D2	D2	D2	D2	13 (11)	(14) 16	D4	D4	D4	D4	D4	D4	D4	D4
GND	GND	GND	GND	GND	GND	GND	GND	14 (12)	(13) 15	D3	D3	D3	D3	D3	D3	D3	D3

Terminalprogramm in Pascal

```
PROGRAM pterm; (* Anhang:Terminalprogramm in Pascal für PC *)
USES  Crt, Dos, Printer;    (* Steuerkonstanten COM1 IRQ4  *)
CONST t = 24;               (* 4800 Baud                   *)
      p = $07;              (* Ohne Par. 8 Daten 2 Stop    *)
      x = $03F8;            (* Adresse Schnittstelle COM1  *)
      irqena = $EF;         (* Maske PIC: IRQ4 freigeben   *)
      irqdis = $10;         (* Maske PIC: IRQ4 sperren     *)
      irqack = $64;         (* PIC: IRQ4 bestaetigen       *)
      irqvec = $0C;         (* PIC: Vektor fuer IRQ4       *)
      np = 60000;           (* Länge Eingabepuffer         *)
      ende : BOOLEAN = FALSE;         (* Endemarke Prog *)
      druk : BOOLEAN = FALSE;         (* Druckermarke   *)
      emark : CHAR = '>';             (* Endemarke Empf *)
VAR   zpuf : ARRAY[1..np] OF BYTE;    (* Empfangspuffer *)
      ezeig, azeig : WORD;            (* Pufferzeiger   *)
      datei : FILE OF BYTE;           (* Typdatei BYTE  *)
      name : STRING[20];              (* Dateiname      *)
      z : CHAR;
      klein : BOOLEAN;          (* Umwandlungsmarke *)
PROCEDURE init;           (* 8250 und PIC initialisieren *)
BEGIN
  Port[x+3] := $80;              (* 1000 0000 DLAB := 1 *)
  Port[x+1] := Hi(t); Port[x+0] := Lo(t);   (* Baudrate *)
  Port[x+3] := p;                (* 0xxx xxxx DLAB := 0 *)
  zpuf[1] := Port[x+0];          (* Empfangsdaten leeren *)
  Port[x+1] := $01;              (* 0000 0001 Empf.-Int. *)
  Port[x+4] := $08;              (* 0000 1000 Int. frei  *)
  zpuf[1] := Port[x+2];          (* Interruptanz. lösch. *)
  Port[$21] := Port[$21] AND irqena;    (* PIC IRQ frei *)
END;
PROCEDURE send(z : BYTE);         (* Zeichen nach Sender  *)
BEGIN                             (* Sender frei?         *)
  WHILE Port[x+5] AND $20 = $00 DO;     (*  0010 0000     *)
  Port[x+0] := z;                 (* nach Sender          *)
END;
PROCEDURE empf; INTERRUPT;         (* Zeichen von Empfänger*)
BEGIN
  zpuf[ezeig] := Port[x+0];             (* Empfänger lesen*)
  IF ezeig = np THEN ezeig := 1 ELSE Inc(ezeig);
  Port[$20] := irqack;                  (* PIC Int. best. *)
END;
PROCEDURE bild;                   (* Bildschirm/Druckeraus*)
VAR    z : BYTE;
BEGIN
  z := zpuf[azeig];               (* Puffer lesen     *)
  IF azeig = np THEN azeig := 1 ELSE Inc(azeig);
  CASE z OF                       (* Steuerzeichen    *)
  $08 : GotoXY(WhereX-1,WhereY);  (* Cursor links     *)
  $0C : GotoXY(WhereX+1,WhereY);  (* Cursor rechts    *)
  $0D : GotoXY(1,WhereY);         (* CR Wagenrueckl   *)
  $00 : ;                         (* Füllzeichen      *)
  ELSE
    Write(CHAR(z));               (* Datenzeichen     *)
    IF druk THEN                  (* Druckerausgabe   *)
    BEGIN Write(LST,CHAR(z)); IF z=10 THEN Write(LST,#13) END;
  END;
END;
PROCEDURE speichern;      (* Zeichen von Gerät nach Datei *)
VAR   i : WORD; z : CHAR;
BEGIN
  WriteLn(#10,#13,'Abbruch mit Taste  Speichern bis ',emark);
  azeig := 1; ezeig := 1; send(13);    (* Startzeichen *)
```

```
      REPEAT UNTIL (zpuf[ezeig-1] = BYTE(emark)) OR KeyPressed;
      IF KeyPressed THEN z := ReadKey;
      Write('Gespeicherte Daten anzeigen ? j -> ');
      IF UpCase(ReadKey) = 'J' THEN
      FOR i := azeig TO ezeig-2 DO Write(CHAR(zpuf[i]));
      Write(#10,#13,'Daten nach Datei ? j -> ');
      IF UpCase(ReadKey) = 'J' THEN
      BEGIN
        Write('Dateiname -> '); ReadLn(name);
        Assign(datei, name); Rewrite(datei);
        FOR i := azeig TO ezeig-2 DO Write(datei,zpuf[i]);
        Close(datei);  WriteLn('Daten gespeichert')
      END;
      Write(#10,#13,CHAR(zpuf[ezeig-1]));
      azeig := 1; ezeig := 1;
    END;
    PROCEDURE laden;              (* Zeichen von Datei nach Gerät *)
    CONST    z : CHAR = ' ';
    VAR      del : WORD;
             b : BYTE;
    BEGIN
      Write('Dateiname -> '); ReadLn(name);
      Assign(datei, name);  (*$I-*) Reset(datei) (*$I-*);
      IF IOResult <> 0 THEN WriteLn('Datei nicht vorhanden')
      ELSE
      BEGIN
        Write('Verzögerung [ms] -> '); ReadLn(del);
        WriteLn('Abbruch mit Esc-Taste');
        REPEAT
          Read(datei, b);
          IF NOT klein THEN b := BYTE(UpCase(CHAR(b)));
          Delay(del); send(b);
          IF ezeig <> azeig THEN bild;
          IF KeyPressed THEN z := ReadKey;
        UNTIL Eof(datei) OR (z = #27);
        Close(datei)
      END;
    END;
    BEGIN    (**** H a u p t p r o g r a m m ****)
    init;  ezeig := 1;  azeig := 1;          (* initialisieren *)
    SetIntVec(irqvec,Addr(empf));            (* Interruptvektor*)
    Write('Kleinschrift? j -> '); klein := UpCase(ReadKey) = 'J';
    ClrScr; GotoXY(1,1); TextBackground(MAGENTA); Write(
    'F1:Ende F2:Gerät -> Datei F3:Datei -> Gerät F4:ClrScr F5:Drucker');
    Window(1,2,80,25); TextBackground(BLACK); ClrScr;
    REPEAT
      IF (ezeig <> azeig) THEN bild;      (* Puffersp. ausgeben *)
      IF Keypressed THEN                  (* Wenn Taste betätigt *)
      BEGIN
        z := ReadKey; IF NOT klein THEN z := UpCase(z);
        IF z <> #0 THEN send(BYTE(z))     (* Zeichencode senden  *)
        ELSE
        CASE ReadKey OF                   (* Funktionstasten     *)
          #75 : send($08);               (* Cursor links MVUS   *)
          #77 : send($0C);               (* Cursor rechts MVUS  *)
          #59 : ende := TRUE ;           (* F1: Ende des Progr. *)
          #60 : speichern;               (* F2: Datei speichern *)
          #61 : laden;                   (* F3: Daten senden    *)
          #62 : ClrScr;                  (* F4: Schirm lösche n *)
          #63 : druk := NOT druk;        (* F5: Drucker ein/aus *)
          ELSE Write(#7)                 (* Fehlermeldung Hupe  *)
        END
      END
    UNTIL ende; Window(1,1,80,25); ClrScr;     (* Ende durch F1 *)
    Port[$21] := Port[$21] OR irqdis;  (* PIC Inter. sperren *)
    END.
```

Register

Günter Schmitt

Mikrocomputertechnik

Maschinenorientierte Programmierung
Grundlagen – Schaltungstechnik – Anwendungen

Didaktisch ausgefeilte **Lehrbücher, die** eine systematische Einführung in die **Mikrocomputertechnik bieten.** Viele Beispiele und **Übungsaufgaben mit Lösungen vertiefen den Stoff. Die Werke sind sowohl zur Unterrichtsbegleitung als auch für das Selbststudium geeignet für alle, die sich mit Technik und Anwendungen** der **Mikrocomputer befassen.**

Mikrocomputertechnik mit dem **Prozessor 6809 und den Prozessoren 6800 und 6802**

2., verbesserte Auflage 1988. 387 Seiten, 374 **Abbildungen,** 25 Tabellen
ISBN 3-486-20847-0

Mikrocomputertechnik mit den Prozessoren der 68000-Familie

2., **verbesserte** Auflage 1990. 393 Seiten, **286 Abbildungen,** 29 Tabellen
ISBN 3-486-21667-8

Mikrocomputertechnik mit dem 16-Bit-Prozessor 8086

2., verbesserte **Auflage 1989. 352 Seiten,** 222 Abbildungen, 52 Tabellen
ISBN 3-486-21436-5

R. Oldenbourg Verlag
Rosenheimer Straße 145, 81671 München

Oldenbourg